Wider die Borniertheit und den Chauvinismus – mit Paul K. Feyerabend durch absurde Zeiten

Wolfgang Frindte

Wider die Borniertheit und den Chauvinismus – mit Paul K. Feyerabend durch absurde Zeiten

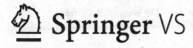

Springer VS

Wolfgang Frindte
Institut für Kommunikationswissenschaft
Friedrich-Schiller-Universität
Jena, Deutschland

ISBN 978-3-658-43712-1   ISBN 978-3-658-43713-8 (eBook)
https://doi.org/10.1007/978-3-658-43713-8

Die Deutsche Nationalbibliothek verzeichnet diese Publikation in der Deutschen Nationalbibliografie; detaillierte bibliografische Daten sind im Internet über http://dnb.d-nb.de abrufbar.

Planung/Lektorat: Frank Schindler
Springer VS ist ein Imprint der eingetragenen Gesellschaft Springer Fachmedien Wiesbaden GmbH und ist ein Teil von Springer Nature.
Die Anschrift der Gesellschaft ist: Abraham-Lincoln-Str. 46, 65189 Wiesbaden, Germany

Das Papier dieses Produkts ist recyclebar.

Vorwort

„»Alles geht« bedeutet also nur: »Beschränke nicht deine Einbildungskraft«" (Feyerabend, 1998, S. 163).

Am 13. Januar 2024 wäre Paul Feyerabend 100 Jahre alt geworden.

Anarchist der Wissenschaftstheorie, Chaot, Enfant Terrible, Popstar unter den Denkern oder Voodoo-Priester der Erkenntnistheorie – mit solchen und ähnlichen Titulierungen wurde Paul K. Feyerabend nicht nur in deutschen Feuilletons bedacht; auch seine Kritikerinnen und Kritiker aus den Reihen der Wissenschaft waren nicht zimperlich. Einige verglichen ihn mit einem Guru und meinten das keinesfalls wertschätzend. Andere sahen in ihm nicht nur den „Salvador Dali of academic philosophy", sondern „the worst enemy of science". Auch als positiver Dadaist, anregender Provokateur, genialer Wissenschaftstheoretiker, begnadeter Geschichtenerzähler, Sänger, Schauspieler, der sich und sein Publikum gern auf die Schippe nahm und – vor allem – als überzeugter Anhänger des wissenschaftlichen Pluralismus und demokratischen Relativismus wurde und wird er gepriesen. In einer absurden Welt hat Paul K. Feyerabend Ideen entwickelt und mit Theatralität unter die Menschen zu bringen versucht, um Wege aufzuzeigen, wie man der Borniertheit und dem Chauvinismus in Wissenschaft und Gesellschaft begegnen könnte. Zeichen für die Aberwitzigkeit und Absurdität dieser Welt gibt es viele. Sie sollen in diesem Buch nicht unerwähnt bleiben.

Auch ich bin ein großer Anhänger von Paul K. Feyerabend, hat er mir doch geholfen, mich aus einem wissenschaftlichen und ideologischen Loch zu befreien. Darüber berichte ich kurz im *Teil 1* dieses Buches. In den *Teilen 2 bis*

4 finden die Leser*innen ausführlichere Informationen, Geschichten und Vermutungen über Paul Feyerabend, sein Leben in Wien, London, Berkeley, Zürich und anderswo sowie über seine Arbeiten und deren Wirkungen. Eine Kurzfassung dieses biographischen Abrisses habe ich bereits 2023 unter dem Titel „Wider den Chauvinismus – 100 Jahre Paul K. Feyerabend" veröffentlicht (Frindte, 2023). Im *Teil 5* wage ich einen Blick auf die Absurditäten in gegenwärtigen Zeiten, auf bornierte Umgangsformen in der Psychologie, auf sprachliche Diskriminierungen, auf den Chauvinismus in Krisen, Katastrophen und im russischen Angriffskrieg gegen die Ukraine. Paul Feyerabends Ideen dienen dabei als (nicht immer valide) Anregungen. Ob ihm meine Auszüge aus dem Logbuch des Absurden gefallen hätten oder er meine Anmaßung, ihn in diese Auszüge zu verwickeln, vehement zurückweisen würde, kann er nicht mehr sagen. Aber es stimmt schon, wenn er schreibt: „Wenn man seine eigenen Ideen erklären will, gerät man unter den Zwang, eine »systematische Darstellung« zu liefern, anstatt einfach eine Geschichte zu erzählen. [...] Die Schwierigkeit liegt nicht im Thema begründet [...] Liegt es vielleicht am Wunsch, großartig, tief und philosophisch zu wirken? Aber was ist wichtiger? Von Außenstehenden verstanden oder als »tiefer Denker« betrachtet zu werden? Auf einfache Weise zu schreiben, so dass es ungebildete Leute verstehen können, bedeutet keineswegs Oberflächlichkeit" (Feyerabend, 1995, S. 246). Also schauen wir mal, denn eine einfache Geschichte ist es nicht geworden. Nun, das Buch ist niedergeschrieben und andere, die sich vielleicht besser mit Paul Feyerabend auskennen, werden sich daran reiben oder auch nicht.

Einige technische Anmerkungen seien noch erlaubt: Am Schluss des Buches finden die Leserinnen und Leser ein ausgewähltes Personenregister. Die Auswahl ist eine subjektive; ausgewählt und ins Personenregister übernommen wurden die Namen derer, die man sich im positiven wie im negativen Sinne merken und deshalb im Text auffinden sollte. Paul Feyerabend ist in diesem Register nicht aufgeführt. Seinen Namen findet man – nun ja – auf vielen Seiten des Buches, mehr als 800-mal. In den einzelnen Kapiteln habe ich überdies noch manche Abschweifung und Ergänzung in Form von markierten Kästen eingefügt. Man kann sie überlesen oder kritisieren. Die Kennerinnen und Kenner Paul Feyerabends wissen von seiner Vorliebe für Fußnoten. Ich habe mich ebenfalls von dieser Vorliebe hinreißen lassen und bitte um Nachsicht. Außerdem habe ich in bewährter Manier auf eigene Überlegungen zurückgegriffen, die an anderer Stelle bereits veröffentlicht wurden. Auf die entsprechenden Stellen habe ich im Text hingewiesen. Dann fällt den Kritiker*innen der Vergleich leichter.

Im Übrigen bin auch ich der Meinung: „What we claim to recognize is not independent of us; what is independent of us is and remains unknowable [...]

How does that sound? And now I have to get back to my taxes" (Paul Feyerabend an Isaac Ben-Israel am 25. Oktober 1990; Ben-Israel, 2001, S. 100).[1]

Jena   Wolfgang Frindte
November 2023

Literatur

Ben-Israel (2001). Philosophy and methodology of military intelligence: Correspondence with Paul Feyerabend. *Philosophia, 28*, 1–4, S. 71–101.

Feyerabend, P. K. (1995). *Zeitverschwendung*. Suhrkamp.

Feyerabend, P. K. (1998, Original: 1996). *Widerstreit und Harmonie*. Trentiner Vorlesungen. Passagen Verlag.

Frindte, W. (2023). *Wider den Chauvinismus – 100 Jahre Paul Feyerabend*. Wiesbaden: Springer VS.

---

[1] Was wir zu erkennen behaupten, ist nicht unabhängig von uns; was unabhängig von uns ist, bleibt unerkennbar [...] Wie klingt das? Und jetzt muss ich zurück zu meinen Steuern.

Danksagung

Auch diesmal hat sich der Bund mit dem Verlag Springer VS bewährt. Mein besonderer Dank gilt Herrn Frank Schindler für die vertrauensvolle Zusammenarbeit sowie Frau Nadine Teresa und Frau Kalpana Punniyakotti für die Hilfe beim Fertigstellen des Endmanuskripts. Besonders danken möchte ich Herrn Dr. Jochen Dreher und Daniel Wilhelm vom Sozialwissenschaftlichen und Philosophischen Archiv der Universität Konstanz sowie den Mitarbeiter*innen der Universitätsbibliothek, die mir den Zugang zum Nachlass von Paul Feyerabend ermöglichten. Herzlich bedanken möchte ich mich ebenfalls bei Frau Dr. Grazia Borrini-Feyerabend für den freundlichen Zuspruch. Grazie mille!

Meine Frau Ina Frindte hat mir mit ihrem Wissen als Physikerin nicht nur geholfen, manchen naturwissenschaftlichen Text besser zu verstehen. Sie hat auch das ganze Buchmanuskript unter ihre kritische Lupe gelegt. Ich danke ihr von Herzen und in Liebe.

Inhaltsverzeichnis

Teil I
Erinnerungen

„Alles was Sie tun können, wenn Sie wirklich bei der Wahrheit bleiben wollen, ist *eine Geschichte zu erzählen,* eine Geschichte, die nichtwiederholbare Elemente Seite an Seite neben vagen Analogien zu anderen Geschichten aus demselben Bereich oder aus anderen, fernliegenden Bereichen enthält" (Feyerabend, 1992, S. 152 f.; Hervorh. im Original).

Literatur

Feyerabend, P. K. (1992; Original: 1989). *Über Erkenntnis. Zwei Dialoge.* Campus.

Ermunterungen

„*Das Verstehen kommt immer erst nach dem Ereignis* und ist kaum je eine der Ursachen seines Eintretens" (Feyerabend, (1986, S. 25; Hervorh. im Original).

Über meinen Weg zu Paul Feyerabend habe ich mich schon früher geäußert (Frindte 1998). Eine Kurzfassung soll an dieser Stelle genügen: Begonnen haben meine Verwicklungen mit P.F. im Jahre 1981. Ich arbeitete am Manuskript meiner Dissertation zur spieltheoretischen Modellierung von Verhandlungssituationen. Eine Kritik am sozialpsychologischen Experiment sollte daraus werden. Damals ging ich davon aus, dass sozialpsychologische Experimente (wenn überhaupt) nur sehr abstrakte „Einblicke" in die sozialpsychologischen Phänomene erlauben und deshalb durch sogenannte Praxisprüfungen am konkreten, mannigfaltigen und vielgestaltigen „Gegenstand" ergänzt und erweitert werden müssten. Es erschien mir weder ethisch vertretbar, kaum theoretisch legitimiert, noch methodologisch begründet, das (sozial-) psychologische Experiment als die *Via Regia* empirischer Forschung zu begreifen. Und ich meinte, mich mit dieser – für die damalige Zeit keineswegs neuartigen – Auffassung auch auf die Methode des Aufsteigens vom Abstrakten zum Konkreten stützen und in dieser Methode das Paradigma eines vollständigen Forschungsprozesses sehen zu können. „Ist das Wahre abstrakt, so ist es unwahr. Die gesunde Menschenvernunft geht auf das Konkrete", hatte ich bei Hegel (1979, S. 42; Original: zwischen 1805 und 1819) gelesen, bei Marx bestätigt gesehen (Marx, MEW, Bd. 13, S. 631) und in einer Anmerkung von Lenin (Bd. 38, S. 233 ff.) wiedergefunden. Bei aller Zuneigung, die ich gegenüber der experimentellen Forschung hegte, bot sie mir doch die scheinbare Möglichkeit, Klarheit in mein sozialpsychologisches Denken zu bringen, war ich doch durch eine dreijährige Arbeit als Betriebspsychologe nach meinem Studium

W. Frindte, *Wider die Borniertheit und den Chauvinismus – mit Paul K. Feyerabend durch absurde Zeiten*, https://doi.org/10.1007/978-3-658-43713-8_1

davon überzeugt worden, dass alle wissenschaftliche Theorie nichts zu erreichen vermag, *wenn sie nicht die Massen ergreift.*

Im besagten Februar 1981 gab mir H.M., einer meiner Doktorväter, selbst ein Kritiker lebensferner experimenteller Situationen, meine marxistischen Ergüsse über vollständige Forschungsprozesse mit der sinngemäßen Bemerkung zurück: „Wenn Du wirklich mal 'was Gutes lesen willst, dann besorg Dir 'mal das Buch »Wider den Methodenzwang« von Feyerabend". H.M hatte wohl in einer Rezension über dieses Buch gelesen, selbst besaß er es nicht und meine Bemühungen, es in einer Bibliothek aufzutreiben, blieben erfolglos. Allerdings bemühte ich mich auch nicht sehr ernsthaft. Ich hatte das System meiner Dissertation im Kopf und teilweise auch auf dem Papier und wollte meine Kreise nicht durch fremde Reden stören lassen.

Feierabend – Feyerabend: ein solcher Name hinterläßt seine Gedächtnisspuren. Zumal ein Kollege aus der Philosophie mir in dieser Zeit auf meine Frage, wer denn dieser Feyerabend sei, antwortete: „Der hat es mit dem Pluralismus".

Manche Probleme haben etwas Subversives an sich. Ich glaube, P.F. hatte seinen Spaß an Subversion. 1985 bekam ich von einem westdeutschen Kollegen die 5. Auflage der amerikanischen Fassung „Against Method" geschickt (Feyerabend, 1975). Ich versuchte mich durch den englischen Text zu arbeiten, um zunächst mein Englisch aufzubessern. Meine Not im Umgang mit der Fremdsprache linderte ich dadurch, dass ich vor allem die Textstellen las, die durch Illustrationen aufgelockert waren. Ganz am Ende des Buches, im Appendix 5, stieß ich auf eine Passage, die mich fast umhaute, weil ich sie auf meine eigene Situation bezog. Zum besseren Verständnis zitiere ich aus der deutschen Übersetzung von 1986: „Eine Wissenschaft, die behauptet, über die einzig richtige Methode und die einzig brauchbaren Ergebnisse zu verfügen, ist Ideologie und muß vom Staat und insbesondere vom Bildungswesen getrennt werden. Man mag sie lehren, aber nur denen, die sich entschlossen haben, sich diesen besonderen Aberglauben zu eigen zu machen […] Doch solche speziellen Ideologien und Fähigkeiten haben keinen Platz in der *allgemeinen Erziehung,* die den Bürger auf seine Rolle in der Gesellschaft vorbereitet. Ein mündiger Bürger ist nicht jemand, der in einer speziellen Ideologie *unterwiesen* worden ist, etwa im Puritanismus oder im kritischen Rationalismus, und diese Ideologie jetzt wie einen geistigen Höcker mit sich herumträgt, sondern jemand, der gelernt hat, sich eine Meinung zu bilden, und sich dann für das *entschieden* hat, was er für sich für das Beste hält. Er hat ein gewisses geistiges Durchstehvermögen (er fällt nicht dem ersten besten ideologischen Bänkelsänger zum Opfer)..." (Feyerabend, 1986, S. 397 f.; Hervorh. im Original).

Ganz allmählich hinterließ der Feyerabend seine Spuren in meinem Denken. Ich arbeitete unterdessen an meiner Habilitationsschrift. „Theorie und Experiment in der Sozialpsychologie – eine methodologische Untersuchung" sollte sie heißen. Auch mit verschiedenen wissenschaftstheoretischen Auffassungen wollte ich mich auseinandersetzen; etwa mit dem Konzept der internen und externen Validität (z. B. Campbell & Stanley, 1963), jenen Auffassungen, in denen das Falsifikationskonzept im Sinne Poppers den Kern bildete (z. B. Gadenne, 1976), der Methodologie konkurrierender Forschungsprogramme von Imre Lakatos (1974), der Problemlösekonzeption von Theo Herrmann (1979), der Nichtaussagenkonzeption Stegmüllers (1973) und natürlich der Kritischen Psychologie Holzkamps (z. B. 1973).

Ohne in der Arbeit explizit auf Feyerabend einzugehen, kam ich zu Schlußfolgerungen, die sich den traditionellen marxistischen Vorstellungen über das Theorie-Empirie-Verhältnis vorsichtig entzogen und vielleicht doch etwas vom Feyerabendschen Einfluß ahnen lassen: empirische (experimentelle) Daten können eine sozialpsychologische Theorie weder vollständig bestätigen noch vollständig widerlegen; ein (sozial-) psychologisches Experiment könne kein vollwertiges Kriterium für die Wahrheit psychologischer Aussagen sein; jede (sozial-) psychologische Forschung stoße auf eine methodische Unschärferelation, die den Besonderheiten psychischer Prozesse geschuldet sei; Kooperation zwischen „Forscher*innen" und „Erforschten" sei eine Bedingung, um diese Unschärferelation zumindest nicht zu übersehen; es lassen sich zwar Verfahrensregeln angeben, mit deren Hilfe psychologische Handlungsanweisungen aus psychologischen Theorien abgeleitet werden könnten, jene Anweisungen (oder Rezepte), nach denen sich Psycholog*innen in ihrem praktischen Tun richten, sind aber nur zu einem Teil theoretisch gestützt; Alltagserfahrungen, implizite Theorien der Psychologen (und ihrer Auftraggeber), Praktiker-Know-How, die explizite und implizite Ethik psychologischer Arbeit usw. sollten als Bedingungen psychologischen Forschens nicht unterschätzt werden (Frindte 1987). Langsam nahm ich Abschied von der „Idee einer universellen und stabilen *Methode…*" (Feyerabend, 1980, S. 195; Hervorh. im Original).

Literatur

Campbell, D. T., & Stanley, J. C. (1963). Experimental and quasi- experimental designs for research on teaching. In N. L. Gage (Hrsg.), *Handbook of research on teaching* (S. 171–246). Rand McNally.

Feyerabend, P. K. (1975). *Against method. Outline of an anarchistic theory of knowledge.* New Left Books.

Feyerabend, P. K. (1980). *Erkenntnis für freie Menschen.* Suhrkamp.

Feyerabend, P. K. (1986). *Wider den Methodenzwang.* Suhrkamp Taschenbuch.

Feyerabend, P. K. (1992; Original: 1989). *Über Erkenntnis. Zwei Dialoge.* Campus.

Frindte, W. (1998). *Soziale Konstruktionen.* Westdeutscher Verlag.

Gadenne, V. (1976). *Die Gültigkeit psychologischer Untersuchungen.* Stuttgart.

Hegel, G. W. F. (1979). *Werke in zwanzig Bänden, Band 18,* herausgegeben von Eva Moldenhauer und Karl Markus Michel. Suhrkamp.

Herrmann, Th. (1979). *Psychologie als Problem.* Klett-Cotta.

Holzkamp, K. (1973). *Sinnliche Erkenntnis.* Campus.

Lenin, W.I. (1971). *Philosophische Hefte.* Werke, Bd. 38. Dietz.

Marx, K. (1978). Einleitung zur Kritik der Politischen Ökonomie. In *Karl Marx & Friedrich Engels, Werke, Bd. 13.* Dietz.

Stegmüller, W. (1973). Probleme und Resultate der Wissenschaftstheorie und Analytischen Philosophie, Bd. 2: *Theorie und Erfahrung.* Springer.

„Ein Wissenschaftler [...] ist ein Opportunist"

2

„Allein kann der Mensch nicht wohl bestehen, daher schlägt er sich gern zu einer Partei, weil er da, wenn auch nicht Ruhe, doch Beruhigung und Sicherheit findet" (Goethe, 1972, S. 539; Original: 1823).

Im Frühjahr 1988 begann es in meinem Kopf allmählich sehr behutsam zu dämmern. Die sowjetische Monatszeitschrift „Sputnik" war verboten worden und mit ihr eines der Medien, mit denen sich manche DDR-Bürger über den Verlauf der sowjetischen Perestroika zu informieren versuchten. Die allgemeine Wut über diese Zensur war groß. Jenaer Psychologiestudierende überzeugten mich, einen Protestbrief an die Parteispitze zu unterschreiben, auch andere Hochschullehrer beteiligten sich.

In Berlin warf mir der Verantwortliche für die Psychologie mangelnde politische Klarheit vor. Ein Artikel über Feindbilder, eine Denkschrift, in der ich eine politisch-psychologische Forschung in der DDR einzufordern versuchte und meine Weigerung, vom Jenaer Institut für Psychologie in ein Nebenfach zu wechseln, waren die Gründe der Kritik. Den Verantwortlichen war eine politische Psychologie suspekt. Was die Jenenser Psychologie vor allem brauche, sei eine den wissenschaftlichen Kriterien gehorchende kognitive Psychologie. Politik und Ideologie seien die Angelegenheiten der Partei. Kleinmütig nahm ich die Kritik zur Kenntnis, zog den Kopf ein und reiste nach Jena zurück. Meine dortige Arbeit an einer sozialpsychologischen Konzeption, die auf dem Sozialen Konstruktivismus und dem Selbstorganisationsparadigma fußen sollte, bezeichneten

---

Feyerabend (1986, S. 377).

© Der/die Autor(en), exklusiv lizenziert an Springer Fachmedien Wiesbaden GmbH, ein Teil von Springer Nature 2024
W. Frindte, *Wider die Borniertheit und den Chauvinismus – mit Paul K. Feyerabend durch absurde Zeiten*, https://doi.org/10.1007/978-3-658-43713-8_2

einige Jenenser Kolleg*innen mittlerweile auch als nichtmarxistischen Humbug. Meine *Stunde der Komödianten.*

Meine eigene Krise erreichte erst am 13. Oktober 1989 ihren Höhepunkt. Mein Freund Jacob, dem sie keine Gelenke verrenkt haben und der dennoch gerungen hat, meinte am Morgen dieses Tages, warum ich noch Angst vor den Schon-Toten hätte, die meinten, noch regieren zu können. Nach meiner ersten Dienst- und Kongressreise Ende September 1989 in das Westland, zum 15. Kongress für Angewandte Psychologie nach München, musste ich an diesem Freitag wieder zum Raport nach Berlin. Es ging erneut um meine Weigerung, das Jenenser Institut zu verlassen und nach Leipzig ins Nebenfach zu wechseln. Auch die psychologische Friedensforschung war Anlass zur Kritik.

Aber weder die Gesprächsthemen noch meine vermeintliche Unbotmäßigkeit und auch nicht der äußerst rüde Ton meiner Gesprächspartner sind sonderlich erwähnenswert – im Vergleich zu dem, was in dieser Zeit in diesem ostdeutschen Land geschah. *Ein jegliches hat seine Zeit.* Nun musste und wollte ich meine Dinge allein tun und so, wie ich es für angemessen hielt: mit dem festen Willen, mich in meiner Wissenschaft nie mehr von politischen Interessen und Strömungen beherrschen zu lassen. „Eine freie Gesellschaft trennt Staat und Wissenschaft" (Feyerabend, 1980, S. 75; Original: 1978). Es war Paul K. Feyerabend, der mir half, wieder frei atmen und arbeiten zu können. Vielen Dank, lieber P.F.

Literatur

Goethe, J. W. (1972, Original: 1823). Aus den Heften „Zur Naturwissenschaft". Berliner Ausgabe, Bd. 18. Aufbau Verlag.
Feyerabend, P. K. (1980). *Erkenntnis für freie Menschen.* Suhrkamp.
Feyerabend, P. K. (1986). *Wider den Methodenzwang.* Suhrkamp.

„Das ist es, was ich mir wünsche: nicht, dass mein Geist weiterlebt, sondern allein die Liebe" (Feyerabend, 1995, S. 249).

„Zeitverschwendung" – ohne Fragezeichen[1]: Die deutsche Autobiographie von Paul Feyerabend erschien 1995, ein Jahr nach seinem Tod. Er hat seine Zeit nicht verschwendet. Er hat sie genossen. Das Leid, die Schmerzen, die Lust und die Freude, das Theater, das Singen und das Schreiben, den Streit, seine Gegner, die Liebe.

Literatur

Feyerabend, P. K. (1995). *Zeitverschwendung*. Suhrkamp.

---

[1] Die englische Originalausgabe trägt den Titel „Killing Time" (1994).

„… der Eindruck der Realität ist verschwunden"

„Die meisten politischen und militärischen Ereignisse machten keinen Eindruck auf mich" Feyerabend (1995a, S. 62).

Paul Feyerabend wurde am 13. Januar 1924 in Wien geboren. Seine Mutter stammte aus Niederösterreich und nahm sich 1943 das Leben. Sein Vater beteiligte sich als Soldat und späterer Offizier am Ersten Weltkrieg, arbeitete danach als österreichischer Beamter in Wien und wurde nach dem Anschluss Österreichs an das nationalsozialistische Deutschland Mitglied der NSDAP. Er starb in den späten 1950er Jahren.

Die erste Wohnung, an die sich Paul Feyerabend erinnern kann und in der er mit seinen Eltern wohnte, lag in der Wolfganggasse, im 12. Wiener Bezirk Meidling, damals ein Arbeiterbezirk und auch heute noch von der Politik der SPÖ geprägt. Die Wolfganggasse liegt quasi im Zentrum dreier Adressen, in denen Wissenschaftler geboren wurden bzw. zeitweise wohnten, die Feyerabends wissenschaftlichen Werdegang maßgeblich beeinflusst haben. In der Hofstattgasse im 18. Wiener Bezirk, nördlich von der Wolfganggasse, wohnte lange Zeit Ernst Mach (1838–1916), der große Physiker, Philosoph und Wissenschaftstheoretiker. Paul Feyerabend wird ihn später den einfallsreichsten Wissenschaftsphilosophen nennen (Feyerabend, 1987, S. 705). Etwas westlich, in der Anton-Langer-Gasse im 13. Bezirk wurde am 28. Juli 1902 Karl Raimund Popper geboren, bei dem Feyerabend später einige Zeit als Assistent arbeiten wird und den er dann zu einem seiner wissenschaftlichen Feinde erkor.

W. Frindte, *Wider die Borniertheit und den Chauvinismus – mit Paul K. Feyerabend durch absurde Zeiten*, https://doi.org/10.1007/978-3-658-43713-8_3

Wobei Feyerabend mit dieser Kurzfassung, zuerst folgte er Popper und dann fiel er von ihm ab, sicher nicht einverstanden wäre. In einem Brief vom 14. Juni 1985 an seinen langjährigen Freund, den Ethnologen und Kulturhistoriker, Hans Peter Duerr, macht sich Paul Feyerabend über eine solche Kurzfassung lustig: „Das war so die Summe meines Lebens – er folgt einem Esel, er hört auf, ihm zu folgen. Was Wunder, dass ich keine Interviews geben will und nicht auf dem Fernsehschirm erscheinen will, denn da will man mich ja immer im Hinblick auf diese Summe untersuchen und niemand interessiert sich für meinen Stuhlgang, zum Beispiel, der mir doch viel wichtiger ist" (Feyerabend, 1995b, S. 255).

In der vornehmen Alleegasse im 4. Bezirk, südwestlich von der Wolfganggasse, kam am 26. April 1889 Ludwig Wittgenstein zur Welt. Sicher, die Adressen der drei Geistesgrößen liegen mehrere Kilometer von der Wolfganggasse entfernt, illustrieren indes beispielhaft die intellektuelle und kulturelle Dichte der Wiener Atmosphäre des frühen 20. Jahrhunderts. Es ist die Stadt von Gustav Klimt, Sigmund Freud, Karl Kraus, Arnold Schönberg, Arthur Schnitzler, Stefan Zweig; es ist das Rote Wien, in dem zwischen 1919 und 1933 eine sozialdemokratische Mehrheit die Stadt verwaltete, umfassende Sozialreformen anschob und der Austromarxismus entwickelt wurde; und es ist die Stadt des Austrofaschismus, mit dem die österreichischen Wurzeln des Nationalsozialismus verbunden sind.

Die Wohnung in der Wolfganggasse war klein und karg, eine Küche, ein Schlafwohnzimmer und ein Arbeitszimmer für den Vater. Hier verträumte Paul Feyerabend seine Kindheit bis zum Schuleintritt, schaute aus dem Fenster, beobachtete die Welt, die Straßenarbeiten, die elektrisch angetriebenen Busse, die Straßenkünstler, hörte, wie die Erwachsenen in den Nachbarwohnungen sich stritten und ihre Kinder schlugen. Mit sechs Jahren wurde Paul eingeschult. Nach einigen Schwierigkeiten mit den Lehrern, seinen Mitschülern und der eigenen Unruhe gelang es ihm wohl ganz gut, mit den Anforderungen der Grundschule klar zu kommen.

Im Alter von zehn Jahren erlebte Feyerabend den Februaraufstand in Wien. 1932 wurde der konservative Politiker Engelbert Dollfuß österreichischer Bundeskanzler. 1933 entmachtete er den Nationalrat und verbot die Kommunistische Partei (und etwas später den österreichischen Flügel der NSDAP). Auch der Republikanische Schutzbund, eine paramilitärische Organisation der österreichischen Sozialdemokratischen Arbeiterpartei wurde verboten und agierte nun illegal. Als im Februar 1934 österreichische Polizisten nach versteckten Waffen des Schutzbundes suchten, kam es zu einem blutigen Aufstand. Auf der einen Seite kämpften Mitglieder des Revolutionären Schutzbundes, auf der anderen Seite die Polizei und Truppen des Bundesheeres. Bei den bis 15. Februar andauernden Kämpfen starben rund 1.000 Menschen auf der Seite des Schutzbundes und mehr als hundert auf der anderen Seite. Zahlreiche Funktionäre der Sozialdemokratie wurden anschließend verurteilt und acht Todesurteile vollstreckt (siehe auch: Österreichische Mediathek, 2023).

Über seine Erlebnisse schreibt Feyerabend lapidar: „Die Leichen und die blutbespritzten Straßen, die ich während des Bürgerkrieges von 1934 in Wien sah und die Ereignisse der Nazi-Zeit berührten mich genauso oder, besser gesagt, sie gingen genauso spurlos an mir vorüber" (Feyerabend, 1995a, S. 33).

In diesem Jahr wechselte Paul Feyerabend in das damalige Robert Hamerling-Realgymnasium, einer von den sozialdemokratischen Bildungsideen beeinflussten Schule, die nach dem „Anschluss" an das „Deutsche Reich" in „Staatliche Oberschule für Jungen" umbenannt wurde und in dem „nichtarische" Schüler – bis zu deren Vertreibung und Vernichtung – in separaten „Judenklassen" unterrichtet wurden. Paul Feyerabend lernte im Gymnasium Latein, Französisch, Englisch und Naturwissenschaften. „Ich war ein »Vorzugsschüler«, was in den Schulzeugnissen durch einen Stern an meinem Namen zum Ausdruck kam" (ebd., S. 38). Später, im Alter von etwa 16 Jahren, stand er im Ruf, mehr von Physik und Mathematik zu verstehen als seine Lehrer, was ihn nicht davor schützte, auch mit Verweisen bestraft zu werden. Und er las viel: Kinderbücher, wie Struwwelpeter oder die Geschichte von Rübezahl, Romane von Edgar Wallace, Arthur Conan Doyle, Alexander Dumas, Jules Verne, Karl May oder Hedwig Courths-Mahler, Taschenbuchausgaben von Goethe, Schiller, Grabbe, Kleist, Ibsen oder Shakespeare. Auf langen Spaziergängen deklamierte er Peer Gynt, Faust oder Shylock. Auch Bücher von Platon und Descartes oder von den Wissenschaftlern Ernst Mach (1838–1916) und Hugo Dingler (1881–1954) fielen ihm in die Hände und weckten sein Interesse an der Philosophie, der Physik, Mathematik und Astronomie. Im Schulchor sang er Solopartien „[...] und zwar recht eindrucksvoll" (Feyerabend, 1995a, S. 48), besuchte die Wiener Oper und die Theater und nahm – kurz vor der Matura – Unterricht bei dem Kammersänger und Professor für Gesang Adolf Vogel an der Musikakademie in Wien (1897–1969), der in den späten 1930er Jahren auch international große Erfolge, u. a. in London, Rom, Buenos Aires und New York feierte (vgl. Österreichisches Musiklexikon online). „Mein Lebenslauf war nun klar vorgezeichnet: Während des Tages beschäftigte ich mich mit theoretischer Astronomie [...], am Abend folgten Proben, Gesangsübungen und Opern [...] und nachts schließlich astronomische Beobachtungen" (ebd., S. 53).

Einen Strich durch die Rechnung des – so lässt sich sagen – Hochbegabten machte im April 1942 nach Abschluss des Gymnasiums der Einberufungsbefehl zum Reichsarbeitsdienst.[1] Nach der Grundausbildung im deutschen Pirmasens folgte ein Einsatz in der Bretagne. Mit einem Hang zur Faulheit, einer gewissen Renitenz und intensivem Bücherlesen bewältigte Feyerabend auch dies. Im Dezember 1943 wurde er dann zur Wehrmacht eingezogen und meldete sich ein paar Wochen später freiwillig zur Offiziersausbildung. Auch mit dem Gedanken, zur SS zu gehen, spielte er kurzzeitig. „Weil", wie er schreibt, „ein SS-Offizier besser aussah, besser sprach und besser ging als ein gewöhnlicher Sterblicher" (1995a, S. 59). Zunächst in Jugoslawien, u. a. in Brod, Banja Luka, Novi Sad, Vincovi und an der sogenannten Ostfront gegen die Sowjetunion erlebte er den Krieg als Gefreiter, Unteroffizier und später als Offizier. Im März 1944 bekam er das Eiserne Kreuz zweiter Klasse, weil er mit seinen Soldaten unter feindlichem Beschuss ein Dorf eingenommen hatte. Im November 1944 hielt er an der Offiziersschule in Dessau-Rosslau Vorträge vor Offiziersanwärtern u. a. über die Epochen der Kunstgeschichte und die Aufklärung. Auch über das Verhältnis von Deutschen und Juden hat er – nach eigenen Angaben – gesprochen. „An unserem Unglück", zitiert Feyerabend aus einem seiner Vorträge, „sind wir selbst schuld gewesen. Dabei dürfen wir die Schuld keinem Juden, keinem Franzosen und keinem Engländer zuschieben" (1995a, S. 72). Mag sein, dass er das so gesagt hat. Wenn, dann wäre es sicher „Vaterlandsverrat" gewesen. Stattdessen wurde er Ende 1944 zum Leutnant befördert, wieder an die „Ostfront" nach Polen versetzt und im Januar 1945 zum Kommandanten einer Fahrradkompanie ernannt. Nachdem sich seine Vorgesetzten ins Krankenlager verabschiedet hatten, wurde Feyerabend „[...] Kommandant von drei Panzern, eines Infanteriebataillons und einiger Hilfstruppen aus Finnland, Polen und der Ukraine" (1995a, S. 73). Auf der Flucht vor den sowjetischen Truppen und – wie er schreibt – aus Nachlässigkeit wurde er von mehreren Schüssen an der Hand, im Gesicht und im Rücken verwundet. Der Krieg war für ihn aus. Die Folgen der Verwundungen werden ihn sein Leben lang begleiten. Er wird mit ständigen Kopfschmerzen leben müssen, ohne Stock nicht gehen können und impotent sein.

Über seine Einstellungen zum Nazireich, zum Krieg, zur Vernichtung der Juden erfährt man aus Feyerabends Autobiographie nur wenig. Seine Eltern begrüßten – wie viele Österreicher – den „Anschluss" an das deutsche „Reich". Feyerabend kannte Hitlers „Mein Kampf" („Der Text ist ungeschliffen [...] und

---

[1] Nach dem Anschluss Österreichs an das Nazi-Reich im März 1938 wurde am 1. Oktober des Jahres die Reichsarbeitsdienstpflicht auch für die Männer in Österreich eingeführt.

mehr ein Gebell als eine Rede", 1995a, S. 58). Von den ersten Seiten aus Rosenbergs „Mythos des zwanzigsten Jahrhunderts" war er indes „bewegt". Dass seine jüdischen Mitschüler aus dem Gymnasium und die jüdischen Nachbarn in Wien bald verschwanden, nahm er zwar wahr, große Gedanken machte er sich darüber nicht.

Man bedenke: 1938 lebten knapp 200.000 Jüdinnen und Juden in Österreich, zirka 165.000 in Wien. Nach dem „Anschluss" kam es in Wien und anderen österreichischen Städten zu Pogromen, Plünderungen jüdischer Geschäfte und Wohnungen, Demütigungen der jüdischen Bevölkerung. Ab Ende 1938 erfolgte die „Arisierung" von ehemals jüdischen Unternehmen und – unter maßgeblichem Einfluss von Adolf Eichmann – die Vertreibung der Juden aus Österreich. Im Februar 1941 begann die Deportation der österreichischen Juden in die Ghettos und Vernichtungslager (Aly et al., 2009). Paul Feyerabend hätte manches wissen können.[2] „Während der Nazizeit achtete ich wenig auf die allgemeinen Bemerkungen über das Judentum, den Kommunismus und die bolschewistische Bedrohung. Ich habe sie nicht übernommen, ihnen aber auch nicht widersprochen" (Feyerabend, 1995a, S. 76).

Dass es 1942 in den jugoslawischen Regionen, in denen sich Feyerabend 1943 aufhielt, zu Kriegsverbrechen und Pogromen (Massaker von Novi Sad im Januar 1942, Massaker von Banja Luka im Februar 1942) durch ungarische Soldaten bzw. faschistische Ustascha-Truppen gekommen war, hat er entweder nicht wahrgenommen oder vergessen: „Wir sind niemals auf Widerstand gestoßen und dachten kaum daran, dass wir eine Besatzungsmacht waren" (ebd., S. 65).

> Die deutsche Wehrmacht besetzte Jugoslawien im Frühjahr 1941 und wurde dabei von italienischen, bulgarischen und ungarischen Truppen unterstützt. Die Bačka, jene Region, zu der auch Novi Sad gehört, wurde bis zur Niederlage des Faschismus Teil Ungarns und Banja Luka Teil des „Unabhängigen Staates Kroatien". Es mag durchaus sein, dass – angesichts der Massaker durch ungarische Soldaten und Ustascha-Faschisten – die deutschen Besatzer zeitweise und von Teilen der (muslimischen oder deutschstämmigen) Bevölkerung Jugoslawiens als das „kleinere Übel"

---

[2] Stephan Speicher hat „Zeitverschwendung", also die (deutsche) Autobiographie aus dem Jahre 1995, in der Frankfurter Allgemeinen Zeitung besprochen und vermutet, dass Feyerabends scheinbare Vergesslichkeit auch mit den Umständen, unter denen das Manuskript zum Buch entstanden ist, zusammenhängen könnte: „Das Manuskript ist die Arbeit eines Krebskranken, der Tod hat offenbar eine gründlichere Durchsicht vereitelt" (Speicher, 1995).

angesehen wurden (vgl. auch Pohl, 2012, S. 77 ff.). Überdies versuchten die Führungsinstanzen der Wehrmacht hin und wieder das „sinnlose Ustascha-Wüten" einzuhegen, um die eigenen Gewalttaten als notwendige und „ordnungsstiftende Maßnahmen" zu legitimieren (vgl. auch Schmid, 2020, S. 75 ff.).

Über den Rückzug aus der Sowjetunion erfährt die Leserin, der Leser, dass er mit seinen Soldaten alle Häuser sprengte, die sie finden konnten. Gräueltaten von Infanteristen gegenüber der „feindlichen" Zivilbevölkerung nahm er zwar zur Kenntnis, sie schockierten ihn nicht, „[…] dafür waren sie viel zu seltsam. Aber ich habe sie behalten, und wenn ich heute daran denke, schaudert es mich" (Feyerabend, 1995a, S. 67).

Die einerseits sehr detaillierten Schilderungen über einzelne Episoden der Vorkriegs- und Kriegszeit stehen in einem merkwürdigen Verhältnis zu den distanzierenden Beschreibungen und Erklärungen seines Verhaltens und seines Erlebens in dieser Zeit. Es mag stimmen, dass er vieles von dem, was in diesen Zeiten geschah, erst später nach dem Krieg aus Büchern oder Fernsehfilmen erfahren hat und ihn das, was er tatsächlich sah, hörte und an dem er selbst beteiligt war, kaum berührte. „Für mich war die deutsche Besatzung und der Krieg eine Unannehmlichkeit, nicht ein moralisches Problem, und meine Handlungen gingen nicht aus einer klaren Weltanschauung hervor, sondern aus Launen und zufälligen Umständen" (ebd., S. 56).

Am 1. April 1945 überquerte die III. US-Armee unter der Führung von General George S. Patton die westliche Landesgrenze Thüringens. Am 11. April wurde das Konzentrationslager Buchenwald bei Weimar befreit.

Am 7. April 1945 hatte die SS begonnen, Buchenwald zu räumen. In dem Konzentrationslager und seinen 139 Außenlagern waren zu dieser Zeit über 110.000 Häftlinge inhaftiert. 56.000 kamen in den Lagern um. Auf den Evakuierungsmärschen verloren weitere 12.000 bis 15.000 Menschen ihr Leben. Sie verhungerten, starben durch Entkräftung oder wurden von der SS erschossen.

Am 16. April 1945 übernahm das US-amerikanische Militär die Regierungsgewalt in Thüringen und setzte am 9. Juni den ehemaligen KZ-Häftling und Sozialdemokrat Dr. Hermann Brill als vorläufigen Regierungspräsidenten ein.

Anfang Juli 1945 verließen die US-amerikanischen Truppen Thüringen, Sachsen
und das heutige Sachsen-Anhalt. Die sowjetische 8. Gardearmee, die maßgeblich
an der Befreiung Berlins beteiligt war, übernahm die Macht in Thüringen.
Paul Feyerabend erholte sich zu dieser Zeit in einem Apoldaer Lazarett, in
der Nähe von Weimar. Er lief an Krücken, hatte seine erste Liebesaffäre, bei
der ihm schmerzlich seine Impotenz bewusst wurde und sprach beim Bürgermeister der Stadt vor, einem Antifaschisten, und bat um eine Beschäftigung. Der
Bürgermeister wies ihm – wohlwissend, dass er einen ehemaligen Wehrmachts-
offizier vor sich hatte – eine Arbeit in der städtischen Kulturabteilung zu. Dort
war Feyerabend nun für Unterhaltung zuständig und schrieb für verschiedene
Anlässe Reden, Sketche und kleine Theaterstücke (Feyerabend, 1995a, S. 81).
Eine erneute Erkrankung machte dieser Episode bald ein Ende.

Nach der Genesung gelang es ihm, in Weimar ein Gesangsstudium aufzuneh-
men. Die Hochschule für Musik in Weimar hatte bereits im Juli 1945 ihre Türen
wieder geöffnet. Bekannte Musiklehrer*innen arbeiteten in dieser Zeit als Professoren an der Hochschule: Beispielsweise Hermann Abendroth, der berühmte
Dirigent, Juliane Lerche, eine bekannte Pianistin, Erhard Mauersberger, der spätere Thomaskantor, Hans Pischner, Cembalist und späterer Kulturpolitiker in
der DDR, Maxim Vallentin, der 1935 in die Sowjetunion geflüchtet war und
nach 1945 die Schauspielabteilung an der Hochschule in Weimar mitbegründete,
oder Josef Maria Hauschild, der zu den bekanntesten Gesangslehrern in Weimar
gehörte.

Paul Feyerabend erhielt ein Stipendium und Lebensmittelkarten und erprobte
sein Gesangs- und Schauspieltalent u. a. bei Hauschild und Valentin und lernte
bei Letzterem die Stanislawskij-Methode kennen.[3] Er nahm u. a. Unterricht in
Italienisch, Harmonielehre, Klavier, Gesang und Darstellung, wurde Mitglied des
Kulturbundes[4], in diesem, wie er schreibt, einzigen Verein seines Lebens.[5] und
war ein fleißiger Besucher der Konzert- und Theateraufführungen im Deutschen

---

[3] Eine auf den russisch/sowjetischen Regisseur und Schauspieler Konstantin Sergejewitsch
Stanislawski zurückgehende Methode des Schauspielens, bei der die Schauspieler*innen –
anders als von Bertolt Brecht gefordert – ihre eigenen Erfahrungen und Gefühle in die Darstellung der jeweiligen Rollen einbringen sollen. Diese Methode hat – als Method Acting –
auch die US-amerikanische Schauspielerausbildung beeinflusst (vgl. auch: Jansen, 1995).

[4] Der „Kulturbund zur demokratischen Erneuerung Deutschlands" hatte sich am 8. August
1945 in Berlin unter dem Vorsitz von Johannes R. Becher konstituiert. Die Thüringer Sektion
des Kulturbundes wurde am 8. Februar 1946 gegründet (Zimmer 2019).

[5] Das dürfte nicht ganz stimmen. Ab Januar 1948 war Paul Feyerabend auch zahlendes Mitglied im Verein des Österreichischen Collegs, dem späteren Alpbach Forum (Kuby, 2010,
S. 1043).

Nationaltheater zu Weimar. Das Große Haus lag zwar durch einen Bombenangriff seit Februar 1945 in Schutt und Asche, hatte aber seinen Spielbetrieb (bis zur Wiedereröffnung 1948) in die Weimarhalle verlegt.

„Ich hatte wohl ein erfülltes Leben, und doch war ich unzufrieden. Wie es meine Art ist, habe ich nicht lange darüber nachgedacht und mich entschlossen zu gehen" (Feyerabend, 1995a, S. 84).

Möglicherweise hatte auch die neue politische Situation in der Sowjetischen Besatzungszone (SBZ) im Allgemeinen und in Thüringen im Besonderen einen Anteil an der Unzufriedenheit Feyerabends. Am 16. Juli 1945 wurde die Provisorische Regierung in Thüringen von der Sowjetischen Militäradministration in Deutschland (SMAD) entlassen und durch eine neue ersetzt, die bis zur Landtagswahl im Herbst 1946 im Amt blieb. Der bis dahin amtierende Regierungspräsident und Sozialdemokrat Hermann Brill passte den sowjetischen Besatzungsbehörden wohl nicht so recht ins Bild. Brill ging Ende 1945 nach Hessen.

Hermann Brill, der 1929 an der Universität Jena zum Doktor der Rechtswissenschaften promoviert wurde, war von 1946 bis 1949 Chef der Hessischen Staatskanzlei und unterrichtete ab 1947 als Honorarprofessor an der Universität in Frankfurt am Main (Overesch, 1992). Neben verschiedenen rechtswissenschaftlichen und hochschulpolitischen Arbeiten, zum Beispiel zum Platz der Sozialwissenschaften in der Universitätsausbildung (Brill, 1954a), gibt es einen schönen Artikel zu Karl Kautsky (Brill, 1954b). Warum der Sozialdemokrat Brill von den konservativen Hochschulpolitikern in Westdeutschland nicht gemocht wurde, kann man in einem informativen Beitrag auf Wikipedia nachlesen (Wikipedia.org, 2023).

Die SMAD legte – per Befehl – viel Wert auf eine schnelle Wiederherstellung des kulturellen Lebens in der Sowjetischen Besatzungszone (SMAD-Befehle 50 und 51 vom September 1945; vgl. Timofejewa, 2012). Theater, Opern, Museen öffneten wieder. Die Spannungen zwischen der SED-dominierten Politik in der SBZ und den Befindlichkeiten der Bevölkerung oder die Vorzeichen eines kalten Krieges dürften indes an dem sensiblen, wenn auch – nach eigenen Aussagen – politisch etwas oberflächlichen Paul Feyerabend nicht ganz spurlos vorübergegangen sein.

Vielleicht lag es auch einfach an den antifaschistischen Theaterstücken, die in Weimar inszeniert wurden und die sich – aus Feyerabends Sicht (Feyerabend, 1995a, S. 84) – in ihrer Dramaturgie nicht sonderlich von den Stücken und Dramen aus der Nazizeit unterschieden; möglichweise gab es auch andere Gründe – auf jeden Fall entschied sich Paul Feyerabend, Weimar im November 1946 zu verlassen und somit im Alter von 24 Jahren nach Wien zurückzukehren.

Literatur

Aly, G., Heim, S., Herbert, U., Kreikamp, H. D., Möller, H., Pohl, D., & Weber, H. (Hrsg.) (2009). *Die Verfolgung und Ermordung der europäischen Juden durch das nationalsozialistische Deutschland 1933–1945.* Band 2: Deutsches Reich 1938 – August 1939. R. Oldenbourg Verlag.

Brill, H. (1954a). Der Begriff der Sozialwissenschaften: Ein Beitrag zur Auslegung und Anwendung des Bundesbeamtengesetzes. *Zeitschrift für Politik, 1*(1), 86–90.

Brill, H. (1954b). Karl Kautsky: 16. Oktober 1854 – 17. Oktober 1938. *Zeitschrift für Politik, 1*(3), 211–240.

Feyerabend, P. K. (1987). Creativity: A dangerous myth. *Critical Inquiry, 13*(4), 700–711.

Feyerabend, P. K. (1995a). *Zeitverschwendung.* Suhrkamp.

Feyerabend, P. K. (1995b). *Briefe an einen Freund, herausgegeben von Hans Peter Duerr.* Suhrkamp.

Jansen, K. (1995). *Stanislawski – Theaterarbeit nach System. Kritische Studien zu einer Legende.* Lang.

Kuby, D. (2010). Paul Feyerabend in Wien 1946–1955. Das Österreichische College und der Kraft Kreis. In Benedikt, M., Knoll, R., Schwediauer, F., & Zehetner, C. (Hrsg.), Auf der Suche nach authentischem Philosophieren. Philosophie in Österreich 1951–2000. *Verdrängter Humanismus –verzögerte Aufklärung.* Facultas. wuv.

Österreichische Mediathek, 2023. https://www.mediathek.at/akustische-chronik/1919-1938/1934/. Zugegriffen: 15. März 2023.

Pohl, D. (2012). *Die Herrschaft der Wehrmacht.* Oldenbourg Wissenschaftsverlag.

Schmid, S. (2020). *Deutsche und italienische Besatzung im Unabhängigen Staat Kroatien.* De Gruyter.

Speicher, S. (1995). Disziplin essen Seele auf. Paul Feyerabends Erinnerungen. *Frankfurter Allgemeine Zeitung vom 11. April 1995.*

Timofejewa, N. P. (2012). Deutschland zwischen Vergangenheit und Zukunft: Die Politik der SMAD auf dem Gebiet von Kultur, Wissenschaft und Bildung 1945–1949. In A. O. Tschubarjan & H. Möller (Hrsg.), *Die Politik der Sowjetischen Militäradministration in Deutschland (SMAD): Kultur, Wissenschaft und Bildung 1945–1949* (S. 9–30). K. G. Saur.

Wikipedia.org. 2023. https://de.wikipedia.org/wiki/Hermann_Brill. Zugegriffen: 15. März 2023.

Zimmer, A. (2019a). *Der Kulturbund in der SBZ und in der DDR.* Springer VS.

Zwischen Basissätzen, Gesang und den Frauen

4

„An der Raum-Zeit-Stelle k gibt es (mindestens) einen nichtweißen Schwan" (Popper, 2005, S. 78; Original: 1934).

In Österreich teilten sich von 1945 bis 1955 bekanntlich die Sowjetunion, die USA, Großbritannien und Frankreich die Besatzungsmacht. Auch Wien war in vier Sektoren aufgeteilt. Die teilweise durch Bomben zerstörten Hauptgebäude der Wiener Universität lagen im 1. Wiener Bezirk, der im monatlichen Wechsel von den Besatzungsmächten gemeinsam verwaltet wurde. Der Lehrbetrieb wurde trotz der Zerstörungen bereits am 2. Mai 1945 wiederaufgenommen. Während der Nazizeit waren 92 der 124 ordentlichen und außerordentlichen Professoren Mitglieder der NSDAP (siehe: Geschichte der Universität Wien a). Die zwischen April und Dezember 1945 amtierende und unter Kontrolle der alliierten Besatzungsmächte stehende Provisorische Regierung Österreichs (eine Koalition aus SPÖ, ÖVP und KPD) erließ verschiedene Gesetze zur Entnazifizierung von Staat und Gesellschaft, in deren Folge belastete Mitarbeiter*innen der Hochschulen entweder sofort entlassen wurden oder sich der Überprüfung durch eingerichtete Sonderkommissionen stellen mussten. Über die Effizienz der Entnazifizierungsmaßnahmen lässt sich streiten.

Um an der Universität Wien immatrikuliert zu werden, musste sich auch Paul Feyerabend einer Überprüfung durch eine Ehrenkommission unterziehen. Da er kein Mitglied der NSDAP war, wurde er als unbelastet eingestuft. Zunächst schrieb er sich im Wintersemester 1946/1947 in den Fächern Geschichte, Philosophie und Kunstgeschichte ein und wechselte im folgenden Sommersemester zur Physik und Astronomie. Er hörte Vorlesungen u. a. bei Hans Thirring (1888–1978), bei Karl Przibram (1878–1973) und bei Felix Ehrenhaft (1879–1952).

© Der/die Autor(en), exklusiv lizenziert an Springer Fachmedien Wiesbaden GmbH, ein Teil von Springer Nature 2024
W. Frindte, *Wider die Borniertheit und den Chauvinismus – mit Paul K. Feyerabend durch absurde Zeiten*, https://doi.org/10.1007/978-3-658-43713-8_4

Thirring war wegen seiner Nähe zur („jüdischen") Relativitätstheorie und seiner pazifistischen Grundhaltung im Dezember 1938 von Nazis aus dem Hochschulbetrieb entlassen worden. Er kehrte 1945 an die Wiener Universität zurück, wurde dort Dekan bzw. Prodekan der Philosophischen Fakultät und engagierte sich später als SPD-Bundesrat in der Friedensbewegung. Przibram wurde 1938 ebenfalls wegen seiner jüdischen Herkunft aus dem Hochschuldienst entfernt, emigrierte nach Belgien und beteiligte sich dort in der „Österreichischen Freiheitsfront" am Widerstand gegen den Nationalsozialismus. 1946 kehrte auch er nach Wien zurück und übernahm 1947 eine Professur am 2. Physikalischen Institut der Universität. Ehrenhaft, der, wie Thirring und Przibram, bereits vor 1933 ein anerkannter Wissenschaftler war, verlor als Jude 1938 ebenfalls seine Anstellung als Physikprofessor und Vorstand des 3. Physikalischen Instituts an der Wiener Universität. Er emigrierte 1939 nach Brasilien und später in die USA. Im März 1947 kehrte auch er an die Wiener Universität zurück und erhielt dort eine Gastprofessur (siehe: Gedenkbuch Universität Wien).

Es waren also große Wissenschaftler, auf die Paul Feyerabend in Wien traf. Und sie dürften ihn beeindruckt haben. Thirring war mit Albert Einstein und Sigmund Freud befreundet, gründete 1957 die Pugwash-Friedenskonferenz[1] mit und wurde zweimal für den Friedensnobelpreis vorgeschlagen (Evangelisches Museum Österreich). An Felix Ehrenhaft schätzte Feyerabend die Schalkhaftigkeit und die Chuzpe, die auch er damals gern besessen hätte.

Zu den Lehrveranstaltungen, die Feyerabend in Wien besuchte, gehörten auch Vorlesungen bei den Mathematikern Johann Radon, Edmund Hlawka und Nikolaus Hofreiter, einem ehemaligen NSDAP-Mitglied, Physikvorlesungen bei Theodor Sexl und Veranstaltungen zur Astronomie bei Adalbert Johann Prey sowie Vorlesungen bei dem Psychologen Hubert Rohracher (siehe auch *Kap. 12*). Seine Freizeit, wenn man es so nennen kann, verbrachte Feyerabend im Theater, in der Oper und in Konzerthallen. Er besuchte Diskussionen über Politik und moderne Wissenschaft. Und er nahm wieder Schauspielunterricht und Gesangsstunden.

1948 bekam Feyerabend eine Gelegenheit, die sein weiteres akademisches Leben stark beeinflussen sollte. Er besuchte im August das *Forum Alpbach*. „Dies war der entscheidendste Schritt meines Lebens" (Feyerabend, 1995, S. 98). Das Forum wurde nach der Befreiung vom Nationalsozialismus 1945 von Otto Molden, damals Student in Wien, und dem Innsbrucker Philosophen Simon Moser

---

[1] Pugwash ist eine – vor allem von Bertrand Russell initiierte – Vereinigung von internationalen Wissenschaftler*innen und politischen Expert*innen, die eine Welt frei von Atomwaffen und anderen Massenvernichtungswaffen anstreben (siehe auch: Kraft & Sachse, 2019).

als „Österreichisches College" gegründet. Alljährlich, immer im August, treffen sich seitdem (bis heute) im Tiroler Bergdorf Alpbach Studierende gemeinsam mit Vertreter*innen aus Wissenschaft, Politik und Kunst, um über Themen der Zeit diskutieren, Theaterstücke aufführen oder Konzerte besuchen zu können. Gefeiert wurde (und wird) natürlich auch. „Hin und wieder veranstalteten wir ein Kabarett. Viele Affären blühten und verwelkten unter dem Mond von Alpbach" (Feyerabend, 1995, S. 98). Drei Jahre nach dem ersten Forum kamen im August 1948 zirka 300 bis 350 Studierende, Professoren und Künstler*innen nach Alpbach, darunter auch der Wissenschaftsphilosoph Karl Raimund Popper.

Popper hatte 1928 bei dem bekannten Psychologen Karl Bühler zu Methodenfragen der Denkpsychologie promoviert und sich anschließend mit dem Wiener Kreis (s. u.) sowie dem logischen Empirismus auseinandergesetzt. Im Ergebnis dieser Auseinandersetzung veröffentlichte er 1934 eines seiner Hauptwerke „Logik der Forschung" (Popper, 2005; Original: 1934). Wissen und Wahrheit können nicht, wie von Vertretern des logischen Empirismus behauptet, mittels der formalen Logik aus empirisch gehaltvollen singulären, mehr oder weniger intersubjektiv übereinstimmenden Aussagen bzw. Beobachtungs- oder Basissätzen abgeleitet, verifiziert werden. Möglich sei es indes, kurzgesagt, mittels empirisch gehaltvoller Basissätze eine wissenschaftliche Theorie zu widerlegen, zu falsifizieren. Mit dieser Auffassung befand sich Popper schon recht früh in Kontroverse mit dem „Wiener Kreis" und dessen Vordenkern, wie Ernst Mach, Ludwig Wittgenstein oder Bertrand Russel. Zwischen 1930 und 1935 arbeitete Popper als Hauptschullehrer in Wien. Danach hielt er sich mehrere Monate in Großbritannien auf, wo er auch Bertrand Russel, den Ökonomen Friedrich August von Hayek und den Kunsthistoriker Ernst Gombrich traf. 1937 flüchtete Popper nach Neuseeland, in der Tasche ein Empfehlungsschreiben von Russel für eine Dozentenstelle für Philosophie am Canterbury University College in Christchurch. Dort stellte er das zweibändige Werk „The Open Society and its Enemies" fertig. Mit Unterstützung von Hayek und Gombrich erhielt er 1946 eine Dozentur an der London School of Economics and Political Science und wurde 1949 auf den Lehrstuhl für Logik und Wissenschaftstheorie berufen (vgl. ausführlich: Zimmer, 2019).

Nun also Alpbach 1948. Nach einer hitzigen Debatte über Wahrheit, an der sich auch Feyerabend beteiligte, kam er mit Popper ins Gespräch. Sie redeten – nach

Feyerabends Aussagen – über Musik, über Beethoven und Wagner und vielleicht auch über Basissätze. Es mag sein, dass sich Popper von dem jungen, stürmischen Feyerabend beeindrucken ließ. Ein paar Jahre später wird Popper ihm, Feyerabend, eine Stelle als Postdoctoral Researcher anbieten und Feyerabend wird sie annehmen.

In den Jahren nach 1948 wird Feyerabend noch öfter nach Alpbach kommen, als Student, Dozent und als Leiter von Seminaren. Er wird den Physiker Erwin Schrödinger (ohne Katze) und die Physikerin Lise Meitner treffen, die Philosophen Rudolf Carnap und Herbert Feigl[2] kennen und schätzen lernen, mit Joseph Agassi, Hans Albert oder Imre Lakatos über den Kritischen Rationalismus streiten. Der Politiker Bruno Kreisky, der Schriftsteller Arthur Koestler, der Schauspieler Qualtinger oder Ernst Bloch kamen ebenfalls hin und wieder nach Alpbach.

Alpbach 1948 hatte Folgen. In den österreichischen Universitätsstädten bildeten sich regionale Collegegemeinschaften von Studierenden, die in „Grundkreisen", „Gesprächen" und „Arbeitskreisen" die Themen von Alpbach aufnehmen und weiter diskutieren wollten. Daniel Kuby (2010) belegt auf der Grundlage von Archivdokumenten, dass Paul Feyerabend dabei eine aktive Rolle innehatte. Einer dieser Arbeitskreise, in dem Feyerabend eine führende Rolle einnahm, war der sogenannte „Kraft-Kreis", ein – wie Feyerabend schreibt (1995, S. 104) – „[…] studentische(s) Pendant des Wiener Kreises". Viktor Kraft (1880–1975) wurde akademischer Leiter dieser Arbeitsgruppe.

Zum Wiener Kreis, der sich 1924 gründete und ab 1929 über den „Verein Ernst Mach" öffentlich auftrat, gehörten Philosophen, Mathematiker, Physiker und Sozialwissenschaftler. Außer der Mathematikerin Olga Taussky und der Physikerin Rose Rand waren es Männer, der Physiker Moritz Schlick, der Mathematiker und Philosoph Hans Hahn, der Alleskönner Otto Neurath, der Philosoph und Mathematiker Rudolf Carnap, der Philosoph Herbert Feigl, der Mathematiker Kurt Gödel, der Philosoph und Soziologe Edgar Zilsel und eben auch Victor Kraft. An den Diskussionen des Wiener Kreises nahmen hin und wieder auch der Mathematiker Alfred Tarski, der Physiker und Philosoph Hans Reichenbach oder der Philosoph Carl

---

[2] Den Philosophen Herbert Feigl (1902–1988) lernte Feyerabend wohl im Jahre 1954 in Wien kennen. 1930 war Feigl in die USA emigriert, wo er später (1953) das Minnesota Center for Philosophy of Science gründete. 1954 hielt Feigl einen Gastvortrag in Wien (siehe auch: Stadler, 2006, S. XVIf.).

Gustav Hempel teil. Ludwig Wittgenstein und Karl Bühler zählten eher zur Peripherie des Zirkels. Karl Popper war nie Mitglied im Wiener Kreis und hat sich, wie er schreibt, auch nie um eine Einladung bemüht, hätte sich indes sehr geehrt gefühlt, wenn er eingeladen worden wäre (Popper, 2012, S. 119). Das Projekt, das die Koryphäen verband, war das Bemühen, philosophische Probleme mit naturwissenschaftlichen Methoden zu bewältigen. Nach dem Februaraufstand 1934 wurde der „Verein Ernst Mach" verboten. Im selben Jahr starb Hans Hahn, einer der Mitbegründer des Wiener Kreises. 1936 wurde Moritz Schlick von einem ehemaligen Doktoranden ermordet. (siehe: Geschichte der Universität Wien b). Im zunehmend antidemokratischen, rassistischen und antisemitischen Klima in Österreich war kein Platz mehr für die Geistesgrößen, denen es nicht nur um die Philosophie der Wissenschaften, sondern auch um deren Demokratisierung ging. Die meisten Mitglieder des Wiener Kreises emigrierten in den darauffolgenden Jahren. Viktor Kraft blieb in Wien, wurde aber 1938 wegen der jüdischen „Abstammung" seiner Frau zwangspensioniert; auch seine Lehrbefugnis entzog man ihm. Nach dem Kriegsende wurde er rehabilitiert, arbeitete zunächst als Bibliothekar, um 1947 als Extraordinarius und 1950 als Ordentlicher Professor an das Institut für Philosophie an die Wiener Universität zurückzukehren. Dort lernte ihn Paul Feyerabend kennen.

Am „Kraft-Kreis" nahmen Studierende der Philosophie und der Naturwissenschaften teil. Sie diskutierten über Wissenschaftstheorie, über die Relativitätstheorien und die Welt an sich. Feyerabend traf dort u. a. auf Elisabeth Anscombe (1919–2001), eine der bekanntesten Schüler*innen von Ludwig Wittgenstein, auf Ernst Topitsch (1919–2003), der später ein bekannter, nicht unumstrittener Soziologe und Antikommunist werden sollte[3] und auf den Marxisten und späteren Freund Walter Hollitscher, der ihn mit den marxistischen Klassikern und dem Dialektischen Materialismus vertraut machte.

In dieser Zeit dürfte Feyerabend durch Vermittlung von Walter Hollitscher auch Bertolt Brecht kennengelernt haben, der nach den Verfolgungen durch das „Komitee für unamerikanische Umtriebe" die USA 1947 verlassen hatte und nach

---

[3] In einem Spätwerk („Stalins Krieg. Die sowjetische Langzeitstrategie gegen den Westen als rationale Machtpolitik", 1986, 2. Aufl.) vertritt Topitsch u. a. die Auffassung, der faschistische Angriffskrieg gegen die Sowjetunion sei in Wahrheit ein Präventionskrieg gewesen gegen den Versuch Stalins, die Weltherrschaft an sich zu reißen. Diese Auffassung bekräftigte er u. a. in einer Festschrift für den Holocaustleugner David Irving (Topitsch, 1998a) sowie in einem Beitrag im „Archiv für Kulturgeschichte" (Topitsch, 1998b).

Europa zurückgekehrt war. Österreichische Freunde wollten Brecht gern am Wiener Burgtheater sehen, auch die Leitung eines neuen Salzburger Festspiels war im Gespräch. Das scheiterte allerdings an der Politik konservativer Kreise (siehe auch: Mittenzwei, 1986, S. 265 ff.). Wie auch immer: Brecht bot Feyerabend eine Stelle als Assistent in Berlin an. Feyerabend sagte ab und blieb in Wien.

Walter Hollitscher (1911–1986) hat 1934 bei Moritz Schlick und Robert Reininger zu „Gründe und Ursachen des Streites um das Kausalprinzip in der Quantenphysik" promoviert und sich anschließend in Psychoanalyse ausbilden lassen. Als Mitglied der Kommunistischen Partei Österreichs musste er 1938 emigrieren. Er ging nach Großbritannien und arbeitete dort bis 1945 als Psychoanalytiker. Im selben Jahr kehrte er nach Wien zurück und wurde zunächst Mitarbeiter in der Volksbildung. Mit der Unterstützung des kommunistischen Politikers Ernst Fischer erhielt Hollitscher 1949 einen Lehrauftrag mit anschließendem Ruf auf eine Professur für Logik und Erkenntnistheorie an der Humboldt-Universität zu Berlin. Nach der Veröffentlichung seines Buches „Naturphilosophie" im Jahre 1953 wurde er von der Staatssicherheit verhaftet und nach Österreich ausgewiesen. 1965 wurde die Ausweisung zurückgenommen und Hollitscher erhielt eine „ordentliche Gastprofessur" für philosophische Fragen der Naturwissenschaften an der Leipziger Universität (Pasternack, 2016, S. 178).

Es ist gut möglich, dass die Schriftstellerin Ingeborg Bachmann ab 1948 ebenfalls an den Sitzungen des „Kraft-Kreises" teilgenommen hat. 1950 promovierte sie bei Viktor Kraft mit einer Arbeit über „Die Aufnahme der Existenzphilosophie Martin Heideggers" (Eberhardt, 2020, S. 5). Joseph McVeigh (2016, S. 49) meint, Ingeborg Bachmann und Paul Feyerabend seien Freunde gewesen und gemeinsam ausgegangen. In „Zeitverschwendung" erwähnt Paul Feyerabend die Bachmann allerdings nicht.

Beide teilten das große Interesse an der Sprachphilosophie Ludwig Wittgensteins. Im Frühjahr 1951 versuchte Ingeborg Bachmann, Wittgenstein in Cambridge zu treffen, und Paul Feyerabend bemühte sich, mit einem Stipendium vom British Council bei Wittgenstein studieren zu können. Beider Versuche waren indes vergeblich. Ludwig Wittgenstein starb am 29. April 1951. Von Wittgenstein konnten sie dennoch nicht lassen. Ingeborg Bachmann wird sich an der Sprachauffassung reiben, die der frühe Wittgenstein im „Tractatus logico-philosophicus" vertritt (z. B. Bachmann, 1993a, b; Original 1953).

Paul Feyerabend kehrte immer wieder zu Wittgenstein zurück, rezensierte die posthum erschienenen „Philosophischen Untersuchungen" (Feyerabend, 1955); er wird sich auf Wittgenstein berufen und wissenschaftliche Systeme als solche ablehnen (Feyerabend, 1986, S. 380; Original: 1975) und Sympathien für Wittgensteins Pragmatismus entwickeln (Feyerabend, 2005, S. 102).

Zwei Jahre vor Wittgensteins Tod gelang es Feyerabend mit Unterstützung durch Elisabeth Anscombe den Sprachphilosophen, der sich gerade in Wien aufhielt, in den „Kraft-Kreis" einzuladen. Er „[…] kam über eine Stunde zu spät […] Er sprach ausführlich, was man sieht, wenn man durch ein Mikroskop schaut. Das sind Dinge, die wirklich zählen, wollte er damit wohl sagen, und nicht abstrakte Betrachtungen über Beziehungen von »Elementarsätzen« und »Theorien«" (Feyerabend, 1995, S. 106). Damit hatte Wittgenstein, wenn er es so gesagt haben sollte, Feyerabends Nerv getroffen. Im Dezember 1951 verteidigte Feyerabend seine Dissertation. Sie trägt den Titel „Zur Theorie der Basissätze" (Feyerabend, 1951). Gutachter waren Viktor Kraft sowie der Philosoph und Literaturhistoriker Friedrich Kainz.

Abstraktes sieht man bekanntlich nicht, man kann es denken, malen, in Zahlen oder in Sätzen ausdrücken bzw. anders visualisieren. Liebe, Glück und Trauer an sich sind abstrakte Wörter. Wissenschaftliche Theorien sind ebenfalls mehr oder weniger abstrakt. Wäre es dann nicht schön, wenn es ganz einfache und beobachtbare Sachverhalte gäbe, die, wenn man sie in einem sprachlichen Satz ausdrückt, das bezeichnen, was man mit Liebe, Glück etc. meint bzw. worauf man eine wissenschaftliche Theorie begründen kann. Mit diesem Problem hatte sich auch Wittgenstein bereits im „Tractatus logico-philosophicus" (Wittgenstein, 1963; Original: 1922) beschäftigt, also nicht mit Liebe und Glück, sondern mit dem Verhältnis von Sachverhalten, einfachen Sätzen und der Welt.

Elementarsätze nennt Wittgenstein (Wittgenstein, 1963, 1.21) die kleinste semantische Einheit, mit der ein Sachverhalt sprachlich ausgedrückt werden kann. Elementarsätze können entweder falsch oder wahr sein. Alltagssätze, wie jene über Liebe, Glück und Trauer, oder wissenschaftliche Sätze, wie „Die Erde dreht sich um die Sonne", müssten sich nach Wittgenstein, auf solche Elementarsätze zurückführen und auf Wahrheit prüfen lassen.

Leider gibt Wittgenstein kein Beispiel für einen solchen Elementarsatz an. Das ist an dieser Stelle allerdings ebenso wenig von Bedeutung wie die wissenschaftliche Wende, die Wittgenstein später vollzog. Viel wichtiger dürfte sein, dass die Koryphäen des Wiener Kreises die Wittgensteinschen Elementarsätze zum Anlass nahmen, um nach Kriterien zu suchen, mit denen der Sinn wissenschaftlicher Aussagen festgestellt werden kann und zwar „[…] durch logische Analyse, genauer: durch Rückführung auf einfachste Aussagen über empirisch Gegebenes"

(Verein Ernst Mach, 2006, S. 12; Original: 1929). Über den Namen dieser einfachsten, auf Sinnesdaten beruhenden Aussagen waren sich die Kreisteilnehmer nicht immer einig. Moritz Schlick und Rudolf Carnap nennen sie Fundamental- oder Beobachtungssätze, Otto Neurath Protokollsätze. Popper spricht in „Logik der Forschung" von Basissätzen und will sich nicht nur begrifflich abgrenzen, sondern nimmt durch sein Falsifikationsprinzip auch kontroverse inhaltliche Positionen zu den sprachphilosophischen Kreisbewegungen ein. Kein singulärer Satz, kein Beobachtungs- oder Basissatz könne die Wahrheit einer Theorie bestätigen. „Es gibt keine reinen Beobachtungen: sie sind mit Theorien durchsetzt..." (Popper, 2005, S. 89; Original: 1934). Paul Feyerabend übernimmt in seiner Dissertation die Formulierung vom Basissatz und auch sonst scheint er mit der Popperschen Sicht auf die Logik der Forschung zu sympathisieren. Basissätze, so Feyerabend, unterscheiden sich nicht von anderen Sätzen der Wissenschaft. Sie seien weder sicherer, noch weniger sicher als diese. Auch abweichende Beobachtungen könnten einen Basissatz nicht widerlegen. Dazu bedürfe es einer anderen Theorie, „[…] die dem fraglichen Satz seine Bedeutung verleiht" (Feyerabend, 1951, S. 84). Die Skepsis gegenüber Basissätzen, dem logischen Empirismus und die Relevanz alternativer Theorien wird auch in Feyerabends späteren Arbeiten immer wieder aufleuchten.[4]

Nach dem erfolgreichen Abschluss seiner Dissertation im Jahre 1951 bewarb sich Feyerabend – wie erwähnt – beim British Council für ein Stipendium, um in England seine Studien fortzusetzen. Da Wittgenstein bereits verstorben war, ging Feyerabend zu Popper an die London School of Economics and Political Science.

Zuvor hatte er sich nicht nur als junger Wissenschaftler einen Namen gemacht. Er hat auch das kulturelle Leben in Wien genossen. Ab 1947/1948 nahm er wieder Gesangsstunden, sang später Partien aus Stücken von Verdi, Puccini und Bizet und soll eine ausgezeichnete Tenorstimme gehabt haben. Er besuchte Theateraufführungen, ging ins Kino und liebte die Frauen. Bereits bei seinem ersten Aufenthalt in Alpbach im August 1948 lernte Paul Feyerabend Edeltrud (Jaqueline) kennen. Sie heirateten im selben Jahr und ließen sich bald wieder scheiden. „Ich liebte Edeltrud, aber ich wurde immer wieder von gut gekleideten und delikat geschminkten Damen abgelenkt, die auf Kongressen ein Fluidum von Schönheit, Eleganz und Verruchtheit verbreiteten" (Feyerabend, 1995, S. 111). Viermal wird Feyerabend in seinem Leben heiraten; 1989 seine große Liebe, Grazia Borrini.

---

[4] „Heute ist der Begriff Basissatz in der Wissenschaftsphilosophie wenig gebräuchlich, man spricht stattdessen eher von Beobachtungssätzen. Auch Popper wählte in späteren Werken die Bezeichnung Beobachtungssatz oder Prüfsatz" (Gadenne, 2019, S. 304).

Literatur

Austria-Forum. (2022). https://austria-forum.org/af/AustriaWiki/Ernst_Topitsch. Zugegriffen: 10. Mai 2023.

Bachmann, I. (1993a; Original 1953). Sagbares und Unsagbares – Die Philosophie Ludwig Wittgensteins. In *Werke, Band 4, Essays, Reden, vermischte Schriften*, herausgegeben von Christine Koschel, Inge von Weidenbaum & Clemens Münster. Piper.

Bachmann, I. (1993b; Original 1954). Ludwig Wittgenstein – Zu einem Kapitel der jüngsten Philosophiegeschichte. In *Werke, Band 4, Essays, Reden, vermischte Schriften*, herausgegeben von Christine Koschel, Inge von Weidenbaum & Clemens Münster. Piper.

Eberhardt, J. (2020). Existentialphilosophie und Existentialismus. In: M. Albrecht & D. Göttsche (Hrsg.), *Bachmann-Handbuch*. J. B. Metzler.

Evangelisches Museum Österreich. https://museum.evang.at/persoenlichkeiten/hans-thirring/hans-thirring-physiker-und-pazifist/. Zugegriffen: 10. Mai 2023.

Feyerabend, P. K. (1951). *Zur Theorie der Basissätze. Dissertation.* Universität.

Feyerabend, P. K. (1955). Wittgenstein's Philosophical investigations. *The Philosophical Review, 64*(3), 449–483.

Feyerabend, P. K. (1986). *Wider den Methodenzwang.* Suhrkamp.

Feyerabend, P. K. (1995). *Zeitverschwendung.* Suhrkamp.

Feyerabend, P. K. (2005). *Die Vernichtung der Vielfalt. Ein Bericht, herausgegeben von Peter Engelmann.* Passagen Verlag.

Gadenne, V. (2019). Karl Poppers Basissätze und Bewährung. In G. Franco (Hrsg.), *Handbuch Karl Popper* (S. 303–319). Springer VS.

Gedenkbuch Universität Wien. https://gedenkbuch.univie.ac.at/page. Zugegriffen: 15. März 2023.

Geschichte der Universität Wien a. https://geschichte.univie.ac.at/de/artikel/die-entnazifizierung-der-professorenschaft-der-universitat-wien. Zugegriffen: 10. Mai 2023.

Geschichte der Universität Wien b. https://geschichte.univie.ac.at/de/artikel/der-wiener-kreis. Zugegriffen: 10. Mai 2023.

Kraft, A., & Sachse, C. (2019). The Pugwash conferences on science and world affairs: Vision, rhetoric, realities. In A. Kraft & C. Sachse (Hrsg.), *Science, (anti-)communism and diplomacy* (S. 1–39). Brill Academic Publishers.

Kuby, D. (2010). Paul Feyerabend in Wien 1946–1955. Das Österreichische College und der Kraft Kreis. In Benedikt, M., Knoll, R., Schwediauer, F. & Zehetner, C. (Hrsg.), *Auf der Suche nach authentischem Philosophieren. Philosophie in Österreich 1951–2000. Verdrängter Humanismus –verzögerte Aufklärung.* (S. 1041–1056). Facultas. wuv.

McVeigh, J. (2016). *Ingeborg Bachmanns Wien 1946–1953.* Suhrkamp.

Mittenzwei, W. (1986). *Das Leben des Bertolt Brecht, Band II.* Aufbau.

Pasternack, P. (2016). *Die DDR-Gesellschaftswissenschaften post mortem: Ein Vierteljahrhundert Nachleben (1990–2015).* Berliner Wissenschaftsverlag.

Popper, K. (2005, 11. Aufl.; Original: 1934). *Logik der Forschung.* Mohr Siebeck.

Popper, K. R. (2012). *Ausgangspunkte. Meine intellektuelle Entwicklung, heraus gegeben von Manfred Lube.* Mohr Siebeck.

Stadler, F. (2006). Paul Feyerabend – Ein Philosoph aus Wien. In F. Stadler & K. R. Fischer (Hrsg.), *Paul Feyerabend. Ein Philosoph aus Wien.* Springer.

Topitsch, E. (1986). *Stalins Krieg. Die sowjetische Langzeitstrategie gegen den Westen als rationale Machtpolitik* (2. Aufl.). Olzog.

Topitsch, E. (1998a). Wider ein Reich der Lüge. In R. Uhle-Wettler (Hrsg.), *Wagnis Wahrheit*. Arndt.

Topitsch, E. (1998b). Die dunkle Seite des Mondes: Gedanken zur „Schuldfrage ". *Archiv für Kulturgeschichte, 80*(2), 453–484.

Verein Ernst Mach. (2006, Original: 1929). *Wiener Kreis. Texte zur wissenschaftlichen Weltauffassung von Rudolf Carnap, Otto Neurath, Moritz Schlick, Philipp Frank, Hans Hahn, Karl Menger, Edgar Zilsel und Gustav Bergmann*, herausgegeben von Michael Stöltzner & Thomas Uebel. Felix Meiner.

Wittgenstein, L. (1963; Original: 1922). *Tractatus logico-philosophicus: Logisch-philosophische Abhandlung*. Suhrkamp.

Zimmer, R. (2019). Karl Poppers intellektuelle Biographie. In G. Franco (Hrsg.), *Handbuch Karl Popper* (S. 3–21). Springer VS.

London, Wien, wissenschaftliche Perspektiven und eine Liebe in Bristol

> „Popper ist kein Philosoph, er ist ein Pedant – deshalb lieben ihn die Deutschen so" (Feyerabend, 1992, S. 12; Original: 1989).

Im Herbst 1952 wechselte Feyerabend für ein Forschungsjahr nach London. Er hörte Vorlesungen bei Popper und besuchte dessen Seminare. Er traf Elisabeth Anscombe wieder, die er im „Kraft-Kreis" kennengelernt hatte. Joseph (Joske) Agassi, 1927 in Jerusalem geboren und 2023 verstorben, später als Professor für Philosophie u. a. in Tel Aviv, Hongkong und Boston tätig, wurde, wie Feyerabend schreibt (1995, S. 131), „fast" sein Freund. Agassi war ein überzeugter Popperianer[1] und drängte auch Feyerabend, sich offener für Poppersche Ideen stark zu machen. Feyerabend weigerte sich, den Falsifikationismus wie ein Sakrament zu behandeln und rezensierte lieber die „Philosophischen Untersuchungen" von Wittgenstein, ging ins Theater und setzte seine Gesangsstunden fort.

Im Sommer 1953 lief Feyerabends Stipendium für den Aufenthalt an der London School of Economics aus. Popper beantragte eine Verlängerung, bekam aber eine Absage, sodass Feyerabend im Sommer 1953 nach Wien zurückkehrte. Auf der Suche nach Arbeit und Lohn schrieb er dort u. a. mehrere Artikel und Rezensionen (z. B. Feyerabend, 1954), einen Bericht über das wissenschaftliche Leben

---

[1] In den 1980er Jahren äußerte sich Agassi – als israelischer Staatsbürger – auch kritisch gegenüber der israelischen Siedlungspolitik und plädierte für eine stärkere Trennung von Staat und Religion (Agassi, 1984).

© Der/die Autor(en), exklusiv lizenziert an Springer Fachmedien Wiesbaden GmbH, ein Teil von Springer Nature 2024
W. Frindte, *Wider die Borniertheit und den Chauvinismus – mit Paul K.*
Feyerabend durch absurde Zeiten, https://doi.org/10.1007/978-3-658-43713-8_5

im Nachkriegsösterreich (Feyerabend, 1955) und übersetzte Poppers „The Open Society and its Enemies" ins Deutsche (Popper, 2003; Original: 1945).

In dem 1954 publizierten Artikel mit dem Titel „Physik und Ontologie" (Feyerabend, 1954) wird – vielleicht zum ersten Mal in dieser Ausführlichkeit – Feyerabends Interesse an Themen der griechischen Antike deutlich. Die antiken Dichter und Philosophen werden ihn bis zu seinem Lebensende begleiten. Auch der Kritische Rationalismus im Allgemeinen und der Falsifikationismus im Besonderen werden ihn nicht loslassen, allerdings weniger aus Sympathie, wie noch zu zeigen sein wird.

Von 1953 bis 1954 übernahm Feyerabend eine Assistentenstelle bei Arthur Pap (1921–1959), der auf Empfehlung von Viktor Kraft für ein akademisches Jahr als Fulbright-Dozent an die Wiener Universität gekommen war. Pap wurde in der Schweiz geboren und studierte zunächst Philosophie und Literatur an der Universität Zürich. Zu Beginn des Zweiten Weltkrieges floh er mit seiner jüdischen Familie in die USA. Dort setzte er sein Philosophiestudium an der Yale Universität sowie der Columbia Universität fort und promovierte 1945 bei Ernst Cassirer und Ernest Nagel zu erkenntnistheoretischen Problemen in der Physik. In Wien hielt Pap Vorlesungen zur Analytischen Erkenntnistheorie, die er später mithilfe Feyerabends auch als Buch veröffentlichte (Pap, 1955).

Feyerabend war also gut beschäftigt, bekam auch hin und wieder Honorare für seine Aufsätze und er sang wieder. Zwischendurch „[…] besuchte (er) einige Damen der Gesellschaft, wenn ihre Ehemänner nicht zu Hause waren" (Feyerabend, 1995, S. 137).

Als Popper ihm 1954 mitteilte, er habe die finanziellen Mittel bewilligt bekommen, um Feyerabend eine Assistentenstelle in London anbieten zu können, sagte Feyerabend ab. Er tat es in einem Brief an Popper vom Oktober 1954 auch mit dem Hinweis auf seine momentane Gesangsausbildung und die Möglichkeit, am Wiener Konzerthaus eine Solopartie in dem Opernfragment „Manuel Venegas" von Hugo Wolf übernehmen zu können (Kuby, 2010, S. 184). Nachweisbar ist Feyerabends aktive Teilnahme als Tenor an Schülerkonzerten im Wiener Konzerthaus, so am 23. Juni 1955 (Wiener Konzerthaus, 1955, online).

Das Interesse an der Philosophie indes blieb. Er bewarb sich mit Referenzen von Popper und Erwin Schrödinger auf verschiedene Stellen in Australien, Oxford und in Bristol. An der Universität von Bristol wurde er angenommen und erhielt eine auf drei Jahre befristete Stelle als Dozent für Wissenschaftsphilosophie. „Damit begann das, was als meine akademische Karriere bekannt ist" (Feyerabend, 1995, S. 137). Er las Werke von und über Kant oder über die Quantenmechanik sowie deren mathematische Fundierung, auch Krimis, und manch anderes. Er schrieb Rezensionen, wissenschaftliche Artikel, zum

Beispiel zur Quantentheorie der Messung (Feyerabend, 1957a), über die Analytische Philosophie (Feyerabend, 1957b) oder über die realistische Interpretation von Erfahrungen. Im Beitrag „An attempt at a realistic interpretation of experience" (Feyerabend, 1958), den Preston (2002) für die vielleicht wichtigste Publikation des „frühen" Feyerabend hält, übt er Kritik am Wiener Kreis und am Positivismus, noch ganz im Geiste Poppers: „[...] the interpretation of an observation-language is determined by the theories which we use to explain what we observe, and it changes as soon as those theories change" (1958, S. 163)[2]. Die Verhältnisse zwischen Empirie, wissenschaftlicher Theorie und deren Begründung, jene Themen, die bereits in seiner Dissertation im Mittelpunkt standen, ließen ihn also nicht los.

Seine Lehrveranstaltungen über Wissenschaftstheorie brachte er mit Unterstützung von Joseph Agassi gut über das Katheder. Die Vorlesungen über Quantentheorie hingegen waren anfangs wohl nicht sonderlich fesselnd. Dafür kamen seine Vorträge zum Beispiel über die Quantentheorie der Messung bei den Treffen in Alpbach 1955 und 1956 oder auf dem 9. Symposium der Colston Research Society im April 1957 in Bristol – nach eigener Bekundung – offenbar besser an (Feyerabend, 1995, S. 147 f.). In dieser Zeit lernte Feyerabend auch die Philosophen und Physiker Philipp Frank und David Bohm kennen und schätzen. Frank machte Feyerabend u. a. am Beispiel von Galileis Trägheitsgesetz darauf aufmerksam, dass Theorien nicht selten im Widerspruch zu rationalen Regeln entwickelt werden. David Bohm hat vielleicht einen noch größeren Einfluss auf Feyerabend ausgeübt. Er dürfte Bohm im April 1957 auf besagtem Symposium das erste Mal getroffen haben (Kožnjak, 2018).

David Bohm wurde 1917 im US-Staat Pennsylvania geboren, studierte Physik am California Institute of Technology bei Robert Oppenheimer, bei dem er 1943 an der University of California in Berkeley promovierte. Später arbeitete er u. a. mit Albert Einstein an der Princeton University. Nachdem er sich geweigert hatte, vor dem „Komitee für unamerikanische Umtriebe" gegen seine Kollegen, denen man Sympathien für den Kommunismus vorwarf, auszusagen, wurde er 1950 zunächst festgenommen und bald wieder entlassen. Er ging nach Brasilien, erhielt dort eine Professur und arbeitete dann von 1955 bis 1957 zunächst als Dozent und bald als Professor am

---

[2] In der deutschen Übersetzung: „Die Interpretation einer Beobachtungssprache wird durch die Theorien bestimmt, die wir verwenden, um zu erklären, was wir beobachten, und sie ändert sich, sobald sich die Theorien ändern" (Feyerabend, 1978, S. 18).

Technion in Haifa. Von 1957 bis 1961 war er Research Fellow an der Universität Bristol, anschließend Professor an der University of London. David Bohm starb 1992 in London (vgl. auch: Olival Freire, 2019).

Es mag Bohms alternative Sicht auf die Quantenmechanik gewesen sein sowie die ablehnenden Reaktionen, mit denen die etablierte Gemeinschaft der Quantenphysiker alternative Ansätze, einschließlich des Bohmschen, dogmatisch zurückwies, was Feyerabend aufmerksam werden ließ. Das Bohmsche Argument, alternative Theorien, wie auch immer sie zunächst beschaffen sind, nie auszuschließen, hinterließen letztlich ihre Spuren in den pluralistischen Auffassungen des späten Paul Feyerabend (siehe auch: Van Strien, 2020).

Anregungen gab es also genug in Bristol. Und doch schien sich Feyerabend zu langweilen. Da halfen offenbar auch die Theaterbesuche im Bristol Old Viv nicht viel. Seine Kriegsverletzungen meldeten sich ebenfalls zurück. Er nahm Schmerzmittel in hohen Dosen.

Und dann lernte er seine zweite Frau kennen. Mary O'Neill war eine seiner Studentinnen. Es muss eine große Liebe gewesen sein und ein großes Fest, als sie 1956 heirateten. Indes die Liebe und die Ehe hielten nicht lange an. „Nachdem ich drei Jahre in Bristol verbracht hatte, lud man mich 1958 ein, ein Jahr an der University of California in Berkeley zu verbringen. Die Einladung kam gerade zur rechten Zeit. Mary hatte mich verlassen" (Feyerabend, 1995, S. 150).

Literatur

Agassi, J. (1984). *Liberal nationalism for Israel: Towards an Israeli national identity*. Gefen Publishing.

Feyerabend, P. K. (1954). Physik und Ontologie. *Wissenschaft und Weltbild. Monatszeitschrift für alle Gebiete der Forschung, 7*(11–12), 464–476.

Feyerabend, P. K. (1955). *Humanities in Austria: A report on postwar developments*. Library of Congress Reference Department.

Feyerabend, P. K. (1957a). Zur Quantentheorie der Messung. *Zeitschrift für Physik, 148*(5), 551–559.

Feyerabend, P. K. (1957b). Die analytische Philosophie und das Paradox der Analyse. *Kant-Studien, 49*, 238–244.

Feyerabend, P. K. (1958). An attempt at a realistic interpretation of experience. *Proceedings of the Aristotelian Society, 58*, 143–170.

Feyerabend, P. K. (1978). *Der wissenschaftstheoretische Realismus und die Autorität der Wissenschaften*. Vieweg & Sohn.

Feyerabend, P. K. (1992; Original: 1989). *Über Erkenntnis. Zwei Dialoge.* Campus.

Feyerabend, P. K. (1995). *Zeitverschwendung.* Suhrkamp.

Kožnjak, B. (2018). The missing history of Bohm's hidden variables theory: The Ninth Symposium of the Colston Research Society, Bristol, 1957. *Studies in History and Philosophy of Science Part B, 62,* 85–97.

Kuby, D. (2010). *„Rational zu sein war damals für uns eine Lebensfrage".* Studien zu Paul Feyerabends Wiener Lehrjahren. Universität Wien.

Olival Freire, J. (2019). *David Bohm. A life dedicated to understanding the quantum world.* Springer Nature Switzerland.

Pap, A. (1955). *Analytische Erkenntnistheorie. Kritische Übersicht über die neueste Entwicklung in USA und England.* Springer Verlag.

Popper, K. R. (2003; Original: 1945). *Die offene Gesellschaft und ihre Feinde. Gesammelte Werke* (Bd. 6). Mohr Siebeck.

Preston, J. (2002). "Paul Feyerabend". The Stanford encyclopedia of philosophy (Summer 2002 Edition). http://plato.stanford.edu/archives/sum2002/entries/feyerabend; Zugegriffen: 14. Jan. 2023.

Van Strien, M. (2020). Pluralism and anarchism in quantum physics: Paul Feyerabend's writings on quantum physics in relation to his general philosophy of science. *Studies in History and Philosophy of Science Part A, 80,* 72–81.

Wiener Konzerthaus – Schülerkonzerte Anton Tausche, 1955. https://konzerthaus.at/konzert/eventid/21429. Zugegriffen: 13. Febr. 2023.

Jahre in Berkeley und anderswo 6

> „Amerika war das erste Land, das mir eine vage
> Vorstellung von dem gab, was eine Kultur sein könnte.
> Und mit amerikanischer Kultur meine ich nicht Thoreau,
> Dewey, James, Stevens oder Henry Miller, sondern
> Varieté, Musicals, Ringkampf, Seifenopern: kurz Shows
> und Boulevard. (Später kam in meinen Augen die
> kulturelle und rassische Vielfalt hinzu; einer der Gründe,
> weshalb ich nicht nach Europa zurückkehrte, war die
> Einfarbigkeit der Europäer.)" (Feyerabend, 1995a, S.
> 153).

Paul Feyerabend kam im September 1958 als Gastdozent nach Berkeley. Die
Einladung war zunächst auf ein Jahr begrenzt. Danach bot ihm die University
of California in Berkeley eine Festanstellung an. 1960 nahm er diese Stelle an
und lehnte dafür ein Stipendium sowie eine Stelle am Minnesota Center for the
Philosophy of Science ab. Das Minnesota Center, das von Herbert Feigl 1953
gegründet wurde, hatte Feyerabend bereits vorher – während eines Freisemes-
ters – kennen- und schätzen gelernt. Auch später wird er regelmäßig dort zu Gast
sein, mit Feigl, Grover Maxwell[1], Paul Meehl[2] und manch anderen diskutieren
(Hoyningen-Huene, 1997).

---

[1] Grover Maxwell (1918–1981) war zu dieser Zeit der zweite Mann hinter Herbert Feigl am
Minnesota Center.

[2] Paul E. Meehl (1920–2003), den Feyerabend Jahre später in einem Brief vom Juni 1987 an
Hans Peter Duerr einen „alten Freund" nennen wird (Feyerabend, 1995b, S. 265), arbeitete
an der University of Minnesota als Psychologieprofessor. Er war Anhänger des Kritischen

© Der/die Autor(en), exklusiv lizenziert an Springer Fachmedien Wiesbaden   37
GmbH, ein Teil von Springer Nature 2024
W. Frindte, *Wider die Borniertheit und den Chauvinismus – mit Paul K.*
Feyerabend durch absurde Zeiten, https://doi.org/10.1007/978-3-658-43713-8_6

Der Philosoph und Wissenschaftstheoretiker Thomas Kuhn (1922–1996) lehrte seit 1956 ebenfalls in Berkeley. Als Feyerabend dort ankam, arbeitete Kuhn gerade an seinem großen Werk „Die Struktur wissenschaftlicher Revolutionen" (Kuhn, 1967; Original: 1962).

Von Thomas Kuhn stammen bekanntlich nicht nur Begriffe wie *Paradigma* und *Paradigmenwechsel* oder die Unterscheidung von Normalwissenschaft und wissenschaftlichen Revolutionen. Auch der Begriff *Scientific Community* geht auf Kuhn zurück. Allerdings hat er sich dabei von Ludwik Fleck inspirieren lassen. Von Ludwik Fleck stammt das Buch „Entstehung und Entwicklung einer wissenschaftlichen Tatsache", das eigentlich zu den Klassikern der Wissenschaftstheorie gehören müsste (Fleck, 1993; Original: 1935). Fleck fand mit seinem deutschsprachigen Buch im Deutschland des Nationalsozialismus allerdings kein großes Publikum. Nach Aufenthalt im Lwówer Ghetto und Überlebenskampf in Auschwitz und Buchenwald starb Fleck fast vergessen 1961 in Israel. Erst durch einen knappen Hinweis von Thomas S. Kuhn im Vorwort zu „Structure of Scientific Revolutions" stießen aufmerksame Leser*innen wieder auf das Buch von Fleck und auf dessen Ideen. Kuhn hat sich, nicht zuletzt durch die Lektüre des Fleckschen Buches, dann bekanntlich für den Begriff *Scientific Community* stark gemacht und damit die wissenschaftliche Gemeinschaft als Netzwerk, dessen Mitglieder mehr oder weniger übereinstimmende wissenschaftliche Sichtweisen (Paradigmen) teilen, betont. Auch für Paul Feyerabend dürfte Ludwik Fleck kein Unbekannter gewesen sein (z. B. Feyerabend, 1987, S. 76).

Wie Paul Hoyningen-Huene (2002, S. 62 f.) schreibt, habe sich Feyerabend zu dieser Zeit in wissenschaftlichen Kreisen bereits einen Namen als kenntnisreicher Philosoph der Physik gemacht. Kuhn hingegen sei nur im engen Kreis der Wissenschaftshistoriker bekannt gewesen. Dass Kuhn im Verlaufe der 1960er Jahre auch als Philosoph Rang und Namen bekam, habe auch an Feyerabend gelegen.

In Berkeley und auch später noch haben Feyerabend und Kuhn nicht nur heftig miteinander gestritten, sondern sich auch gegenseitig inspiriert. Mehr oder weniger einig waren beide in ihren Vorbehalten gegenüber dem logischen Empirismus. Den von Kuhn eingeführten Begriff der *Normalwissenschaft* lehnte Feyerabend indes lange ab. „Der Grund für die Abneigung gegen Kuhns normale Wissenschaft ist deren dogmatisches oder quasi-dogmatisches Moment, das Kuhn selbst explizit herausstellt" (Hoyningen-Huene, 2002, S. 71). In der Phase der Normalwissenschaft konzentriere sich eine Scientific Community auf ein etabliertes wissenschaftliches Paradigma, mit dem eben relativ dogmatisch die Regeln zur

---

Rationalismus und gehört zu Wegbereitern der Anwendung statistischer Verfahren in der psychologischen Forschung (Meehl, 1989); siehe auch *Kap. 12* dieses Buches.

Lösung wissenschaftlicher Probleme vorgegeben werden. Für Feyerabend, der Anfang der 1960er Jahre noch stark unter dem Einfluss des Kritischen Rationalismus im Sinne Poppers stand, ist ein solcher Dogmatismus einerseits ein Greuel, weil damit der kritische Umgang mit alternativen Theorien unterdrückt werde. Andererseits dürften ihm mit seiner „[...] fast instinktiven Aversion gegen Gruppendenken" (Feyerabend, 1995a, S. 101) die dogmatischen oder quasi-dogmatischen Strukturen in der Scientific Community nicht unbekannt sein.[3] Zumindest hat er sich bis Ende der 1960er Jahre fleißig an den Sprachspielen der Popperianer beteiligt (vgl. auch: Hoyningen-Huene, 2002, S. 79).

Thomas Kuhn, der seinen Paradigmenbegriff mehrfach modifiziert und später von „disziplinärer Matrix" (disciplinary matrix) spricht (Hoyningen-Huene, 1989, S. 142), beschreibt in „Die Struktur wissenschaftlicher Revolutionen" ein Paradigma als wissenschaftliche Errungenschaft („scientific achievements"), aus der sich theoretische und methodische Maßstäbe sowie erkenntnisleitende Werte (Genauigkeit, Konsistenz, theoretische Einfachheit, Grenzen der Anwendbarkeit etc.) für die Problemlösungen in einer Scientific Community ergeben, die für die Mitglieder der Gemeinschaft weitgehend bindend und für die weitere Forschung richtungsweisend sind. Kuhn betont damit auch die sozial-normativen Komponenten in der Arbeit von Wissenschaftlergemeinschaften, eben das, was Paul Feyerabend als dogmatisches Element in Kuhns Konzeption ansah.

Nicht immer einig waren sich Feyerabend und Kuhn auch über den Begriff der *Inkommensurabilität*. Kuhn führte ihn 1962 in „Die Struktur wissenschaftlicher Revolutionen" ein; Feyerabend nutzt den Begriff erstmals ebenfalls 1962 (Feyerabend, 1962).[4] Ohne auf die Differenzen zwischen den Auffassungen der

---

[3] Im englischsprachigen Original seiner Autobiographie verwendet Feyerabend für *Gruppendenken* den Begriff *group thinking* (Feyerabend, 1994, S. 73). Es ist nicht ganz abwegig zu vermuten, dass er dabei auch an den von Irving Janis eingeführten Begriff gedacht haben könnte. Janis hat zehn Jahre nach der Kuba-Krise aus dem Jahre 1962 die damals angefertigten Sitzungsprotokolle des Kennedy-Stabes analysiert und stieß dabei auf gruppenspezifische Interaktions- und Kommunikationsmuster, die auf eine extreme Kommunikationsverdichtung, eben das group thinking, im Kennedy-Stab verwiesen. Dabei handelte es sich u. a. um ein irreales Wir-Gefühl, Illusionen der Unverwundbarkeit und um eine dogmatische Unterdrückung abweichender Meinungen (Janis, 1972).

[4] An verschiedener Stelle erwähnt Feyerabend allerdings, dass er seine Idee von Inkommensurabilität bereits im Winter 1952/53 in einem Seminar bei Popper bzw. in Oxford im Hause von Elizabeth Anscombe vorgetragen habe (Feyerabend, 1980, S. 227; 1986, S. 374).

beiden Protagonisten ausführlich einzugehen, lässt sich vielleicht so viel sagen:
Wissenschaftliche Theorien, die einander ablösen bzw. konkurrieren, arbeiten in
der Regel nicht mit den gleichen Begriffen und sind deshalb nicht (oder nur
bedingt) vergleichbar. Kein Begriff der einen Theorie lasse sich in die Begriffe
der anderen Theorie übersetzen. Nach Feyerabend sei *Inkommensurabilität* von
konkurrierenden Theorien zwar ein seltener Fall und komme eigentlich nur
dann vor, wenn es sich um umfassende konkurrierende Theorien handele, etwa
die Quantenmechanik und die klassische Mechanik oder die Relativitätstheorie und die klassische Physik. Kuhns Begriff hingegen besitzt einen größeren
Anwendungsbereich (Hoyningen-Huene, 2002, S. 67).

Relativ einig dürften sich Feyerabend und Kuhn im Hinblick darauf gewesen sein, dass eine wissenschaftliche Theorie nur durch alternative Theorien
und nicht durch empirische Beobachtungen widerlegt werden kann. Die Wissenschaftsgeschichte hielten sie beide ebenfalls für wichtig. Paul Feyerabend hat in
seinen Arbeiten immer wieder auf wissenschaftlich interessante sowie mehr oder
weniger relevante historische Quellen und Fallstudien zurückgegriffen, um Kritik
an wissenschaftstheoretischen Vorstellungen, Vorgaben und Regeln zu üben. So
beschäftigte er sich u. a. mit den Vorsokratikern, den Sophisten, mit Aristoteles
oder Platon und den griechischen Mythen. Galileis Methoden und Argumentationen hatten es ihm besonders angetan (z. B. Feyerabend, 1970a), worauf noch
ausführlicher hinzuweisen ist. Und Thomas Kuhn beschreibt die Entwicklung von
Wissenschaft geradezu als historischen Prozess, in dem sich vorparadigmatische
Wissenschaft, Normalwissenschaft und wissenschaftliche Revolutionen einander
abwechseln. Für Alexander Bird (2008, S. 76) haben Thomas Kuhn und „Paul
Feyerabend in diesem Sinne ganz wesentlichen Anteil am sogenannten „Historical Turn in the Philosophy of Science", an der Wende zu einer historischen
Analyse und Betrachtung der Wissenschaftsphilosophie.

Es waren also keine langweiligen Zeiten, die Paul Feyerabend in den 1960er
Jahren in Berkeley verbracht hat. Er hielt Vorlesungen über Wissenschaftsphilosophie, gab Seminare, ging ins Kino, besuchte Theater und Opernaufführun-
gen, nahm seine Gesangsausbildung wieder auf, entdeckte seine Vorlieben für
Wrestling-Shows, heiratete ein drittes Mal und ließ sich wieder scheiden.

Die zwei Seelen, die scheinbar in seiner Brust wohnen, die Wissenschaftsphilosophie und der Gesang bzw. das Theaterspielen, entpuppten sich bald als
eng zusammengehörig. So vergleicht er beispielsweise die Wissenschaften und
die Künste, um die zunehmende Abgrenzung, Spezialisierung und Autonomie
gesellschaftlicher Bereiche zu kritisieren (Feyerabend, 1967a) oder analysiert das
„Theater des Absurden" von Eugène Ionesco, um zu zeigen, dass die Grenzen

zwischen Kunst und Wissenschaft fließende sein können und dass beide Gesellschaftsbereiche (ideologie-)kritisch sein müssen (Feyerabend, 1967b). Auf das Verhältnis von Kunst als Wissenschaft wird er später noch ausführlicher eingehen und nach einer historischen Analyse feststellen, dass Wissenschaften Künste sind, so, wie Künste Wissenschaft sein können (Feyerabend, 1984a, S. 78).

Ende der 1960er Jahre war Feyerabend, wie er schreibt, „[...] noch ein hoch gehandelter Markenartikel" (1995a, S. 173). Er erhielt Lehrstuhlangebote aus London, Berlin, Yale und aus Auckland. Die ersten drei Rufe nahm er an. Als es ihm zu kalt auf der Nordhalbkugel war, verbrachte er dann doch zwischen 1972 und 1974 einige Wintersemester in Auckland, Neuseeland. Das Georgia Institute of Technology in Atlanta bot ihm ebenfalls eine Stelle an. Aber auch da war es ihm zu kalt. Er bekam Heimweh nach Kalifornien und nahm bald seine dortige Stelle in Berkeley, die er zunächst gekündigt hatte, wieder an und pendelte nun zwischen London, Berlin[5], Yale und Berkeley. Das kam seiner Hyperaktivität, wie soll man es anders nennen, sicher sehr entgegen.

An der London School of Economics lernte Feyerabend den Mathematiker, Physiker und Wissenschaftstheoretiker Imre Lakatos kennen.

Imre Lakatos wurde am 9. November 1922 im ungarischen Debrecen als Imre Lipschitz geboren. Seine Mutter und seine Großmutter wurden in Auschwitz ermordet. Er beteiligte sich am Widerstand gegen den Nationalsozialismus. Um der Verfolgung und Ermordung zu entgehen, änderte er während der Besetzung Ungarns seinen Namen in Imre Molnár, um nach 1945 den Namen Imre Lakatos anzunehmen. Als Kommunist arbeitete er von 1949 bis 1950 im ungarischen Bildungsministerium, wurde dann wegen „revisionistischer" Tendenzen verhaftet und drei Jahre in ein Gefängnis gesperrt. Während des ungarischen Volksaufstand im Herbst 1956 flüchtet er nach Wien und später nach Großbritannien. In Cambridge promovierte er 1958 zur Logik mathematischer Entdeckungen. Von 1960 bis zu seinem Tode lehrte er an der London School of Economics and Political Science, wo er sich stark von Popper beeinflussen ließ (Worrall, 1974). Allerdings verwarf Lakatos Poppers „naiven" Falsifikationismus, d. h. jene Auffassung, nach der Theorien aufgegeben werden müssen, wenn sie falsifiziert, d. h. von experimentellen oder anderen empirischen Resultaten widerlegt werden. Eine Theorie kann nach Lakatos nur dann als falsifiziert betrachtet werden, wenn eine bessere, alternative Theorie vorhanden ist. Da ist er sich mit Feyerabend

---

[5] Die Berufung auf einen Lehrstuhl für Wissenschaftstheorie an der Freien Universität Berlin erfolgte nach einer Senatssitzung im Januar 1967 (Schwerma, 2015).

weitgehend einig. Lakatos raffinierter Falsifikationismus („sophisticated falsificationism", Lakatos, 1976, S. 182[6]) besagt, dass Theorien nie isoliert, sondern
nur im Rahmen größerer Forschungsprogramme, größerer Theoriensysteme, beurteilt werden können. Unter einem Forschungsprogramm versteht Lakatos keine
isolierte einzelne Theorie, sondern eine Folge von Theorien, die a) einen kon-
zeptionell akzeptierten indisponiblen „harten Kern" aufweisen, von dem nicht
abgewichen werden kann, soll das Forschungsprogramm aufrechterhalten werden
sowie b) eine „positive Heuristik", mit der Forschungsprobleme und Hypothesen
definiert und abweichende Befunde („Anomalien") im Sinne des Forschungspro-
gramms neu interpretiert und integriert werden können (Lakatos, ebd., S. 191).
Ein Forschungsprogramm im Sinne von Imre Lakatos unterscheidet sich vom
Kuhnschen Paradigmenbegriff insofern, als es eine relativ feste Struktur besitzt,
die rational beschrieben und diesbezüglich mit anderen Forschungsprogrammen
verglichen werden kann.

Nun rieb sich Feyerabend also an Lakatos. Sie wurden Freunde, die sich auch
lustvoll über den Kritischen Rationalismus streiten konnten.

„Imre und ich schrieben uns ständig Briefe, wo wir uns über unsere Affären,
über Ärger und Sorgen und die neuesten Idiotien unserer lieben Kollegen aus-
ließen. Wir unterschieden uns im Charakter, in unserer Weltanschauung und in
unseren Zielen, aber wir wurden wirklich gute Freunde. Ich war erschüttert und
ziemlich verärgert, als ich von seinem Tod erfuhr" (Feyerabend, 1995a, S. 178).

Imre Lakatos starb am 2. Februar 1974 im Alter von 52 Jahren. In einem
Nachruf würdigt ihn Feyerabend als faszinierende Persönlichkeit, herausragenden
Denker und besten Wissenschaftsphilosoph unseres seltsamen und unbequemen
Jahrhunderts (Feyerabend, 1975a, S. 1). Trotz aller Differenzen, etwa im Hinblick
auf die Existenz wissenschaftlicher Forschungsprogramme und deren Funktion,
waren Feyerabend und Lakatos in vielen Dingen einer Meinung, zum Beispiel
über die Grenzen des naiven Falsifikationismus im Sinne Poppers oder über die
Notwendigkeit, die Wissenschaftsgeschichte zu studieren, um zu erfahren, wie
sich (nach Lakatos) Forschungsprogramme entwickeln bzw. (nach Feyerabend)
ob scheinbare Abweichungen von etablierten Theorien nicht eher auf alternative Erklärungen verweisen. Nicht zuletzt dürften sich Lakatos und Feyerabend
auch deshalb geschätzt haben, weil beide über die zunehmende Irrationalität und
Ungerechtigkeit in dieser Welt besorgt waren (Feyerabend, 1975a, S. 2).

---

[6] Hans Rott (1994, S. 25) übersetzt „sophisticated falsificationism" ebenfalls mit „raffinierten
Falsifikationismus".

London, Berlin, Yale, Berkeley. In Berkeley und Berlin erlebte Feyerabend die politischen Studentenunruhen der 1960er Jahre, die Bürgerrechtsbewegungen und die Demonstrationen gegen den Vietnamkrieg.

Nachdem die Universitätsleitung die Aktivitäten der Bürgerrechtsbewegungen und jegliches politische Engagement auf dem Universitätscampus von Berkeley zu verbieten versuchte, etablierte sich dort 1964 die *Bewegung für Meinungsfreiheit* (Free Speech Movement), an der sich Feyerabend später ebenfalls aktiv beteiligte. Die Studierenden demonstrierten für das Recht auf Redefreiheit und besetzten Universitätsgebäude; es kam zu zahlreichen Festnahmen. Die Universitätsleitung musste letztlich nachgeben und die Verbote der politischen Tätigkeit auf dem Campus zurücknehmen. Im November 1965 begannen auf dem Campus die ersten großen Demonstrationen gegen den Vietnamkrieg. 1967 wurde Ronald Reagan, der spätere Präsident der USA, Gouverneur des Staates Kalifornien. Bereits in seinem Wahlkampf hatte er versucht, Geschichten über das Lotterleben der Studierenden in Berkeley zu verbreiten, von sexuellen Perversionen und Drogenmissbrauch zu raunen und versprochen, das „Chaos in Berkeley" zu bereinigen. Eine der ersten Amtshandlungen Reagans als Gouverneur war die Entlassung des Präsidenten der Universität. Nachdem im Mai 1969 Studierende einen in der Nähe des Campus liegenden Platz besetzten, um gegen den Nahostkonflikt zu demonstrieren, schickte Reagan über 2000 Soldaten der Nationalgarde nach Berkeley. Es kam zu gewalttätigen Auseinandersetzungen mit Studierenden. Ein Student starb, zahlreiche wurden verletzt (vgl. auch: Daub, 2022, S. 138 ff.). Man darf nicht vergessen: Ein Jahr zuvor, am 4. April 1968, wurde Martin Luther King ermordet und zwei Monate später, am 6. Juni, wurde auch Robert F. Kennedy Opfer eines Attentats.

In diesen Zeiten besprach Feyerabend in seinen Lehrveranstaltungen – nach eigenen Angaben (1995a, S. 167 ff.) – Arbeiten von Daniel Cohn-Bendit, Mao Tse-tung und Wladimir Iljitsch Lenin, diskutierte – in Berkeley – mit revolutionsbewegten People of Color über die Konflikte zwischen Weißen und Schwarzen und lud vietnamesische Studierende in seine Veranstaltungen ein, damit sie über ihr Land und den Widerstand gegen die US-amerikanische Invasion reden konnten.

Wenn er nicht gerade in London, Berlin, Yale oder Berkeley war, diskutierte und hielt er Vorträge auf Konferenzen in Salzburg, in Bellagio, Chicago, in Alpbach und anderswo. Dazwischen brach er sich ein Bein, kämpfte mit einem Gallenstein, hatte manche Affären, Liebeskummer und begann allmählich mit einer wissenschaftlichen Wende, sozusagen hin zum Feyerabend II, zu einem Feyerabend, der sich von Popper und dem Kritischen Rationalismus abnabelte. In einem Brief an seinen Freund, den Wissenschaftstheoretiker und Kritischen Rationalisten, Hans Albert schrieb Feyerabend im Dezember 1967 aus London: „Es gibt hier in London einige kritische Rationalisten, deren ganzes Leben im Aufstellen und Widerlegen von Hypothesen besteht […]. Dem entgegenzuarbeiten gebe ich nun an der London School of Economics, in der Mitte von Popperland Vorlesungen über die *Geschichte* der Wissenschaften, wo ich zeige, wie wenig das Poppersche Modell den Tatsachen der Geschichte entspricht […], und wie uninteressant die Geschichte wird, wenn man sie nach den Vorschriften des Modells umarbeiten wollte […]. *Macht was ihr wollt* – rufe ich den Studenten zu – *alles ist legitim,* was Euch Freude macht und andere nicht kränkt …" (Feyerabend, Brief an Hans Albert; Baum, 1997, S. 53; Hervorh. im Original). Da gibt er sich schon zu erkennen, der Feyerabend, der bald gegen den Methodendogmatismus wettern wird.

Hans Albert (1921–2023) studierte Ökonomie und Soziologie in Köln und hatte bis zu seiner Emeritierung 1989 den Lehrstuhl für Soziologie und Wissenschaftslehre in Mannheim inne. Er ist wohl der bekannteste und einflussreichste Vertreter des Kritischen Rationalismus im deutschsprachigen Raum. Albert und Feyerabend lernten sich 1958 auf den Alpbacher Hochschulwochen kennen und wurden trotz gravierender Meinungsunterschiede Freunde. In den Jahren von 1966 bis 1973 war Albert „[…] einer der wichtigsten Korrespondenzpartner Feyerabends" (Feyerabend, Brief an Hans Albert; Baum, 1997, S. 12). Auf den oben auszugsweise zitierten Brief von Feyerabend an Albert antwortet dieser am 15.12.1967 u. a.: „»Alles ist legitim, was Freude macht und andere nicht kränkt!« ist sicher ein ganz vernünftiger Standpunkt, aber vielleicht doch zu allgemein, um den Erkenntnisfortschritt zu fördern" (Baum, ebd., S. 54).

1970 veröffentlichte Feyerabend einen Beitrag mit dem Titel „Against Method: Outline of an Anarchistic Theory of Knowledge". In den Schlussfolgerungen schreibt er u. a.: Die Vorstellung, dass die Wissenschaft nach festen (rationalen) Regeln betrieben werden sollte, sei unrealistisch und bösartig. Unrealistisch sei die Vorstellung, weil sie sich eine zu einfache Sicht auf die Menschen und ihre Umstände mache und bösartig deshalb, weil damit die Menschen in ihren Möglichkeiten und in ihrer Menschlichkeit eingeschränkt werden (Feyerabend, 1970b, S. 91). Daniel Kuby (2010, S. 180) beruft sich auf Clifford Hooker (1972) und stellt fest, diese Arbeit von Feyerabend aus dem Jahre 1970 enthalte bereits die wichtigsten Bestandteile, die fünf Jahre später in „Against Method" (Feyerabend, 1975b) ausgeführt und den Aufruhr der Kritiker hervorrufen werden: die „anarchistische Erkenntnistheorie", das Motto „Anything goes", die Lenin- und Mao-Zitate und die unorthodoxe Galilei-Interpretation.

Anfang der 1970er Jahre hatte Paul Feyerabend den Plan gefasst, dieses Buch mit Imre Lakatos zu veröffentlichen, in dem beide über das Für und Wider rationaler Wissenschaftsmethoden debattieren wollten. Daraus wurde nichts. Lakatos starb zu früh und Feyerabend schrieb 1975 „Against Method" allein.

1974, im Todesjahr von Imre Lakatos übernahm Feyerabend für zwei Semester eine Gastdozentur in Brighton.

„In den folgenden Wochen dieses Semesters und für den Rest seines Jahres als Gastdozent sprengte Feyerabend praktisch jede traditionelle akademische Grenze. Ihm war keine Idee und keine Person heilig. Mit beispielloser Energie und Begeisterung diskutierte er alles von Aristoteles bis zu den Azande. Wie unterscheidet sich die Wissenschaft von der Hexerei? Bietet sie die einzige rationale Möglichkeit, unsere Erfahrungen kognitiv zu ordnen? Was sollen wir tun, wenn das Streben nach Wahrheit unseren Intellekt lähmt und unsere Individualität einschränkt? Plötzlich wurde die Erkenntnistheorie zu einem aufregenden Forschungsgebiet. Feyerabend schuf Räume, in denen die Menschen wieder aufatmen konnten. Er verlangte von den Philosophen, dass sie für Ideen aus den unterschiedlichsten und scheinbar weit entfernten Bereichen empfänglich waren, und bestand darauf, dass sie nur auf diese Weise die Prozesse verstehen konnten, durch die Wissen wächst. Seine Zuhörer waren begeistert, und er hielt sein riesiges Publikum in Atem, bis er, zu krank und zu erschöpft, um fortzufahren, einfach anfing, sich zu wiederholen" (Preston, 2002, eigene Übersetzung).

Warum und wie Feyerabend nach Brighton kam, hat er wohl vergessen. Auch den Aufenthalt zwei Jahre später in Kassel meint er, kaum noch erinnern zu können (Feyerabend, 1995a, S. 208).[7] Er las dort 1977/1978 an der Gesamthochschule zwei Semester Wissenschaftstheorie. Am 15. November 1977 schreibt er

---

[7] In „Erkenntnis für freie Menschen" rekonstruiert er allerdings sehr ausführlich eine Diskussion, die nach einem Vortrag am 18. Januar 1978 an der Gesamthochschule stattgefunden haben muss (Feyerabend 1980, S. 283 ff.) und die Einleitung zu den ausgewählten Schriften „Der wissenschaftstheoretische Realismus und die Autorität der Wissenschaften" ist mit „Kassel, Dezember 1977" datiert (Feyerabend, 1978, S. 3).

an seinen Freund Hans Peter Duerr: „[…] ich habe jetzt einen Zweijahresplan: zwei Jahre noch philosophischer Schmarrn (>Verpflichtungen<) und dann *aus* und zwar Wechsel ins Theater" (Feyerabend, 1995b, S. 51; Hervorh. im Original).

Doch es kam anders. Erich Jantsch, den Feyerabend aus den Studienzeiten in Wien kannte, arbeitete Ende der 1970er Jahre an der Universität von Berkeley und erzählte ihm, dass man an der Eidgenössischen Technischen Hochschule in Zürich einen Wissenschaftstheoretiker suche.

> Erich Jantsch wurde 1929 in Wien geboren und starb 1980 in Berkeley. Er beriet die *Organisation für wirtschaftliche Zusammenarbeit und Entwicklung* (OECD), gehörte zu den Gründern des *Club of Rome*, arbeitete mit befristeten Anstellungen an der TH Hannover, am MIT in Cambridge (MA) und zuletzt als Gastdozent in Berkeley. Bekannt wurde er kurz vor seinem Tod mit dem Buch „Die Selbstorganisation des Universums" (Jantsch, 1979).

Feyerabend bewarb sich und bekam nach einigen Verzögerungen 1980 diese Stelle. „Nun begannen zehn wundervolle Jahre, die ich teils in Berkeley, teils in der Schweiz verbrachte" (Feyerabend, 1995a, S. 214). In den Wintersemestern war Feyerabend in Berkeley, während der Sommersemester in Zürich. Dort lernte er Paul Hoyningen-Huene kennen, der ihm ein enger Freund wurde und sich bis heute engagiert mit den Arbeiten von Feyerabend beschäftigt. In Zürich hielt Feyerabend Vorlesungen über Platons Theaetetus und Timaios sowie über Aristoteles und dessen Physik (siehe auch die von Michael Hagner und Michael Hampe kürzlich herausgegebenen Vorlesungen von Paul Feyerabend aus 1985; Feyerabend, 2023). Handschriftliche Notizen und Unterlagen Feyerabends, die teils in den Archiven der Universität Konstanz aufbewahrt werden, legen nahe, dass er sich gründlich auf diese Vorlesungen vorbereitet haben muss (Paul Feyerabend Archiv, Universität Konstanz). Seine Seminare öffnete er für ein allgemeines Publikum; er lud Anhänger von Rudolf Steiner ein, bat Friedrich Dürrenmatt, einen Vortrag zu halten und organisierte Paneldiskussionen, die sich mit „Grenzproblemen der Wissenschaften" beschäftigten, darunter auch ein Seminar zur Parapsychologie (siehe auch: Feyerabend, 1984b und *Kap. 12*).

1983 lernte Paul Feyerabend in Berkeley Grazia Borrini kennen und lieben. Sie heirateten im Januar 1989. Ein Jahr später wurde er in Berkeley emeritiert und 1991 ließ er sich in Zürich in den Ruhestand schicken.

Elmar Holenstein, von 1990 bis 2002 Professor für Philosophie an der Eidgenössischen Technischen Hochschule in Zürich, schreibt über Feyerabends Zeit in Zürich u. a.: „An der ETH gelang ihm (Feyerabend, WF), wie nur wenigen, Studierende und seine Kollegen, Spezialisten und Laien gleichermaßen zum Nachdenken über philosophische Fragen anzuhalten. Hier nahm man ihn ernst, auch wenn man seine Philosophie nicht teilte. Weshalb? Bei seiner Wahl nach Zürich hatte er sich auf den Aufklärungsphilosophen Kant berufen. Bei ihm selber fand man die Verbindung von zwei Eigenschaften, die den Philosophen des 18. Jahrhunderts als Ideal vorschwebten: Sachverstand und Menschenfreundlichkeit. [...] Und man schätzte seine Parteinahme für die Nicht-Mächtigen dieser Erde, die sozial und weltanschaulich Unterlegenen und an den Rand Geschobenen" (Holenstein, 1994, S. 302).

Grazia Borrini-Feyerabend wurde 1952 in Italien geboren. Sie studierte in Berkeley und Florenz Public Health und Physik und arbeitete lange Jahre in Beratungs- und Verwaltungsgremien, um den Naturschutz im internationalen Maßstab zu fördern. 2008 gehörte sie zu den Mitbegründer*innen des ICCA-Konsortiums (International Congress and Convention Association, eine gemeinnützige Organisation, die sich als Drehscheibe der internationalen Tagungsbranche versteht) Bis 2019 stand sie dem ICCA-Konsortium als Koordinatorin vor. Heute leitet sie die *Paul K. Feyerabend Foundation,* die sich zum Ziel gesetzt hat, Projekte, Organisationen und Einzelpersonen zu unterstützen, die sich für Solidarität mit Gemeinschaften in Not einsetzen (https://www.pkfeyerabend.org/en/).

„Ich wollte keine Aufsätze mehr schreiben, ein kurzes Buch beenden, hin und wieder Vorträge halten und das Honorar für Reisen mit Grazia verwenden. Ich dachte, ich könnte jetzt lesen, in den Wäldern spazieren gehen und mich um meine Frau kümmern. Aber es ist nicht so gekommen" (Feyerabend, 1995a, S. 241).

Paul K. Feyerabend starb am 11. Februar 1994 im Alter von 70 Jahren in der Schweiz an einem Hirntumor. Seine letzte Ruhestätte fand er in einem Ehrengrab auf dem Wiener Südwestfriedhof.

Literatur

Baum, W. (Hrsg.). (1997). *Paul Feyerabend – Hans Albert. Briefwechsel.* Fischer Verlag.
Bird, A. (2008). The historical turn in the philosophy of science. In S. Psillos & M. Curd (Hrsg.), *Routledge companion to the philosophy of science* (S. 67–77). Routledge.

Daub, A. (2022). *Cancel culture transfer.* Suhrkamp.

Feyerabend, P. K. (1962). Explanation, reduction, and empiricism. In H. Feigl & G. Maxwell (Hrsg.), *Minnesota studies in the philosophy of science,* Bd. 3. University of Minnesota Press.

Feyerabend, P. K. (1967a). On the improvement of the sciences and the arts, and the possible identity of the two. In R. S. Cohen & M. W. Wartofky (Hrsg.), *Proceedings of the Boston Colloquium for the philosophy of science 1964/1966.* D. Reidel Publishing.

Feyerabend, P. K. (1967b). Theater als Ideologiekritik. Bemerkungen zu Ionesco. In E. Oldemeyer (Hrsg.), *Die Philosophie und die Wissenschaften. Simon Moser zum 65. Geburtstag.* Verlag Anton Hain.

Feyerabend, P. K. (1970a). In defence of classical physics. *Studies in History and Philosophy of Science, 1*(1), 59–85.

Feyerabend, P. K. (1970b). *Against method. Outline of an anarchistic theory of knowledge.* University of Minnesota Press. https://conservancy.umn.edu/handle/11299/184649. Zugegriffen: 5. Marz 2023.

Feyerabend, P. K. (1975a). Imre Lakatos. *The British Journal for the Philosophy of Science, 26*(1), 1–18.

Feyerabend, P. K. (1975b). *Against method. Outline of an anarchistic theory of knowledge.* New Left Books.

Feyerabend, P. K. (1978). *Der wissenschaftstheoretische Realismus und die Autorität der Wissenschaften.* Vieweg & Sohn.

Feyerabend, P. K. (1980). *Erkenntnis für freie Menschen.* Suhrkamp.

Feyerabend, P. K. (1984a). *Wissenschaft als Kunst.* Suhrkamp.

Feyerabend, P. K. (1984b). Was heißt das, wissenschaftlich zu sein? In P. Feyerabend & C. Thomas (Hrsg.), *Grenzprobleme der Wissenschaften* (S. 385–397). Eidgenössische Technische Hochschule, Verlag der Fachvereine.

Feyerabend, P. K. (1986). *Wider den Methodenzwang.* Suhrkamp.

Feyerabend, P. (1987). Putnam on incommensurability. *The British Journal for the Philosophy of Science, 38*(1), 75–81.

Feyerabend, P. K. (1992; Original: 1989). *Über Erkenntnis. Zwei Dialoge.* Campus.

Feyerabend, P. K. (1994). *Killing time.* The University Press of Chicago Press.

Feyerabend, P. K. (1995a). *Zeitverschwendung.* Suhrkamp.

Feyerabend, P. K. (1995b). *Briefe an einen Freund, herausgegeben von Hans Peter Duerr.* Suhrkamp.

Feyerabend, P. K. (2023). *Historische Wurzeln moderner Probleme.* Herausgeber: Michael Hagner & Michael Hampe. Suhrkamp.

Fleck, L. (1993; Original: 1935). *Entstehung und Entwicklung einer wissenschaftlichen Tatsache.* Suhrkamp.

Holenstein, E. (1994). Zum Tod von Paul Feyerabend. 1924–1994. *Zeitschrift für philosophische Forschung, 48*(2), 300–302.

Hooker, C. A. (1972). "Critical Notice of M. Radner & S.Winokur (eds.): Analyses of theories and methods of physics and psychology; Minnesota Studies in the Philosophy of Science. *Canadian Journal of Philosophy, 1*(3–4), 393–407; 489–509.

Hoyningen-Huene, P. (1989). *Die Wissenschaftsphilosophie Thomas S. Kuhns.* Vieweg & Sohn.

Hoyningen-Huene, P. (1997). Paul Feyerabend. *Journal for General Philosophy of Science, 28*(1), 1–18.

Hoyningen-Huene, P. (2002). Paul Feyerabend und Thomas Kuhn. *Journal for General Philosophy of Science, 33*(1), 61–83.

Janis, I. (1972). *Victims of groupthink: A psychological study of foreign policy decisions and fiascoes.* Houghton Mifflin.

Jantsch, E. (1979). *The self-organizing universe: Scientific and human implications of the emerging paradigm of evolution.* Pergamon Press.

Kuby, D. (2010). „Rational zu sein war damals für uns eine Lebensfrage". *Studien zu Paul Feyerabends Wiener Lehrjahren. Diplomarbeit.* Universität Wien.

Kuhn, T. (1967, Original: 1962). *Die Struktur wissenschaftlicher Revolutionen.* Suhrkamp.

Lakatos, I. (1976). Falsification and the Methodology of Scientific Research Programmes. In S. G. Harding (Hrsg.), *Can theories be refuted?* (S. 205–259). D. Reidel Publishing Company. https://link.springer.com/chapter/https://doi.org/10.1007/978-94-010-1863-0_14. Zugegriffen: 12. Febr. 2023.

Meehl, P. E. (1989). Paul E. Meehl. In G. Lindzey (Hrsg.), *A history of psychology in autobiography* (S. 336–389). Stanford University Press.

Paul Feyerabend Archiv. Universität Konstanz. https://www.kim.uni-konstanz.de/phil-arc hiv/bestaende/paul-feyerabend/. Zugegriffen: 7. Febr. 2023.

Preston, J. (2002). "Paul Feyerabend". The Stanford Encyclopedia of Philosophy (Summer 2002 Edition). http://plato.stanford.edu/archives/sum2002/entries/feyerabend. Zugegriffen: 14. Jan. 2023.

Rott, H. (1994). Zur Wissenschaftsphilosophie von Imre Lakatos. *Philosophia naturalis, 31*, 25–62.

Schwerma, J. (2015). Universitätsarchiv der Freien Universität Berlin. Protokolle des Akademischen Senats 1948–1969. https://www.fu-berlin.de/sites/uniarchiv/ressourcen_pdf_/Findbuch_AS1_2015.pdf. Zugegriffen: 5. Febr. 2023.

Worrall, J. (1974). Nachruf auf Imre Lakatos: Imre Lakatos (1922–1974): Philosopher of Mathematics and Philosopher of Science. *Journal for General Philosophy of Science, 5*(2), 211–217.

Teil III

Schlüsselwerke – Auswahl

„Ich habe viele Dinge vergessen, andere habe ich durcheinandergebracht" (Feyerabend, 1992, S. 180).

Auch wenn er meint, ein großer Teil seines Lebens sei leider nutzloses Herumlungern und Warten gewesen (Feyerabend, 1992, S. 181), war Paul Feyerabend ein fleißiger Leser, witziger Erzähler und geistvoller sowie produktiver Autor. Eric Oberheim hat sich die Mühe gemacht, mithilfe von Grazia Borrini-Feyerabend eine bis 1997 reichende Übersicht der Feyerabendschen Publikationen zusammenzustellen (Oberheim, 1997). Ich beschränke mich in den folgenden Kapiteln auf vier Bücher, die für mich den Schlüssel darstellen, um Feyerabends Werk zu verstehen. Es handelt sich um die deutschen Übersetzungen von „Against Method" (1975; deutsche Ausgabe: 1986), „Science in a Free Society" (1978a; deutsche Ausgabe: 1980) sowie die posthum erschienenen Bücher „Naturphilosophie" (2009) und „Conquest of Abundance" (1999; deutsche Ausgabe: 2005). Dort, wo es passt, werden Bezüge auch zu anderen Publikationen von Paul Feyerabend hergestellt – frei nach dem Motto „Irgendwie geht das schon".

Literatur

Feyerabend, P. K. (1992; Original: 1989). *Über Erkenntnis. Zwei Dialoge.* Campus.

Wider den Methodenzwang 7

„So, mein nächstes Buch ist eine Ode an die Absurdität"
(Paul Feyerabend 1974 in einem Brief an Hans Peter
Duerr; Feyerabend, 1995b, S. 25).

1975 veröffentlichte Feyerabend sein Buch „Against Method" (Feyerabend, 1975); 1976 erschien es in deutscher Sprache unter dem Titel „Wider den Methodenzwang".[1] Es ist, wie er schreibt, eine Collage aus Beschreibungen, Analysen und Argumenten, die er zum Teil bereits in früheren Arbeiten geäußert und vertreten habe (Feyerabend, 1995a, S. 189). Mit diesem Buch etablierte sich Feyerabend als ungestümer Kritiker des Rationalismus, als exzellenter Kenner der Wissenschaftsgeschichte und als Rebell, dem jegliche Beweihräucherung von Wissenschaft zuwider ist. In dem Buch findet sich jener Slogan, der seitdem unzertrennlich mit Feyerabends Auffassungen verbunden zu sein scheint: „Anything Goes" (Feyerabend, 1986, S. 32). Je nach Gustus, Sympathie mit Paul Feyerabend oder ideologischer Orientierung kann man den Slogan als „Mach, was Du willst", „Alles ist erlaubt" oder „Irgendetwas geht immer" übersetzen. Für die Kritikerinnen und Kritiker ist „Anything goes" das anarchistische Prinzip, das aus

---

[1] Feyerabend hat das englische Original sowie die deutschen Übersetzungen aus den Jahren 1976 und 1983 mehrfach überarbeitet, sodass heute zumindest sechs Fassungen von „Wider den Methodenzwang" und zahlreiche Übersetzungen in andere Sprachen vorliegen, so z. B. ins Chinesische, Französische, Italienische, Japanische, Niederländische, Spanische und Türkische (vgl. auch Oberheim, 1997). Ich stütze mich auf die deutsche Ausgabe von 1986, die mit der aus dem Jahre 1983 identisch ist.

© Der/die Autor(en), exklusiv lizenziert an Springer Fachmedien Wiesbaden 53
GmbH, ein Teil von Springer Nature 2024
W. Frindte, *Wider die Borniertheit und den Chauvinismus – mit Paul K.*
Feyerabend durch absurde Zeiten, https://doi.org/10.1007/978-3-658-43713-8_7

Sicht Feyerabends jeglichen wissenschaftlichen Tuns und einer demokratischen
Verfasstheit von Gesellschaft zugrunde liegen sollte.[2] Feyerabend selbst vermutet, dass die meisten Kritiker mit ihrer Lektüre des Buches offenbar gleich nach
dem ersten Auftreten von „Anything goes" Schluss gemacht haben. Die nach-
folgenden Fallstudien waren ihnen „[…] entweder zu schwer oder zu detailliert,
oder sie hielten, die Leere ihres Kopfes sich zum Vorbild nehmend, das leere und
unerklärte Prinzip bereits für die Sache selber" (Feyerabend, 1986, S. 383). Bei
den besagten Fallstudien handelt es sich vor allem um historische Beispiele, wie
etwa die wissenschaftlichen Bemühungen Galileo Galileis das Kopernikanische
Weltbild gegen das Ptolemäische zu verteidigen.

Bekanntlich ruht im geozentrischen Weltbild, das von den Griechen entwickelt
und von Claudius Ptolemäus (ca. 100 – ca. 170 n. Chr.) in seiner Vollständigkeit
ausgearbeitet wurde, die Erde im Mittelpunkt der Welt und bewegt sich nicht.
Um die Erde bewegen sich die (damals bekannten) Planeten, die Sonne und der
Mond. Dem bereitete Nikolaus Kopernikus (1473–1543) ein Ende und begründete
mit dem heliozentrischen Modell einen neuen Anfang, der auch als Kopernikanische Wende bekannt ist: a) Die Erde bewege sich um die eigene Achse und
umkreise b), wie die anderen Planeten auch, die Sonne. Gegen beide Annahmen
liefen die Anhänger des Ptolemäischen Weltbildes, Feyerabend nennt sie Aristoteliker, Sturm.[3] Paul Feyerabend illustriert das am Beispiel von Annahme a). Die
Aristoteliker benutzten, um diese Annahme zurückzuweisen, das sogenannte Turmargument: Bei einer täglichen Umdrehung würde ein Turm, von dessen Spitze
ein Stein fallen gelassen wird, von der Erdumdrehung mitgenommen. Während
der Zeit, die der Stein in seinem Fallen braucht, würde der Turm mit der Erdumdrehung mitwandern und der Stein fiele demgemäß viele hundert Meter vom

---

[2] Der marxistische Philosoph Herbert Hörz, der Paul Feyerabend zu seinen Freunden zählt
(Hörz, 2019, S. 292), hat „Anything Goes" offenbar auch missverstanden (Hörz, 1983,
S. 790).
[3] Zur Erinnerung: Am 17. Februar 1600 wurde Giordano Bruno (1548–1600) wegen Ketze-
rei in Rom auf dem Scheiterhaufen verbrannt. Er hatte die Erde aus dem Mittelpunkt des
Weltalls verbannt, als erster die Unendlichkeit und Ewigkeit der Welt betont und damit den
christlichen Gott entthront sowie die philosophischen Grundlagen für ein wissenschaftliches Weltbild geschaffen. Mit dieser Sicht auf die Welt suchte Johannes Kepler (1571–1630)
nach den Gesetzmäßigkeiten der Planetenbahnen. Seine Beobachtungen und Gesetze veröffentlichte er 1609 und 1619. Einige Jahre später folgte ihm Galileo Galilei mit seiner 1632
publizierten Schrift „Dialogo di Galileo Galilei sopra i due Massimi Sistemi del Mondo
Tolemaico e Copernicano" (kurz: Dialogo), in der er sich mit dem ptolemäischen und dem
kopernikanischen Weltsystem auseinandersetzt, letzteres für zutreffender ansieht, deshalb
in die Fänge der Inquisition geriet, aus denen er sich bekanntlich nur durch Unterwerfung
entziehen konnte.

Turm entfernt auf die Erde (Feyerabend, 1986, S. 90 f.). Tatsächlich fällt der Stein aber senkrecht herab. Also kann sich die Erde gar nicht bewegt haben. Damit schien die Kopernikanische Auffassung von der Erdbewegung widerlegt. Galilei, so Feyerabend weiter, gebe zwar zu, dass der sinnliche Gehalt der Beobachtung zutreffe, man also den Stein senkrecht fallen sehe, und doch habe er versucht, das Turmargument zu entkräften.

Galilei arbeitete dabei mit „Vernunftsgründen" und mit einem „psychologischen Trick" (Feyerabend, 1986, S. 105). Zu den Vernunftsgründen gehöre Galileis Aufforderung, das, was man sehe, in einem neuen Licht zu sehen und in einer neuen Sprache zu beschreiben. In dieser Sprache tauche, neben dem Prinzip der Trägheit auch jener Aspekt auf, den man heute als Relativitätsprinzip kennt. Geht man, wie es Galilei tut, von der Trägheitsannahme aus, dass sich die Erde (und auch der Turm als Beobachtungsstandort) wie der fallende Stein gemeinsam ostwärts bewegen, dann werde durch die Mitbewegung des Beobachtungsstandorts der Fall des Steins als gerade Linie wahrgenommen. Das von Galilei beschriebene Relativitätsprinzip besage, „[…] dass unsere Sinne nur relative Bewegungen wahrnehmen und blind sind gegenüber Bewegungen, an denen die Gegenstände in gleichem Maße teilnehmen" (1986, S. 115). So kann eben ein Beobachter auf dem Turm den fallenden Stein wahrnehmen, aber nicht sogleich auch die Erdbewegung.

Auf jeden Fall handele es sich, so Feyerabend, um spekulative ad-hoc-Hypothesen, die von Galilei eingeführt, kaum oder gar nicht der sinnlichen Wahrnehmung entsprechen und mit einem gehörigen Maß an Überredungskunst vorgetragen werden. Einschlägige Argumente für die Einführung dieser ad-hoc-Hypothesen liefere Galilei nicht, sondern verweise darauf, „[…] was jeder angeblich schon weiß" (1986, S. 117). Das ist der psychologische Trick, der kaum mit den Prinzipien des Kritischen Rationalismus zu erklären sei. Galilei habe Erfolg gehabt, weil er in seinem wissenschaftlichen Vorgehen wichtige Regeln (oder Prinzipien) der wissenschaftlichen Methode, die von Aristoteles erfunden und später von den logischen Positivisten (etwa Carnap und Popper) kanonisiert wurden, verletzte (ebd., S. 169). Derartige Regeln, wie Klarheit, Präzision, Objektivität, Widerspruchsfreiheit oder Wahrheit seien letztlich ungeeignet, wenn man beabsichtige, sich des reichen historischen Materials zuzuwenden, ohne es zu verdünnen oder seine Sucht nach geistiger Sicherheit zu befriedigen. Galilei habe Erfolg gehabt, „[…] weil er diese Regeln nicht befolgte…" (Feyerabend, 1986, S. 169).

Für Feyerabend ist die Arbeitsweise Galileis, die an weiteren Beispielen – etwa seinen Mondbeobachtungen – exemplifiziert wird, quasi das Paradigma, wie Erkenntnis funktioniert. „Der Fall von Galileis Mondbeobachtungen ist nur ein kleiner Teil meines Arguments, dass Galilei nicht »wissenschaftlich« vorging und seine Entdeckungen nicht »auf wissenschaftliche Art« gemacht haben konnte" (1986, S. 183).

Das Fazit, das Feyerabend aus den Fallstudien abzuleiten versucht, lässt sich vielleicht so zusammenfassen, um noch einmal auf das „Anything goes" zurückzukommen: „Es ist also klar, dass der Gedanke einer festgelegten Methode oder einer feststehenden Theorie der Vernünftigkeit auf einer allzu naiven Anschauung vom Menschen und seinen sozialen Verhältnissen beruht. Wer sich dem reichen, von der Geschichte gelieferten Material zuwendet und es nicht darauf abgesehen hat, es zu verdünnen, um seine niedrigen Instinkte zu befriedigen, nämlich die Sucht nach geistiger Sicherheit in Form von Klarheit, Präzision, »Objektivität«, »Wahrheit«, der wird einsehen, dass es nur *einen* Grundsatz gibt, der sich unter *allen* Umständen und in *allen* Stadien der menschlichen Entwicklung vertreten lässt. Es ist der Grundsatz: *Anything goes"* (1986, S. 31 f.; Hervorh. im Original).

Mit „Anything goes" will Feyerabend, wie er andernorts vermerkt, kein neues *Prinzip* einführen. Es sei vielmehr „[...] eine etwas scherzhafte Darstellung der Situation des Rationalisten: er will allgemeine Prinzipien haben, muß sie aber angesichts des von mir gebotenen Materials mehr und mehr allen Inhalts entleeren. »Anything goes« ist alles, was übrigbleibt" (Feyerabend, 1980, S. 101; Original: 1978a).

Ob er damit tatsächlich eine „anarchistische" oder „dadaistische Erkenntnistheorie" (Feyerabend, 1977) einzuführen gedachte, oder ob auch dies eher ein scherzhaftes Wort ist, um die Praxis wissenschaftlichen Tuns zu beschreiben, sei einmal dahingestellt.

Paul Feyerabend erzählt an verschiedenen Stellen von einem Treffen mit Carl Friedrich von Weizsäcker in Hamburg. Es hat wohl im Jahre 1965 stattgefunden (Feyerabend, 1976, S. 384; Jung, 2000; S. 162), auch wenn Feyerabend an anderer Stelle das Jahr 1968 erwähnt (Feyerabend, 1978b, S. 203). In der Diskussion mit Weizsäcker sei ihm, Feyerabend, klar geworden, dass allgemeine methodologische Gründe die konkrete Forschung nur behindern, statt sie zu fördern. „Professor von Weizsäcker", so Feyerabend später, „ist also in großem Ausmaß für meinen Übergang zum >Anarchismus< verantwortlich – aber er war durchaus nicht froh, als ich ihm das im Jahre 1977 mitteilte" (Feyerabend, 1980, S. 231).

In einem Brief vom 5. August 1969 an Hans Albert bekennt Feyerabend u. a. sein steigendes Interesse am Dadaismus, der sich seiner Meinung nach vom Anarchismus dadurch unterscheide, dass der Dadaismus mehr Humor habe, „[...] dass ein Dadaist sicher niemals einen Menschen umbringen wird, und dass er seine Werke in humorvoll-kritischer Absicht dem Publikum vorstellt" (Feyerabend, Brief an Hans Albert; Baum, 1997, S. 121).

Zumindest sympathisiert Feyerabend mit einem „erkenntnistheoretischen Anarchismus", den er vom politischen und religiösen Anarchismus abgrenzen möchte. Der erkenntnistheoretische Anarchist sei – im Gegensatz zum politischen und religiösen – kein Skeptiker, sondern scheue sich nicht, „[...] die trivialste oder die empörendste Aussage zu verteidigen [...] denn für ihn gibt es keine ewige Treue und keine ewige Abneigung gegen irgendeine Institution oder Ideologie [...]. Keine Anschauung ist so »absurd« oder »unmoralisch«, dass er nicht bereit wäre, sie in Erwägung zu ziehen oder nach ihr zu handeln, und keine Methode gilt ihm als unentbehrlich. Das einzige, wogegen er sich eindeutig und bedingungslos wendet, sind allgemeine Grundsätze, allgemeine Gesetze, allgemeine Ideen wie »die Wahrheit«, »die Gerechtigkeit«, »die Liebe« und das von ihnen hervorgerufene Verhalten, wenn er auch nicht bestreitet, dass es oft taktisch richtig ist, so zu handeln, als gäbe es derartige Gesetze (Grundsätze, Ideen) und als glaube er an sie" (1986, S. 249 f.).

So ist denn der erkenntnistheoretische Anarchist ein Opportunist und ein Pragmatiker, der davon überzeugt ist, dass es viele Wege gibt, auf denen man sich der Natur und der Gesellschaft nähern kann sowie viele Möglichkeiten, um die Wege der Annäherung zu beurteilen. Objektive Kriterien dafür gebe es indes nicht.

Dass sich an einer solchen Auffassung viele Kritikerinnen und Kritiker Feyerabends abgearbeitet haben, lässt sich denken und soll auch noch Erwähnung finden. Zuvor sei aber noch auf einen anderen Aspekt hingewiesen, auf Feyerabends Andeutungen, dass ihm manche Erscheinungen eines politischen Anarchismus doch gar nicht so unsympathisch gewesen sein könnten. „Wider den Methodenzwang" entstand in den Zeiten der studentischen Unruhen in den USA und Europa. Daniel Cohn-Bendit, der theoretisch versierte, rhetorisch begabte und aktionsreiche Sprecher der Studentenunruhen in Frankreich, bezeichnete sich im Mai 1968 in einem SPIEGEL-Gespräch als „anarchistischen Marxisten". „Für mich", sagt Cohn-Bendit, „ist die grundlegende Analyse von Marx richtig, die Analyse der kapitalistischen Gesellschaft. Aber die Organisationsformen, die sich die kommunistische Bewegung gegeben hat, lehne ich vollkommen ab". Sie bringe keine neue Gesellschaft hervor, sondern nur autoritäre Herrschaft

(Der Spiegel, 26.05.1968).[4] Das könnte auch ein Satz von Feyerabend sein. Er kannte – wie erwähnt – Cohn-Bendit, hatte Marx, Lenin, Trotzki und Mao Tse-tung gelesen und auch zitiert.

Ein etwas kryptisch anmutendes Beispiel findet sich in „Wider den Methodenzwang" (1986, S. 194 f.). Um, wie er schreibt, zu erklären, dass eine „Phasenverschiebung" zwischen fortschrittlichen Ideen (z. B. die Bewegung der Erde) und rückschrittlichen Beobachtungsmitteln und –theorien (z. B. ptolemäisches Weltbild) nicht mittels logischem Verfahren beizukommen sei, zitiert er in Fußnoten u. a. Marxens Aussagen über *„Das unegale Verhältnis der Entwicklung der materiellen Produktion, z. B. zur künstlerischen"* aus der 1857 entstandenen, zu Lebzeiten nicht veröffentlichten Einleitung zu den „Grundrissen der Kritik der politischen Ökonomie" zu finden in Marx, 1983, S. 15 ff.). Das Zitat ist interessant, wenn man die Dialektik von gesellschaftlicher Basis und kulturellem Überbau in den Blick nehmen möchte und zum Beispiel über eine autonome, von der materiellen Produktion relativ unabhängig existierende und sich entwickelnde Kunst nachdenkt und Kunst nicht – im Sinne einer naiven materialistischen Abbildtheorie – als bloße Widerspiegelung der Produktion sehen kann. Sicher, an einer derartigen Dialektik müssen ausschließlich logische Analysen letztlich scheitern. Schließlich handelt es sich um widersprüchliche, historische Prozesse, die nach ihren eigenen Bewegungsformen suchen. Solche Prozesse interessieren Paul Feyerabend.

Ganz passend zur genannten Phasenverschiebung von neuen Theorien und alten Ideen scheint das Marxsche Zitat indes nicht zu sein. Das dürfte sicher auch für Feyerabends Bezüge auf Trotzki (über die Ungleichzeitigkeit der verschiedenen Seiten im geschichtlichen Prozess) oder für den Verweis auf Lenins These von der „ungleichmäßigen Entwicklung des Kapitalismus" gelten.[5] Vielleicht sind Feyerabends Bezüge auf Marx, Lenin oder Trotzki auch den revolutionären Moden der Zeit geschuldet, einer Zeit, in der Studierende, wie am 18. Februar 1968 in Westberlin, mit Porträts von Che Guevara, Lenin, Rosa Luxemburg oder H`ô Chí Minh gegen den Krieg in Vietnam demonstrierten oder mit Zitaten von Lenin, Marx oder Trotzki argumentierten. Im Juni 1970 schreibt Feyerabend in

---

[4] Daniel Cohn-Bendit hielt sich zur Zeit des Interviews in Berlin auf. Am 21. Mai 1968 sprach er während einer Kundgebung des Sozialistischen Deutschen Studentenbundes im Auditorium Maximum der Freien Universität Berlin. Danach verwehrte ihm die französische Regierung die Rückkehr nach Frankreich.

[5] Feyerabend beruft sich hier u. a. auf die Rede Trotzkis „Die Schule der revolutionären Strategie", die dieser 1921 in Moskau auf einer Versammlung der Moskauer Parteiorganisation gehalten hat (Trotzki, 2016; Original: 1921) und auf den Lenin-Aufsatz „Das rückständige Europa und das fortgeschrittene Asien" (Lenin, Werke, Bd. 19).

einem Brief an Hans Albert u. a., dass er in Yale wortreiche Kritiker der Vernunft kennengelernt habe, gegen die man am besten eine kleine Dose Lenin, zum Beispiel *Was tun?* Oder *Linker Radikalismus* und dergleichen verwende. „[…] und ich muss schon sagen, was *heute* in der Linken vorgeht, ist kellertief (Gegensatz von »turmhoch«) unter dem Niveau von Lenin, Marx und Trotzki" (Feyerabend, Brief an Hans Albert; Baum, 1997, S. 223; Hervorh. im Original).

Nachvollziehbarer als die Zitate von Marx, Lenin oder Trotzki dürfte indes Feyerabends Sympathie für Daniel Cohn-Bendit sein. Ob Feyerabend Dany le Rouge in Berlin gesehen, gehört oder gar getroffen hat, ist nicht sicher, aber denkbar. Im Februar 1968 und auch im Mai desselben Jahres hielten sich beide in Westberlin auf.

Am 18. November 1968 schrieb Paul Feyerabend an Imre Lakatos u. a.: „I have finished Cohn-Bendit, and I am wholly on his side. He is against theories; so am I. He is against organisations; so am I. He is against »leaders« by them professors who »know« or generals who command; so am I. He is for joy and against sacrifice; so am I […] I now see my Against Method as aweak and stumbling prologue to what others have done much better: Cohn-Bendit, for example" (zit. n. Martin, 2019, S. 23).

Der erkenntnistheoretische Anarchist Feyerabend, der sich nicht nur für die Trennung von Staat und Kirche stark macht, sondern auch die Trennung von Staat und Wissenschaft befürwortet (Feyerabend, 1986, S. 385), sympathisierte also durchaus ein bisschen mit dem politischen Anarchismus, wehrt sich aber, wenn ihm unterstellt wird, Gewalt zu befürworten.

Mit „Against Method" hat Paul Feyerabend Aufruhr geschaffen, dort, wo sich Wissenschaftler als Wächter der einzigen Wahrheit, als Experten des Wissens, als Verfechter der reinen Methode wähnten, letztlich aber auch nur Menschen sind: laut, frech, verlogen, machtbesessen, liebend, leidend, unsicher, mutig, fröhlich und vieles mehr. Manche haben ihm diesen Spiegel, den er ihnen vorgehalten hat, übelgenommen, andere haben in seinen brillanten wissenschaftshistorischen Analysen sich selbst und ihre Nachbarn erkannt und dabei auch gesehen, dass wissenschaftliche Regeln verletzt werden müssen, wenn wir erkennen wollen. Die Idee einer festgelegten Methode und das Beharren auf einer feststehenden Theorie ist nicht nur naiv, sondern Ideologie und die Missachtung anderer Wissensquellen ein Zeichen von Borniertheit und Chauvinismus (Feyerabend, 1986, S. 392).

Literatur

Baum, W. (Hrsg.). (1997). *Paul Feyerabend – Hans Albert. Briefwechsel.* Fischer Verlag.
Der Spiegel (vom 26.05.1968). Liebe anders. https://www.spiegel.de/politik/die-kom munisten-sind-uns-zu-buergerlich-a-0735005a-0002-0001-0000-000046039805. Zugegriffen: 25. Marz 2023.
Feyerabend, P. K. (1975). *Against method. Outline of an anarchistic theory of knowledge.* New Left Books.
Feyerabend, P. K. (1976). Logic, literacy, and Professor Gellner. *The British Journal for the Philosophy of Science, 27*(4), 381–391.
Feyerabend, P. K. (1977). Unterwegs zu einer dadaistischen Erkenntnistheorie. In H. P. Duerr (Hrsg.), *Unter dem Pflaster liegt der Strand* (S. 9–88). Karin Kramer Verlag.
Feyerabend, P. K. (1978a). *Science in a free society.* New Left Books.
Feyerabend, P. K. (1978b). *Der wissenschaftstheoretische Realismus und die Autorität der Wissenschaften.* Vieweg & Sohn.
Feyerabend, P. K. (1980). *Erkenntnis für freie Menschen.* Suhrkamp.
Feyerabend, P. K. (1986). *Wider den Methodenzwang.* Suhrkamp.
Feyerabend, P. K. (1995a). *Briefe an einen Freund, herausgegeben von Hans Peter Duerr.* Suhrkamp.
Feyerabend, P. K. (1995b). *Zeitverschwendung.* Suhrkamp.
Hörz, H. (1983). Natur, Naturwissenschaften, Kultur. *Deutsche Zeitschrift für Philosophie, 31*(7), 785–799.
Hörz, H. (2019). Naturerkenntnis und Gesellschaftsgestaltung. *Sitzungsberichte der Leibniz-Sozietät der Wissenschaften zu Berlin, 139–140,* 291–297.
Jung, J. (2000). Paul K. Feyerabend. Last Interview. In J. Preston, C. Munévar & D. Lamb (Hrsg.), *The worst enemy of science. Essays in memory of Paul Feyerabend.* Oxford University Press.
Lenin, W. I. (1968; Original: 1913). *Werke,* Bd. 19. Dietz.
Martin, E. C. (2019). "The battle is on": Lakatos, Feyerabend, and the student protests. *European Journal for Philosophy of Science, 9*(2), 28.
Marx, K. (1983; Original: 1857). *Einleitung zu den „Grundrissen der Kritik der politischen Ökonomie."* Karl Marx & Friedrich Engels, Werke, Bd. 42. Dietz.
Oberheim, E. (1997). Bibliographie Paul Feyerabends. *Journal for General Philosophy of Science/Zeitschrift für allgemeine Wissenschaftstheorie, 28*(1), 211–234.
Trotzki, L. (2016; Original: 1921). Die Schule der revolutionären Strategie. In L. Trotzki, *Europa und Amerika.* Mehring Verlag.

Fundstück: Naturphilosophie

> „Das Ziel primitiver Mythen und wissenschaftlicher
> Theorien ist genau dasselbe: Die Erfassung und die
> kausale Erklärung hervorstechender Erscheinungen.
> Auch die Methode ist dieselbe – sie besteht im Ziehen
> von Schlüssen aus vorliegendem Beobachtungsmaterial"
> (Feyerabend, 2009, S. 91).

Feyerabend schrieb „Against Method" innerhalb eines Jahres und meinte rück-
blickend, damit alles gesagt zu haben, was er jemals sagen wollte. Die scharfen
Kritiken, die der Veröffentlichung folgten, setzten ihm allerdings zu.

„Einige Zeit, nachdem sich der Entrüstungssturm erhoben hatte, verfiel ich
in Depressionen, die über ein Jahr lang anhielten. Die Niedergeschlagenheit war
wie ein Tier, räumlich abgegrenzt und lokalisierbar. Ich wurde wach, machte die
Augen auf und lauschte: ist sie da, oder ist sie nicht da? Keine Spur davon.
Vielleicht schläft sie noch. Vielleicht wird sie mich heute allein lassen. Vorsich-
tig, sehr vorsichtig schlüpfe ich aus dem Bett. Alles ist ruhig. Ich gehe in die
Küche und fange an zu frühstücken […] Nur noch ein kurzer Ausflug in das
Badezimmer, den Pullover übergestreift, und hinaus geht es zum morgendlichen
Spaziergang. – Und da ist sie wieder, meine anhängliche Depression…" (1995,
S. 199).

Kein Wunder, die Einwürfe seiner Kritikerinnen und Kritiker waren teils
massiv. So hält David R. Topper (1975, S. 384) Feyerabends Buch zwar für
brillant und aufschlussreich, mit seinen Schlussfolgerungen begebe sich der
Autor indes auf die Seite der antiwissenschaftlichen Gurus. Feyerabends guter

W. Frindte, *Wider die Borniertheit und den Chauvinismus – mit Paul K.
Feyerabend durch absurde Zeiten*, https://doi.org/10.1007/978-3-658-43713-8_8

Bekannter Ernest Nagel hält ihm vor, seine Erörterungen zur Inkommensurabilität von Theorien seien nicht sehr hilfreich und seine Auffassung von Wissen führe zu unsinnigen Schlussfolgerungen (Nagel, 1977, S. 1134). Klaus Fischer tritt der Feyerabendschen Auffassung entgegen, Galilei sei ein methodologischer Anarchist gewesen. Vielmehr habe Galilei klare Vorstellungen von korrektem wissenschaftlichen Arbeiten und Argumentieren gehabt (Fischer, 1992, S. 192). Marxisten warfen Feyerabend vor, er wolle die Lehre des „Zauberns" sowie „antirevolutionistisches Wissen" in den Schulen zugänglich machen (Ley, 1981, S. 379), seine „anarchistische Erkenntnistheorie" sei nur eine „extreme Form des Positivismus", die in die „Apologie des Mythos" und in „Lebensphilosophie" umgeschlagen sei (Gedö, 1979, S. 1468, 1472). Herrmann Ley (1911–1990) hat Feyerabend offenbar falsch verstanden. In der besagten Stelle, auf die sich Ley bezieht, verlangt Feyerabend *nicht* aus „[...] demokratischen Gründen das Zulassen der Lehre des Zauberns in der Schule" (Ley, 1981, S. 379), sondern betont, dass es für einen mündigen Bürger (und für eine mündige Bürgerin) wichtig sei, sich in Vorbereitung auf seinen (ihren) Beruf die Wissenschaft, aber auch Märchen und Mythen der „primitiven" Gesellschaften zu studieren, „[...] um die für eine freie Entscheidung notwendigen Kenntnisse zu erlangen" (Feyerabend, 1986, S. 396).

Eine umfassende und sehr persönliche Kritik an „Against Method" kam aus der London School of Economics and Political Science (LSE): Ernest Gellner, Professor für Philosophie an der LSE, stürzte sich nicht nur auf Feyerabends Argumente, sondern nahm sich vor allem den Autor selbst zur Brust. Im Gegensatz zu Imre Lakatos, der stets bemüht war, sowohl in seinen Schriften als auch in seinen Vorlesungen den höchsten wissenschaftlichen Standards gerecht zu werden (Gellner, 1975, S. 331), sei Feyerabend ein Clown, dessen Clownerie hartnäckig ruppig, prahlerisch, spöttisch, arrogant, aggressiv und selbstherrlich daherkomme. Seine Frivolität enthalte eine ausgesprochen sadistische Ader, die sich in dem offensichtlichen Vergnügen äußere, die „Rationalisten" zu verwirren und einzuschüchtern (ebd., S. 342). Paul Feyerabend kontert dem „Dear Professor Gellner" ein Jahr später. Der Rezensent, gemeint ist Gellner, schreibe zwar gut, aber keineswegs korrekt. Er sei auffallend blind gegenüber Ideen, Motiven und Vorgehensweisen anderer. Gellner leide unter Lese- und Verständnisfehlern, seine Kritik an „Against Method" sei ein fehlgeschlagener Versuch einer rationalen Kritik (Feyerabend, 1976, S. 382).

Helmut Spinner bemühte gar einen Vergleich mit Adolf Hitler. Feyerabends naiver philosophischer Revolutionismus finde seine genaue Entsprechung in Hitlers wohldurchdachter Politphilosophie, die lehrt, dass nichts unmöglich sei, dass in der Politik nur das Prinzip der Prinzipienlosigkeit gelte. „Wie Feyerabend die

Wissenschaft, so hat Hitler die Politik einem schrankenlosen Opportunitätsprinzip überantwortet..." (Spinner, 1977, S. 573). In „Erkenntnis für freie Menschen" (1980, S. 105 ff.) reagiert Feyerabend auf Spinner. Dass Hitler Opportunist war, so Feyerabend sinngemäß, sei wohl kaum geeignet, einen derartigen Zusammenhang zwischen „Wider den Methodenzwang" und dem Nationalsozialismus herzustellen; auch Einstein und Bohr seien, was ihre wissenschaftliche Arbeit betreffe, skrupellose Opportunisten gewesen und hätten dies auch eingestanden. Das Hitlerproblem wiege wohl schwerer, als es sich der kleine Helmut (gemeint ist Spinner) vorstellen könne (Feyerabend, 1980, S. 106 f.).

Joseph Agassi, sein Fast-Freund, fand zwar manches Interessante in „Against Method", meinte aber auch, es sei schwer, den Unsinn zu ignorieren und sich auf das wertvolle Material im Buch zu konzentrieren. Feyerabend äußere sich zwar zu allen möglichen sozialwissenschaftlichen, künstlerischen und historischen Ereignissen, verliere aber kein Wort zum Nationalsozialismus, Faschismus oder Rassismus. Trotz der Gewalttätigkeit und der Vulgarität, die er im Buche finde, habe er, Agassi, sich entschlossen, eine Rezension zu schreiben, auch weil er wünsche, dass sich Feyerabend von dem Unrat befreie und endlich der gutmütige und aufregende Wissenschaftler werden könne, der er so gerne sein möchte (Agassi, 1976, S. 173 ff.).

Es mag sein, dass Feyerabend zumindest bis zum Erscheinen von „Against Method" wenig Interesse an einer engagierten Auseinandersetzung mit dem *politischen* Weltgeschehen und dessen Historie hatte.

Aber, wie gesagt, die kritischen Reaktionen auf sein Buch gingen nicht spurlos an Feyerabend vorbei. Vielleicht ahnte er auch schon während der Arbeit an „Against Method", was ihm da blühen könnte. Und möglicherweise ist das auch ein Grund, warum er parallel zu diesem Buch an einem Manuskript arbeitete, mit dem er das „[...] selbst inszenierte Bild eines leichtfertigen Denkers zu korrigieren" versuchte (Heit & Oberheim, 2009, S. 13). Helmut Heit und Eric Oberheim entdeckten 2004 im Konstanzer Feyerabend-Nachlass ein Buchmanuskript zur Naturphilosophie. Feyerabend hatte Anfang der 1970er Jahre mit der Arbeit an diesem Manuskript begonnen und es später wohl mit der Absicht überarbeitet, es 1976 zu veröffentlichen. Insgesamt waren drei Bände geplant. Das es dazu nicht gekommen ist, habe, so vermuten Heit und Oberheim (2009, S. 14), auch mit den Überarbeitungen zu tun, die Feyerabend an seinem „Against Method" vornehmen wollte. Das Manuskript zur Naturphilosophie erschien zu seinen Lebzeiten nicht und wurde erst 2009 von Heit und Oberheim dankenswerter Weise herausgegeben.[1] Im Kern geht es Feyerabend in diesem Buch darum nachzuweisen, wie sich der Aufstieg des Rationalismus von der Frühzeit über die Antike bis in die Neuzeit vollzog. Feyerabend greift dabei u. a. auf Forschungen aus der Steinzeitwissenschaft zurück, auf die altägyptische sowie babylonische Kunst und Wissenschaft, auf die Interpreten der Homerischen Epen, auf sozialanthropologische Studien zu indigenen Völkern und auf Werke zur „abendländischen" Naturphilosophie von Parmenides, Xenophanes, Aristoteles über Bacon, Galilei, Newton, Descartes, Leibniz, Hegel und Mach bis Niels Bohr. Konrad Lorenz, Jean Piaget und Noam Chomsky werden aufgerufen, um auf mehr oder weniger angeborene interne Schemata hinzuweisen, die helfen, uns in der Welt zurechtzufinden (Feyerabend, 2009, S. 154). Dabei gelingt es ihm zu zeigen, dass „[…] die Zeugnisse frühzeitlicher und antiker Kulturen ebenso theorieabhängige und zugleich partiell erfolgreiche Wirklichkeitsauffassungen wie die unsere…" seien (Heit & Oberheim, 2009, S. 29). Das gilt eben auch für die Mythen der früheren Kulturen. Diese Mythen sind keine Lügengeschichten; vielmehr dienen sie zur Erfassung und kausalen Erklärung hervorstechender Ereignisse (Feyerabend, 2009, S. 91). Wissenschaftliche Theorien und Mythen seien Ergebnisse menschlicher Tätigkeiten und können Richtschnur für menschliche Tätigkeiten sein. Ihre Funktionalität oder Praktikabilität zeigt sich nicht in ihrem Wahrheitswert, sondern ob und inwiefern sie dazu beitragen können, den sozialen Fortschritt in einer Gemeinschaft zu fördern. Im Übrigen sei zuzugeben, „[…] dass wissenschaftliche Theorien, Mythen und andere Ergebnisse menschlicher Tätigkeit als Ergebnisse *menschlicher* Tätigkeit menschliche Eigenschaften widerspiegeln. […] Es ist weiterhin zuzugeben, […] dass die »Tatsachen« der Welt von der Ideologie des Menschen nicht bloß *gespiegelt,* sondern von ihr zumindest teilweise *konstruiert* werden" (Feyerabend, ebd., S. 102; Hervorh. im Original). Deutet sich da schon ein gewisses Maß an Konstruktivismus in Feyerabends Auffassungen an (vgl. auch *Kap. 12*)?

Das Manuskript „Naturphilosophie" schließt mit einem optimistischen Ausblick, den Feyerabend in den nächsten Bänden, zu denen es in dieser Form leider nicht gekommen ist, explizieren möchte: Am Horizont zeichne sich – undeutlich noch – eine neue philosophisch-mythologische Wissenschaft ab, in der die Sympathie mit der Natur, ein intuitives Verständnis des mannigfachen Lebens und die volle Entwicklung der eigenen Persönlichkeit wesentliche Bestandteile sein werden (Feyerabend, 2009, S. 324 f.).

---

[1] Besprechungen dieses Bandes finden sich u. a. bei Oren Harman (2019), Ian James Kidd (2019) und Thomas Kupka (2011).

Wie auch immer: Heit und Oberheim verweisen darauf, dass Feyerabend viele Jahre damit beschäftigt war, seine Argumente in „Against Method" zu erklären. „Vielleicht wäre die *Naturphilosophie* eine bessere Antwort auf Kritiker gewesen, als es *Erkenntnis für freie Menschen* war (Heit & Oberheim, 2009, S. 15; Hervorh. im Original).

Literatur

Agassi, J. (1976). Against method: Outline of an anarchistic theory of knowledge. *Philosophia, 6*(1), 165–177.

Feyerabend, P. (1976). Logic, literacy, and Professor Gellner. *The British Journal for the Philosophy of Science, 27*(4), 381–391.

Feyerabend, P. K. (1980). *Erkenntnis für freie Menschen.* Suhrkamp.

Feyerabend, P. K. (1986). *Wider den Methodenzwang.* Suhrkamp.

Feyerabend, P. K. (1995). *Zeitverschwendung.* Suhrkamp.

Feyerabend, P. K. (2009). *Naturphilosophie,* herausgegeben von H. Heit und E. Oberheim. Suhrkamp.

Fischer, K. (1992). Die Wissenschaftstheorie Galileis – oder: Contra Feyerabend. *Journal for General Philosophy of Science / Zeitschrift für allgemeine Wissenschaftstheorie, 23*(1), 165–197.

Gedö, A. (1979). Positivismus und „Postpositivismus". *Deutsche Zeitschrift für Philosophie, 27*(12), 1467–1474.

Gellner, E. (1975). Beyond truth and falsehood. *The British Journal for the Philosophy of Science, 26*(4), 331–342.

Harman, O. (2019). Philosophy of nature by Paul Feyerabend. *Common Knowledge, 25*(1), 458–459.

Hattiangadi, J. N. (1977). The crisis in methodology: Feyerabend. *Philosophy of the Social Sciences, 7*(3), 289–302.

Heit, H., & Oberheim, E. (2009). Paul Feyerabend als historischer Naturphilosoph. Einführung. In P. Feyerabend (Hrsg.), *Naturphilosophie* (S. 7–37). Suhrkamp.

Kidd, I. J. (2019). Philosophy of nature, written by Paul Feyerabend. *Journal of the Philosophy of History, 13*(2), 281–285.

Kupka, T. (2011). Feyerabend und Kant: Kann das gut gehen? Paul K. Feyerabends Naturphilosophie und Kants Polemik gegen den Dogmatismus. *Journal for General Philosophy of Science, 42*(2), 399–409.

Ley, H. (1981). Erbe, Rezeption und ideologischer Klassenkampf. *Deutsche Zeitschrift für Philosophie, 29*(3), 367–379.

Nagel, E. (1977). Reviewed work(s): Against method: Outline of an anarchistic theory of knowledge by Paul Feyerabend. *The American Political Science Review, 71*(3), 1132–1134.

Spinner, H.F. (1977). Thesen zum Thema Reichweite und Relevanz der Wissenschaftstheorie für die Einzelwissenschaften – Analytische Philosophie versus Marxismus. In K.-H.

Braun & K. Holzkamp (Hrsg.), *Kritische Psychologie, Bericht über den I. Internationalen Kongress Kritische Psychologie,* Bd. 2. Pahl-Rugenstein.
Topper, D. R. (1975). Feyerabend, „Against Method" (Book Review). *Canadian Journal of History/Annales Canadiennes d'Histoire, 10*(3), 393–395.

„Die Antwort, die ich im vorliegenden Buch ... gebe,
erkläre und verteidige, lautet wie folgt: *in einer freien
Gesellschaft verwendet ein Bürger die Maßstäbe der
Tradition, der er angehört;* er verwendet Hopi-Maßstäbe,
wenn er ein Hopi-Indianer ist; fundamentalistische
protestantische Maßstäbe, wenn er der Sekte der
Fundamentalisten angehört; altjüdische Maßstäbe, wenn
er altjüdische Traditionen beleben will; faschistische
Maßstäbe, wenn ihm der Faschismus näher liegt; dann
gibt es besondere Gruppen, mit besonderen Interessen
und Ideen, wie die Frauenbewegung, die Bewegung der
Homosexuellen, ökologische Gruppen und dergleichen
mehr" (Feyerabend, 1980a, S. 12 f.; Hervorh. im
Original).

Drei Jahre nach „Against Method" legte Paul Feyerabend mit „Science in a Free
Society" nach (Feyerabend, 1978). Nun forderte er nicht nur einen *wissenschaftlichen* Pluralismus, sondern die „Gleichberechtigung aller Traditionen" in einer
freien Gesellschaft (Feyerabend, 1980a, S. 18).[1]

---

[1] Diese deutsche Ausgabe „Erkenntnis für freie Menschen" ist eine veränderte Fassung des
englischen Originals. Feyerabend hat gegenüber dem Original Erweiterungen, Veränderungen und auch Kürzungen vorgenommen, auf die an dieser Stelle nicht weiter eingegangen
werden soll. Eine Anmerkung zum „Pluralismus" sei indes noch gestattet. Paul Feyerabend
wehrte sich dagegen, „Erfinder des theoretischen Pluralismus" genannt zu werden. „In der

W. Frindte, *Wider die Borniertheit und den Chauvinismus – mit Paul K.
Feyerabend durch absurde Zeiten*, https://doi.org/10.1007/978-3-658-43713-8_9

So frei und friedlich, wie sich Paul Feyerabend die Gesellschaft wünscht, war sie Ende der 1970er Jahre bekanntlich keinesfalls. Nicht in den USA, nicht in Westdeutschland und auch nicht in Osteuropa, Afrika, Südamerika oder Asien.

Übersicht

1977 begann der Bürgerkrieg in Mosambik und der Ogadenkrieg zwischen Äthiopien und Somalia. Die USA und die Sowjetunion nutzten diese und andere Konflikte in Afrika als „Spielwiese" für den globalen Kalten Krieg. Ebenfalls 1977 ermordeten RAF-Terroristen den Generalbundesanwalt Siegfried Bubac, den Vorstandssprecher der Deutschen Bank Jürgen Ponto, den Arbeitgeberpräsidenten Hanns Martin Schleyer. Im Oktober wurde die Lufthansamaschine *Landshut* von einem palästinensischen Terrorkommando entführt. Nachdem die als Geiseln genommenen Passagiere von Soldaten des Bundesgrenzschutzes befreit worden waren, nahmen sich die im Gefängnis Stammheim einsitzenden RAF-Terroristen der sogenannten Ersten Generation das Leben. Im März 1978 besetzten über 20.000 israelische Soldaten den Süden Libanons, um die Terrorakte der PLO zu beenden.

Im September 1978 einigten sich der israelische Ministerpräsident Menachem Begin und der ägyptische Präsident Anwar as-Sadat in Camp David, friedensstiftende Maßnahmen im Nahen Osten einzuleiten. Im Frühjahr 1979 stürzten islamische Revolutionäre die verhasste Monarchie von Schah Pahlavi im Iran und gründeten die auf Gewalt fußende Islamische Republik. Im Juni 1979 unterzeichneten die USA und die Sowjetunion zwar den SALT-II-Vertrag zur Rüstungsbegrenzung. Gleichzeitig rüstete die Sowjetunion ihr Atomwaffenarsenal u. a. in der DDR auf. Und das US-amerikanische Verteidigungsministerium erarbeitete eine neue Strategie der Atomkriegsführung, die Ende 1979 in den NATO-Doppelbeschluss mündete und zur Stationierung neuer atomarer Mittelstreckenraketen in Westeuropa führte. Im Juli 1979 beendeten Truppen der Sandinistischen Nationalen Befreiungsfront das diktatorische Regime von Somoza in Nicaragua. Zwei Jahre später begannen Anhänger von Somoza mit Unterstützung der US-amerikanischen Regierung unter Ronald Reagan einen Bürgerkrieg gegen die Sandinisten. Im November 1979 besetzten iranische

Moderne hat vor allem Mill gezeigt, wie die Erkenntnis durch einen Wettstreit von Alternativen gefördert werden kann. Seine Methodenvorstellung ist klarer als die Poppersche und steht der Wissenschaftspraxis näher" (Feyerabend, 1980b, S. 191 f.).

Studenten die US-Botschaft in Teheran und nahmen die Diplomat*innen in Geiselhaft; im Dezember begann die sowjetische Invasion in Afghanistan usw. usf.

Paul Feyerabend ist ein kluger und wacher Zeitgenosse. Es ist anzunehmen, dass er die gesellschaftlichen, politischen, militärischen und kulturellen Entwicklungen in diesen bewegten Zeiten wahrgenommen hat. In einer Analyse über Feyerabends Auffassungen zum Zusammenhang von Wissenschaft, Ideologie und Kalten Krieg kommt Ian James Kidd (2016) zu ähnlichen Schlussfolgerungen. So müsse Feyerabends Forderung nach einer freien Gesellschaft auch vor dem Hintergrund der ideologischen Auseinandersetzungen zwischen den USA und der UdSSR gesehen werden. Zum einen dürften diese Auseinandersetzungen Feyerabend angeregt haben, noch stärker als bisher für eine sozial engagierte Wissenschaft einzutreten. Zum anderen sei ihm eine „strikte Dichotomie" suspekt gewesen, in der man entweder auf der Seite der USA und ihrer Demokratie oder auf der Seite der UdSSR sowie dem Kommunismus zu stehen habe. Eine solche Dichotomie stünde im Gegensatz zu seiner radikal kritischen Haltung gegenüber jeder Ideologie und gegenüber einem ideologischen Monismus, der von einer *einzigen* maßgeblichen Vision von Gesellschaft, Geschichte und Wirklichkeit ausgehe (Kidd, 2016, S. 71 f.).

Inwieweit nun diese gesellschaftlichen Hintergründe auch die Arbeit an „Science in a Free Society" beeinflusst haben, lässt sich nicht eindeutig sagen, zu vermuten ist es. Sein Plädoyer für einen *demokratischen Relativismus* könnte ein Beleg sein. Für einen solchen Relativismus sprechen nach Feyerabend zumindest drei Argumente:

Erstens: „Die Menschen haben das Recht, so zu leben, wie es ihnen passt, auch wenn ihr Leben anderen Menschen dumm, bestialisch, obszön, gottlos erscheint" (Feyerabend, 1980a, S. 17). Keine Institution dürfe zum Beispiel festlegen, ob und wie sich Menschen medizinisch behandeln lassen möchten, auch wenn die Behandlungsformen der westlichen Medizin widersprechen.

Zweitens: Der Grundgedanke dabei sei der, „[...] dass eine Gesellschaft, die viele Traditionen enthält, dem Bürger bessere Mittel zur Beurteilung dieser Traditionen zu Verfügung stellt als eine Gesellschaft mit einer einzigen Grundideologie" (ebd., S. 19).

Drittens: Wissenschaftliche Standpunkte, Ideen, Prozeduren seien nicht nur unvollständig, sondern auch fehlerbehaftet. Da grundlegende Auseinandersetzungen über Traditionen Streitigkeiten zwischen Laien seien, könne der Ausgang der

Streitigkeiten „*[...] keinem höheren Urteil unterworfen* [werden] *als wiederum dem Urteil von Laien*" (Feyerabend, 1980a, S. 20 f.; Hervorh. im Original).

Der demokratische Relativismus unterstütze nicht nur ein Recht, er sei auch ein „[...] höchst nützliches Forschungsinstrument für jeden Staat, der ihn zu seiner grundlegenden Philosophie macht" (ebd., S. 22). Und, um die Quintessenz seiner Argumentationen in „Erkenntnis für freie Menschen" vorwegzunehmen, formuliert Feyerabend das Schlagwort *„Bürgerinitiativen statt Philosophie"* (ebd., S. 23; Hervorh. im Original) und einige Seiten später *„Bürgerinitiativen statt Erkenntnistheorie"* (ebd., S. 37). Der Strukturkern – wenn man das vor dem Hintergrund der Feyerabendschen anarchistischen Erkenntnistheorie sagen kann – sind Traditionen und deren Funktionen. Es widerspräche indes dem erkenntnistheoretischen Anarchismus Feyerabendscher Prägung, würde man bei ihm eine exakte, den wissenschaftlichen Regeln entsprechende Definition von Tradition finden wollen. Eine solche Definition gibt es bei ihm nicht, handelt es sich bei den Begriffen, mit denen Feyerabend jongliert, doch meist um solche mit einem großen und nicht selten diffusen Bedeutungshof. Der kleine Hinweis, der sich in einer Fußnote einer Arbeit aus 1977 versteckt, hilft da auch nicht viel weiter. Dort schreibt Feyerabend: "»Tradition« is here used in a wide sense, covering social, psychological as well as bio-physiological phenomena" (Feyerabend, 1977, S. 11).

Um gebräuchliche Begriffe kritisieren und auf ihre Brauchbarkeit hin prüfen zu können, sei ein Beurteilungsmaßstab nötig, der – liest man in „Against Method" – entweder aus einem neuen theoretischen System oder aus einer anderen Wissenschaft, aus der Religion, aus der Mythologie oder aus Ergüssen Verrückter abgeleitet werden kann (Feyerabend, 1986, S. 87). Das heißt auch, die Begriffe werden nicht nach Wahrheit, Falschheit oder logischer Widerspruchsfreiheit beurteilt, sondern nach ihrer Brauchbarkeit im Kontext anderer Begriffe des neuen theoretischen oder vortheoretischen Systems. Begriffe, so schreibt Feyerabend in einer späteren Arbeit „[...] are ambiguous, elastic, capable of reinterpretation, extrapolation, restriction" (Feyerabend, 1987, S. 78). So verwendet Feyerabend den Begriff der *Tradition* u. a. in Gleichsetzung mit *Praxis, Vernunft* oder *Wissenschaft* (z. B. Feyerabend, ebd., S. 62, 66, 195).[2] Traditionen, soviel lässt sich sagen, sind für ihn nicht nur symbolische, schriftliche und instrumentelle Erinnerungen einer sozialen Gemeinschaft, sondern, wie es Arno Waschkuhn

---

[2] In seiner Autobiografie bekennt Feyerabend u. a., dass er die Menschen von der Tyrannei „abstrakter Begriffe" wie „Wahrheit", „Realität" oder „Objektivität" befreien wollte, aber selbst „ähnlich starre Begriffe", wie „Demokratie" oder „Tradition" eingeführt habe und fragt sich, wie das passieren konnte (Feyerabend, 1995, S. 246).

ausdrückt (1999, S. 245), „menschlich-gesellschaftliche Konstrukte soziokultureller Art", die zur praktischen Anwendung und zur sozialen Identifikation zur Verfügung stehen. Traditionen können abstrakter Beschaffenheit sein, wie Astronomie, Mathematik oder die Gesetze der Physik. „Abstrakte Traditionen wurden im Abendland erstmals von Vorsokratikern eingeführt" (Feyerabend, 1980a, S. 65), um neue Gesetze und Regeln abzuleiten und künftige Verfahrensweisen zu antizipieren.

Traditionen mit lokalen Gesetzen nennt Feyerabend *historische* Traditionen.

„Traditionen sind weder gut noch schlecht; sie existieren einfach.»Objektiv«, das heißt unabhängig von Traditionen gibt es keine Wahl zwischen einer humanitären Einstellung und dem Antisemitismus [...]. *Eine Tradition erhält erwünschte und unerwünschte Züge nur, wenn man sie auf eine Tradition bezieht, das heißt, wenn man sie als Teilnehmer einer Tradition betrachtet und aufgrund der Werte dieser Tradition beurteilt [...].* Es gibt daher zumindest zwei verschiedene Wege, auf denen man kollektive Probleme einer Lösung zuführen kann. Ich nenne diese Wege einen *freien Austausch* (von Gedanken, Gütern, Handlungen etc.) und einen *gelenkten Austausch* [...]. Die Teilnehmer eines gelenkten Austausches akzeptieren eine Tradition und lassen nur jene Handlungen (Überlegungen, Argumente, Prozeduren) zu, die den Maßstäben dieser Tradition entsprechen [...]. Ein freier Austausch respektiert alle Züge des Gegners, sei er nun ein Individuum oder eine Nation [...]. *Eine freie Gesellschaft ist eine Gesellschaft, in der alle Traditionen gleiche Rechte und gleichen Zugang zu den Zentren der Erziehung und anderen Machtzentren haben"* (Feyerabend, 1980a, S. 68 ff.; Hervorh. im Original).

Paul Feyerabend ist klug genug, die Einwände zu antizipieren, die sich gegen seine Thesen erheben können, ethische, politische und wissenschaftliche Einwände. Alle drei wischt er vom Tisch. Häufig würden die ethischen Einwände mit Beispielen vorgebracht, die die möglichen Anhänger seines Relativismus unter moralischen Druck zu setzen versuchten: Hitler, der Zweite Weltkrieg, Auschwitz und neuerdings der Terrorismus kämen mit ermüdender Regelmäßigkeit daher. Bei den politischen Einwänden gehe es u. a. um die Frage, „[...] was der Autor denn beim Überhandnehmen konservativer oder faschistischer Strömungen zu tun gedenke" (ebd., S. 76). Die wissenschaftlichen Einwände seien die dümmsten, weil sie von der Annahme ausgingen, dass wissenschaftliche Methoden allen anderen Methoden und Regeln überlegen seien.

Wie lässt sich aber eine „rote Linie" ziehen, um nicht allen Traditionen gleiche Rechte und gleichen Zugang zu den Zentren der Macht zu gewähren?

Man muss nicht auf die Shoa verweisen, um zeigen zu können, dass die (tradierten) sozialen Konstruktionen einer Gemeinschaft (z. B. der deutschen

Antisemit*innen) *nicht* die gleichen Rechte haben dürfen wie anderer Gemeinschaften (z. B. der Jüdinnen und Juden). Vielleicht reicht es ja schon, eine
kulturübergreifende Tradition oder soziale Konstruktion zu finden, mit deren Hilfe
es möglich sein könnte, zwischen einer humanitären Einstellung und dem Antisemitismus zu wählen. Eine solch *kulturübergreifende* Tradition könnte eine als
Goldene Regel bezeichnete Anweisung sein, die in dem Sprichwort sich ausdrücken lässt: „Was du nicht willst, dass man dir tu', das füg auch keinem andern
zu".

Es handelt sich um ein Prinzip, das wohl erst im 17. und 18. Jahrhundert seinen Namen als *Goldene Regel* erhalten hat (Hruschka, 2004, S. 162).
Es wird in der Zeit der europäischen Aufklärung u. a. vom Engländer Thomas Hobbes (1588–1679) oder vom Hallenser Christian Thomasius (1655–1728)
diskutiert, von Immanuel Kant (1724–1804) kritisiert und als Klugheitsregel
in seinem „kategorischen Imperativ" reformuliert. Der „kategorische Imperativ"
besagt bekanntlich: „Handle nur nach derjenigen Maxime, durch die du zugleich
wollen kannst, dass sie ein allgemeines Gesetz werde" (Kant, AA, Bd. IV, S. 421;
Original: 1785). Paul Feyerabend meint, Kant habe mit dem Imperativ eine
„grausame Traumwelt" konstruiert (Feyerabend, 1992, S. 74; Original: 1989).

Als Prinzip hat die *Goldene Regel* indes eine längere Vergangenheit. Glaubt
man den Experten, so findet sie sich, zwar in unterschiedlichen Formulierungen, in chinesischen, indischen, griechischen, römischen, islamischen
und jüdischen Schriften – meist als alltägliches und/oder philosophi-
sches bzw. religiöses Moralgesetz, u. a. in den Aussprüchen Thales, im
Geschichtswerk Herodots, im Babylonischen Talmud (formuliert durch den
großen Lehrer Hillel der Ältere, wahrscheinlich 10 n. Chr. gestorben)[3],
beim Apostel Matthäus[4] oder beim Philosophen Augustinus von Hippo
(Reiner, 1977, S. 232 f.).

Paul Feyerabend kennt sich bekanntlich mit den griechischen Denkern aus. Thales oder Herodot sind ihm nicht fremd. Zwar lehnt er das Insistieren auf sittliche
Prinzipien als moralischen Druck ab, hält es aber für möglich, historische Quellen nicht nur zu nutzen, um wissenschaftliche Probleme zu formulieren, sondern

---

[3] Lazarus Goldschmidt übersetzte die Worte Hillels aus dem Babylonischen Talmud so: „Was
dir nicht lieb ist, das tue auch deinem Nächsten nicht. Das ist die ganze Tora und alles andere
ist nur die Erläuterung; geh und lerne sie" (Goldschmidt, 1929–1936, S. 522, Sabbath II, v).
[4] „Alles nun, was ihr wollt, dass euch die Leute tun sollen, das tut ihnen auch! Denn das ist
das ganze Gesetz und die Propheten" (Matthäus, 7, 12).

gegebenenfalls auch zu lösen. Vielleicht, so ließe sich nun einwenden, könnten die historischen Quellen, auf die sich die *Goldene Regel* bezieht, auch herhalten, um doch zwischen „guten" und „schlechten" Traditionen entscheiden zu können. Ein solcher Einwand stünde auch nicht im Widerspruch zu Feyerabends Argument, dass die Traditionen letztlich alles oder doch vieles entscheiden. Die Goldene Regel ist keine wissenschaftliche Methode, sondern ein tradiertes Prinzip, mit dem sozusagen eine „rote Linie" gezogen werden könnte, um eben nicht allen Traditionen gleiche Rechte und gleichen Zugang zu den Zentren der Macht zu gewähren. Sicher, jede Regel hat ihre Grenzen, auch die Goldene. Wie kann man die Grenzen erkennen und sichern?

Feyerabends Antwort: *„Nicht rationalistische Maßstäbe, nicht religiöse Überzeugungen, nicht humane Regungen, sondern Bürgerinitiativen sind das Filter, das brauchbare von unbrauchbaren Ideen und Maßnahmen trennt"* (Feyerabend, 1980a, S. 77; Hervorh. im Original). Die Bürger eines Landstrichs, einer Stadt oder eines Dorfes und nicht ahnungslose Intellektuelle sollen in einer freien Gesellschaft über den Wert und den Gebrauch von Ideen entscheiden (ebd., S. 104).

Was passiert aber, wenn die Bürgerinnen und Bürger selbst in ihren Traditionen verhaftet sind, dass sie quasi nicht über die Grenzen ihrer selbst geschaffenen und tradierten soziokulturellen Konstruktionen hinauskönnen und in ihren, wie man heute sagen würde, gruppenspezifischen Echokammern die Bezugssysteme für ihre Initiativen zu suchen meinen? Derartige Grenzüberschreitungen schweben ja auch Feyerabend vor (Feyerabend, 1980a, S. 93). Rationales Forschen ist oft nur vorübergehend von Nutzen (ebd., S. 99) und die „Tradition(en) des weißen Mannes" (S. 127) können keine universelle Richtschnur sein. Zuviel Unheil haben diese Traditionen in die Welt gebracht. Die von den weißen Männern (und Frauen) proklamierten „[...] demokratische(n) Prinzipien so, wie sie heute praktiziert werden, sind unvereinbar mit der ungestörten Existenz, Entwicklung, mit dem ungestörten Wachstum spezieller Kulturen" (ebd., S. 129). Nicht minder engstirnig dürfte es sein, „nichtwissenschaftliche" Entwicklungen und Traditionen, wie zum Beispiel traditionelle medizinische Diagnose- und Heilverfahren (Feyerabend, 1980a, S. 204, nennt u. a. die Akupunktur) nur deshalb abzulehnen, weil sie zwar kranken Menschen helfen können, durch die westliche Schulmedizin indes kaum zu erklären sind.

Die über 3000 Jahre alte chinesische Behandlungsmethode wird von Laien und Expert*innen noch immer kontrovers diskutiert. In Deutschland sollen über 15.000 Ärztinnen und Ärzte mit der Zusatzbezeichnung „Akupunktur" bei den entsprechenden Kammern registriert sein. Ob Akupunktur zum Beispiel bei chronischen Schmerzen helfen kann oder ob die von den Patient*innen berichteten Wirkungen nur einen Placebo-Effekt darstellen, scheint nach wie vor eine nicht vollständig zu beantwortende Frage zu sein. Meta-Analysen, also Studien, mit denen frühere empirische Einzelanalysen quantitativ zusammengefasst werden, zeigen indes, dass Akupunktur zum Beispiel bei rheumatischer Arthritis zur Schmerzlinderung beitragen bzw. eine effektive Ergänzung zu konservativen (westlichen) Therapien sein kann (z. B. Huo, et al., 2021; Li, et al., 2022). Auffällig ist allerdings, dass der überwiegende Teil derartiger Meta-Analysen von chinesischen Forscher*innen durchgeführt wurde.

Aber wo liegen die Grenzen eines demokratischen (und wissenschaftlichen) Relativismus? Feyerabend unterscheidet nicht nur abstrakte und historisch-lokale Traditionen und fordert die „Gleichberechtigung aller Traditionen" (s. o.). Er sieht auch einen Unterschied zwischen „opportunistischen oder eklektizistischen Traditionen" einerseits und „dogmatischen Traditionen" andererseits. Während die eklektizistischen von Werten geleitet seien, sich aber nicht scheuen, die eigenen Werte zu verändern und die Werte anderer Traditionen zu tolerieren, versuchen die dogmatischen Traditionen bzw. deren Vertreter*innen die eigenen Werte als die einzig wahren Grundwerte in die Welt zu projizieren und „[…] alle Ereignisse (der Geschichte, des Privatlebens, selbst der Natur) an ihnen (zu) messen und (zu) versuchen, die Welt durch Gewalt, Überredung oder institutionelle Machenschaften in ihre Richtung zu biegen…" (1980a, S. 136 f.).

Feyerabends Sympathie, so kann man es seinen Argumenten entnehmen, gilt zweifellos den eklektizistischen Traditionen. Sie entsprechen seinem Relativismus und ermöglichen das „[…] *opportunistische Aufnehm*en und Verändern des Brauchbaren (wobei sich die Kriterien der Brauchbarkeit von Problem zu Problem und Epoche zu Epoche ändern)" (ebd., S. 140; Hervorh. im Original). Es ist also kein absoluter Relativismus, den Feyerabend einfordert, sondern die Unterstützung der und die Teilnahme an eklektizistischen Traditionen. Dogmatismus, in welchem Gewande auch immer, ist abzulehnen. Der Dogmatismus liegt jenseits der Grenze, die der demokratische Relativismus nicht überschreitet.[5] Ob allerdings eine „Polizei *von außen,* die die *physische* Bewegungsfreiheit, aber nicht den *Flug der Gedanken* einschränkt" (1980a, S. 296; Hervorheb. im Orginal), in der Lage ist, die Bewegungsfreiheit dogmatischer Bewegungen zu beschränken, darf mit Fug und Recht bezweifelt werden und lässt sich wohl nur als Ausrede eines bis in die frühen 1980er Jahre politisch etwas naiven Autors interpretieren.[6]

Allerdings – und da muss man Paul Feyerabend wieder zustimmen – ist es „[…] kurzsichtig anzunehmen, daß man »Lösungen« für Menschen hat, an deren Leben man nicht teilnimmt und deren Probleme man nicht kennt" (1980a, S. 237).

„Was ich schreibe, was ich anderen Leuten erzähle, womit ich meine Freunde langweile, ist nicht eine »Erkenntniskonzeption«, sondern eine Sammlung von Winken, Hinweisen, Aphorismen, die gewisse Situationen erhellen und dem Leser oder dem Zuhörer beim Durchdenken seiner Probleme helfen sollen. Der Inhalt der Bemerkungen ist immer derselbe: traut nicht den Wissenschaften, traut nicht den Intellektuellen, ob es sich nun um Marxisten oder um rechte Katholiken handelt, die haben ihre eigenen Interessen, die wollen geistige und materielle Macht über alle Menschen erlangen […]. An wen denke ich, wenn ich solche Bemerkungen mache? Ich denke nicht an Intellektuelle, ich denke an Menschen, die ihre eigene Tradition haben, oder gehabt haben, denen diese Tradition einst Lebensinhalt und Identität gab, deren Traditionen aber als lächerliche Vorurteile verlacht und beiseitegeschoben wurden; man spricht ihnen Vernunft, Erkenntnis, Einsicht ab, man spricht ihnen alles ab, was heute so Mode ist. Ich denke an die Hopi in Amerika, an die Schwarzen, denen es langsam gelingt, ihre eigenen schon fast ganz verschwundenen Kulturen wieder aufzufinden und wieder zu beleben. An diese Menschen denke ich, ich denke, daß sie ein Recht haben, so zu leben, wie es ihnen gefällt, und ich denke auch daran, daß es im Grunde kein »rationales« Argument gibt, sie an diesem Leben zu hindern" (Feyerabend, 1980a, S. 284 f.).

---

[5] „Psychologisch gesehen, entsteht der Dogmatismus unter anderem aus der Unfähigkeit, sich Alternativen zu der eigenen Auffassung vorzustellen", schreibt Feyerabend in „Probleme des Empirismus" (Feyerabend, 1981, S. 104; Original: 1962).

[6] Dass Paul Feyerabend im Verlaufe der 1980er und frühen 1990er Jahre zunehmend interessierter, wissender und kritischer auf gesellschaftspolitische Entwicklungen blickte, lag sicher auch am Einfluss von Grazia Borrini-Feyerabend. Einige politisch und zeitgeschichtlich nicht unwichtige Bücher, die in dieser Zeit erschienen sind und die Feyerabend sehr gründlich gelesen und mit zahlreichen Anmerkungen versehen hat, dürften sein gesteigertes gesellschaftspolitisches Interesse ebenfalls illustrieren (siehe: Paul Feyerabend Archiv, Universität Konstanz). So etwa „Der Tod ist ein Meister aus Deutschland" von Lea Rosch und Eberhard Jäckel (1990), die „Dialektik ohne Dogma?" von Robert Havemann (1990; Original: 1964) oder (was mich sehr überrascht hat) das Buch „Carl Zeiss – die abenteuerliche Geschichte einer deutschen Firma" von Armin Hermann (1992).

Es ließe sich ergänzen, die Freiheit einer Gesellschaft bemisst sich nicht nur an der Bewegungsfreiheit der verschiedenen Traditionen, sondern auch an den individuellen und sozialen Möglichkeiten, auf verschiedene Traditionen, nicht nur auf die eigenen bzw. die der eigenen Gruppe zurückgreifen zu können. So sollte es in einer freien Gesellschaft z. B. für einen Hopi-Menschen möglich sein, nicht nur Hopi-Maßstäbe, sondern ebenso protestantische, altjüdische und andere Traditionen für die Gestaltung seines und des gesellschaftlichen Lebens einfordern zu dürfen. Die gesellschaftliche Existenz, die Bewegungsfreiheit und die Zugriffsmöglichkeiten auf solche und andere Traditionen gehören zweifellos zu den *Möglichkeiten,* an denen sich Menschen orientieren können, wenn sie ihre soziale Wirklichkeit zu konstruieren versuchen. Aber auch Rituale, Konventionen, Mythen, gesellschaftliche Normen, eben die Vielfalt der gesellschaftlichen Verhältnisse, die ökonomischen, politischen, kulturellen, wissenschaftlichen Strukturen und Prozesse bieten Möglichkeiten für individuelle Entwicklungen, individuelle Weltsichten, eben für individuelle Konstruktionen über soziale Wirklichkeiten und für soziale Wirklichkeitskonstruktionen.

Damit ist nicht alles über die Erkenntnis für freie Menschen gesagt, aber vielleicht das Wichtigste.

Literatur

Feyerabend, P. K. (1977). Rationalism, relativism and scientific method. *Philosophy in Context, 6*(1), 7–19.

Feyerabend, P. K. (1978). *Science in a free society.* New Left Books.

Feyerabend, P. K. (1980a). *Erkenntnis für freie Menschen.* Suhrkamp.

Feyerabend, P. K. (1980b). Eine Lanze für Aristoteles. In G. Radnitzky & G. Andersson (Hrsg.), *Fortschritt und Rationalität der Wissenschaft.* (S. 157 ff.). J. C. B. Mohr.

Feyerabend, P. K. (1981; Original: 1962). *Probleme des Empirismus.* Vieweg & Sohn.

Feyerabend, P. K. (1986). *Wider den Methodenzwang.* Suhrkamp.

Feyerabend, P. (1987). Putnam on incommensurability. *The British Journal for the Philosophy of Science, 38*(1), 75–81.

Feyerabend, P. K. (1992; Original: 1989). *Über Erkenntnis. Zwei Dialoge.* Campus.

Feyerabend, P. K. (1995). *Zeitverschwendung.* Suhrkamp.

Goldschmidt, L. (1929–1936). Der Babylonische Talmud, Band II. Jüdischer Verlag. https://archive.org/details/DerBabylonischeTalmudLazarusGoldschmidt19291936/mode/2up. Zugegriffen: 15. Febr. 2023.

Havemann, R. (1990; Original: 1964). *Dialektik ohne Dogma?* Akademie-Verlag.

Hermann, A. (1992). *Carl Zeiss – die abenteuerliche Geschichte einer deutschen Firma.* Piper.

Hruschka, J. (2004). Die Goldene Regel in der Aufklärung die Geschichte einer Idee. *Jahrbuch für Recht und Ethik, 12,* 157–172.

Huo, X., Liang, L., Ding, X., Bihazi, A., & Xu, H. (2021). Efficacy and safety of acupuncture with western medicine for rheumatoid arthritis: A systematic review and meta-analysis. *Acupuncture & Electro-Therapeutics Research, 46*(4), 371–382.

Kant, I. (1785). Grundlegung zur Metaphysik der Sitten. In I. Kant (Hrsg.), *Gesammelte Schriften* (Bd. IV, S. 385–463, Bd. 1–22 Preußische Akademie der Wissenschaften, Bd. 23 Deutsche Akademie der Wissenschaften zu Berlin, ab Bd. 24 Akademie der Wissenschaften zu Göttingen). Walter de Gruyter & Co.

Kidd, I. J. (2016). "What's so great about science?" – Feyerabend on science, ideology, and the cold war. In E. Aronova & S. Turchetti (Hrsg.), *Science studies during the cold war and beyond* (S. 55–76). Palgrave Macmillan.

Li, H., Man, S., Zhang, L., Hu, L., & Song, H. (2022). Clinical efficacy of acupuncture for the treatment of rheumatoid arthritis: Meta-analysis of randomized clinical trials. *Evidence-Based Complementary and Alternative Medicine;* https://www.hindawi.com/journals/ecam/2022/5264977/. Zugegriffen: 15. Febr. 2023.

Paul Feyerabend Archiv. Universität Konstanz. https://www.kim.uni-konstanz.de/phil-arc hiv/bestaende/paul-feyerabend/. Zugegriffen: 7. Febr. 2023.

Reiner, H. (1977). Die Goldene Regel und das Naturrecht: Zugleich Antwort auf die Frage: Gibt es ein Naturrecht? *Studia Leibnitiana, 9*(2), 231–254.

Rosch, L. & Jäckel, E. (1990). *Der Tod ist ein Meister aus Deutschland.* Hoffmann und Campe.

Waschkuhn, A. (1999). Die Loslösung bei Paul Feyerabend: Erkenntnis für freie Menschen. In derselbe, *Kritischer Rationalismus* (S. 233–254). Oldenbourg Verlag.

Die Vernichtung der Vielfalt

10

> „Wie kann es geschehen, dass Sichtweisen, die den
> Reichtum verringern und die menschliche Existenz ihres
> Wertes berauben, so mächtig werden?" (Feyerabend,
> 2005, S. 39).

Mit dieser Frage hat Paul Feyerabend bis zu seinem Lebensende gerungen.
1999 erschien posthum Feyerabends Werk „Conquest of Abundance. A Tale
of Abstraction versus the Richness of Being", herausgegeben von Bert Terpstra
(Feyerabend, 1999).[1] Die deutsche Übersetzung trägt den Titel „Die Vernichtung
der Vielfalt. Ein Bericht" (Feyerabend, 2005). Das Buch ist zweigeteilt. Der erste
Teil enthält eine Fusion von drei Fassungen eines Manuskripts, an dem Feyerabend bis zu seinem Tode arbeitete. Im zweiten Teil findet sich eine Auswahl
von Abhandlungen, die bereits andernorts erschienen sind.

Grazia Borrini-Feyerabend schreibt im Vorwort zur deutschen Ausgabe, dass
Paul Feyerabend im Buch einige besondere Augenblicke in der Entwicklung
der westlichen Kultur nacherzähle, Zeitspannen, in denen komplexe Weltanschauungen mit ihren übervollen Deutungen von Realität „[…] einigen wenigen,
abstrakten Begriffen und stereotypen Darstellungen weichen mussten" (Borrini-
Feyerabend in: Feyerabend, 2005, S. 14).

Eine der Hauptfragen, die Feyerabend im ersten Teil des Buches zu beantworten versucht, ist eben jene, die zu Beginn dieses Kapitels zitiert wurde. Es

---

[1] Kritisch besprochen wurde dieses posthum erschienene Buch von Helmut Heit (2006),
Gonzalo Munévar (2002), Stephan M. Downes (2002) und etlichen anderen Autor*innen.

© Der/die Autor(en), exklusiv lizenziert an Springer Fachmedien Wiesbaden
GmbH, ein Teil von Springer Nature 2024
W. Frindte, *Wider die Borniertheit und den Chauvinismus – mit Paul K.
Feyerabend durch absurde Zeiten*, https://doi.org/10.1007/978-3-658-43713-8_10

geht Feyerabend nicht darum, *dass* die Vielfalt von Weltsichten im Verlaufe der Geschichte vernichtet wurde, sondern *wie* es dazu kam, „[...] dass die reiche, farbenprächtige und übervolle Welt, die uns in so vielfältiger Art durchdringt, in zwei Bereiche aufgeteilt wurde, deren einer noch etwas Leben enthält, während dem anderen beinahe all die Eigenschaften und Ereignisse fehlen, die unsere Existenz wichtig werden lassen" (Feyerabend, 2005, S. 39).

Aus psychologischer Perspektive handelt es sich um die Frage, warum Menschen die reiche, farbenprächtige Welt nicht einfach so nehmen, wie sie ist, sondern sie zu ordnen und zu vereinfachen versuchen. Bekanntlich kategorisieren Menschen ihre Welt (Personen, Objekte, Ereignisse, Prozesse), um die Komplexität der Wirklichkeit zu reduzieren. Kategorisierung bedeutet, Gegenstände, Objekte, Menschen aufgrund gemeinsamer charakteristischer Merkmale in abgrenzbare (abstrakte) Klassen einzuteilen. Ein solcher Prozess dient letztlich der Komplexitätsreduktion im Umgang mit den reichhaltigen und nicht überschaubaren Facetten der Wirklichkeit. Kategorisierung bedeutet, die Welt in einen vorhersagbareren und kontrollierbareren Ort zu verwandeln. Evolutionswissenschaftliche Befunde und Überlegungen legen nahe, dass das Kategorisieren von Welt einen Überlebensvorteil für die Menschen (generell für Primaten, aber nicht für andere Säugetiere) garantiert (z. B. Cosmides & Tooby, 1992; Tomasello, 2020).

In der Einleitung zu „Die Vernichtung der Vielfalt" erwähnt Feyerabend (2005, S. 27 f.) einen psychologischen Fall, den der sowjetische Neuropsychologe Alexander R. Lurija[2] in seinem Buch „The Mind of a Mnemonist" (Lurija, 1968) beschreibt. Es handelt sich um den Journalisten und Gedächtniskünstler Solomon Shereshevski[3], der aufgrund einer synästhetischen Veranlagung zwar viele einzelne Eindrücke speichern und wieder reproduzieren konnte, aber kaum in der Lage war, Informationen zu selektieren und zu kategorisieren. Shereshevski litt darunter, die mannigfachen, sich überlagernden Sinneseindrücke nicht vergessen zu können. Deshalb versuchte er sich einzureden, dass er die vielen Sinneseindrücke einfach nicht mehr wahrnehmen wollte. Feyerabend nimmt das Beispiel zum Anlass, darauf hinzuweisen, dass es Situationen und Anlässe zu geben scheint, in denen Menschen die Vielfalt ihrer Eindrücke einfach „abblocken" und die Wirklichkeit vereinfachen.

---

[2] Nicht zu verwechseln mit dem Mikrobiologen Salvador Edward Luria, auf den sich Feyerabend auch hin und wieder beruft.

[3] Nicht „Sherashevsky", wie fälschlicherweise in „Die Vernichtung der Vielfalt" geschrieben.

Allerdings ist Feyerabend weniger an der *psychologischen* Problematik von Abstraktion und sinnlicher Vielfalt interessiert. Ihm geht es eher darum zu untersuchen, wie sich im Verlaufe der Geschichte Strukturen (Theologie, Philosophie, Wissenschaften) entwickelten, in denen die „Reichhaltigkeit der Welt" geleugnet und durch Abstraktionen ersetzt wurde. „Sich vom Alltagsverstand und der alltäglichen Erfahrung zu entfernen, hin zu einer Welt abstrakter Begriffe, hat Vorteile mit sich gebracht. Aber diese Vorteile wurden verzerrt und verwandelten sich, aufgrund der grundsätzlichen Unstimmigkeiten des ganzen Unternehmens, in eine Bedrohung" (Feyerabend, 2005, S. 39).

Dieses „Unternehmen", das „Aufkommen des Rationalismus", seine Vorteile, Verwandlungen und Verzerrungen möchte Feyerabend verstehen. Dass er dabei zuvörderst das Aufkommen von Philosophie und Wissenschaft im antiken Griechenland in den Blick nimmt, liegt auf der Hand, fand dort doch – nach westlichem Verständnis – zwischen 800 und 30 v. Chr. eine Revolution des Wissens statt. So analysiert Feyerabend die Sprache in den Homerischen Epen, den Rationalismus des „eingebildeten Großmauls" Xenophanes, die logische Begründung über die Erhaltung des Seienden bei Parmenides und dessen Einfluss auf die moderne Physik. Die (vermeintliche) Entdeckung der Zentralperspektive durch Filippo Brunelleschi (1377–1446) nimmt Feyerabend als Exempel, um über das Verhältnis von Relativismus und Realismus zu spekulieren. Seine Fallbeispiele bettet er ein in die jeweiligen kulturellen, politischen und technologischen Kontexte der Zeit und verweist so auf die Mehrdeutigkeit des vermeintlichen Fortschritts in Philosophie, Wissenschaft und Kunst. Menschen bilden die Welt nicht einfach mittels abstrakter Begriffe ab, sie verändern auch die Welt und ihre kategorialen Interpretationen. „Da wir in der Welt sind, ahmen wir Ereignisse nicht nur nach oder setzen sie nicht nur zusammen, sondern wir erschaffen sie auch neu, sobald wir nachahmen, und ändern so das, was wir für beständige Objekte unserer Aufmerksamkeit halten" (Feyerabend, 2005. S. 141).

Auf die Auswahl von Abhandlungen im zweiten Teil des Buches „Die Vernichtung der Vielfalt" muss an dieser Stelle nicht weiter eingegangen werden. Nur der letzte Beitrag, der bereits 1994 in der Zeitschrift „Common Knowledge" erschienen ist, sei noch kurz erwähnt. Es handelt sich um eine kurze Stellungnahme zu einem Dokument, das u. a. von Gadamer, Derrida, Rorty unterzeichnet wurde und sich an „alle Parlamente und Regierungen der Welt" mit der Bitte richtet, das Studium der Philosophie und ihrer Geschichte in allen Schulen einzurichten. Feyerabend kommentiert das Schreiben u. a. mit den Worten: „Die wirklichen Probleme unserer Zeit werden nicht einmal berührt. Welches sind die wirklichen Probleme? Sie bestehen in Krieg, Gewalt, Hunger, Krankheit und Umweltkatastrophen [...]. Die Philosophen und Wissenschaftler, die ihn (den

Aufruf, WF) unterzeichnet haben, hätten besser daran getan, eine harsche Verurteilung der Verbrechen und Morde, die in unserer Mitte passieren, herauszugeben,
zusammen mit einem Aufruf an alle Regierungen, einzuschreiten und das Töten
zu beenden, notfalls mit militärischer Gewalt. Solch eine Verurteilung und ein
solcher Aufruf wären verstanden worden. Es hätte gezeigt, dass die Philosophie
sich um ihre Mitmenschen kümmert" (Feyerabend, 2005, S. 295).

Insofern ist der Schlussfolgerung von Helmut Heit zuzustimmen, dass sich
Feyerabend in seinem letzten Buch als ein Denker zeigt, „[…] der sich unsere
Welt als einen besseren, glücklicheren Ort vorstellen kann, ohne mit seinem
Plädoyer für mehr Vielfalt pathetisch oder verbissen zu sein" (Heit, 2006, S. 619).

Literatur

Cosmides, L., & Tooby, J. (1992). Cognitive adaptations for social exchange. In J. Barkow,
    L. Cosmides, & J. Tooby (Hrsg.), *The adapted mind: Evolutionary psychology and the
    generation of culture* (S. 163–228). Oxford University Press.
Downes, S. M. (2002). Book Review: Conquest of abundance: A tale of abstraction versus
    the richness of being, the worst enemy of science? Essays in memory of Paul Feyerabend.
    Science, Technology, & Human Values, 27(1), 160–164.
Feyerabend, P. K. (1999). *Conquest of Abundance. A Tale of Abstraction versus the Tichness
    of Being, herausgegeben von Bert Terpstra*. The University of Chicago Press.
Feyerabend, P. K. (2005). *Die Vernichtung der Vielfalt. Ein Bericht, herausgegeben von Peter
    Engelmann*. Passagen Verlag.
Heit, H. (2006). Reviewed Work(s): Die Vernichtung der Vielfalt. Ein Bericht by Paul K.
    Feyerabend. *Zeitschrift für philosophische Forschung, 60*(4), 615–619.
Lurija, A. R. (1968; Original: 1965). *The Mind of a Mnemonist*. Basic Books.
Munévar, G. (2002). Critical Notice: Conquering Feyerabend's Conquest of Abundance.
    Philosophy of Science, 69(3), 519–535.
Tomasello, M. (2020). *Mensch werden: Eine Theorie der Ontogenese*. Suhrkamp Verlag.

Teil IV

„Nehmen wir nun an, was ich geschrieben habe, entspricht der Wahrheit – trägt das Predigen dieser Wahrheit dazu bei, die Probleme unserer Zeit zu lösen? Kann es die Massenmorde eindämmen, die heute in vielen Ländern geschehen? Kann es die Intoleranz beseitigen, den Mangel an Mitgefühl und Verständnis, den engstirnigen Egoismus von Menschen, Konzernen und Institutionen, die unsere Erde zugrunde gerichtet haben, die ihre Verbrechen zwar kennen, aber nicht daran denken, sich zu verändern?" (Feyerabend, 1992, S. 208 f.).

Literatur

Feyerabend, P. K. (1992; Original: 1989). *Über Erkenntnis. Zwei Dialoge.* Campus.

„Das sind in der Tat wichtige Fragen" 11

> „Ob unser Tun »relevant« ist, wissen wir immer erst im
> Nachhinein, und selbst dann dauert es oft lange, bis sich
> die Wirkungen zeigen" (Feyerabend, 1992, S. 209).

Drei Jahre nachdem „Science in a Free Society" als englische Erstauflage
erschien, publizierte Feyerabend zwei gewichtige Bände mit dem Untertitel „Philosophical Papers" (Feyerabend, 1981a, 1981b), in denen er seine Auffassungen
über den Einfluss von Theorien auf Beobachtungen, über die Inkommensurabilität
von Theorien, über den Kritischen Rationalismus oder über den wissenschaftlichen (gesellschaftlichen) Pluralismus und die Rolle von Traditionen noch einmal
wissenschaftshistorisch begründet und expliziert. Gewiss, beide Bände enthalten
Ideen, die Feyerabend bereits an anderer Stelle entwickelt hat (so z. B. schon in
seiner Dissertation von 1951; vgl. z. B. Feyerabend, 1981a, S. 17 ff.). In seinen
Argumentationen richtet sich Feyerabend an die Mitglieder der wissenschaftlichen Communities, denen er sich selbst einmal zugehörig fühlte. Allerdings
wird, wie schon in „Science in a Free Society", auch deutlich, dass es ihm
um mehr geht, um die Kommunikation mit Menschen und Gemeinschaften
außerhalb etablierter akademischer Zirkel, die aufgrund ihrer Traditionen eigene
Vorstellungen von Vernunft und Wahrheit besitzen. Zusammengefasst finden sich
diese Ideen auch in „Farewell to Reason" (Feyerabend, 1987), ebenfalls eine
Sammlung bereits früher publizierter Arbeiten. Feyerabend nimmt hier nicht
nur die Unterscheidung von Entdeckungs- und Rechtfertigungs- bzw. Begründungszusammenhang und manch anderes aufs Korn; er plädiert auch dezidiert

© Der/die Autor(en), exklusiv lizenziert an Springer Fachmedien Wiesbaden   85
GmbH, ein Teil von Springer Nature 2024
W. Frindte, *Wider die Borniertheit und den Chauvinismus – mit Paul K.*
Feyerabend durch absurde Zeiten, https://doi.org/10.1007/978-3-658-43713-8_11

für kulturelle Vielfalt, die für ihn die beste Verteidigung gegen eine totalitäre Herrschaft ist.

Die Unterscheidung von Entdeckungszusammenhang (Context of Discovery) und Rechtfertigungs- oder Begründungszusammenhang (Context of Justification) geht auf Hans Reichenbach zurück, der zum illustren Wiener Kreis gehörte (Kap. 4; vgl. auch: Schiemann, 2006). Nach Reichenbach (1938) ist der *Context of Discovery* der Zusammenhang, der uns etwas über die Herkunft wissenschaftlicher Theorien erzählen kann. Anders als im *Context of Justification,* dem Zusammenhang, in dem wir unter Hinzuziehung eines wohlausgearbeiteten Methodenkanons (also einer Sammlung etablierter Forschungsmethoden) die empirische Gültigkeit wissenschaftlicher Theorien prüfen, verfügen wir aber offenbar kaum über Heuristiken oder gar Regelwerke, mit denen wir uns auf die Suche nach empirisch gültigen Theorien machen können. Feyerabend hat diese Dichotomie in mehreren Arbeiten kritisiert und darauf hingewiesen, dass auch der Context of Justification nie nur auf „objektiven" Verfahren fußt, sondern so wie der Context of Disvovery mit sehr viel Subjektivem und Unwägbaren verknüpft ist (vgl. z. B. Feyerabend, 1980, S. 272; 1984, S. 165 ff.; 1988, S. 162; 1992, S. 157 f. siehe auch *Kap. 14*).

Die bis heute anhaltenden Auseinandersetzungen (z. B. Lugg, 1991; Pinch, 1989; Pučiliauskaitė, 2022) über den Sammelband mit dem provozierenden Titel „Farewell to Reason" lassen sich ganz gut als Bestätigung der These lesen: Paul K. Feyerabend ist nicht vergessen.

Seit seinem Tod im Jahre 1994 erschienen bis heute, nimmt man *Google Scholar* zu Hilfe, unter dem Schlagwort „Paul Feyerabend" mehr als 25.000 Publikationen. Dazu gehören zahlreiche Nachauflagen seiner eigenen Schriften sowie die erwähnten posthum erschienenen Werke („Conquest of Abundance" aus dem Jahre 1999 und die deutsche Übersetzung mit dem Titel „Vernichtung der Vielfalt" von 2005 sowie die „Naturphilosophie" von 2009), Diskussionen über seine Kritik am Kritischen Rationalismus (z. B. Anderson, 2019), Würdigungen seiner anarchistischen Erkenntnistheorie (z. B. Niaz, 2020), Sammelbände mit kritischen Essays (z. B. Bschir & Shaw, 2021; Preston et al., 2000) und Erinnerungen (z. B. Stadler & Fischer, 2006), ausgezeichnete Biografien (z. B. Oberheim, 2007) und vieles andere mehr. Auch in feministischen Debatten wird er hin und wieder namentlich erwähnt (z. B. Koertge, 2013); allerdings nicht immer lobend (z. B. Bowles, 1984, S. 186). Feyerabend bezieht, wenn auch en passant, Stellung zu Fragen, die auch die heutigen postkolonialen Studien aufwerfen. Seine Sorge um die epistemische und politische Marginalisierung der Kulturen der indigenen Völker oder um die menschlichen und ökologischen Kosten der Verwestlichung (Westernisation) hat ihn bereits in den 1970er Jahren umgetrieben. In der reichhaltigen Literatur der postkolonialen Wissenschafts- und Technologiestudien taucht Feyerabend bedauerlicherweise nur als „[…] figure in the critical reactions against positivist philosophies of science…" auf, was zwar nicht falsch sei, aber nicht die Tiefe und Besonderheit seiner Kritik an der gewaltsamen imperialistischen Politik widerspiegele (Brown & Kidd, 2016, S. 5).

In „Against Method" und späteren Arbeiten kritisiert Feyerabend den wissenschaftlichen Chauvinismus, der sich oft der Einführung von wissenschaftlichen Alternativen widersetze. Gegen einen solchen Chauvinismus bringt er das Erkenntnispotential von Mythen, Märchen, Legenden und okkulten Riten in Stellung und plädiert für „Bürgerinitiativen statt Erkenntnistheorie" (Feyerabend, 1980, S. 37).

Können aber öffentlich gewählte Kommissionen von Laien tatsächlich feststellen, „[…] ob die Abstammungslehre wirklich gut begründet ist, wie es uns die Biologen einreden wollen, ob eine »gute Begründung« in ihrem Sinn die Sache erledigt und ob nicht andere Ansichten, wie etwa die Lehre von *Genesis* auch in den Schulen vorgetragen werden sollte"? (Feyerabend, 1980, S. 190; Hervorh. im Original). Sollten Ansichten, wie jene, die von den Kreationisten vorgetragen werden, Lehrstoff in den Schulen sein? Entscheidungen darüber möchte Feyerabend bekanntlich auch in die Hände von Laienkommissionen legen (Feyerabend, 1980, S. 190).

Kreationismus (lat. creare: erschaffen) bezeichnet die Auffassung, nach der der gesamte Kosmos einschließlich aller Lebewesen zumindest von einem Schöpfergott erschaffen wurde (vgl. auch Graf & Lammers, 2011, S. 9 f.). Es handelt sich um eine religiöse Überzeugung, mit der die biologische Evolution (weitgehend) abgelehnt wird und die in allen abrahamitischen Religionen (im Christentum, im Islam und im Judentum) zu finden ist. Das unabhängige US-amerikanischen Meinungsforschungsinstitut Pew Research Center befragte 2019/2020 Menschen aus 20 Ländern der Welt nach ihrer Meinung zur Evolution und zum Schöpfungsglaube. In Deutschland stimmten 17 % der Befragten der kreationistischen Aussage zu, dass die Menschen und die anderen Lebewesen in ihrer jetzigen Form seit Beginn der Zeit existieren. Die geringste Zustimmung zu dieser Aussage äußerten die Spanier und die Schweden (10 bzw. 11 %). Am meisten stimmten dieser Aussage die US-Amerikaner (32 %), die Brasilianer (36 %) und die Menschen aus Malaysia (55 %) zu (Pew Research Center, 2020). In den USA sind es vor allem weiße evangelische Protestanten, die meinen, die

Menschen und die anderen Lebewesen existieren in ihrer jetzigen Beschaffenheit bereits seit Anbeginn der Welt. In den USA gibt es mindestens drei große Museen, in denen der Schöpfungsglaube als wahrhafte Erkenntnis vermittelt und den Erkenntnissen der Evolutionsforschung entgegengesetzt wird, das Creation Museum in Petersburg, Kentucky, das Ark Encounter in Williamstown, ebenfalls in Kentucky und das Museum of the Bible in Washington DC. Alle drei Museen sind gut besucht. Sie fördern nicht einfach nur das religiöse Wissen der Besucher*innen, sondern vor allem ein konservatives politisches und rassistisches Weltbild (vgl. Thomas, 2020).

Können Laien entscheiden, ob die Gravitätsgesetze *nicht* gelten, ob die Corona-Pandemie eine Erfindung von Bill Gates ist, ob der menschengemachte Klimawandel nur Einbildung oder der Antisemitismus eine Lüge ist, die von weißen Frauen und Männern in die Welt gesetzt wurde? Die Fragen mit „Ja" zu beantworten, wäre zynisch. Und so darf es nicht verwundern, wenn Feyerabends frühe Forderung nach Bürgerinitiativen statt Erkenntnistheorie bzw. Philosophie aus heutiger Sicht und von einigen Autor*innen durchaus skeptisch gesehen wird. Philipp Sarasin (2019, S. 6) z. B. schreibt, dass wir gegenwärtig erkennen, wie toxisch die Kombination von Wissenschaftsfeindschaft, esoterischen Spekulationen und identitätspolitisch aufgeladenem Beharren auf der Eigenständigkeit und Einzigartigkeit jeder „Kultur" sei. Feyerabend habe das zwar alles nicht ausgelöst und doch sei er ein frühes Symptom für derartige Entwicklungen. Auch Alexander Bogner ist der Meinung, Paul Feyerabend habe mit seinem „Multiparadigmatismus" den Verschwörungstheoretikern von heute den Weg geebnet (Bogner, 2021, S. 62 ff.). Ähnlich argumentiert Homayun Sidky, wenn er Feyerabend vorwirft, er habe mit seinem egalitären und anarchistischen Ansatz einen intellektuellen Raum für alle möglichen pseudowissenschaftlichen Ansichten, wie Magie, Astrologie, Mystizismus und Kreationismus, eröffnet (Sidky, 2020, S. 65). Und Thomas Zoglauer wirft ein, dass der Relativismus Feyerabendscher Prägung an seine Grenzen stoße, wenn Querdenker, Fundamentalisten oder Verschwörungstheoretiker einen gleichberechtigten Zugang zu den Medien bekämen (Zoglauer, 2021, S. 52).

Die Bedeutung des innovativen Einflusses von (außerwissenschaftlichen) Bürgerinitiativen auf den sozialen, politischen und wissenschaftlichen Wandel in heutigen Zeiten ist sicher nicht zu leugnen, ob es sich nun um die in der internationalen Öffentlichkeit agierende *MeToo-Bewegung,* die internationale Bewegung

Fridays for Future oder die ebenfalls über Ländergrenzen hinaus wirksame *Black-Lives-Matter-Bewegung* (BLM) handelt. Derartige Bürgerinitiativen wollen nicht nur singuläre Lebensstile verändern, sondern die Politik, die Wissenschaft und die Bürger*innen gegen sexuelle Übergriffe und Ausbeutung, für eine lebenswerte, klimagerechte Zukunft und gegen Rassismus mobilisieren. Für Pierre Rosanvallon verkörpern diese Initiativen die „Gegen-Demokratie", mit der die politisch aktive Zivilgesellschaft den Staat und seine Institutionen überwacht (Rosanvallon, 2017).

Unumstritten sind derartige Bürgerinitiativen indes auch nicht, denkt man z. B. an antisemitische Ressentiments in der BLM oder an manch antifeministische und rassistische Positionen in der MeToo-Bewegung (z. B. Funkschmidt, 2020; Martini, 2020).

Zu den heutigen Bürgerinitiativen gehören allerdings auch jene Formierungsprozesse, die sich rechtspopulistischer bzw. rechtsextremer Inszenierungsmittel bedienen (z. B. die islamfeindliche Bewegung „Pax Europa", die PEGIDA-Bewegung, die Reichsbürgerszene). Die Forderung nach Bürgerinitiativen statt Erkenntnistheorie ist also ein ambivalenter Appell. Sicher würde Feyerabend manche „Bürgerinitiativen" heute als „cranks", als Spinner bezeichnen, so wie er es an früherer Stelle getan hat (Feyerabend, 1964, S. 305).

Was er unter Cranks versteht, deutet Feyerabend nur an. Bschir und Lohse (2022) beziehen sich auf Shaw (2021) und meinen: *Cranks* sind – im Feyerabendschen Verständnis – Akteure, die nur ihre eigenen Sichtweisen und Agenden durchzusetzen wollen und nicht daran interessiert sind, ihre Auffassungen im Lichte anderer Ansichten zu hinterfragen. Das können Aktivist*innen sein, die sich gegen andere Standpunkte immunisieren, oder lokale Expert*innen, die nicht bereit sind, Auffassungen zu berücksichtigen, die ihren persönlichen Erfahrungen widersprechen. Auch wissenschaftliche Expert*innen, die sich selbst über jeden Zweifel erhaben sehen, können Cranks sein.

Kurz und gut: Feyerabend geht keineswegs davon aus, dass Mythen, Märchen, okkulte Riten oder eben der Schöpfungsglaube den rationalen Vorstellungen von Welt per se überlegen sind. Vielmehr kritisierte er wissenschaftliche Angriffe zum Beispiel gegen die Astrologie, die Kräutermedizin oder die Parapsychologie, wenn die Angreifer*innen ohne Wissen und Kenntnis von Astrologie oder Parapsychologie argumentieren. Feyerabend verteidigt damit eben nicht die vermeintlichen Pseudowissenschaften. Mythen, Märchen oder okkulte Riten können für Feyerabend vielmehr sowohl Anstoß für wissenschaftliche Entdeckungen sein, als auch – sozusagen – die *Nagelprobe* für das Rationale wissenschaftlichen Forschens bereitstellen. Absurde Ideen erzeugen kognitive Dissonanzen, weil das, was sie verkünden, im Widerspruch zum Gewohnten oder autoritär Verkündeten zu stehen scheint.

Im Sommer 1983 veranstaltete Feyerabend an der Eidgenössischen Technischen Hochschule in Zürich eine Serie von Paneldiskussionen, die sich mit „Grenzproblemen der Wissenschaften" beschäftigten, darunter auch ein Seminar zur Parapsychologie. Eingeladen waren dazu u. a. Vertreter parapsychologischen Denkens (Eberhard Bauer, Hans Bender und Piet Hein Hoebens). In seinem Diskussionsbeitrag zum Seminar sagte Feyerabend u. a., die Forscher der Astrologie, der Parapsychologie und dergleichen würden sich fortwährend mühen zu zeigen, „[...] dass sie brave Wissenschaftler sind, und dass sie dem Kanon der Wissenschaften genau gefolgt sind. Aber was ist dieser Kern, und welche Regeln enthält er?" (in: Feyerabend & Thomas, 1985, S. 385). Mit seinem Beitrag habe Feyerabend, so Ian James Kidd (2018), nicht die Parapsychologie oder die Astrologie verteidigen wollen. Vielmehr sei es ihm um eine Kritik an Wissenschaftlern gegangen, die ihren eigenen hohen intellektuellen Standards nicht gerecht werden, wenn sie abweichende Auffassungen einfach ignorieren, statt sich mit ihnen wissenschaftlich auseinanderzusetzen. So verweisen Mythen, Märchen, aber auch die wissenschaftliche Rationalität auf Deutungsmuster (oder soziale Konstruktionen), die in Gemeinschaften, Gesellschaften und Kulturen zu den bewährten, tradierten Mustern gehören, mit deren Hilfe Menschen ihre Welt interpretieren, über sie kommunizieren und ihre soziale Identität, also die Zugehörigkeit zu ihren relevanten Bezugsgemeinschaften, definieren, um sich letztlich in dieser Welt zurechtzufinden.

In seinen späteren Arbeiten verabschiedet sich Feyerabend von einem kulturellen Relativismus[1], nach dem Kulturen als „[...] mehr oder weniger geschlossene Einheiten mit ihren eigenen Kriterien und Verfahren" (1995a, S. 205) betrachtet werden müssten. Vielmehr stünden Kulturen miteinander im Zusammenhang und würden voneinander lernen. Jede Kultur berge potenziell alle Kulturen in sich. Kulturelle Besonderheiten seien nicht sakrosankt. „Es gibt keine »kulturell gerechtfertigte« Unterdrückung und keinen »kulturell gerechtfertigten« Mord. Es gibt nur Unterdrückung und Mord, und beide sollten als solche behandelt werden, und wenn nötig, mit Entschiedenheit. Diese Veränderbarkeit jeder Kultur führt aber auch zu der Einsicht, dass wir uns selbst für Änderungen öffnen müssen, bevor wir andere zu ändern versuchen" (1995a, S. 205).

---

[1] Vom Relativieren „[...] von allem und jedem" hat er in späteren Jahren offenbar auch die Nase voll. „Ja, mir selber ist", so schreibt Feyerabend im August 1991 an Hans Peter Duerr, „dieser weltanschauliche Relativismus schon lange zuwider, dessen Prinzipien man auf den Wänden jedes Universitätsscheißhauses finden kann..." (Feyerabend, 1995b, S. 279).

Auf jeden Fall sprach sich Feyerabend in seinen späten Jahren entschieden dagegen aus, Kulturen, Stämme oder Nationen aus westlicher Sicht und mit ignoranter Aggressivität „[...] zu reformieren und sie ihren (den westlichen, WF) Vorstellungen von einem zivilisierten Leben anzupassen. Seit Menschen entdeckt wurden, die nicht zum westlichen Kultur- und Zivilisationskreis gehörten, hielt man es fast für eine moralische Pflicht, ihnen die Wahrheit zu bringen – und damit meinte man die herrschende Ideologie der Eroberer" (Feyerabend, 1992, S. 52 f.). Feyerabends Kritik an der Ideologie der Eroberer zielt auch auf die „humanitäre Gesinnung" als Teil der Ideologie einer Gesellschaft (ebd., S. 59). Das mag auf den ersten Blick irritieren, ist indes angesichts der vielen historischen und aktuellen Verbrechen, die im Namen der Menschlichkeit begangen wurden, durchaus verständlich (ausführlich: Frindte, 2022).

Die Begegnung zwischen den antiken Denkern und Schreibern, wie Cicero, Seneca, Vergil und den frühen Humanisten, falls man sie schon so nennen darf, begann im 14. Jahrhundert. Francesco Petrarca (1304–1374), Poggio Braccolini (1380–1459) und andere, traten ein in ein virtuelles Zwiegespräch mit den antiken Autoren, um sich zu bilden und die menschliche Gesittung, die humanitas, zu vollenden. Den Namen, den diese Bildung in Anlehnung an Cicero erhielt, lautete „studia humanitatis". Und über *humanitatis,* die Menschlichkeit, und *humanitas,* das Menschsein, wurde bald ebenso fleißig nachgedacht wie über *humanus,* das Menschliche. Mit der *studia humanitatis* formulierten die frühen Humanisten, auch wenn sie sich noch nicht so nannten, ein Bildungsprogramm, um mit der Aneignung der antiken Autoren die sprachlich-formale Bildung sowie die Sachbildung zu fördern und auf diese Weise einen neuen Menschen nach dem Muster der Alten zu entwickeln (Buck, 1970, S. 123).[2] Nach Erich Fromm, um an den großen Humanisten zu erinnern, stehen im Mittelpunkt der humanistischen Weltanschauung der Glaube an die Einheit der Menschheit, die Betonung der Menschenwürde und der Fähigkeit, dass sich Menschen weiterentwickeln und vervollkommnen können sowie die Hervorhebung von Vernunft, Objektivität und Frieden (Fromm, 1999, S. 19.; Original: 1966). Ob Paul Feyerabend den Frommschen Humanismus kannte, lässt sich nicht prüfen. In den Publikationen gibt es dafür keine Belege. Anzunehmen ist indes, dass Feyerabend mit den von Fromm genannten Begriffen und Kategorien zur Charakterisierung

---

[2] Verbunden ist der deutsche Begriff *Humanismus* vor allem mit dem Namen von Friedrich Immanuel Niethammer (1808). 1781 erschien allerdings bereits ein Buch von Alexander von Gleichen-Russwurm mit dem Titel „Kultur und Geist der Renaissance" und dem prägenden Untertitel „Das Jahrhundert des europäischen Humanismus" (von Gleichen-Russwurm, 1781).

der humanistischen Weltanschauung nicht sehr zufrieden wäre, führen Kategorien doch nach seiner Meinung zu überhaupt nichts; es sei denn, ihnen werde
Macht verliehen (Feyerabend, 2005, S. 294). Diese Möglichkeit, mit Kategorien
und Begriffen Macht auszuüben, dürfte Feyerabends Hauptgrund sein, humanitäre
Gesinnung als Teil von Ideologie abzulehnen und sich gegen Versuche stark zu
machen, derartige Ideologien anderen Kulturen, Stämmen oder Nationen aufzu-
zwingen (Feyerabend, 1992, S. 59). Nicht gegen humanistische Visionen richtet
sich Feyerabends Kritik, wohl aber gegen die Intoleranz, Macht und Gewalt der
„westlichen" Kulturen.[3]

Literatur

Andersson, G. (2019). Karl Popper und seine Kritiker: Kuhn, Feyerabend und Lakatos. In G.
    Franco (Hrsg.), *Handbuch Karl Popper* (717–731). Springer VS.
Bogner, A. (2021). *Die Epistemisierung des Politischen. Wie die Macht des Wissens die
    Demokratie gefährdet.* Reclam.
Bowles, G. (1984). The Uses of Hermeneutics for Feminist Scholarship. *Women's Studies
    International Forum, 7*(3), 185–188.
Brown, M. J., & Kidd, I. J. (2016). Introduction: Reappraising Paul Feyerabend. *Studies in
    History and Philosophy of Science Part A, 57,* 1–8.
Bschir, K., & Lohse, S. (2022). Pandemics, Policy, and Pluralism: A Feyerabend-inspired
    perspective on COVID-19. *Synthese, 200*(6), 441 ff.
Bschir, K. & Shaw, J. (2021). *Interpreting Feyerabend. Critical essays.* Cambridge University
    Press.
Buck, A. (1970). Italienischer Humanismus: Forschungsbericht. *Archiv für Kulturgeschichte,
    52*(1), 121–140.
Feyerabend, P. K. (1951). *Zur Theorie der Basissätze.* Dissertation. Universität.
Feyerabend, P. K. (1964). Realism and Instrumentalism: Comments in the logic of factual
    support. In M. Bunge (Hrsg.), *Critical approaches to science and philosophy* (S. 260–
    308). The Free Press.
Feyerabend, P. K. (1980). *Erkenntnis für freie Menschen.* Suhrkamp.
Feyerabend, P. K. (1981a). *Realism, Rationalism and Scientific Method: Philosophical Papers
    Volume 1.* Cambridge University Press.
Feyerabend, P. K. (1981b). *Problems of Empiricism: Philosophical Papers Volume 2.* Cam-
    bridge University Press.
Feyerabend, P. K. (1984). *Against Method.* 5. Aufl. Thetford Press.
Feyerabend, P. K., & Thomas, C. (1985). Was heißt das, wissenschaftlich sein? In P. Feyer-
    abend & C. Thomas (Hrsg.), *Grenzprobleme der Wissenschaften* (S. 385–397). Eidgenös-
    sische Technische Hochschule, Verlag der Fachvereine.

---

[3] In „Farewell to Reason" vermerkt Feyerabend en passant, eines sollte klar sein, Faschismus sei nicht sein „cup of tea", trotz seiner ausgeprägten Sentimentalität und seiner fast
instinktiven Neigung, humanitär zu handeln (Feyerabend,1987, S. 309).

Feyerabend, P. K. (1987). *Farewell to reason.* Verso.

Feyerabend, P. K. (1988). Knowledge and the role of theories. *Philosophy of the Social Sciences, 18*(2), 157–178.

Feyerabend, P. K. (1992; Original: 1989). *Über Erkenntnis. Zwei Dialoge.* Campus.

Feyerabend, P. K. (1995a). *Zeitverschwendung.* Suhrkamp.

Feyerabend, P. K. (1995b). *Briefe an einen Freund, herausgegeben von Hans Peter Duerr.* Suhrkamp.

Feyerabend, P. K. (1999). *Conquest of Abundance. A Tale of Abstraction versus the Tichness of Being, herausgegeben von Bert Terpstra.* The University of Chicago Press.

Feyerabend, P. K. (2005). *Die Vernichtung der Vielfalt. Ein Bericht, herausgegeben von Peter Engelmann.* Passagen Verlag.

Feyerabend, P. K. (2009). *Naturphilosophie, herausgegeben von H. Heit und E. Oberheim.* Suhrkamp.

Frindte, W. (2022). *Quo Vadis, Humanismus.* Springer.

Fromm, E. (1999; Original: 1966). Zum Problem einer umfassenden philosophischen Anthropologie. In *Erich-Fromm-Gesamtausgabe in 12 Bänden,* Band IX, herausgegeben von R. Funk. (S. 19–27). Deutsche Verlags-Anstalt.

Funkschmidt, K. (2020). Der Antisemitismus in der „Black Lives Matter "-Bewegung und seine Ursprünge. *Materialdienst – Zeitschrift für Religions- und Weltanschauungsfragen, 83*(5), 358–366.

Graf, D., & Lammers, C. (2011). Evolution und Kreationismus in Europa. In D. Graf (Hrsg.), *Evolutionstheorie – Akzeptanz und Vermittlung im europäischen Vergleich* (S. 9–28). Springer Berlin.

Kidd, I .J. (2018). Feyerabend, Pluralism, and Parapsychology. *Bulletin of the Parapsychology Association, 10*(1), 5–9.

Koertge, N. (2013). Feyerabend, Feminism, and Philosophy. *HOPOS: The Journal of the International Society for the History of Philosophy of Science, 3*(1), 139–141.

Lugg, A. (1991). Reviewed Work: Farewell to Reason by Paul Feyerabend. *Canadian Journal of Philosophy, 21*(1), 109–120.

Martini, F. (2020). Wer ist# MeToo? Eine netzwerkanalytische Untersuchung (anti-) feministischen Protests auf Twitter. *M&K Medien & Kommunikationswissenschaft, 68*(3), 255–272.

Niaz, J. R. M. (2020). *Feyerabend's Epistemological Anarchism.* Springer Nature Switzerland.

Niethammer, F. P. I. (1808). *Der Streit des Philanthropinismus und Humanismus in der Theorie des Erziehungs-Unterrichts unsrer Zeit.* Friedrich Frommann.

Oberheim, E. (2007). *Feyerabend's Philosophy.* De Gruyter.

Pew Research Center. (2020). Biotechnology Research Viewed With Caution Globally, but Most Support Gene Editing for Babies to Treat Disease; https://www.pewresearch.org/science/2020/12/10/biotechnology-research-viewed-with-caution-globally-but-most-support-gene-editing-for-babies-to-treat-disease/. Zugegriffen: 21. März 2023.

Pinch, T. (1989). Reviewed Work: Farewell to Reason by Paul Feyerabend. *American Journal of Sociology, 94*(6), 1457–1459.

Preston, J., Munévar, G., & Lamb, D. (Eds.). (2000). *The worst enemy of science? – Essays in memory of Paul Feyerabend.* Oxford University Press.

Pučiliauskaitė, S. (2022). Paulio Feyerabendo socialinės minties kritinė apžvalga. *LOGOS-A Journal of Religion, Philosophy, Comparative Cultural Studies and Art, 110,* 17–23. https://www.ceeol.com/search/article-detail?id=1070970. Zugegriffen: 10. Mai 2023.

Reichenbach, H. (1938). *Experience and prediction. An analysis of the foundations and the structure of knowledge.* The University of Chicago Press.

Rosanvallon, P. (2017). *Die Gegen-Demokratie. Politik im Zeitalter des Misstrauens.* Hamburger Edition.

Sarasin, P. (2019). *„Anything goes": Paul Feyerabend und die etwas andere Postmoderne.* Geschichte der Gegenwart. https://www.zora.uzh.ch/id/eprint/182292/; Zugegriffen: 25. März 2023.

Schiemann, G. (2006). Inductive Justification and Discovery. On Hans Reichenbach's Foundation of the Autonomy of the Philosophy of Science. In J. Schickore & F. Steinle (Hrsg.), *Revisiting Discovery and Justification. Historical and Philosophical Perspectives on the Context Distinction* (S. 23–39). Springer.

Shaw, J. (2021). Feyerabend and Manufactured Disagreement: Reflections on Expertise, Consensus, and Science Policy. *Synthese, 198*(25), 6053–6084.

Sidky, H. (2020). *Science and anthropology in a post-truth world: A critique of unreason and academic nonsense.* Lexington Books.

Stadler, F., & Fischer, K. R. (Hrsg.). (2006). *Paul Feyerabend. Ein Philosoph aus Wien.* Springer.

Thomas, P. (2020). *Storytelling the Bible at the Creation Museum, Ark Encounter, and Museum of the Bible.* T&T Clark, Bloomsbury Publishing.

Von Gleichen-Russwurm, A. (1781). *Kultur und Geist der Renaissance. Das Jahrhundert des europäischen Humanismus.* Hoffmann und Campe Verlag.

Zoglauer, T. (2021). *Konstruierte Wahrheiten: Wahrheit und Wissen im postfaktischen Zeitalter.* Springer Vieweg.

Feyerabend und die Psychologie – ein Ausflug mit Spekulationen

12

„In Psychologiekursen liest man über Experimente und Theorien, Turgenew liest man da nicht. […] Psychologen, Ökologen, Experten für zwischenmenschliche Beziehungen können […] viel von Dichtern, Romanschriftstellern, Schauspielern wie Äschylus, Lessing oder Brecht lernen…" *(Feyerabend, 1992a, S. 142f.).*

Das ist wohl wahr. Aber wie hielt es Paul Feyerabend mit der Psychologie? Seine Sicht auf die Psychologie differenzierte sich über die Jahrzehnte. Einige seiner Bemerkungen sind erstaunlich zutreffend, andere eher oberflächlich. Ich beschränke mich auf Beispiele:

Während seines Studiums der Physik und Astronomie in Wien besuchte er Ende der 1940er/Anfang der 1950er Jahre auch Psychologieveranstaltungen bei Hubert Rohracher. Sechs Semester sollen es gewesen sein (Kuby, Limbeck-Lilienau & Schorner, 2010, S. 408). Rohracher (1903–1972) hatte in Innsbruck Rechtswissenschaft und in München Psychologie studiert, in beiden Fächern promoviert und sich 1932 mit einer Arbeit über die Theorie des Willens habilitiert. Anschließend arbeitete er an der Universität Innsbruck und zeitweise auch in Wien. Dort stand er im engen Kontakt mit Karl und Charlotte Bühler sowie mit Egon Brunswick und dessen späterer Frau Else Frenkel, einer Mitarbeiterin der Bühlers.

Charlotte und Karl Bühler emigrierten 1933 in die USA. Egon Brunswick wurde 1936 auf eine Professur an der Universität von Berkeley berufen. Else Frenkel emigrierte 1938 ebenfalls in die USA und heiratete dort Egon Brunswick. Sie gehört neben Daniel J. Levinson, R. Nevitt Sanford

© Der/die Autor(en), exklusiv lizenziert an Springer Fachmedien Wiesbaden GmbH, ein Teil von Springer Nature 2024
W. Frindte, *Wider die Borniertheit und den Chauvinismus – mit Paul K. Feyerabend durch absurde Zeiten*, https://doi.org/10.1007/978-3-658-43713-8_12

und Theodor W. Adorno zu den Hauptautor*innen des 1950 herausgege-
benen Bandes „The Authoritarian Personality". Seit 1943 – nach seiner
Einbürgerung als Bürger der USA – nannte sich Theodor Wiesengrund-
Adorno bekanntlich nur noch „Theodor W. Adorno". Stone et al., (1993,
S. 13) betrachten es demzufolge als eine „Ironie des Schicksals", dass
nur aufgrund Adornos offizieller Namensänderung im Jahre 1943 die
„Authoritarian Personality" nicht unter „Frenkel-Brunswik et al." zitiert
wird.

1938 wurde Rohracher aus politischen Gründen zeitweise die Lehrbefugnis entzogen. Während des 2. Weltkrieges arbeitete er dann als Heerespsychologe. 1943
erhielt er eine außerordentliche Professur in Wien. Im Juni 1947 wurde er zum
ordentlichen Professor an der Universität Wien ernannt. Zu dieser Zeit hatte er
sich vor allem wegen seiner Forschungen zum Zusammenhang von hirnphy-
siologischen und psychischen Prozessen bereits einen Namen gemacht hatte.
Dabei nutzte er vor allem die von Hans Berger (1924/1929 in Jena) entwickelten elektroenzephalographischen Experimente (vgl. ausführlich: Benetka, 1998;
Sachse & Goller, 2020). Rohracher vertrat eine dezidiert naturwissenschaftlich-
experimentelle Psychologie. Das EEG galt ihm dabei als wichtiges Instrument
für den „objektiven Blick ins Fremdpsychische" (Guttmann, 2009, S. 85). Ohne
das Psychische auf die neurophysiologischen Prozesse reduzieren zu wollen, sah
er in diesen Prozessen die Ursachen bewusster Erlebnisse. Und die Erforschung
eben dieser „bewussten Vorgänge und Zustände" hielt er für die Aufgabe der
Psychologie als Wissenschaft (Rohracher, 1988, S. 2 ff.; Original: 1947). Die
„Lehre" vom unbewussten psychischen Geschehen lehnte er ab, weil derartige
Hypothesen durch den Fortschritt der neurophysiologischen Forschung überholt
seien (zit. n. Guttmann, 2009, S. 85).

Es ist durchaus nicht abwegig zu vermuten, dass Rohrachers Veranstaltungen auch Feyerabends Skepsis gegenüber der Psychoanalyse ebenso beeinflusst
haben könnten wie seine spätere Beschäftigung mit dem Leib-Seele-Problem
(mind–body-problem), also mit der Beziehung zwischen menschlichem Geist
(Psychischem) und Gehirn (Physischem).

Das Leib-Seele-Problem (mind–body-problem oder das psychophysische
Problem) darf man getrost als ein Grundproblem der Philosophie bezeichnen: Wie verhalten sich Leib (Körper, Gehirn) und Geist (Bewusstsein,

Psychisches) zueinander? Damit haben sich die antiken Denker (Platon, Aristoteles, Leukipp, Demokrit, Epikur und andere) ebenso rumgeschlagen wie die frühen Aufklärer (z. B. René Descartes, Gottfried Wilhelm Leibniz, Christian Wolff, 1679–1754) und neuere Philosoph*innen, Neurowissenschaftler*innen und Psycholog*innen (z. B. David Chalmers, 2021; Hilary Putnam, 1994; Gerhard Roth, 2019; Wolf Singer, 2013 u.v. a.) können es auch nicht lassen. Stehen Körper und Geist in Wechselwirkung (wie Descartes annahm)? Ist das Psychische eine nichtphysische Eigenschaft der Materie (wie David Chalmers argumentiert)? Sind die Seele, der Geist, das Psychische, Produkte oder Funktionsprinzipien neurophysiologischer Prozesse (was Gerhard Roth und Wolf Singer behaupten und auch in der fast vergessenen DDR-Psychologie vertreten wurde; vgl. z. B. Klix, 1971, S. 18)? Eine ziemlich radikale, aber keinesfalls absurde Auffassung vertreten die Anhänger*innen des Sozialen Konstruktionismus (Gergen, 1994).[1] Sie ignorieren das Leib-Seele-Problem geflissentlich und behaupten: Die Begriffe und Formen, durch die wir die Welt und uns selbst verstehen, sind soziale Produkte/Konstruktionen eines historisch und kulturell geformten Austauschprozesses zwischen Personen und Gruppen. Auch das Leib-Seele-Problem sei eine soziale Konstruktion. Um es überhaupt als Problem wahrzunehmen und zu erkennen, muss man an kulturellen Traditionen teilnehmen, in denen die Eigenständigkeit mentaler Prozesse von Bedeutung ist. Das heißt, das Leib-Seele-Problem ist Teil eines Sprachspiels, an dem man teilnehmen kann. Man kann es aber auch lassen und sich an einem anderen Sprachspiel beteiligen, in dem eben zum Beispiel die soziale Konstruktion von Wissen eine größere Rolle spielt als die Wechselwirkung von Geist und Körper (Gergen, 2010).

In seinem häufig zitierten Aufsatz „Materialism and the Mind–Body Problem" schlussfolgert Feyerabend, nachdem er verschiedene Argumente gegen den Materialismus zurückzuweisen versucht und auch kurz die Gestaltpsychologie

---

[1] Der Terminus *Sozialer Konstruktionismus* oder *Social Constructionism* wird von Kenneth Gergen (1985) genutzt, um sich einerseits von den konstruktivistischen Wissenschaftsauffassungen abzugrenzen, die sich mit den individuellen Prozessen der Wirklichkeitskonstruktion beschäftigen (so u. a. im Radikalen Konstruktivismus; Von Glasersfeld, 1997) und um andererseits eine Verbindung zu den sozialwissenschaftlichen Ansätzen (z. B. Berger und Luckmann, 2000; Original: 1966) herzustellen, in denen es vorrangig um die sozialen Prozesse geht, mit denen Vorstellungen über die Wirklichkeit erzeugt und auf ihre Nützlichkeit geprüft werden.

erwähnt, es gebe keinen einzigen Grund, warum der Versuch einer rein physiologischen Erklärung des Menschen aufgegeben werden sollte (Feyerabend, 1963, S. 65).[2] Manche Interpret*innen nahmen Feyerabends Insistieren auf den „purely physiological account of human beings" zum Anlass, ihm vorzuwerfen, er bestreite die eigenständige Existenz mentaler (psychischer) Prozesse. Er vertrete – zumindest in seinen früheren Schriften – einen Eliminativen Materialismus, dem zufolge es nur materielle und keine mentalen Entitäten gebe (z. B. Everit, 1983; Bechtel & Hamilton, 2007). Jamie Shaw (2021) bezweifelt allerdings, dass Feyerabend ein „eliminativer Materialist" war: „Feyerabend Never was an Eliminative Materialist". Feyerabend verteidige zwar den Materialismus (und Naturalismus) in seinen frühen Arbeiten, zum Beispiel in dem Aufsatz von 1963, habe aber später auf ein Prinzip aufmerksam gemacht, das geeignet sei, Weltsichten, Theorien, aber auch Mythen danach zu beurteilen, ob sie sinnvoll und praktikabel für die Lebensgestaltung sind. Shaw beruft sich dabei auf den, wie Feyerabend in „Vernichtung der Vielfalt" schreibt, „aristotelischen Grundsatz": „Wirklich ist das, was eine Schlüsselrolle in dem Leben spielt, mit dem wir uns identifizieren" (Feyerabend, 2005, S. 215; erstmals erschienen: 1992b).[3] Dieser „Grundsatz" ist ja eigentlich nur eine andere Ausformulierung des gesellschaftlichen und wissenschaftlichen Pluralismus, auf den der „späte" Feyerabend immer wieder insistiert hat. Ebenfalls in „Vernichtung der Vielfalt" kommt Feyerabend auf das Leib-Seele-Problem zu sprechen. Es sei noch immer lebendig, obwohl die Neurophysiologie detaillierte Modelle der mentalen Vorgänge geliefert habe. Einige Wissenschaftler würden hingegen fordern, dem „Geist und unserem Bewusstsein" wieder jenen Einfluss einzuräumen, den sie vor dem Aufkommen der materialistischen Psychologie besaßen. Das heißt, dass es in der Wissenschaft durchaus Menschen gibt, die sich der „[…] Beseitigung von vorwissenschaftlichen psychologischen Ideen und Entitäten" widersetzen (2005, S. 153). Ob Feyerabend eine solchen Widerstand für hilfreich, angemessen, passfähig oder unwissenschaftlich hält, erfahren wir an dieser Stelle nicht. Eine Seite weiter schreibt er allerdings, dass die Naturwissenschaften „[…] »subjektive« Elemente wie Gefühle und Empfindungen" (ebd., S. 154) ausschlössen, „[…] obwohl sie bei ihrer Aneignung

---

[2] "There is, therefore, not a single reason why the attempt to give a purely physiological account of human beings should be abandoned, or why physiologists should leave the ‚soul' out of their considerations" (Feyerabend, 1963, S. 65). Und in der deutschen Übersetzung: „Es gibt also keinen einzigen Grund, warum man den Versuch einer rein physiologischen Theorie des Menschen aufgeben oder warum Physiologen die ‚Seele' aus ihren Betrachtungen ausschalten sollten" (Feyerabend 1981, S. 207).

[3] Oder wie es Kurt Lewin einmal formulierte: „Wirklich ist, was wirkt" (Lewin, 1969, S. 41; Original 1936).

und Kontrolle (der naturwissenschaftlichen Forschung, WF) eine Rolle spielen" (ebd.; Original: 1989). Das heißt doch auch, alle Mühen in der (natur-) wissenschaftlichen Forschung nach Objektivität der Erkenntnis sind immer auch mit dem, wie es bei Wolfgang Pauli (1954) heißt, subjektiven Faktor verknüpft, also nicht ohne die subjektiven Befindlichkeiten der Beobachter zu haben. Das dürfte Ende der 1980er Jahre auch in den „objektiven" Wissenschaften ein Allgemeinplatz sein. „Die Forscher", schreibt Feyerabend, „beeinflussen das Material und werden von ihm auch beeinflusst und verändert, denn schließlich ist es das Material, aus dem sie selbst geformt wurden. […] Die »subjektive« Seite der Erkenntnis kann nicht einfach weggeschleudert werden, zumal sie untrennbar mit ihren materiellen Manifestationen verwoben ist" (2005, S. 158).

Interpretiert man die Aussagen Feyerabends, die sich in seinen späten Arbeiten explizit oder implizit auf Psychologisches beziehen (ich tue es jedenfalls), so könnte man meinen, der „späte" Feyerabend habe sich von seinen frühen, „materialistischen", sicher aber reduktionistischen Vorstellungen von der Beschaffenheit des Psychischen und von der Nutzlosigkeit psychologischer Theorien verabschiedet. Ich komme darauf zurück. Seine Skepsis gegenüber einer „rein physiologischen" Erklärung des Menschen und seiner Psyche könnte aber schon früher ihren Anfang genommen haben.

Zwischen 1949 und 1953 finanzierte das Österreichische College die ersten Auslandsreisen von Paul Feyerabend. Sie führten ihn nach Deutschland (Göttingen), Dänemark (Kopenhagen, Askov), Schweden (Lund, Stockholm, Uppsala) und Norwegen (Ustaoset). In Askov lernte er Niels Bohr kennen und in Kopenhagen traf er Edgar Tranekjaer-Rasmussen (1900–1994), den er schon aus Alpbach kannte und der wohl auch zu den Gästen des „Kraft-Kreises" gehörte (Kuby, 2010, S. 5). Über Tranekjaer-Rasmussen wurde Feyerabend mit dem phänomenologisch-psychologischen Ansatz von Edgar Rubin (1886–1951) und den Weiterentwicklungen eben durch Tranekjaer-Rasmussen bekannt. Nach Edgar Rubin ist nicht nur der „Rubinsche Becher", die schwarz-weiße Kippfigur, benannt. Rubin beeinflusste maßgeblich die Arbeiten der (deutschen) Gestalttheorie über die Figur-Grund-Prozesse, also die wissenschaftlichen Studien über den wechselseitigen Einfluss von Vordergrund und Hintergrund bei der Wahrnehmung beliebiger Objekte (Katz, 1951). Dieser wechselseitige Einfluss von Figur und Grund in der Wahrnehmung verweist bekanntlich auch auf die Relativität von Sinneseindrücken; Menschen bilden die Welt nicht einfach ab, sondern konstruieren sich diese nicht zuletzt auf der Grundlage interner (physiologisch und/oder ontogenetisch erworbener) Strukturgesetze (Gestaltgesetze; Bühler, Schlaich & Sinner, 2017; S. 29–38).

Kurz vor seinem Tod veröffentlichte Edgar Rubin einen Aufsatz mit dem Titel „Visual figures apparently incompatible with geometry" (Rubin, 1950), in dem er u. a. von Experimenten berichtet, die er zum Teil mit Tranekjaer-Rasmussen durchgeführt hat. In diesen Experimenten wurden Versuchspersonen mit Variationen der bekannten „Müller-Lyer-Figur" (eine geometrische optische Täuschungen) konfrontiert. Das relativ simple Ergebnis zeigt zunächst die Widersprüche zwischen der geometrischen Darstellung der Figuren und den individuellen Wahrnehmungen, eben den Täuschungen. Die „Müller-Lyer-Figur" zeigt zwei gleichlange Linien, deren Ende entweder (Linie a) jeweils durch zwei Pfeilspitzen oder (Linie b) durch zwei Pfeilenden markiert sind. Linie b wird in vielen Fällen länger als Linie a wahrgenommen (siehe auch *Kap. 14*). Darüber hinaus verweisen die Ergebnisse auch auf die Relativität individueller Sinnesdaten. Heute wissen wir, das die optischen Täuschungen während des Wahrnehmungsprozesses automatisch und unbewusst entstehen und erst im Nachhinein bewusstseinsfähig sind.

Paul Feyerabend kannte nicht nur die Arbeit von Rubin, sondern hat wohl auch an einigen Wahrnehmungsexperimenten unter Anleitung von Tranekjaer-Rasmussen teilgenommen (siehe z. B. Feyerabend, 1978a, 1978b, S. 12, S. 57; Original: 1958; 1995, S. 107). Daniel Kuby, Christoph Limbeck-Lilienau und Michael Schorner (2010) vermuten nun, dass die wahrnehmungspsychologischen Forschungen, die Feyerabend in Dänemark kennengelernt hat, auch seine Zweifel an der „Theorie der Sinnesdaten" und an den Grundlagen des logischen Empirismus befördert haben. In „Wider den Methodenzwang" betont Feyerabend, dass die Produktion von Beobachtungsaussagen (oder Basissätzen) aus zwei psychologischen Ereignissen bestehe, einer klaren und eindeutigen Wahrnehmung *und* einer klaren und eindeutigen Verknüpfung zwischen dieser Wahrnehmung und gewissen Teilen der Sprache (Feyerabend, 1986, S. 95 f.). Vielleicht ist ihm durch die Experimente, die er sich in Kopenhagen angesehen hat, bereits damals aufgefallen, dass zumindest das erste Ereignis, die eindeutige Wahrnehmung von Objekten und Geschehnissen, gar nicht so einfach zu bewerkstelligen ist. Wahrnehmungen gehorchen Figur-Grund-Beziehungen und diese Beziehungen ändern sich oft infolge starker Emotionen, wird er an anderer, späterer Stelle schreiben (Feyerabend, 1987a, S. 78 f.).

Streifen wir weiter durch Feyerabends Psychologie: Von Psychologie, psychologischen Behauptungen oder psychologischen Problemen ist viel die Rede (z. B. Feyerabend, 1981). Sehr früh – einem Stempel im Buch mit Feyerabends Wiener Adresse in Alliogasse 14 zufolge bereits 1948 – und gründlich (sieht man auf die vielen Unterstreichungen und Anmerkungen) hat er das einflussreiche Buch „Wahrnehmung und Gegenstandswelt: Grundlegung einer Psychologie vom Gegenstand her" von Egon Brunswick gelesen (Brunswick, 1934). Das Buch gehört zu Feyerabends Handbibliothek (Paul Feyerabend Archiv, Universität Konstanz). Brunswick versucht auf der Grundlage des logischen Empirismus eine Wahrnehmungspsychologie zu entwickeln, die mittels mathematischer und statistischer Methoden in der Lage sein soll, Wahrnehmungsurteile zu quantifizieren. Das mag dem „Geschmack" des frühen Feyerabend entsprochen haben.

In seinen späteren Arbeiten finden sich Bezüge auf Wilhelm Wundt (1832–1920) und dessen *Völkerpsychologie* (z. B. Feyerabend, 2009, S. 83), auf Jean Piaget (1896–1980) und die angeborenen Schemata der Wahrnehmung (z. B. Feyerabend, 1987a, S. 703; 2009, S. 154). Er zitiert Jerome Bruner (Feyerabend, 1988, S. 170; siehe auch unten), hat Arbeiten des sowjetischen Neuropsychologen Alexander R. Lurija (1902–1977) und des britischen Neurologen Oliver Sacks (1933–2015) zur Kenntnis genommen (Feyerabend, 2005, S. 27; Feyerabend, 1988, S. 159 ff.) oder erwähnt den bekannten Aufsatz „Der Übergang von der aristotelischen zur galileischen Denkweise in Biologie und Psychologie" von Kurt Lewin (Feyerabend, 1978a, 1978b, S. 232; Original: 1972). Und selbstverständlich, so möchte man meinen, hat er auch „Die Psychologie des Aristoteles" von Franz Brentano (1967; Original: 1867) gründlich durchgearbeitet (Feyerabends Handbibliothek).

Besonders neugierig verfolgte Feyerabend, wie erwähnt, Arbeiten der Wahrnehmungspsychologie; so beispielsweise die Arbeiten von Julian Hochberg (1923–2022), der zu den international anerkannten Wahrnehmungspsychologen zählt und sich u. a. mit der (automatischen) Verarbeitung von (bewegten) Bildern beschäftigte (Feyerabend, 1984a, S. 96; Hochberg, 1983). Sein Interesse an den wahrnehmungspsychologischen Arbeiten von Edgar Tranekjaer-Rasmussen habe ich schon erwähnt. Die Bezüge auf Arbeiten der Gestaltpsychologen David Katz (1884–1953)[4] und Oswald Külpe (1892–1915), des Phänomenologen Maurice Merleau-Ponty (1908–1961) oder des Sozialpsychologen Muzafer Sherif (1906–1988)[5] sind noch zu ergänzen (z. B. Feyerabend, 1978a, 1978b, S. 48, 143, 261; Originale: 1960, 1966, 1967; Feyerabend, 1986, S. 19). Die Theorie der Kognitiven Dissonanz von Leon Festinger (1957) kannte er auch und fand, sie sei eine

---

[4] David Katz emigrierte 1933 nach England und 1937 nach Schweden. Dort erhielt er eine Professur für Psychologie an der Universität Stockholm.

[5] Der türkisch-amerikanische Sozialpsychologe Muzafer Sherif führte zahlreiche sozialpsychologische Experimente zur Entstehung von Normen in Gruppen durch (Sherif, 1966; Original: 1936) und entwickelte u. a. die Theorie des realistischen Gruppenkonflikts (Sherif, 2015; Original: 1967), auf die sich später auch der polnisch-britische Sozialpsychologe Henri Tajfel beziehen wird (siehe unten).

gute Erklärung für den Dogmatismus, so nachzulesen in einem Züricher Vorlesungsmanuskript über Erkenntnistheorie aus dem Jahre 1984 (Paul Feyerabend Archiv, Universität Konstanz, PF-4–7–1; dort findet sich auch ein Sonderdruck eines Artikels von Leon Festinger, Henry Riecken und Stanley Schachter, 1956, in dem die wichtigen Annahmen der ein Jahr später ausformulierten Theorie bereits enthalten sind; PF-1–11–1).

Angetan war Feyerabend ebenfalls von den eindrucksvollen Experimenten, die der belgische Psychologe Albert Michotte (1881–1965) bereits in den 1940er Jahren zur Wahrnehmung von Kausalitäten durchgeführt hat.

Albert Michotte hat zwischen 1905 und 1908 als Gastwissenschaftler in Leipzig mit Wilhelm Wundt und in Würzburg mit dem Gestaltpsychologen Oswald Külpe zusammengearbeitet. 1944 gründete er ein Institut für Psychologie an der Universität Leuven. Dort experimentierte er mit einem Versuchsaufbau, der auch als „Banc Michotte" bekannt ist. Dabei wurden Proband*innen gebeten, mechanisch bewegte Papierscheiben, auf denen Linien aufgemalt waren, zu beurteilen. Die Proband*innen sahen nur einen Ausschnitt der Scheiben und wurden aufgefordert zu sagen, was sie sahen. Je nach Darbietung äußerten sie zum Beispiel: Gegenstand A hat B einen Schock versetzt, ihn verjagt oder herausgeworfen. Das heißt, die Proband*innen beschrieben in ihren Antworten scheinbar wahrgenommene kausale Beziehungen (vgl. Leyssen, 2021). Man kann es auch „Phänomenale Kausalität" nennen. Es handelt sich um eine subjektive Zuschreibung von Ursachen und Wirkungen. In der Sozialpsychologie experimentierte Fritz Heider (1896–1988) in den 1940er Jahren mit ähnlichen experimentellen Anordnungen und entwickelte später die damit verbundene frühe Theorie der Attributionen (Heider, 1944).

Feyerabend war jedenfalls von den Experimenten Michottes begeistert, sah er doch in den „[…] epochemachenden Untersuchungen der phänomenologischen Kausalität" eine Bestätigung, dass die „[…] Gesetze der Wahrnehmungsorganisation […] nicht völlig von der verfügbaren Information bestimmt…" sind (Feyerabend, 1981, S. 156). Die Wahrnehmungspsychologie war ihm also wichtig, galt sie ihm doch als herausragendes Instrument, mit dem auch Wissenschafts- und Philosophiehistoriker vertraut sein sollten, so zu lesen in „Über Erkenntnis" (Feyerabend, 1992a, S, 102). Einige Jahre früher findet sich ein ähnlicher Hinweis: „Eine grundsätzliche Kenntnis der Psychologie der Wahrnehmung muss, wie ich glaube, früher oder später zu der Einsicht führen, daß die Idee der Unzweifelbarkeit von Empfindungen nicht nur ein logischer, sondern vor allem auch ein psychologischer Mythos ist" (Feyerabend, 1978a, 1978b, S. 58; Original: 1960). Das richtet sich auch gegen den Empirismus in den Naturwissenschaften, namentlich gegen die „alte" Theorie der Sinnesdaten. Die Ergebnisse unserer

Wahrnehmung, ob in der Beobachtung physikalischer Experimenten oder in der alltäglichen Selbst- und Fremdbeobachtung, sind nie eindeutige „Sinnesdaten" und können es nicht sein. Es sind individuelle Konstruktionen vor dem Hintergrund unserer Einbettung in diverse soziale Kontexte. Insofern ist es gar nicht so absurd zu behaupten, „[…] dass es nicht die Existenz von Sinnesdaten ist, die das Verhalten in Wahrnehmungssituationen regelt, sondern dass ganz umgekehrt der Zwang, sich in gewissen Weisen zu verhalten, die Existenz von Sinnesdaten garantiert" (Feyerabend, 1978a, 1978b, S. 50).

Das wäre die eine Seite. Andererseits habe in der Psychologie (und der Medizin) das Eindringen „abstrakter Traditionen" zur Beseitigung vieler wichtiger und nützlicher Ergebnisse sowie zur Anhäufung von interessanten, „objektiven", aber für praktische Zwecke völlig nutzloser Kenntnisse geführt, heißt es in einer Fußnote in „Erkenntnis für freie Menschen" (1980, S. 117). Damit bezieht sich Feyerabend wohl auch auf die Arbeiten von Paul Meehl und Hans-Jürgen Eysenck (ebd.); beides einflussreiche, vielzitierte, dem Kritischen Rationalismus zugewandte Psychologen und Kritiker der Psychoanalyse (z. B. Eysenck, 2004; Original: 1985; Meehl, 1973). Mit Paul Meehl, hatte Feyerabend Ende der 1970er, Anfang der 1980er Jahre über das Leib-Seele-Problem und über das Verhältnis von Theorie und Experiment diskutiert (Feyerabend, 1995, S. 161).

Paul Everett Meehl (1920–2003) war Psychologe und Professor für Psychologie an der Universität von Minnesota sowie ehemaliger Präsident der American Psychological Association. Er war einer der produktivsten Psychologen des 20. Jahrhunderts. Die Bandbreite seiner Arbeiten umfasst Beiträge zur Schizophrenie, zu statistischen Verfahren in der Psychologie, zum Verhältnis von Theorie und Experiment. Mit Herbert Feigl und Wilfrid Sellers gründete er das Minnesota Center for the Philosophy of Science, an dem auch Feyerabend öfter zu Gast war. 1954 veröffentlichte Meehl ein Buch über klinische und statistische Voraussagen, das einen intensiven Streit auslöste. Meehl vertrat die Ansicht, dass statistisch-automatische Vorhersagemethoden, wenn sie richtig eingesetzt werden, effizientere und zuverlässigere Entscheidungen über die Prognose und Behandlung von Patienten ermöglichen als individuelle Diagnosen. Seine Schlussfolgerungen waren umstritten und standen lange Zeit im Widerspruch zu dem vorherrschenden Konsens über psychiatrische Entscheidungsfindung. Im Nachlass Paul Feyerabends finden sich u. a. einige Sonderdrucke von Arbeiten Paul Meehls aus den Jahren bis 1971 (Paul Feyerabend Archiv, PF 8–2; PF 8–3). In Feyerabends Handbibliothek steht auch Meehls Buch „Selected philosophical and methodological papers" (Meehl, 1991).

Die „wissenschaftliche Psychologie" habe die Seele beseitigt (Feyerabend 1980, S. 139). Mit „wissenschaftlicher Psychologie" meint er wohl die in den

1950er bis in die 1980er Jahre prägenden behavioristischen, kognitivistischen, empirisch-experimentellen Forschungsparadigmen in der Psychologie und so sicher auch die Arbeiten von Paul Meehl. Psychologen der humanistischen Tradition, zu denen er u. a. den Psychoanalytiker Erik H. Erikson (1902–1994) zählt, seien die löbliche Ausnahme, weil sie ihre Offenheit des Blicks und eine natürliche Menschlichkeit bewahrt haben (Feyerabend, 1980, S. 158). Die Psychoanalyse, die die Idee von persönlichen (seelischen) Ursachen von Geisteskrankheiten zwar wieder eingeführt habe (Feyerabend, 1984a, S. 167), sei ein Segen vor allem für jene Denker, die gern über die „Natur des Menschen" reden, sich aber nicht der Mühe eines Detailstudiums unterziehen (Feyerabend, 2009, S. 78). Das richtet sich nicht gegen Erikson, sondern namentlich gegen Sigmund Freuds „Traumdeutung" (1912) und Carl Gustav Jungs Arbeiten zur Entwicklungsgeschichte des Denkens (1912). Es ist scheint, als ob Feyerabends knapper Verriss der Freudschen „Traumdeutung" nicht gerade von großer Kenntnis spricht. Ähnlich hatte er sich schon Jahre zuvor in einer kleinen Fußnote über Freud geäußert. Die Psychoanalyse habe mit der verwendeten Symbolik eine Bildsprache eingeführt und sie so interpretiert, dass es nicht vorstellbar sei, wie sie widerlegt werden könnte (Feyerabend, 1955, S. 465).

Eine Erstausgabe von „Die Traumdeutung" erschien bereits im November 1899 und wurde dann auf 1900 vordatiert. Freud stellt in diesem Buch seine Entdeckungen über das *Unbewusste* vor (Freud, 1987; Original: 1900). Das „Unbewusste" war zwar in der Philosophie, der Romantik und der frühen Psychologie nichts Unbekanntes. Freud legte nun aber mit seiner Entdeckung nicht nur die Grundlage für das Verständnis und die Therapie psychischer Leiden, vornehmlich der neurotischen Störungen; er schlug auch eine differenzierte Ordnung der psychischen Strukturen vor. Das Psychische lasse sich nicht auf das Bewusste zu reduzieren, sondern das Unbewusste sei das eigentlich Psychische. Unterschieden müsse aber zwischen dem Unbewussten, das bewusstseinsunfähig sei und einem Vorbewussten, das zum Bewusstsein kommen könne (Freud, 1987, S. 499). Wir haben es also schließlich mit drei Ebenen zu tun: dem Unbewussten, dem Vorbewussten und dem Bewussten. Das Unbewusste umfasse die verdrängten Inhalte nicht adäquat bewältigter Erlebnisse und Geschehnisse. Die Entdeckung der psychischen Schichtung und des Einflusses des Unbewussten auf Körper und Geist durch Freud dürfte zu den Sternstunden der Psychologie gehören. Das Psychische, unser menschlicher Geist, bezieht sich nicht nur auf das Vergangene, Gegenwärtige und Zukünftige, sondern auch auf das Verborgene, Verdrängte oder Vergessene aus Vergangenheit, Gegenwart und Zukunft. Eine ähnliche, aktuelle Formulierung findet sich bei John Bargh (2018), dem es zu verdanken ist, die wissenschaftliche Beschäftigung mit dem Unbewussten am Ende des 20.Jahrhunderts auch in der akademischen Psychologie verankert zu haben (siehe *Kap. 14*). Das konnte Feyerabend nun wirklich nicht wissen. Seine, sagen wir es ruhig, bornierte Sicht auf Sigmund Freud und die Psychoanalyse mag von Unkenntnis, Vorurteilen und Überheblichkeit getrübt sein. Der Zeitgeist mag ebenfalls seinen Anteil haben, auch wenn sich Feyerabend vehement dagegen wehren würde, ihm zu unterstellen, er sei jemals einem Zeitgeist gefolgt.

Während die Mitglieder des ersten Wiener Kreises in der Freud'schen Psychoanalyse „Ansätze zu tiefergreifenden Erklärung" sahen, um die „Irrwege der Metaphysik" erklären zu können (Verein Ernst Mach, 2006, S. 13; Original: 1929), entwickelte sich in der „wissenschaftlichen" Psychologie trotz institutioneller Expansion schon in den ersten Jahrzehnten des 20. Jahrhunderts Skepsis und Ablehnung gegenüber der Psychoanalyse. In der Zeit des Nationalsozialismus wuchs sie dann zur Diffamierung aus, an der sich auch „etablierte" Wissenschaftler beteiligten. So meinte etwa Eduard Spranger, (1882–1963), der schillernde Vielschreiber und Erfinder des „Dritten Humanismus", die Psychoanalyse zerstöre die „geistige Volksgesundheit" (Spranger, 1933; zit. n. Ortmeyer, 2008, S. 34). Ende 1933 wurden die Psychoanalytikerinnen und –analytiker in Deutschland informiert, dass die Psychoanalyse nur geduldet werde, wenn alle jüdischen Mitglieder aus der Deutschen Gesellschaft für Psychoanalyse ausgeschlossen würden. Und wenig später begann die Vertreibung. Sigmund Freud verließ Österreich im Juni 1938. Die nichtjüdischen Mitarbeiter*innen des berühmten *Berliner Psychoanalytischen Instituts* wurden 1936 in das nationalsozialistische „Deutsche Institut für psychologische Forschung und Psychotherapie" integriert, das von Matthias Heinrich Göring, einem Vetter von Hermann Göring, geleitet wurde (vgl. auch Blum, 1999). Nach 1945 erlebte die Psychoanalyse zwar in Deutschland, Österreich und den USA einen neuen Aufschwung, der sich indes vornehmlich außerhalb der „akademischen" Psychologie abspielte. Else Frenkel-Brunswick, die ja selbst ausgebildete Psychoanalytikerin war, schrieb 1940 im US-amerikanischen Exil: „Das begriffliche Rüstzeug der Psychoanalyse reicht nicht aus, um das rationale und soziale Verhalten vollständig zu erklären" (Frenkel-Brunswick, zit. n. Sprung, S. 243). Vielleicht trifft diese knappe Feststellung jenen Zeitgeist, der bis heute die Psychoanalyse umweht und von dem auch Paul Feyerabend einen Hauch abbekommen hat.

Wenn von Paul Feyerabends Psychologie-Verständnis die Rede ist, so dürfen seine Bezüge auf Benjamin Lee Whorf (1897–1941) nicht übersehen werden. Whorf war zwar kein Psychologe, hat aber doch die Vorstellung Feyerabends über das Verhältnis von Welt-Anschauung, Denken über die Welt und sprachlichen Strukturen merklich beeinflusst (z. B. 1986, S. 295 f.; 2005, S. 50; 2009, S. 93). Und dieses Verhältnis ist eben auch ein eminent psychologisches. Die sogenannte Sapir-Whorf-These, Edward Sapir war Whorfs Lehrer, besagt bekanntlich, dass die individuelle Wahrnehmung von Welt und das Denken über die Welt stark von der (Mutter-)Sprache des wahrnehmenden Individuums bestimmt wird.[6] Sprachen sind, so schreibt Feyerabend in „Wider den Methodenzwang", nicht bloß Mittel der Beschreibung von Ereignissen, sondern sie konstituieren auch Ereignisse. Sprache umfasst Geschichten von der Welt, der Gesellschaft und der Menschen. Diese Geschichten beeinflussen das Denken, das Verhalten und die Wahrnehmung der Menschen (Feyerabend, 1986, S. 295). Die Sapir-Whorf-These war lange Zeit umstritten. Extreme Formen, nach der die Wahrnehmung und das Denken von Welt *vollständig* von der jeweiligen Sprache determiniert werde, lassen sich empirisch kaum aufrechterhalten. Aber, dass die Sprache unser Denken über die Welt und – möglicherweise – auch die Konstituierung von kulturellen Umgangsformen zu beeinflussen mag, ist unstrittig; man denke zum Beispiel daran, welche Rolle die Sprache bei der Konstruktion von Geschlecht, Sexualität oder Rasse spielt (z. B. Dong, 2022; siehe auch: *Kap. 15*).

Unbedingt erwähnenswert dürfte auch der Einfluss von Ernst Mach (1838–1916) sein, mit dem sich Paul Feyerabend intensiv und immer wieder beschäftigte (Stadler, 2006, S. XXV). Bekanntlich ließen sich nicht nur die Mitglieder des „Wiener Kreises" von Ernst Mach beeinflussen; seine Arbeiten (und die von Christian Freiherr von Ehrenfels) zur Sinnesphysiologie gehören auch zu den Grundlagen, auf die sich die spätere Gestaltpsychologie stützte. So entdeckte Mach u. a. den nach ihm benannten Machband-Effekt, eine optische Täuschung bei der Wahrnehmung unterschiedlicher Helligkeiten. Mach's Bemühungen, den psychophysischen Dualismus (in dem, vereinfacht gesagt, Gehirn und Geist als verschiedene Entitäten betrachtet werden) zu überwinden und eine Lehre „[...]

---

[6] "The categories and types we isolate from the world of phenomena are not found there because they stare each observer in the face; rather, the world presents itself in a kaleidoscopic flow of impressions that must be organized by our minds-and that means largely by the linguistic systems of our minds" (Whorf, 1940, S. 213).

als empirische Einheit von Physik, Physiologie und Psychologie im Rahmen eines monistischen Weltbilds zu formulieren" (Stadler, 2019, S. 2; Mach 1872), dürften bei Feyerabend auf fruchtbaren Boden gefallen sein. Dass psychische (mentale) Prozesse und Strukturen nicht durch eine Methode erforscht werden können, ist eine Erkenntnis, die Feyerabend ebenfalls seiner Lektüre der Mach'schen Werke verdankt. Das „mentale Feld", also der Bereich der Gedanken, Emotionen, Bestrebungen, könne laut Mach nicht allein durch Selbstbeobachtung erforscht werden, sondern müsse durch z. B. neurophysiologische Methoden ergänzt werden (Feyerabend, 1984b, S. 10).

Längere Abschweifung: Ernst Mach vertrat mit seinem Empiriokritizismus eine, so ließe sich heute sagen, konstruktivistische Theorie über das Verhältnis von Realität und Empfindungen. Während, um kurz in die Geschichte der Psychologie zu blicken, für Theodor Fechner und Wilhelm Wundt auf einen Reiz eine Empfindung folge, sind die Empfindungen bei Mach nicht Resultate, „[…] sondern die Grundbausteine, die Elemente, aus denen die Welt überhaupt entsteht" (Benetka & Slunecko, 2019 S. 105 f.). Anfang des 20. Jahrhunderts wurden Ernst Machs philosophische Auffassungen besonders in Russland populär. Einige Mitstreiter Lenins machten sich Gedanken, wie man dem „einfachen" russischen Volk die Ideen des Sozialismus nahebringen könnte. Der Philosoph und Ökonom *Alexander Alexandrowitsch Bogdanow* (1873–1928), der Kulturpolitiker und spätere Volkskommissars für Bildung *Anatoli Wassiljewitsch Lunatscharski* (1875–1933) und andere russische Intellektuelle sympathisierten in diesem Kontext mit den philosophischen Auffassungen des österreichischen Physikers und Philosophen. Die Sympathisanten versuchten, Machs Ideen mit den Auffassungen der Sozialdemokratischen Arbeiterpartei Russlands zu versöhnen. Das gefiel Lenin ganz und gar nicht. Er sah im Machschen Empiriokritizismus einen „[…] wahren Feldzug gegen die Philosophie des Marxismus" (Lenin, 1975, Band 14, S. 9). Dagegen wollte er seinerseits ins Felde ziehen. Es ging ihm dabei auch um eine Machtdemonstration gegenüber den Renegaten aus den eigenen Reihen. Obwohl seine elementaren philosophischen Kenntnisse eine solche Machtdemonstration eigentlich hätten ausschließen müssen, hat Lenin, wie der Physiker Friedrich Adler an Ernst Mach schrieb, „… wirklich alle Literatur durchgebüffelt, aber nicht die Zeit gehabt, um sich hineinzudenken" (Adler, Brief an Mach vom 23.

Juni 1909; zit. n. Wittich, 1999, S. 82 f.). Wahrnehmungen und Vorstellungen seien Abbilder der Dinge, die außerhalb von uns existieren (Lenin,
1975, Band 14, S. 103); das menschliche Denken „ist dann »ökonomisch«,
wenn es die objektive Welt *richtig* widerspiegelt" (ebd., S. 166; Hervorh.
im Original). „Die objektive, d. h. vom Menschen und von der Menschheit unabhängige Wahrheit anerkennen heißt, auf diese oder jene Weise
die absolute Wahrheit anerkennen" (ebd., S. 127). Man könnte nun Lenins
Abbildtheorie aus einer heutigen, zugebenermaßen etwas überheblichen,
Sicht kritisieren. Es ließe sich beispielsweise behaupten: Empfindungen
sind nicht nur Abbilder von Reizen aus der Außenwelt, sondern auch
Ergebnis der eigendynamischen, neurophysiologischen Hirnprozesse. Ökonomisch kann menschliches Denken auch dann sein, wenn es sich auf
Schemata und Heuristiken stützt, mit denen die objektive Welt u. U. verkürzt abgebildet und dennoch irgendwie bewältigt wird. Produktiver als
ein solch neuzeitliches Bashing sind hingegen Vergleiche zwischen Lenins
Abbildtheorie und dem damaligen Wissensstand. Es ließe sich an Immanuel
Kant erinnern und die Gesetze der Natur, die der menschliche Verstand
dieser *zuschreibt;* oder an das Unbewusste, mit dem – nach Freud – der
Mensch ungewollt Stellung zur Wirklichkeit und der objektiven Außenwelt
bezieht; oder auch an die Erkenntnisse der Würzburger Denkpsychologen,
nach denen Menschen Subjekte ihres eigenen Denkens sind (*Kapitel 12,
14).* Kurz und gut: Mit der Abbildtheorie und dem Kampf gegen den Empiriokritizismus von Ernst Mach fiel Lenin hinter jene Erkenntnisse zurück,
die man durchaus zu den bis dato errungenen humanwissenschaftlichen
Einsichten über Empfindungen, Denken, Vernunft und Wirklichkeit zählen konnte. Paul Feyerabend, der ja gern seine Kritiker mit Verweisen
auf Lenin zu irritieren versuchte, schreibt gelegentlich, dass Lenin mit der
Naturwissenschaft seiner Zeit so gut vertraut sei wie nur wenige andere
Autoren. In einer Fußnote fügt Feyerabend allerdings an, er „[…] denke
hier vor allem an Lenins Bemerkungen zu Hegels »Logik« und »Geschichte
der Philosophie«. Mit »Materialismus und Empiriokritizismus« verhält es
sich anders" (Feyerabend, 1981, S. 265). Und einige Seiten weiter verweist Feyerabend noch einmal auf Lenin, der einen groben Materialismus
kritisiere und dem Idealismus durchaus eine positive Funktion in der Geistesgeschichte zuschreibe. Diesen Grundsatz, im Idealismus etwas Positives
zu entdecken, habe Lenin indes auf Mach nicht angewandt. Der habe

nämlich „[…] mit seinem Widerstand gegen die Vorherrschaft der Mechanik einer mehr dialektischen Auffassung den Weg" geebnet (Feyerabend, ebd., S. 268). Das dürfte sich auch gegen die mechanistische Abbildtheorie Leninscher Prägung richten.

Nicht nur neurophysiologische, auch andere experimentelle und qualitative Methoden gehören bekanntlich zum Inventar pluralistischer Forschung in der gegenwärtigen Psychologie. Und es ist auch nicht sonderlich erwähnenswert, weil mittlerweile weitgehend bekannt, wenn auch keinesfalls übereinstimmend akzeptiert, dass hinter einem solchen Methoden-Pluralismus eine im Hinblick auf Disziplinen, Paradigmen, Theorien und Anwendungen weit ausdifferenzierte psychologische Wissenschaft steht, deren Vertreter*innen sich allerdings nicht immer grün sind. Feyerabends Beispiel dürfte auf das geringste Übel verweisen: "Divergences proliferate in psychology: behaviorists and neurophysiologists despise introspection which is an important source of knowledge for gestalt psychology, clinical psychologists rely on their experience, sometimes called 'intuition', i.e. on the reaction of their own well prepared organism, while more 'objective' schools use rigorously formulated test instead" (Feyerabend, 1987b, S. 75).[7]

Mit anderen Worten: Ende der 1980er Jahre ist sich Paul Feyerabend – zumindest ansatzweise – nicht nur des Differenzierungsprozesses in der Psychologie als Wissenschaft bewusst[8]; er nimmt die Auseinandersetzungen und bornierten Versuche in und zwischen den psychologischen Gemeinschaften wahr, Methoden- und Theorienvielfalt entweder zu ignorieren oder zu bekämpfen. Sonderlich tiefgründig war seine Wahrnehmung indes nicht, bedenkt man, dass sich Ende der 1970er, Anfang der 1990er Jahre die Psychologie insgesamt stürmische Veränderungen zu verkraften hatte: Die Psychologie hatte eine „kognitive Wende" vollzogen, mit der der Behaviorismus in den 1960er und 1970er Jahren in der Psychologie abgelöst wurde. Schon Ende der 1940er Jahre wiesen Bruner und

---

[7] Sinngemäß: In der Psychologie nehmen die Divergenzen zu: Behavioristen und Neurophysiologen verachten die Introspektion, die eine wichtige Wissensquelle für die Gestaltpsychologie darstellt, klinische Psychologen verlassen sich auf ihre Erfahrung, manchmal auch 'Intuition' genannt, d. h. auf der Reaktion des eigenen gut vorbereiteten Organismus, während mehr 'objektivere' Schulen streng formulierte Tests verwenden.

[8] In seiner Auffassung, dass sich in der Psychologie ein Differenzierungsprozess vollziehe und mittlerweile verschiedene theoretische und methodische Ansätze konkurrieren, dürfte sich Feyerabend auch durch Jerome Bruners Autobiographie bestätigt gesehen haben (Feyerabend, 1988, S. 170; Bruner, 1983).

Postman experimentell nach, dass und wie Bedürfnisse, Motivationen und Erwartungen (oder „mentale Zustände") die Wahrnehmung beeinflussen (Bruner & Postman 1949). Die traditionelle Gestaltpsychologie wurde mit der Kognitiven Psychologie vermählt (Flores d'Arcais, 1975). Kenneth J. Gergen kritisierte den „Kognitivismus" in der Psychologie, weil er die sozialen Beziehungen, in denen die kognitiven Strukturen entstünden, nicht erklären könne (Gergen, 1985, 1989). Im Sommer 1971 führten Philip Zimbardo und Kolleg*innen – nicht weit von Feyerabends Wirkungsstätte in Berkeley – ihr berühmtes, umstrittenes und doch so aufschlussreiches *Stanford-Prison-Experiment* durch (Haney, Banks & Zimbardo, 1973). 1967 erhielt der in Polen geborene Henri (Hers Mordche) Tajfel eine Professur im englischen Bristol und vollzog eine „soziale Wende" in der Sozialpsychologie (Tajfel & Turner, 1979). Serge Moscovici machte sich nach den Unruhen im Mai 1968 in Paris Gedanken über den sozialen Wandel durch Minoritäten (1979). Edward T. Hall und Mildred R. Hall mühten sich, Unterschiede und Gemeinsamkeiten zwischen den Kulturen zu verstehen (z. B. Hall & Hall, 1987). In Berlin und anderswo etablierte sich die Kritische Psychologie, mit der Klaus Holzkamp und Kolleg*innen die Psychologie als Mittel zur Kritik an den kapitalistischen Machtverhältnissen verstanden wissen wollten (siehe: *Kap. 14*). Die zu erforschenden Menschen sollten als gleichberechtigte Subjekte in die Forschung einbezogen werden und lernen, eigenständig handlungsfähig zu sein (z. B. Holzkamp, 1983; Markard, 2018). Und so weiter und so fort.

Es ist möglich, dass Paul Feyerabend ähnliche Diskussionen verfolgt haben könnte.[9] In dem Manuskript „Naturphilosophie" (Anfang der 1970er Jahre geschrieben, posthum 2009 veröffentlicht) findet sich ein kleiner Hinweis auf die „[…] Untersuchungen der neueren Psychologie zur Entwicklung des Selbstbewusstseins […]" (Feyerabend, 2009, S. 323). Denkbar ist, dass Feyerabend durchaus jene Entwicklungen in der Psychologie beobachtet haben könnte, in denen „[…] mit dem Aufkommen gegenkultureller Alternativbewegungen nach 1968 die Idee des authentischen Selbst" (Amlinger & Nachtwey, 2022, S. 19) zum Ausgangspunkt theoretischer Konzeptualisierungen wurde. Man denke zum Beispiel an die Impression-Management-Theorie (Tedeschi et al., 1971), die Theorie der Selbstwirksamkeit (Bandura, 1977) oder die Theorie der Symbolischen Selbstergänzung (Wicklund & Gollwitzer, 1981) und manch andere.

Tatsächlich beschäftigte hat sich Paul Feyerabend in seiner Zeit in Zürich mit Themen, die auch mir sehr wichtig sind. In Vorbereitung auf Vorlesungen

---

[9] Zu Feyerabends Handbibliothek gehört zum Beispiel der Sammelband „Physics of Cognitive Processes: Amalfi 1986", herausgegeben von Eduardo R. Caianiello (1987). In einem der Beiträge stellt Edward T. Hall seine Kulturdimensionen vor und Feyerabend unterstreicht wieder fleißig etliche Passagen (Paul Feyerabend Archiv, Universität Konstanz).

an der Eidgenössischen Technischen Hochschule (ETH) in Zürich in den Jahren von 1984 bis 1990 setzt er sich u. a. mit den postmodernen Ideen von Jean-François Lyotard auseinander und mit der Gesellschaftskritik Joseph Weizenbaum (Paul Feyerabend Archiv, Universität Konstanz, PF 4–16–1)[10]. Er vergleicht die politischen und intellektuellen Verhältnisse zu Zeiten Platons mit Problemen der Gegenwart und macht auf globale Gefahren eines Atomkrieges oder weltweiter ökologischer Katastrophen aufmerksam (Paul Feyerabend Archiv, PF 6–1–10).

Und er bereitete mit seinem Mitarbeiter Christian Thomas eine Ringvorlesung mit dem Titel „Auf der Suche nach dem Wirklichen" vor, die im Sommersemester 1990 an der ETH gehalten wurde. Feyerabend und Thomas entwickelten in ihren Korrespondenzen den Plan dieser Ringvorlesung, bei dem es auch um die Finanzierung des Vorhabens geht, um ihn schließlich vom Dekan ihrer Abteilung absegnen zu lassen (Paul Feyerabend Archiv, PF 4–5). Ein Schwerpunkt dieser Ringvorlesung bildeten die konstruktivistischen Ansätze der Wirklichkeitsauffassung von Paul Watzlawick und anderen Autor*innen. Als Anregung für die Vorlesung schlägt Feyerabend u. a. die Bücher „Wie wirklich ist die Wirklichkeit" (Watzlawick, 1985; Original: 1976) und „Die erfundene Wirklichkeit – Wie wissen wir, was wir zu wissen glauben? Beiträge zum Konstruktivismus" (Watzlawick, 1985; Original: 1981) vor. Beide Bücher befinden sich in Feyerabends Handbibliothek und sind mit zahlreichen Unterstreichungen und Anmerkungen versehen. Vor allem das zweite Buch ist aufschlussreich. Neben Paul Watzlawick, der sich zu selbsterfüllenden Prophezeiungen äußert, sind hier namhafte Vertreter des Radikalen Konstruktivismus vertreten, Ernst von Glaserfeld, Heinz von Foerster und Francisco Varela.

Es ist sicher keine Spekulation zu behaupten, der „späte" Paul Feyerabend sympathisiere mit dem Konstruktivismus. In einer Notiz zu einer Vorlesung, die er im Sommersemester 1985 an der ETH Zürich gehalten hat, findet sich u. a. ein Satz, der in diesem Sinne auch auf Feyerabends Interesse am Konstruktivismus hinweist: Die Idee einer „objektiven" Wirklichkeit sei weitverbreitet, werde aber langsam durch den Konstruktivismus ersetzt (Paul Feyerabend Archiv, Universität Konstanz, PF 6–2–2). Das wäre dann im Vergleich mit seinen frühen Auffassungen aus den 1950er und 1960er Jahren tatsächlich eine erkenntnistheoretische Wende. Mehr noch: Nicht der Konstruktivismus an sich, den es als monolithisches Theoriengebäude gar nicht zu geben scheint (Mosayebi, 2023), interessiert Paul Feyerabend, sondern – so meine These – die Verhältnisse, Konflikte und Wechselwirkungen zwischen den individuellen und sozialen Konstruktionen von

---

[10] Das Buch „Postmoderne für Kinder" (Lyotard, 1987; Original: 1986) steht in Feyerabends Handbibliothek (Paul Feyerabend Archiv, Universität Konstanz).

Wirklichkeit. In Feyerabends Handbibliothek findet sich u. a. das Buch „Denken und Sprechen" von Lew S. Wygotski (1986; Original: 1934). Bevor ich auf Feyerabends Anmerkungen in diesem Buch eingehe, muss ich noch einige Erläuterungen loswerden: Lew Semjonowitsch Wygotski (1896–1934) wird meist als der Begründer der sowjetischen *Kulturhistorischen Schule* (gemeinsam mit Alexander Romanowitsch Lurija und Alexei Nikolajewitsch Leontjew) genannt, obwohl er weder ein Institut noch eine wissenschaftliche Schule begründet hat und die Zusammenarbeit mit Leontjew und Lurija zeitlich begrenzt und keinesfalls konfliktfrei war (Friedrich, 1991). Wygotski interessierte sich bekanntlich nicht nur für die Psychologie der Kunst (so das Thema seiner Dissertation, Wygotski, 1976; Original: 1925), sondern vor allem für die individuelle Entwicklung psychischer Prozesse im Allgemeinen und für die Beziehung zwischen Sprechen und Denken im Besonderen. Ein Thema also, dass Paul Feyerabend ebenfalls umtrieb. Wygotski ging davon aus, a) dass psychische Inhalte und Strukturen (Wissen, Einstellungen, Denkprozesse etc.) sozialen Ursprungs sind, die b) vom Individuum erst angeeignet, verinnerlicht werden müssen und c) dieser Aneignungsprozess, die Interiorisation, ein interaktiver, kooperativer (oder, wie es heute heißt, ein kollaborativer) Prozess ist, in dem Lernende und Lehrende gemeinsam Wirklichkeit konstruieren. Man kann Wygotskis Ansatz getrost als sozialkonstruktivistisch bezeichnen (Boyland, 2019). Und so darf es nicht wundern, wenn die Anhänger*innen des Sozialen Konstruktivismus oder Konstruktionismus die Arbeiten Wygotskis, spätestens seitdem sie in den 1980er Jahren auch in englischer Sprache erscheinen, intensiv rezipieren und ihn sozusagen zu einem ihrer Vordenker zählen (vgl. z. B. Gergen, 1999; Harré, 2002; Shorter, 1995).

Der Strauß der „Väter", auf die sich die Sozialen Konstruktivist*innen beziehen, ist bunt: Aristoteles, Baruch de Spinoza, Giambattista Vico, Immanuel Kant, Friedrich Nietzsche, Ludwig Wittgenstein, Ludwik Fleck, Thomas Kuhn, Alexander Romanowitsch Lurija, George Herbert Mead, Michel Foucault, auch Feyerabend und viele andere werden gern aufgerufen (z. B. Burr, 2015; Gergen, 1999; Shotter, 1993). Im Sozialen Konstruktivismus gibt es zumindest zwei Auffassungen über das Psychische. Die erste würde ich eine mehr gemäßigte Variante nennen, wie sie etwa von Gün Semin vertreten wird und in der das Psychische als relevanter wissenschaftlicher Problembereich seine Anerkennung findet. In Anlehnung an Wygotski sind für Semin alle höheren mentalen Prozesse ein

Ergebnis internalisierter sozialer Beziehungen (Semin, 1990, S. 162). Eine Gesellschaft werde nur in dem Maße möglich, wie interagierende „Selbste" („selves") das gleiche grundlegende symbolische System teilen. D. h.: Für Semin stehen Psychisches und soziale Prozesse in einem Interaktionsverhältnis, in dem die sozial-historischen Formen menschlichen Umgangs eine Dominanzfunktion ausüben. In der zweiten, radikaleren und vor allem von Kenneth Gergen vertretenen Variante des Sozialen Konstruktionismus spielt das Psychische als psychologischer Gegenstand keine oder eine sehr untergeordnete Rolle. Alles Fühlen, Denken und Handeln des einzelnen Menschen sei Ergebnis der sozialen Konstruktionen, wie sie im Prozess der sozialen Verständigung ausgehandelt werden. „In effect, what we label as individualized characteristics – aggressivness, playfulness, altruism, and the like – are primarily products of joint configurations" (Gergen & Gergen, 1988, S. 41). Dieser Satz, Aggressivität, Altruismus etc. seien Produkte eines gemeinsamen, sozialen Prozesses, ist allerdings mehrdeutig. Er verweist zunächst nur auf die sozial bedingten Bezeichnungen, noch nicht auf die zugrunde liegenden sozial bedingten psychischen Prozesse selbst. In einem deutschsprachigen Artikel finden wir eine deutlichere Stellungnahme: „In der modernistischen Zeit glich das voll entwickelte Selbst einem wohlgelungenen Produkt, einer Einheit, die von Zeit und Umständen unabhängig fortbestand. Im Gegensatz dazu hört mit der Postmoderne das Individuum als selbständige, unabhängige Einheit zu existieren auf. Wenn Individuen das Resultat von Beziehungen sind, dann muß man daraus schließen, daß Beziehungen grundlegender sind als Individuen" (Gergen, 1990, S. 197). Während mithin in der gemäßigteren Version des Sozialen Konstruktivismus Psychisches noch als psychologisch erforschbarer Gegenstand gedacht und behandelt wird, figuriert es in der radikaleren Version nur noch als Label, das etwas anderes bezeichnen soll.

Um nun nach diesen etwas umständlichen Ausflügen wieder auf das besagte Buch von Wygotski zurückzukommen: Feyerabend hat dort den folgenden (berühmten) Satz unterstrichen und mit der Anmerkung „Arist!" (für Aristoteles) versehen: „Die Entwicklung des kindlichen Denkens verläuft nicht vom Individuellen zum Sozialisierten, sondern vom Sozialen zum Individuellen" (Wygotski, 1986, S. 44). Das ist nun wahrlich ein sozial-konstruktivistisches Statement (in der o.g. gemäßigten Variante). Sympathisierte Feyerabend mit dieser gemäßigten Variante des Sozialen Konstruktivismus? Und warum erinnerte ihn der Satz an Aristoteles? John Preston ist der Meinung, dass Feyerabend in seinen letzten Arbeiten den

Kern des wissenschaftlichen Realismus aufgegeben habe und einer sozialkon-
struktivistischen Metaphysik huldige (Preston, 1997, S. 426 f.). Preston beruft
sich u. a. auf Feyerabends Arbeit „Art as a Product of Nature as a Work
of Art" (Feyerabend, 1994). Der Satz, den Preston u. a. ins Feld führt, um
seine Argumente zu stützen, findet sich auch in „Die Vernichtung der Vielfalt".
Feyerabend schreibt dort, er werde dafür plädieren, dass „[...] unser gesamtes
Universum vom mythischen Urknall über das Aufkommen von Wasserstoff und
Helium, von Galaxien, Fixsternen, Planetensystemen, Viren, Bakterien, Flöhen
und Hunden bis zum glorreichen Auftreten des westlichen Menschen ein *Kuns-
terzeugnis* („artifact" in der englischen Fassung, WF) ist, von Generationen von
Wissenschafts-Handwerkern aus einem teils nachgebenden, teils sich widerset-
zenden Material von unbekannten Eigenschaften konstruiert" (Feyerabend, 2005,
S. 240; Hervorh. im Original). Nun kann man sagen, ich behaupte es jedenfalls,
dass Feyerabend nicht die Existenz des Universums, den Urknall oder die Flöhe
leugnet, sondern er vielmehr davon ausgeht, unser Wissen und unser Sprechen
über das Universum etc. seien die Folge von (sozialen) Konstruktionen, die von
einzelnen Menschen und Gemeinschaften geschaffen und – im Sinne Wygotskis – angeeignet werden können. Die Welt – und das ist eben eine zentrale
Annahme des Sozialen Konstruktionismus – werde im sozialen Austausch konstruiert und könne nur durch die sozial geschaffenen, eben konstruierten, Begriffe
und Konstruktionen wahrgenommen und verstanden werden. Diese Begriffe und
Konstruktionen können wir Menschen uns aneignen und nach den Kriterien der
Passfähigkeit für den weiteren sozialen Austausch prüfen. Und so lässt sich
vielleicht auch Feyerabends Anmerkung „Arist!" zum o.g. Satz von Wygotski
erklären. Möglicherweise, so meine Spekulation, erinnerte sich Feyerabend dabei
an den bereits erwähnten *aristotelischen Grundsatz,* den ich gern noch einmal
zitiere: „Wirklich ist das, was eine Schlüsselrolle in dem Leben spielt, mit dem
wir uns identifizieren" (Feyerabend, 2005, S. 215). Dieser Grundsatz erklärt eben
auch, so Feyerabend „[...] weshalb so viele unterschiedliche Vorgänge (Visionen, unmittelbare Erfahrungen, Träume und religiöse Phantasien) für wirklich
erklärt worden sind und weshalb Diskussionen über Realität so viel Leidenschaft
hervorrufen" (Feyerabend, ebd.).

Ob das genügend Gründe sind, im „späten" Feyerabend einen Anhänger des
Sozialen Konstruktivismus zu entdecken, weiß ich nicht. Sehr sympathisch wäre
es mir schon.

Literatur

Adorno, T. W.; Frenkel-Brunswick, Else Levinson, Daniel J., & Sanford, R. Nevitt (1950). *The Authoritarian Personality.* Harper & Row.

Amlinger, C., & Nachtwey, O. (2022). *Gekränkte Freiheit. Aspekte des Libertären Autoritarismus.* Suhrkamp.

Bandura, A. (1977). Self-efficacy: Toward a unifying theory of behavioral change. *Psychological Review, 84,* 191–215.

Bargh, J. (2018). *Vor dem Denken: Wie das Unbewusste uns steuert.* Droemer .

Bechtel, W., & Hamilton, A. (2007). Reduction, Integration, and the Unity of Science: Natural, Behavioral, and Social Sciences and the Humanities. In T. A. F. Kuipers (Hrsg.), *General Philosophy of Science: Focal Issues* (S. 377–430). Elsevier.

Benetka, G., & Slunecko, T. (2019). Ernst Machs Bedeutung für die Herausbildung einer naturwissenschaftlichen Psychologie – Zur Geschichte eines Missverständnisses. In F. Stadler (Hrsg.), *Ernst Mach – Zu Leben, Werk und Wirkung* (S. 99–109). Springer Nature Switzerland.

Benetka, G. (1998). Entnazifizierung und verhinderte Rückkehr: Zur personellen Situation der akademischen Psychologie in Österreich nach 1945. *Österreichische Zeitschrift für Geschichtswissenschaften, 9*(2), 188–217.

Berger, P., & Luckmann, T. (2000; Original: 1966). *Die gesellschaftliche Konstruktion der Wirklichkeit: Eine Theorie der Wissenssoziologie.* Fischer.

Blum, H. P. (1999). Die Vertreibung der Psychoanalyse und die Wiederkehr des Verdrängten. *Forum Psychoanalyse, 15,* 348–359.

Boyland, J. R. (2019). A social constructivist approach to the gathering of empirical data. *Australian Counselling Research Journal, 13*(2), 30–34.

Brentano, F. (1967; Original: 1867). *Die Psychologie des Aristoteles, insbesondere seine Lehre vom nous poietikos.* Wissenschaftliche Buchgesellschaft.

Bruner, J. S., & Postman, L. (1949). Perception, cognition and behaviour. *Journal of Personality, 18,* 14–31.

Bruner, J. S. (1983). *In Search of Mind: Essays in Autobiography.* Harper & Row.

Brunswick, E. (1934). *Wahrnehmung und Gegenstandswelt: Grundlegung einer Psychologie vom Gegenstand her.* Deuticke.

Bühler, P., Schlaich, P. & Sinner, D. (2017). *Visuelle Kommunikation: Wahrnehmung – Perspektive – Gestaltung.* Springer Vieweg.

Burr, V. (2015). Social Constructionism. *International Encyclopedia of the Social & Behavioral Sciences,* 2nd edition, Volume 22. Routledge.

Caianiello, E. R. (1987). *Physics of Cognitive Processes: Amalfi 1986.* World Scientific Publications.

Chalmers, D. (2021). Idealism and the mind-body problem. In J. Farris & B. P. Göcke (Hrsg.), *The Routledge Handbook of Idealism and Immaterialism* (S. 591–613). Routledge.

Dong, J. (2022). A study on the relationship between language and thought based on Sapir-Whorf hypothesis. *Journal of Global Humanities and Social Sciences, 3*(3), 83–85.

Everitt, N. (1981). A problem for the eliminative materialist. *Mind, 90*(359), 428–434.

Eysenck, H. (2004). *Decline and Fall of the Freudian Empire.* Routledge.

Festinger, L. (1957). *A theory of cognitive dissonance.* Stanford University Press.
Festinger, L., Riecken, H. W., & Schachter, S. (Original: 1956). *When prophecy fails. Experiencing social psychology: Readings and projects (69–75).* Minneapolis: University of Minnesota Press.
Feyerabend, P. K. (1955). Wittgenstein's Philosophical Investigations. *The Philosophical Review, 64*(3), 449–483.
Feyerabend, P. K. (1958). An attempt at a realistic interpretation of experience. *Proceedings of the Aristotelian Society,* Vol. 58, S. 143–170).
Feyerabend, P. K. (1960). Das Problem der Existenz theoretischer Entitäten. In E. Topitsch (Hrsg.), *Probleme der Wissenschaftstheorie. Festschrift für Viktor Kraft.* Springer Verlag.
Feyerabend, P. K. (1963). Materialism and the mind-body problem. *The Review of Metaphysics, 17*(1), 49–66.
Feyerabend, P. K. (1978). *Der wissenschaftstheoretische Realismus und die Autorität der Wissenschaften, ausgewählte Schriften.* Vieweg & Sohn.
Feyerabend, P. K. (1980; Original: 1978). *Erkenntnis für freie Menschen.* Suhrkamp.
Feyerabend, P. K. (1981). *Probleme des Empirismus.* Vieweg & Sohn.
Feyerabend, P. K. (1981; Original: 1966). *Probleme des Empirismus.* Braunschweig/ Wiesbaden: Vieweg & Sohn.
Feyerabend, P. K. (1984a). *Wissenschaft als Kunst.* Suhrkamp.
Feyerabend, P. K. (1984b). Mach's theory of research and its relation to Einstein. *Studies in History and Philosophy of Science Part A, 15*(1), 1–22.
Feyerabend, P. K. (1986; Original: 1975). *Wider den Methodenzwang.* Suhrkamp.
Feyerabend, P. K. (1987a). Creativity: A Dangerous Myth. *Critical Inquiry, 13*(4), 700–711.
Feyerabend, P. K. (1987b). *Farewell to Reason.* Verso.
Feyerabend, P. K. (1988). Knowledge and the Role of Theories. *Philosophy of the Social Sciences, 18*(2), 157–178.
Feyerabend, P. K. (1989a). Realism and the Historicity of Knowledge". *The Journal of Philosophy, 86*(8), 393–406.
Feyerabend, P. K. (1992a; Original: 1989). *Über Erkenntnis. Zwei Dialoge.* Campus.
Feyerabend, P. K. (1992). Historical Comments on Realism. In A. van der Merve, F. Selleri, & G. Tarozzi (Hrsg.), *International Conference on Bell's Theorem and the Foundations of Modern Physics* (S. 194–202). World Scientific Pub.
Feyerabend, P. K. (1994). Art as a Product of Nature as a Work of Art. *World Future, 40,* 87–100.
Feyerabend, P. K. (1995). *Zeitverschwendung.* Suhrkamp.
Feyerabend, P. K. (1999; Original: 1960). The Problem of the Existence of Theoretical Entities. In P. K. Feyerabend, *Knowledge, Science and Relativism,* Philosophical Papers (Vol. 3), herausgegeben von John Preston (S. 16ff.). Cambridge University Press.
Feyerabend, P. K. (2005). *Die Vernichtung der Vielfalt. Ein Bericht,* herausgegeben von Peter Engelmann. Passagen Verlag.
Feyerabend, P. K. (2009). *Naturphilosophie,* herausgegeben von H. Heit und E. Oberheim. Suhrkamp.
Flores d'Arcais, G.B. (1975). Einflüsse der Gestalttheorie auf die moderne kognitive Psychologie. In S. Ertel, L. Kemmler, M. Stadler Hrsg.), *Gestalttheorie in der Modernen Psychologie.* Steinkopff.
Freud, S. (1987). *Original: 1900).* Die Traumdeutung: Fischer.

Friedrich, J. (1991). Die Legende einer einheitlichen kulturhistorischen Schule in der sowjetischen Psychologie. *Deutsche Zeitschrift für Philosophie, 39*(5), 536–546.

Gergen, K. J. & Gergen, M. M. (1988). Narratives and The Self as Relationship. In: L. Berkowitz (Ed.). *Advances in Experimental Social Psychology*. Vol. 21. Academic Press.

Gergen, K. J. (1985). The social constructionist movement in modern psychology. *American Psychologist, 40*(3), 266–275.

Gergen, K. J. (1989). Social psychology and the wrong revolution. *European Journal of Social Psychology, 19*(5), 463–484.

Gergen, K. J. (1994). *Realities and Relationships. Soundings in Social Construction*. Harvard University Press.

Gergen, K. J. (1999). *An Invitation to Social Construction*. London: Sage (dt. 2002: Konstruierte Wirklichkeiten. Eine Hinführung zum sozialen Konstruktionismus. Kohlhammer.

Gergen, K. J. (2010). The acculturated brain. *Theory & Psychology, 20*(6), 795–816.

Gergen, K. J. (1990). Die Konstruktion des Selbst im Zeitalter der Postmoderne. *Psychologische Rundschau., 41*, 191–199.

Guttmann, G. (2009). Die Neurowissenschaften auf der Suche nach dem Unbewussten. In P. Giampieri-Deutsch (Hrsg.), *Geist, Gehirn, Verhalten. Sigmund Freud und die modernen Wissenschaften*. Königshausen & Neumann.

Hall, E. T., & Hall, M. R. (1987). *Hidden differences: Doing business with the Japanese*. Anchor Press/Doubleday.

Haney, C., Banks, W. C., & Zimbardo, P. G. (1973). A study of prisoners and guards in a simulated prison. *Naval research reviews, 9*(1–17).

Harré, R. (2002). Public Sources of the Personal Mind. *Theory & Psychology, 12*(5), 611–623.

Heider, F. (1944). Social perception and phenomenal causality. *Psychological Review, 51*(6), 358–374.

Hochberg, J. (1983). Problems of Picture Perception. *Visual Arts Research, 9*(2), 7–24.

Holzkamp, K. (1983). *Grundlegung der Psychologie*. Campus.

Jung, C. G. (1912). Wandlungen und Symbole der Libido. Beiträge zur Entwicklungsgeschichte des Denkens. Fr. Deuticke.

Katz, D. (1951). Edgar Rubin. 1886–1951. *Psychological Review, 58*(6), 387–388.

Klix, F. (1971). *Information und Verhalten*. Verlag der Wissenschaften.

Kuby, D. (2010). Paul Feyerabend in Wien 1946–1955. Das Österreichische College und der Kraft Kreis. In Benedikt, M., Knoll, R., Schwediauer, F. & Zehetner, C. (Hrsg.), *Auf der Suche nach authentischem Philosophieren. Philosophie in Österreich 1951–2000. Verdrängter Humanismus –verzögerte Aufklärung.* (S. 1041–1056). Wien: Facultas. wuv.

Kuby, D., Limbeck-Lilienau, C. & Schorner, M. (2010). Paul Feyerabend – Die Dogmen des Logischen Empirismus. Editorische Notiz. In F. Stadler (Hrsg.), *Vertreibung, Transformation und Rückkehr der Wissenschaftstheorie. Am Beispiel von Rudolf Carnap und Wolfgang Stegmüller* (S. 403–409). LIT.

Lewin, K. (1969). *Grundzüge der topologischen Psychologie*. Huber.

Leyssen, S. (2021). Remaking "Michotte": Reusing and Remaking Moving Images in the History of Perception Research. *Isis, 112*(2), 315–325.

Lyotard, J.-F. (1987). *Original: 1986).* Postmoderne für Kinder: Passagen.

Mach, E. (1872). *Die Geschichte und Wurzel des Satzes von der Erhaltung der Arbeit.* Calvesche K & K Universitätsbuchhandlung.

Markard, M. (2018). Kritische Psychologie. In O. Decker (Hrsg.), *Sozialpsychologie und Sozialtheorie* (S. 107–121). Springer VS.

Meehl, P. E. (1973). Some methodological reflections on the difficulties of psychoanalytic research. *Psychological Issues, 8*, S. 104–115 (Original: 1970).

Meehl, P. E. (1991). *Selected philosophical and methodological papers.* Minneapolis, Oxford: University of Minnesota Press.

Moscovici, S. (1979). *Sozialer Wandel durch Minoritäten.* Urban & Schwarzenberg.

Ortmeyer, B. (2008). *Eduard Spranger und die NS-Zeit. Forschungsbericht 7.1.* Johann Wolfgang Goethe-Universität.

Paul Feyerabend Archiv, Universität Konstanz. https://www.kim.uni-konstanz.

Pauli, W. (1954). Wahrscheinlichkeit und Physik. *Dialectica, 8*(2), 112–124.

Preston, J. (1997). Feyerabend's retreat from realism. *Philosophy of Science, 64*(S4), S421–S431.

Putnam, H. (1994). Sense, nonsense, and the senses: An inquiry into the powers of the human mind. *The Journal of Philosophy, 91*(9), 445–517.

Rohracher, H. (1988; Original: 1947). *Einführung in die Psychologie.* Urban & Schwarzenberg.

Roth, G. (2019). *Aus Sicht des Gehirns.* Suhrkamp.

Rubin, E. (1950). Visual figures apparently incompatible with geometry. *Acta Psychologica, 7*, 365–387.

Sachse, P., & Goller, P. (2020). 6 Innsbruck – Kurz gefasste Geschichte des Instituts für Psychologie an der Universität Innsbruck (1896–1993/2000). In A. Stock & W. Schneider (Hrsg.), *(2020), Die ersten Institute für Psychologie im deutschsprachigen Raum: Ihre Geschichte von der Entstehung bis zur Gegenwart* (S. 201–232). Hogrefe.

Semin, G.R. (1990). Everyday assumptions, language and personality. In K. J. Gergen & G. R. Semin (Eds.). *Everyday understanding.* Sage.

Shaw, J. (2021). Feyerabend Never Was an Eliminative Materialist. In K. Bschir & J. Shaw (Hrsg.), *Interpreting Feyerabend: Critical Essays* (S. 114–131). Cambridge University Press.

Sherif, M. (1966). *Original: 1936).* The Psychology of Social Norms: Harper & Row.

Sherif, M. (2015). *Original: 1967).* Group Conflict and Co-Operation: Psychology Press.

Shorter, J. (1995). In dialogue: Social constructionism and radical constructivism. In L. P. Steffe & J. Gale (Hrsg.), *Constructivism in Education* (S. 41–56). Routledge.

Shotter, J. (1993). *Cultural politics of everyday life: Social constructionism, rhetoric and knowing of the third kind.* University of Toronto Press.

Singer, W. (2020). *Ein neues Menschenbild?* Gespräche über Hirnforschung: Suhrkamp.

Sprung, H. (2011). Else Frenkel-Brunswick: Wanderin zwischen der Psychologie, der Psychoanalyse und dem Logischen Empirismus. In S. Volkmann-Raue & H. Lück (Hrsg.), *Bedeutende Psychologinnen des 20. Jahrhunderts.* (S. 235–246). VS Verlag für Sozialwissenschaften.

Stadler, F. (2006). Paul Feyerabend – Ein Philosoph aus Wien. In F. Stadler & K. R. Fischer (Hrsg.), Paul Feyerabend. Ein Philosoph aus Wien (S. IX-XXX). Springer.

Stadler, F. (2019). Nur ein philosophischer „Sonntagsjäger"? – Der Naturforscher Ernst Mach. In F. Stadler (Hrsg.), *Ernst Mach – Zu Leben, Werk und Wirkung* (S. 1–20). Springer Nature Switzerland.

Stone, W. F., Lederer, G., & Christie, R. (Hrsg.). (1993). *Strength and weakness*. The authoritarian personality today: Springer-Verlag.

Tajfel, H., & Turner, J. C. (1979). An integrative theory of intergroup conflict. In W. G. Austin & S. Worchel (Hrsg.), *The social psychology of intergroup relations* (S. 33–47). Brooks/Cole.

Tedeschi, J. T., Schlenker, B. R., & Bonoma, T. V. (1971). Cognitive dissonance: Private ratiocination or public spectacle? *American Psychologist, 26*(8), 685.

Verein Ernst Mach (2006, Original: 1929). *Wiener Kreis. Texte zur wissenschaftlichen Weltauffassung von Rudolf Carnap, Otto Neurath, Moritz Schlick, Philipp Frank, Hans Hahn, Karl Menger, Edgar Zilsel und Gustav Bergmann*, herausgegeben von Michael Stöltzner & Thomas Uebel. Felix Meiner Verlag.

Von Glasersfeld, E. (1997). *Radikaler Konstruktivismus: Ideen, Ergebnisse, Probleme*. Suhrkamp.

Watzlawick, P. (1985; Original: 1976). *Wie wirklich ist die Wirklichkeit*. Piper.

Watzlawick, P. (Hrsg.) (1985; Original: 1981). *Die erfundene Wirklichkeit – Wie wissen wir, was wir zu wissen glauben? Beiträge zum Konstruktivismus*. Piper.

Whorf, B. L. (1940). Science and Linguistics. *Technology Review, 42*(2), 229–231.

Wicklund, R. A., & Gollwitzer, P. M. (1981). Symbolic self-completion, attempted influence, and self-deprecation. *Basic and Applied Social Psychology, 2*(2), 89–114.

Wittich, D. (1999). Lenins „Materialismus und Empiriokritizismus" – Entstehung, Wirkung, Kritik. *Sitzungsberichte der Leibniz-Sozietät, 30*(3).

Wygotski, L. S. (1976; Original: 1925). *Die Psychologie der Kunst*. Verlag der Kunst.

Wygotski, L. S. (1986; Original: 1934, erste deutsche Veröffentlichung 1964). *Denken und Sprechen*. Fischer .

Über das Absurde, den Chauvinismus und die Borniertheit

13

„Kein Gedanke ist so alt oder absurd, daß er nicht unser Wissen verbessern könnte"
(Feyerabend, 1986, S. 55).

13.1 Feyerabend und das Absurde

Vom Absurden und Absurditäten ist bei Feyerabend öfter die Rede. Aus „Wider den Methodenzwang" stammt das o.g. Zitat und 50 Seiten weiter fragt er, wie es Galilei fertigbringe, *absurde* und induktionswidrige Behauptungen einzuführen (Feyerabend, 1986, S. 105). Dass wir in einer „absurden Welt" leben, erfährt man in „Über Erkenntnis" (1992, S. 137). In seiner Autobiografie „Zeitverschwendung" äußert er sich über Brechts „Arturo Ui", der ihm nicht gefallen habe. Der Humor sei grob, die Handlung *absurd* und habe keinen Bezug „[…] zur tatsächlichen Absurdität dieser Zeit" (1995a, S. 182). „Absurde Aussagen" findet Feyerabend auch hin und wieder bei bestimmten Philosophen, die sich gegen Nils Bohr richten (Feyerabend, 1968, S. 310). „Absurd" können Beobachtungen, Ideen oder Theorien sein, wie man im Sammelband „Der wissenschaftstheoretische Realismus und die Autorität der Wissenschaften" an verschiedenen Stellen lesen kann (Feyerabend, 1978a, 1978b). Und Feyerabend argumentiert nicht selten mit der logischen Figur der reductio ad absurdum (Feyerabend, 1986, S. 381; 1981, S. 25). Usw.

Die *reductio ad absurdum* ist eine Argumentationsform bzw. ein indirekter Beweis, mit dem eine Annahme widerlegt werden kann, indem gezeigt wird, dass sich aus ihr ein Widerspruch (eine Absurdität) ergeben würde. Es handelt sich um

W. Frindte, *Wider die Borniertheit und den Chauvinismus – mit Paul K. Feyerabend durch absurde Zeiten*, https://doi.org/10.1007/978-3-658-43713-8_13

eine logische Beweistechnik, die auch die alten Griechen schon beherrschten. Die Ersten, die mit dieser Schlussfigur argumentierten, sollen Hippokrates von Chios und Zenon gewesen sein (Brückler, 2017, S. 155) und auch „[…] beim vielfach verfluchten (und nie gelesenen) Aristoteles…" ist sie zu finden (Feyerabend, 1986, S. 381). Die reductio ad absurdum lässt sich auch als eine Form der immanenten Kritik eines Textes oder einer Behauptung auffassen, indem der Text oder die Behauptung nicht mit einer anderen Auffassung konfrontiert wird, sondern die Widersprüche oder Inkonsistenzen im Text oder der Behauptung selbst aufgedeckt werden. Diese Kritikstrategie ist die von Feyerabend am meisten genutzte (vgl. auch Hoyningen-Huene & Oberheim, 2006, S. 18).

Es sind allerdings nicht die Worte oder Argumentationsformen, die zählen, sondern die Ideen, die Feyerabend in die Welt setzte und warum er es tut. Er formulierte scheinbar absurde Ideen, die der westlichen kritischen Rationalität zu widersprechen scheinen. „Es gibt", so Feyerabend, „Ereignisse (offensichtlich sinnlose Handlungen, Träume und so weiter), die, wenn sie für sich betrachtet werden, absurd erscheinen, aber auf Gründe verweisen, die von ihrer unverdeckten Erscheinung verschieden sind" (Feyerabend, 2005, S. 188). Man könnte Feyerabends Ideen als aberwitzig, irrsinnig, töricht oder eben als absurd abtun. So diskutiert er nicht nur die *historische* Rolle der Astrologie und die (nachweisbare) Vorliebe von Johannes Kepler für das Verfassen von Horoskopen[1], sondern versucht in den (frühen) astrologischen Vorstellungen über den Zusammenhang von Sonnenaktivitäten, Planetenkonstellationen und deren Wirkungen auf die Menschen einen Sinn zu entdecken, der für „primitive" Völker durchaus wichtig sein könnte. Auch die Hopi-Medizin, die Akupunktur, die mittelalterliche Hexerei, verschiedene Formen der Pflanzenheilkunde, die Idee, dass Kometen auf Kriege hindeuten könnten[2], und natürlich die Regentänze sind für Feyerabend nicht nur Märchen oder längst widerlegte Mythen. Vor allem sind es Traditionen, für deren gleichberechtigte Existenz sich Feyerabend stark machte. „Die Wissenschaft ist eine Quelle des Wissens, ja sogar eine sehr wichtige Quelle – aber Mythen, Märchen, Tragödien, Epen und viele andere Schöpfungen nichtwissenschaftlicher Traditionen sind das auch" (Feyerabend, 1992, S. 116).

---

[1] So hat Kepler nicht nur für den Feldherrn Wallenstein Horoskope erstellt. In seinem Nachlass sollen sich über 1170 Horoskope für rund 900 Personen befinden (Boockmann et al., 2008, S. 53).

[2] Die Beobachtung auffälliger Himmelsereignisse, um kommende Ereignisse, Krisen und Katastrophen frühzeitig „erkennen" zu können, gehörte im 15. und 16. Jahrhundert zu den Gepflogenheiten von Hofastrologen, Priestern und Stadtchronisten. So sah Martin Luther im Halley'sche Kometen von 1531 und im Auftritt eines Meteors im Jahre 1532 Hinweise für den kommenden Weltuntergang (Rohr, 2013, S. 375).

Eine der oft zitierten und vielfach kritisierten absurden Idee Feyerabends ist eben die Behauptung, es gebe keine physikalische Theorie, die der Idee entgegenstünde, Regentänze bringen Regen (Feyerabend, 1980, S. 129; 1992, S. 97 f.). Diese Idee ist nicht nur in den Feuilletons gern kolportiert worden (z. B. Saltzwedel, 1999). Auch in wissenschaftlichen Publikationen werden derartige Ideen entweder als heikel angesehen (z. B. Hagner, 2017, S. 373), ihr obskurer Hintergrund kritisiert (z. B. Bammé, 2006, S. 281) oder als Hinweis auf die Pluralität von kulturellen Traditionen interpretiert (z. B. Zoglauer, 2021, S. 55). Feyerabend behauptet nun allerdings nicht, Regentänze wären ebenso verlässlich wie computergestützte Wettervoraussagen oder mit Regentänzen ließe sich der Regen herbeizaubern. Natürlich laufe die Idee von den Regentänzen der großen Mehrheit der Wissenschaften zuwider. Es genüge aber nicht, wenn wir behaupten, dass Regentänze wirkungslos seien. „Ein Regentanz muss mit der gebührenden Vorbereitung und unter den gebührenden Umständen durchgeführt werden, und diese Umstände schließen die alten Stammesorganisationen und die dazugehörigen geistigen Einstellungen ein" (Feyerabend, 1992, S. 96). Man kann diesen Satz als eine typisch Feyerabendsche Provokation betrachten. Er besagt aber mehr. Mit dem Verweis auf die alten Stammesorganisationen und die geistigen Einstellungen rekurriert Feyerabend auf die Traditionen und Konventionen jener Menschen, für die es sinnvoll ist, dass Regentänze zu Regen führen. Es handelt sich also um eine *stammes- oder gemeinschaftsbezogene* Kausalität, die aus der Sicht „westlicher" Rationalität absurd ist. Und diese stammes- oder gemeinschaftsbezogene Kausalität ist Teil eines, wie man heute sagen würde, indigenen Wissens (auch: Native Science). Das indigene Wissen ist das Ergebnis einer langen und schöpferischen Auseinandersetzung mit der Natur und kann als traditionelles Wissensgut ein entscheidendes Instrument sein, nicht nur, um die kulturelle Identität indigener Völker zu wahren, sondern um das Verhältnis von Mensch und Natur besser zu verstehen.

Insofern und nur insofern wäre es borniert oder chauvinistisch zu behaupten, dass Regentänze, Mythen, Rituale und Märchen keine wichtigen identitätsschaffenden Traditionen in manchen Kulturen und Subkulturen sind. Mit der scheinbar absurden These verweist Feyerabend einerseits auf die Absurdität „westlicher" Dominanzkulturen. Ihre Ignoranz, Borniertheit und ihr Chauvinismus gegenüber der Vielfalt von Weltsichten, Weltanschauungen und kulturellen Werten ist – sozusagen – die eine Seite der absurden Welt. Andererseits sind es gerade die scheinbar absurden Ideen, wie eben jene von den Regentänzen, den Mythen und den Märchen, die aus Feyerabends Sicht wünschenswert sind, um sich der Borniertheit der „westlichen" Dominanzkulturen zu erwehren und zu neuen, grenzüberschreitenden Erkenntnissen zu gelangen. Auf diese Bedeutung absurder

Ideen hat Feyerabend bereits in einer frühen Publikation aufmerksam gemacht. In dem Aufsatz "How to be a good empiricist" aus dem Jahre 1963 schreibt er u. a., absurd sei das, was unseren etablierten Sprachgewohnheiten zuwiderlaufe. Das Gefühl der Absurdität deute aber daraufhin, dass die neue, eben scheinbar absurde Idee geeignet sei, entweder alte Vorstellungen und Theorien zu kritisieren oder zu revolutionären Ideen führen können. Solche Absurditäten und Bedeutungskonflikte seien deshalb wünschenswert (Feyerabend, 1999a, S. 101; Original: 1963).[3]

Mit den scheinbar absurden Ideen versuchte Feyerabend, die Absurditäten dieser Welt, die Ignoranz wissenschaftlicher „Expert*innen", die Missachtung der Traditionen benachteiligter Kulturen, die kulturellen Ungerechtigkeiten und den Chauvinismus von manchen Ideologien und Weltanschauungen zu entlarven. Man könnte auch sagen, Feyerabend versucht mit Absurdem gegen das Absurde in dieser Welt anzukämpfen. „Ich glaube", so schreibt er 1974 an Hans Peter Duerr, „mein allerletzter >Standpunkt<, bei dem ich dann auch verbleiben werde, wird der Dadaismus sein: *Sinn* hat dieses verrückte Leben *keinen* und *scheinbar* einen konstruieren kann man nur dann, wenn man eine Unmenge neuen Unsinns dem alten Unsinn hinzufügt. Alles was man tun kann, ist Märchen erzählen und sich und andere so vorübergehend unterhalten" (Feyerabend, 1995b, S. 24; Hervorh. im Original).

Absurde Ideen können wirken. Sie erzeugen kognitive Dissonanzen, weil das, was sie verkünden, im Widerspruch zum Gewohnten oder autoritär Verkündeten zu stehen scheint. Ihre Wirkung lässt sich vielleicht mit guten Witzen vergleichen. Gute Witze und Feyerabends absurde Ideen machen, indem sie das *Normale* überraschend und quasi *um die Ecke* in Frage stellen und es in einen anderen, nicht zwangsläufig passenden Kontext rücken, darauf aufmerksam, dass es noch mehr zu geben scheint als das, was man das *Normale* nennt. Oder anders gesagt: Feyerabends Ideen verweisen, so wie gute Witze auch, auf Deutungsmuster (oder soziale Konstruktionen), die bisher noch nicht ausprobiert wurden.

Versucht man nun, sich einen Reim auf den Begriff des Absurden zu machen, so, wie ihn Feyerabend nutzt, dann ließe sich Folgendes vermuten: Die Welt ist dann absurd, wenn die Vielfalt von Weltsichten nicht toleriert wird. Gegen

---

[3] „[…] we deem absurd what goes counter to well-established linguistic habits. The absence, from a newly introduced set of ideas, of synonymy relations connecting it with parts of the accepted point of view; the feeling of absurdity therefore indicate that the new ideas are fit for the purpose of criticism, i.e. that they are fit for either leading to a strong *confirmation* of the earlier theories, or else to a very revolutionary *discovery:* absence of synonymy, clash of meanings, absurdity are desirable" (hier zitiert nach: Feyerabend, 1999a, S. 101; Original: 1963).

diese Absurdität können scheinbar absurde Ideen, Sprachspiele oder Handlungen ins Feld geführt werden. Sie stellen etablierte Interpretations-, Sprach- und Handlungsgewohnheiten in Frage. Sie zeigen auf das, was jenseits der (absurden) Wirklichkeit noch alles möglich sein kann. Scheinbar absurde Ereignisse, Ideen, Aussagen oder Handlungen können kognitive Dissonanzen und soziale Konflikte erzeugen, die durch Perspektivenwechsel (man kann es auch divergentes Denken nennen) sowie durch einen gesellschaftlichen und wissenschaftlichen Pluralismus (der nicht auf Konsens setzt, sondern Dissens ermöglicht) auszuhalten sind.

> Der Begriff *divergentes Denken* wurde von Joy Paul Guilford (1967) in die Psychologie eingeführt. Divergentes Denken ist Querdenken im besten Sinne des Wortes. Während beim konvergenten Denken eine klar definierte Lösung eines Problems gesucht wird, handelt es sich beim divergenten Denken um den kreativen, offenen und spielerischen Umgang mit vielfältigen Problemlösungen, bei dem Denkblockaden und der vorschnelle Ausschluss von (auch scheinbar alternativen) Möglichkeiten vermieden werden sollen.

Absurd sind absurde Ereignisse, Ideen, Aussagen oder Handlungen meist aus Sicht von einzelnen Menschen, Gruppen oder Gemeinschaften, für die Rationalität als einzig mögliches Kriterium von Welt gesetzt wird. Während für die einen, für einzelne Menschen, Gruppen oder Gemeinschaften die absurden Ereignisse, Ideen, Aussagen oder Handlungen zu ihrer nichtabsurden Wirklichkeit gehören, reagieren andere Menschen, Gruppen und Gemeinschaften nicht selten auf das Absurde mit Unverständnis, Ignoranz, (wissenschaftlichem) Chauvinismus, Borniertheit, Intoleranz oder Gewalt. Werden Unverständnis, Ablehnung, Chauvinismus oder Gewalt zu dominierenden Interpretations-, Sprach- und Handlungsgewohnheiten, dann scheint es gerechtfertigt, von einer absurden Welt zu reden.

13.2 Abschweifungen – Camus und das Absurde

An dieser Stelle sei eine Abschweifung erlaubt, um für einen Augenblick Albert Camus, den Philosophen des Absurden, ins Spiel zu bringen. Nicht, weil Paul Feyerabend Existentialist oder Moralist war. Vielleicht war er das auch. In frühen Jahren hat er den Pfadfinder des Existentialismus Søren Kierkegaard gelesen (Feyerabend, 1995a, S. 82) und sich auch später auf ihn berufen, um auf den

Reichtum menschlicher Erfahrungen zu verweisen (z. B. Feyerabend, 1986, S. 25; 1980, S. 48; 2009, S. 314; vgl. auch: Kidd, 2011). Auch eine Nähe zu Jean-Paul Sartre meinen Forscher*innen in Feyerabends Werken entdeckt zu haben (z. B. Neto, 1991, S. 555). Nein, nicht deswegen kann Albert Camus an dieser Stelle nicht übergangen werden. Beide, Feyerabend und Camus, waren Rebellen und Anarchisten. Ihnen war die Freiheit wichtig und die Vielfalt der Lebensmeisterung. Und dies in einer Welt, die ihnen absurd erschien.

Wir Menschen wissen, dass wir sterblich sind. Ist es nicht absurd, also widersinnig, der Vernunft widersprechend, von der eigenen Sterblichkeit zu wissen und dennoch danach zu trachten, einen Sinn im Leben zu finden? Im Wissen um unsere Sterblichkeit helfen keine rationalen Argumente, um diese Sterblichkeit zu verstehen. Sollten wir dann nicht gleich unserem Leben ein Ende bereiten? Das ist bekanntlich der Ausgangspunkt von Albert Camus, um im „Der Mythos von Sisyphos – Ein Versuch über das Absurde" über das eine, wirklich ernste, philosophische Problem, den Selbstmord, nachzudenken und Antworten auf die Grundfrage der Philosophie zu finden, „[…] ob das Leben sich lohne oder nicht" (Camus, 1997, S. 10; Original: 1942). Es geht um die existentielle Frage nach dem Sinn des Lebens, deren Beantwortung aber am Chaos und der Sinnlosigkeit der Welt zu scheitern droht. Allerdings, nicht die Welt an sich ist absurd. Absurd ist das Verhältnis der sinnsuchenden Menschen zur scheinbar sinnlosen Welt. Das Absurde ist „[…] jener Zwiespalt zwischen dem sehnsüchtigen Geist und der enttäuschenden Welt…" (ebd., S. 56).

Dem Tod kann der Mensch nicht entrinnen, das weiß Camus. Und doch lohnt sich das Leben in seinen Alltäglichkeiten, Routinen, Überraschungen, Widrigkeiten, Verletzungen und Absurditäten. Das Leben in Würde und Liebe zu leben, heißt für Camus, gegen die Absurdität der Welt zu revoltieren. In Sisyphos sieht Camus das Vorbild, den „Helden des Absurden". Sisyphos, „[…] der ohnmächtige und rebellische Prolet der Götter" (ebd., S. 126), erhob sich gegen die Götter und wurde dafür in die Unterwelt verbannt. Dort lag schon der Stein bereit, den er mühsam den Berg hinauf wälzen musste und der doch immer wieder in die Tiefe rollte, um in scheinbar sinnloser Weise erneut hinauf gebracht zu werden. Das ist das Schicksal von Sisyphos. Er nimmt es an und verachtet es, indem er den Stein zu seiner Sache macht, zur Alltäglichkeit seines Tuns.

„Darin besteht die ganze verschwiegene Freude des Sisyphos. Sein Schicksal gehört ihm. Sein Fels ist seine Sache … Der Kampf gegen Gipfel vermag ein Menschenherz ausfüllen. Wir müssen uns Sisyphos als einen glücklichen Menschen vorstellen" (ebd., S. 127 f.).

Ob Camus selbst ein glücklicher Mensch war, sei dahingestellt.[4] Drei Schluss-folgerungen leitet er vom Absurden ab: seine Auflehnung, seine Freiheit und seine Leidenschaften (Camus, 1997, S. 69). Das könnten auch die Konklusionen sein, mit denen Paul Feyerabend sympathisieren würde.

„Ich empöre mich, also sind wir", schreib Camus einige Jahre nach dem „Sisy-phos" im Essayband „Der Mensch in der Revolte" (2011, S. 39; Original: 1951). Damit erweitert er seine drei Schlussfolgerungen. Nicht nur um die Revolte des Einzelnen, dessen Freiheit und Leidenschaften geht es Camus. Die Revolte setzt „[...] ein gemeinsames Band, die Solidarität der Kette, die die Menschen einander ähnlich macht und verbündet" (ebd., S. 367) voraus und erhebt diese Solidarität zum Kriterium ihres Erfolgs. Die Revolte ist nicht der revolutionäre Umsturz, der, wie in den zwei großen, gescheiterten „Revolutionen" des 20. Jahrhunderts (Nationalsozialismus und Kommunismus), entweder das gemeinsame Band durch Terror und Konzentrationslager zu zerschlagen versucht (ebd., S. 321) oder die Schaffung des „totalen Menschen" (ebd., S. 320) als Zukunftsaufgabe prokla-miert, die nur über den Umweg von Ungerechtigkeit, Gewalt und Tortur zu lösen sei. Die Revolte ist Empörung und Auflehnung in mehrfachem Sinne: Die Absur-dität des Verhältnisses der sinnsuchenden Menschen zur scheinbar sinnlosen Welt lässt sich nicht abschaffen. Aber Revolte ist möglich. Der Einzelne revoltiert in seinem *alltäglichen Tun hier und jetzt* gegen die Absurdität des Todes; die „[...] Freiheit, die er fordert, fordert er für alle; diejenige, die er ablehnt, verbietet er allen" (Camus, 2011, S. 371; Hervorh. im Original). Als soziale Bewegung setzt die Revolte den Verzicht auf die Gewalt als Prinzip voraus (ebd., S. 374) und ver-spricht keine *ewige* Gerechtigkeit, keine historisch notwendige Heilsgeschichte. Vielmehr sei alles möglich (ebd., S. 379). Die Revolte kommt nicht ohne eine „sonderbare Liebe" aus, ohne jene Solidarität, die sich aus der grundsätzlichen Gleichheit der Menschen ergibt; sie „[...] ist somit Liebe und Fruchtbarkeit, oder sie ist nichts" (ebd., S. 397).

„Auf der Mittagshöhe des Denkens lehnt der Revoltierende so die Göttlichkeit ab, um die gemeinsamen Kämpfe und das gemeinsame Schicksal zu teilen. Wir entscheiden uns für Ithaka, die treue Erde, das kühne und nüchterne Denken, die

---

[4] In einer Tagebucheintragung aus dem Jahre 1936 vermerkt Camus: „Was ich mir jetzt wün-sche, ist nicht, glücklich zu sein, sondern nur, bewusst zu sein. Man vermeint, von der Welt getrennt zu sein, aber es genügt, dass ein Olivenbaum im goldenen Staub aufragt, es genügt, dass ein paar Flecken Strand in der Morgensonne aufblitzen, damit man diesen Widerstand in sich dahinschmelzen fühlt. So ergeht es mir. Ich werde mir der Möglichkeiten bewusst, für die ich verantwortlich bin. Jede Minute des Lebens trägt in sich ihren Wert als Wunder und ihr Gesicht ewiger Jugend" (zit. n. Reif, 1999, S. 171).

klare Tat, die Großzügigkeit des wissenden Menschen. Im Lichte bleibt die Welt unsere erste und letzte Liebe" (Camus, 2011, S. 399).

Bekanntlich kann man vieles vergleichen. Äpfel und Birnen, Faschismus und Kommunismus, Existentialismus und Wissenschaftstheorie, Paul Feyerabend und Albert Camus. Die Camus-Expert*innen mögen mit mir Nachsicht üben. Vergleichen heißt nicht, die zu vergleichenden Gegenstände, Personen, Ideologien oder Wissenschaften gleichmachen zu wollen. Vergleichen bedeutet gegeneinander abwägen, um Unterschiede oder Gemeinsamkeiten zu finden. Vergleiche ändern die Perspektive und können unter guten Umständen helfen, die Tür aus der eigenen Echokammer zu finden. Und so entdecke ich bei Camus und Feyerabend – trotz der wohl gravierenden philosophischen Unterschiede (z. B. wie und warum sie sich gern und ausgiebig auf die Griechen beziehen, mit mythischen Geschichten kokettieren oder sich mit Nietzsche auseinandersetzen[5]) – ähnliche revoltierende Ambitionen. Ihre Auffassungen über das Absurde mögen verschieden sein. Bei Feyerabend ist die Welt absurd, wenn die Vielfalt von Weltsichten nicht toleriert wird; für Camus ist – wie gesagt – der Zwiespalt zwischen dem sehnsüchtigen Geist und der enttäuschenden Welt das Absurde. Dementsprechend kämpft Feyerabend gegen die Vernichtung der Vielfalt mit teils ebenso absurden Mitteln und Ideen. Diese Doppeldeutigkeit des Absurden bei Feyerabend sollten wir nicht übersehen.

Camus fordert dagegen auf, einerseits die Absurdität des Menschen zu akzeptieren und andererseits durch ein Leben im Hier und Jetzt, in Würde und Liebe sowie durch Verzicht von Gewalt gegen die Absurdität zu revoltieren.

In den Konsequenzen, die Feyerabend und Camus aus dem Umgang mit der absurden Welt ableiten, scheint es doch manche Überschneidungen zu geben: Beide revoltieren gegen historische Notwendigkeiten und plädieren für eine Welt des Relativen (Camus, 2011, S. 379; z. B. Feyerabend, 1980, S. 17 ff.). Sie betonen die Freiheit der Einzelnen, eine Freiheit, die ihre Grenzen aber dort hat, wo andere gedemütigt oder vernichtet werden (Camus, 2011, S. 371; z. B. Feyerabend, 1980, S. 295 f.). Die Freiheit der anderen ist die Grenze für die Freiheit des Einzelnen. Das Gleichgewicht des Menschlichen und der Natur ist ebenfalls beiden wichtig (Camus, 2011, S. 249; z. B. Feyerabend, 1984, S. 12)

---

[5] Feyerabend verweist gern auf Nietzsche, um z. B. die Bedeutung von Mythen als Formen der Erklärung und Darstellung von Welt zu betonen und so seine Kritik an etablierten Positionen herrschender Wissenschaftstheorien zu stützen (z. B. 1984, S. 51; vgl. auch Heit, 2016). Auch mag er von dem „einsamen Außenseiter" fasziniert gewesen sein (vgl. auch Preston, 2002). Für Camus liefert Nietzsche, den er wohl sehr bewunderte, u. a. die Folie, um den Nihilismus zu kritisieren und an seine Stelle die absolute Bejahung der Welt zu setzen (Camus, 1951; 1997, S. 69 ff., 2011, S. 95 ff.; vgl. auch Piper, 2002).

und Pseudo-Vernunft ist ihnen ein Greuel (Camus, 2011, S. 289; z. B. Feyerabend, 1986, S. 397 f.). Toleranz, Solidarität, Revolte gegen die Einfalt sowie Mitmenschlichkeit und Menschenliebe hingegen sind für Albert Camus und Paul Feyerabend jene hohen Werte, die sie gegen Ressentiments, totalitäre Ideologien, Dogmatismus und Nihilismus in Stellung zu bringen versuchen (z. B. Camus, 2011, S. 397; 1950; Feyerabend, 1980, S. 19, 1984, S. 13).

Camus, schreibt Jan Christoph Suntrup, „[…] gehört nicht zur Gattung der Intellektuellen, die ihren in Wissenschaft oder Kunst erworbenen Ruhm »missbrauchen, um ihre Domäne zu verlassen und die Gesellschaft und die bestehende Ordnung namens einer globalen, dogmatischen (vagen oder präzisen, moralischen oder marxistischen) Auffassung vom Menschen zu kritisieren«, wie es bei Sartre heißt, sondern zur Spezies der Ironiker, die um die Relativität der eigenen Überzeugungen weiß. Den Dialog zu beschwören gegen all die Leute, »die unbedingt recht zu haben glauben«, bedeutet auch, sich einzumischen, ohne die moderne Rolle des ideologischen Gesetzgebers einzunehmen" (Suntrup, 2009, S. 193 f.).

Das trifft wohl auch auf Paul Feyerabend zu. Mehr ist über die Gemeinsamkeiten von Albert Camus und Paul Feyerabend an dieser Stelle wohl nicht zu sagen.

13.3 Chauvinismus und Borniertheit

Paul Feyerabend wendet sich gegen einen *wissenschaftlichen* Chauvinismus, wenn einzelne Wissenschaftler*innen oder wissenschaftliche Gemeinschaften ihre Regeln, Normen, Traditionen und vermeintlichen Wahrheiten für die Besten halten und alternative Regeln und Traditionen anderer Gemeinschaften ablehnen und bekämpfen (z. B. Feyerabend, 1986, S. 55; Original: 1975). Es mag sein, dass Feyerabend sich damit zunächst auf die Dominanz wissenschaftlicher „Expert*innen" kaprizierte und den „außerwissenschaftlichen Rest der Welt" außer Betracht ließ. Spätestens in „Erkenntnis für freie Menschen" (Feyerabend, 1980; Original: 1978) und auch im posthum erschienen Werk „Conquest of Abundance. A Tale of Abstraction versus the Richness of Being" (1999b, S. 159; deutsche Übersetzung: 2005) wird aber deutlich, dass es ihm um mehr geht, dass er sich gegen die Engstirnigkeit und Intoleranz wendet, mit denen Menschen und Menschengruppen die Vielfalt von Lebens- und Weltentwürfen ignorieren. In „Conquest of Abundance" schreibt Feyerabend zum Beispiel sinngemäß, heute können Menschen auf der Grundlage ihrer individuellen Entscheidungen Weltsichten aufbauen und dadurch eine Gemeinsamkeit entwickeln, die durch den

Chauvinismus spezieller Gruppen bislang getrennt wurde (Feyerabend, 1999b, S. 159).[6]

Zu fragen ist allerdings, inwieweit ein moderner Chauvinismus-Begriff geeignet ist, jene Absurditäten in der Wissenschaft oder im gesellschaftlichen Alltag anzugeben, gegen die Feyerabend opponiert. Wie meist verweigert sich Feyerabend, die Zuschreibungen und Begriffe, mit denen er Personen, Auffassungen oder Anschauungen bezeichnet, präzise zu benennen; wobei im Feyerabendschen Sinne eh zu fragen wäre, was „präzise" – außerhalb eines jeglichen Bezugssystems – bedeuten würde.[7] Die Beispiele, die er vorbringt, um auf die „Vernichtung der Vielfalt" aufmerksam zu machen, beschreiben eher Formen, so könnte man sagen, von Borniertheit *und* Chauvinismus. Allerdings ist auch da wieder Einhalt geboten: Wörter, wie *borniert* oder *Borniertheit,* scheint er gar nicht zu benutzen und den Kampfbegriff *Chauvinismus* auch nur selten in expliziter Weise.

Um sich auf die Suche nach Beispielen zu machen, die nach Feyerabend für einen bornierten bzw. chauvinistischen Umgang mit der Vielfalt sprechen und um dem Titel dieses Buches gerecht zu werden, genügt indes vorerst eine vage Vorstellung von Borniertheit und Chauvinismus.

Es ist – aus meiner Sicht – an dieser Stelle gar nicht nötig, eine ausführliche etymologische Explikation anzustrengen und zum Beispiel auf den jungen Nicolas Chauvin aus der Grand Armée von Napoléon Bonaparte zu verweisen, dessen Name zum Inbegriff für einen nationalistischen Chauvinismus wurde. Auch an Karl Marx, der mit dem Chauvinismus jenen übersteigerten Nationalismus kritisierte, mit dem Menschen in den europäischen Ländern auf die gegenseitigen Kriege vorbereitet wurden, muss nicht ausführlich erinnert werden (Marx, 1965, S. 222; Original: 1866; 1962, S. 558; Original: April/Mai 1871). Hannah Arendt, für die der Chauvinismus die Brücke zwischen Nationalismus und Imperialismus darstellt (Arendt, 1945), sei ebenfalls nur kurz erwähnt, so wie die gegenwärtigen Studien zum Chauvinismus als „aggressives Nationalgefühl" (z. B. Decker & Brähler, 2020; Zick & Küpper, 2021).

---

[6] "It shows fear, indecision, a yearning for authority, and a disregard for the new opportunities that now exist: we can build worldviews on the basis of a personal choice and thus unite, for ourselves and for our friends, what was separated by the chauvinism of special groups" (Feyerabend, 1999b, S. 159). Nicht ganz passend wird in der deutschen Ausgabe „Chauvinism" allerdings durch „Untertanengeist" übersetzt (Feyerabend, 2005, S. 173).

[7] Das heißt, „präzise" oder „Präzision" sind für Feyerabend relative Begriffe wie andere Begriffe auch, deren Bedeutung sich nur im Rahmen eines jeweiligen (theoretischen) Bezugssystems erschließen lassen. Überdies sollte das sklavische Befolgen von Konzepten und Regeln eines geschlossenen Systems möglichst vermieden werden (Feyerabend, 1987, S. vii). Und: „Every rule, every law, even the most precise formulation dealing with events carefully prepared is bound to have exceptions..." (Feyerabend, 1970, S. 176).

Eine der treffendsten Begriffsbestimmungen des „nationalistischen Chauvinismus" stammt übrigens von Henri Dunant, dem Gründer des Roten Kreuzes, und der Gräfin Hedwig Pötting, einer Freundin und Kampfgefährtin von Bertha von Suttner: „Der Chauvinismus unterhält den Völker-, Nationen- und Rassenhass. Man darf diesen unheilvollen Chauvinismus nicht mit gesundem Patriotismus verwechseln. Der Patriotismus ist die Liebe, die wahre Hingebung; der Chauvinismus dagegen ist der Hass – ist hassenswerther Fanatismus. Der Chauvinismus verherrlicht die rohe Gewalt, er predigt die Ungerechtigkeit im sogenannten »Occupationsrecht«, der sich die civilisirten Völker gegenüber denjenigen anmassen, die sie als »zurückgebliebenes Volk« bezeichnen" (Dunant & Pötting, 1897, S. 311).

Es reicht daran zu erinnern, dass Paul Feyerabend verschiedentlich die epistemische sowie politische Marginalisierung der indigenen Völker, die menschlichen und ökologischen Kosten der Verwestlichung, die herrschende Ideologie der „westlichen" Eroberer, die Sklaverei oder die Kriege kritisiert, um sich eine Vorstellung davon zu machen, was er, Feyerabend, als chauvinistische Versuche, die Vielfalt zu vernichten, bezeichnen würde. Sozialpsychologisch gesprochen, ließe sich Chauvinismus dann als komplexes Muster von Eigengruppenfavorisierung und Fremdgruppendiskriminierung verstehen, als übersteigerte Gefühle und Vorstellungen von der Überlegenheit der eigenen Gruppe oder Gemeinschaft auf der einen Seite sowie der Geringschätzung, Diskriminierung und Verachtung anderer („fremder") Gruppen und Gemeinschaften auf der anderen Seite.

Die „Borniertheit" ist ebenfalls ein Wort, dass einen weiten Bedeutungshof hat. Es wurde im 18. Jahrhundert aus dem französischen *borné* und dem Verb *borner* („beschränken", „eingrenzen") – einer Ableitung des französischen *borne* („Grenzstein") – entlehnt und bedeutet so viel wie „engstirnig"; so kann man es im „Etymologischen Wörterbuch der deutschen Sprache" von Friedrich Kluge lesen (1989, S. 98; Original: 1881). Goethe hat das Wort „borniert" benutzt und soll zum Beispiel von „borniere(r) Masse" gesprochen haben (Eckermann, 1987, S. 665; Original: 1848). Es gehörte wohl auch zu den Lieblingsworten von Karl Marx und Friedrich Engels. So schreiben sie in der „Deutschen Ideologie" u. a. vom „bornierten Verhalten der Menschen zur Natur" (Marx & Engels, 1969, S. 31; Original: 1845/46) oder von „der Borniertheit der Individuen selbst" (ebd., S. 67); im „Kapital" wird die Arbeitsweise Thomas R. Malthus als „borniert" bezeichnet (Marx, 1977, S. 663; Original: 1867) usw.

Borniertheit ist weniger als Chauvinismus. Borniert sind jene Wissenschaftstheoretiker oder Alltagsmenschen, die, wie Feyerabend berichtet, ihre eigene Wissenschaftstheorie oder Weltanschauung, die eigenen Denk-, Erlebnis- und Handlungsräume ausschließlich als die einzig wahren und entscheidenden Instanzen für den Umgang mit Welt behaupten und die Welt der anderen und deren Sichtweisen (ihre Mythen, Legenden oder Rituale) *ignorieren*. Die Bornierten denken, fühlen und handeln ausschließlich in der eigenen Filter Bubble, um den von Eli Pariser eingeführten Begriff zu nutzen (Pariser, 2011), während die Chauvinist*innen sich selbst *idealisieren* und die anderen *abwerten* und *verachten*.

Wir sind also in guter Gesellschaft, um nach bornierten und chauvinistischen Versuchen zu fahnden, mit denen gesellschaftliche, kulturelle oder wissenschaftliche Vielfalt geleugnet werden. Darum soll es im nächsten Teil dieses Buches gehen.

Literatur

Arendt, H. (1945). Imperialism, Nationalism, Chauvinism. *The Review of Politics, 7*(4), 441–463.

Bammé, A. (2006). Wissenschaft der Zukunft: Zukunft der Wissenschaft. Von der akademischen zur postakademischen Wissenschaft. In E. Buchinger & U. Felt (Hrsg.), Technik- und Wissenschaftssoziologie in Österreich. *Österreichische Zeitschrift für Soziologie, Sonderheft 8*, S. 277ff.

Boockmann, F., Bussotti, P., Di Liscia, D., & Oestmann, G. (2008). „Nicht das Kindt mit dem Badt außschütten". Zur Rolle einer Pseudowissenschaft im Zeitalter der wissenschaftlichen Revolution: Die Astrologie bei Johannes Kepler, Heinrich Rantzau und Galileo Galilei. *Bayerische Akademie der Wissenschaften, Akademie Aktuell*, 04, S. 51–60. https://badw.de/fileadmin/pub/akademieAktuell/2008/27/19_DiLicia.pdf; aufgerufen: 4. März 2023.

Brückler, F.M. (2017). *Geschichte der Mathematik kompakt*. Springer Spektrum.

Camus, A. (1950). Der Künstler und die Freiheit. *Der Monat. Internationale Zeitschrift für Politik und geistiges Leben, 3*(017), S. 522–526. https://www.ceeol.com/search/article-detail?id=93466; aufgerufen: 15.05.2023.

Camus, A. (1951). Nietzsche und der Nihilismus. *Der Monat. Zeitschrift für Politik und geistiges Leben, 4*(039), S. 227–236; https://www.ceeol.com/search/viewpdf?id=68628; aufgerufen: 15.05.2023.

Camus, A. (1997). *Original: 1942)*. Der Mythos von Sisyphos. Ein Versuch über das Absurde: Rowohlt.

Camus, A. (2011; Original: 1951). *Der Mensch in der Revolte*. Rowohlt.

Decker, O., & Brähler, E. (2020*). Autoritäre Dynamiken. Alte Ressentiments – neue Radikalität*. Psychosozial-Verlag.

Dunant, H., & Pötting, G. H. (1897). Kleines Arsenal gegen den Militarismus. *Die Waffen nieder!*, 6(8/9), S. 310–314.

Eckermann, J. P. (1987). *Original: 1848).* Gespräche mit Goethe: Aufbau-Verlag.

Feyerabend, P. K. (1963). How to be a Good Empiricist: A Plea for Tolerance in Matters Epistemological. In B. H. Baumrin (Hrsg.), *Philosophy of Science: The Delaware Seminar* (Bd. 2, S. 3–39). Interscience.

Feyerabend, P. K. (1968). On a Recent Critique of Complementary. *Philosophy of Science, 35*(4), 309–331.

Feyerabend, P. K. (1970). Philosophy of Science: A Subject with a Great Past. In H. Stuewer (Hrsg.). *Historical and Philosophical Perspectives of Science (Minnesota Studies in the Philosophy of Science), 5,* 172–183.

Feyerabend, P. K. (1978). *Der wissenschaftstheoretische Realismus und die Autorität der Wissenschaften.* Vieweg & Sohn.

Feyerabend, P. K. (1980; Original: 1978). *Erkenntnis für freie Menschen.* Suhrkamp.

Feyerabend, P. K. (1981). *Realism, Rationalism and Scientific Method: Philosophical Papers* (Bd. 1). Cambridge University Press.

Feyerabend, P. K. (1984). *Wissenschaft als Kunst.* Suhrkamp.

Feyerabend, P. K. (1986; Original: 1975). *Wider den Methodenzwang.* Suhrkamp.

Feyerabend, P. K. (1987). *Farewell to Reason.* Verso.

Feyerabend, P. K. (1992; Original: 1989). *Über Erkenntnis. Zwei Dialoge.* Campus.

Feyerabend, P. K. (1995b). *Briefe an einen Freund, herausgegeben von Hans Peter Duerr.* Suhrkamp.

Feyerabend, P. K. (1995a). *Zeitverschwendung.* Suhrkamp.

Feyerabend, P. K. (1999a). *Knowledge, Science and Relativism, herausgegeben von John Preston.* Cambridge University Press.

Feyerabend, P. K. (1999b). *Conquest of Abundance. A Tale of Abstraction versus the Richness of Being, herausgegeben von Bert Terpstra.* The University of Chicago Press.

Feyerabend, P. K. (2005). *Die Vernichtung der Vielfalt. Ein Bericht, herausgegeben von Peter Engelmann.* Passagen.

Feyerabend, P. K. (2009). *Naturphilosophie, herausgegeben von H. Heit und E. Oberheim.* Suhrkamp.

Guilford, J. P. (1967). *The Nature of Human Intelligence.* McGraw-Hill.

Hagner, M. (2017). Wider den Populismus. *Paul Feyerabends dadaistische Erkenntnistheorie. Zeithistorische Forschungen, 14*(2), 369–375.

Heit, H. (2016). Wissenschaftskritik in der Genealogie der Moral. Vom asketischen Ideal zur Erkenntnis für freie Menschen. In H. Heit & S. Thorgeirsdottir (Hrsg.), *Nietzsche als Kritiker und Denker der Transformation* (S. 252–274). De Gruyter.

Hoyningen-Huene, P., & Oberheim, E. (2006). Neues zu Feyerabend. In F. Stadler & K. R. Fischer (Hrsg.), *Paul Feyerabend. Ein Philosoph aus Wien* (S. 13–33). Springer.

Kidd, I. J. (2011). Objectivity, abstraction, and the individual: The influence of Søren Kierkegaard on Paul Feyerabend. *Studies in History and Philosophy of Science Part A, 42*(1), 125–134.

Kluge, F. (1989). *Original: 1881).* Etymologisches Wörterbuch der deutschen Sprache: De Gruyter.

Marx, K. (1962; Original: 1871). Erster Entwurf zum „Bürgerkrieg in Frankreich". In Karl Marx & Friedrich Engels, Werke, Band 17. Dietz.

Marx, K. (1965; Original: 1866). Marx an Engels in Manchester, 7. Juni 1866. In *Karl Marx & Friedrich Engels, Werke, Band 31.* Dietz.

Marx, K., & Engels, F. (1969; Original: 1845/46). Die deutsche Ideologie. In Karl Marx & Friedrich Engels, Werke, Band 3. Dietz.

Marx, K. (1977; Original: 1867). Das Kapital. In Karl Marx & Friedrich Engels, Werke, Band 23. Dietz.

Neto, J. R. M. (1991). Feyerabend's Scepticism. *Studies in History and Philosophy of Science Part A, 22*(4), 543–555.

Pariser, E. (2011). *The filter bubble: What the Internet is hiding from you.* Penguin.

Piper, H. J. (2002). Zarathustra- Sisyphos. Zur Nietzsche-Rezeption Albert Camus '. Nietzscheforschung, Band 9 (S. 247–261), herausgegeben von Volker Gerhardt and Renate Reschke, Berlin: Akademie Verlag; https://doi.org/10.1524/9783050047294.247.

Preston, J. (2002). "Paul Feyerabend". The Stanford Encyclopedia of Philosophy (Summer 2002 Edition); http://plato.stanford.edu/archives/sum2002/entries/feyerabend; aufgerufen: 14.01. 2023.

Reif, A. K. (1999). „Die Welt bietet nicht Wahrheiten, sondern Liebesmöglichkeiten". Zur Bedeutung der Liebe im Werk von Albert Camus. Dissertation. Universität-Gesamthochschule Wuppertal. http://elpub.bib.uni-wuppertal.de/edocs/dokumente/fb02/diss1999/reif/d029902.pdf; aufgerufen: 15.03.2023.

Rohr, C. (2013). Macht der Sterne, Allmacht Gottes oder Laune der Natur? Astrologische Expertendiskurse über Krisen und Naturrisiken im späten Mittelalter und am Beginn der Neuzeit. In C. Meyer, K. Patzel-Mattern & G. Jasper Schenk (Hrsg.), *Krisengeschichte(n) – „Krise" als Leitbegriff und Erzählmuster in kulturwisssenschaftlicher Perspektive* (S. 361–385). Steiner.

Saltzwedel, J. (1999). Märchen des Geistes. Der Spiegel, 14. Februar 1999. https://www.spiegel.de/kultur/maerchen-des-geistes-a-c01b7bbb-0002-0001-0000-000009032710; aufgerufen: 3.03.2023.

Suntrup, J. C. (2009). Eine intellektuelle Ethik der Bescheidenheit und der Solidarität. Albert Camus' Denken der Revolte. *Zeitschrift für Politik, Vol. 56,* 2, S. 179–196.

Zick, W., & Küpper, B. (Hrsg.) (2021). *Die geforderte Mitte. Rechtsextreme und demokratiegefährdende Einstellungen in Deutschland 2020/21.* J.H.W. Dietz Nachf.

Zoglauer, T. (2021). *Konstruierte Wahrheiten: Wahrheit und Wissen im postfaktischen Zeitalter.* Springer Vieweg.

Teil V

Aus dem Logbuch des Absurden

„Gelegentlich fühlt man sich fast geneigt zu sagen: so viele Wissenschaftler, so viele Meinungen. Es gibt natürlich Gebiete, in denen die Wissenschaftler alle einer Ansicht sind. Das kann aber unser Vertrauen nicht erhöhen. Einmütigkeit unter Wissenschaftlern ist oft das Ergebnis einer *politischen* Entscheidung: Abweichler werden unterdrückt, oder sie schweigen, um das Ansehen der Wissenschaften als einer Quelle vertrauenswürdiger und fast unfehlbarer Kenntnisse nicht zu kompromittieren. Dann wieder ist die Einheit des Urteils ein Ergebnis gemeinsamer Vorurteile: man macht gewisse grundlegende Annahmen, ohne sie genauer zu untersuchen, und trägt sie mit derselben Autorität vor, die sonst nur der Detailforschung zukommt. Die Wissenschaften sind voll von Annahmen oder, besser gesagt, Gerüchten dieser Art" (Feyerabend, 1980, S. 170; Hervorh. im Original).

Paul K. Feyerabend starb am 11. Februar 1994. Sechs Tage später, am 17. Februar, schrieb die „taz": „Paul Feyerabend als Geist zurück? Ja! Bitte!! Sofort!!! – Der Wissenschaftstheoretiker starb in Wien" (taz 1994). Nun, er starb bekanntlich nicht in Wien, sondern in einem Schweizer Krankenhaus, aber er ging zu früh. Ein Jahr vor seinem Tod sprach er, wohl nicht ganz ernst gemeint, in einem Interview mit der Schweizer „WOZ. Die Wochenzeitung" davon, dass eben nichts sicherer sei auf dieser Welt als der Tod „[…] und nicht einmal der ist sicher, denn wer weiß, ob ich nicht als Gespenst zurückkomme und dann noch einmal ein Interview gebe" (Feyerabend, 1993; zit. n. Rapp Wagner, 1997).

Was würde er wohl sagen angesichts der Absurditäten dieser jetzigen Zeit? Schwer zu sagen. Fragen ließe sich indes, ob der von Paul Feyerabend geforderte gesellschaftliche und wissenschaftliche Pluralismus ein passendes Mittel oder eine überzeugende Auffassung ist, der Borniertheit sowie dem Chauvinismus im Umgang mit wissenschaftlichen und gesellschaftlichen Problemen und Konflikten zu begegnen. Beispielhaft soll das in diesem Teil des Buches geschehen. Paul Feyerabends Ideen dienen dabei als (nicht immer valide) Blaupausen.

Die Archive über die Absurditäten in gegenwärtigen Zeiten sind reichlich gefüllt. Man denke zum Beispiel, um mit den scheinbaren Kleinigkeiten zu beginnen, an das Gendern, mit Sternchen, mit Binnen-I, durch Neutralisierung. Wie gendere ich richtig? Ist das die Gretchenfrage unserer Zeit? Wohl eher nicht. Wie steht es mit der Psychologie? Ist sie wieder einmal in der Krise oder das „moderne Opium des Volkes" (wie es im Untertitel eines provokanten Buches von Albert Krölls, 2016, heißt)? Sind die psychologischen Erkenntnisse der letzten Jahrzehnte, um auf dringendere Fragen zu kommen, allgemeingültig oder nur Fabrikate des „Westens"? Ist der „Westen" nicht eh am Ende, weil eurozentristisch und imperialistisch, oder sind seine Aufklärungsattitüden noch zu retten, so wie von einigen Vertreterinnen und Vertretern der postkolonialen Forschung eifrig diskutiert? Was machen eigentlich die „Coronaleugner und -leugnerinnen"? Verbreiten sie noch ihre Verschwörungserzählungen, so wie die Klimaleugnerinnen und ihre männlichen Begleiter? Wobei, von Klimaleugnern zu sprechen und zu schreiben, ist ungenau und nicht angemessen. Die besagten Leugner und Leugnerinnen bezweifeln ja nicht, dass es ein Klima gibt. Klimawandel-Leugner scheint aber auch nicht ganz exakt zu sein. Sie müssten eigentlich „Klimawandelursachendiagnosenkonsenssskeptiker" genannt werden, meinen etwas spöttisch Jens Soentgen und Helena Bilandzic (2014, S. 42). Mit dem Gendern wird es da allerdings schwierig. Wurde die Überschwemmungskatastrophe, die sich 2021 in Rheinland-Pfalz und Nordrhein-Westfalen ereignete und bei der im Ahrtal 133 Menschen zu Tode kamen, künstlich herbeigeführt? Das meinte zumindest ein Bundestagskandidat der Partei „Die Basis" im Jahre 2021 (siehe auch: BR24, 2021). Kann „Künstliche Intelligenz" menschlich sein? Gibt es AfD-Mitglieder, die Demokraten sind? Sind die Einstellungen und das Verhalten gegenüber Jüdinnen und Juden der Lackmustest eines jeglichen Humanismus? Und: Kann man angesichts des russischen Angriffskrieges gegen die Ukraine noch Pazifist oder Pazifistin sein? Und so weiter und noch mehr Fragen fallen einem ein. Denn: „Groß ist die Verwirrung unter dem Himmel. Seltsame Dinge geschehen in diesen Zeiten" (Eco, 2012, S. 213). Nicht alle seltsamen „Dinge" aus den Archiven der Absurditäten lassen sich beobachten, nicht alle Fragen stellen und nur wenige Antworten formulieren, einerseits aus mangelnder Expertise, andererseits wegen des Platzes in diesem Buche. Auf einige Fragen habe ich indes bereits zu antworten versucht (Frindte, 2022, dort vor allem Teil V). Nun beschränke mich.

Literatur

BR24. (2021). Faktenfuchs: Die Hochwasser wurden nicht künstlich ausgelöst. https://www. br.de/nachrichten/wissen/faktenfuchs-die-hochwasser-wurden-nicht-kuenstlich-ausgel oest,SdzgGfx. Zugegriffen: 28 Juni 2023.

Eco, U. (2012). *Im Krebsgang voran*. Deutscher Taschenbuch Verlag.

Feyerabend, P. K. (1980). *Erkenntnis für freie Menschen*. Suhrkamp.

Feyerabend, P. K. (1993). Prinzipien sind Grabsteine. Interview in „WOZ. Wochenzeitung" vom 29. Januar 1993; zit. n. Renata Rapp Wagner (1997, ohne Seitenangabe), Postmodernes Denken und Pädagogik. Eine kritische Analyse aus philosophisch-anthropologischer Perspektive. https://naturrecht.ch/renata-rapp-wagner-postmodernes-denken-und-paedagogik-eine-kritische-analyse-aus-philosophisch-anthropologischer-perspektive/. Zugegriffen: 15. Juni 2023.

Frindte, W. (2022). *Quo Vadis, Humanismus?* Springer.

Krölls, A. (2016). *Kritik der Psychologie. Das moderne Opium des Volkes*. VSA.

Soentgen, J., & Bilandzic, H. (2014). Die Struktur klimaskeptischer Argumente. *Verschwörungstheorie als Wissenschaftskritik*. GAIA-Ecological Perspectives for Science and Society, 23(1), 40–47.

taz. (1994). https://taz.de/Paul-Feyerabend-als-Geist-zurueck-Ja-Bitte-Sofort/!1576348/. Zugegriffen: 5. Juni 2023.

„Psychologie – dass Gott erbarm', hälst du's noch mit der?" 14

So der Teufel zu Adrian Leverkühn: „Psychologie – dass Gott erbarm', hälst du's noch mit der? Das ist ja schlechtes, bürgerliches neunzehntes Jahrhundert! Die Epoche ist ihrer jämmerlich satt, bald wird sie das rote Tuch für sie sein, und der wird einfach eins über den Schädel bekommen, der das Leben stört durch Psychologie" (Mann, 1954, S. 339; Original: 1947). Na, ganz so schlimm ist es nicht gekommen. Bedenklich sind manche Entwicklungen indes schon. Deshalb geriet dieses Kapitel auch etwas länger.

14.1 Psychologie im Krisenmodus?

„Die Intellektuellen lösen die Krisen nicht, sie schaffen sie" (Eco, 2012, S. 63).

Manchmal könnte man meinen, die Geschichte der modernen Psychologie sei eine Geschichte von Krisen und Kontroversen (Galliker, 2016). Im Übergang vom 19. zum 20. Jahrhundert stritten sich Psychologen im Rahmen einer „Gegenstandskrise" um den Gegenstand ihres Faches und die Methoden seiner Erforschung. So waren sich Wilhelm Dilthey (1833–1911) und Herrmann Ebbinghaus (1850–1909) zwischen 1894 und 1896 höchst uneinig darüber, ob die Psychologie als geisteswissenschaftlich ausgerichtete verstehende Psychologie oder als naturwissenschaftlich orientierte experimentelle Psychologie betrieben werden müsse (Ebbinghaus, 1896; Dilthey, 1894). Eine ähnlich gelagerte Kontroverse gab es zwischen Wilhelm Wundt und den Protagonisten der Würzburger Denkpsychologie (z. B. Bühler, 1908; Wundt, 1907). Diese Kontroverse scheint – oberflächlich betrachtet – nur ein Streit um Methodenfragen gewesen zu sein,

W. Frindte, *Wider die Borniertheit und den Chauvinismus – mit Paul K. Feyerabend durch absurde Zeiten*, https://doi.org/10.1007/978-3-658-43713-8_14

berührt aber ebenfalls die Grundfragen einer zukünftigen Psychologie: Sind die Probanden in den psychologischen Experimenten nur „Objekte" der Forschung, die irgendwelchen Reizen ausgesetzt werden, um ihre Reaktionen zu testen? Oder sind die „Versuchspersonen" Subjekte ihres Denkens und Tuns, die fähig sind, über ihre experimentellen Leistungen (Gedächtnisleistungen) bewusst reflektieren können. 1927 schrieb Karl Bühler dann dezidiert von der Krise in der Psychologie (Bühler, 1927) und meinte, die psychologische Wissenschaft stünde vor einer „Aufbaukrise", die zwar die theoretischen und methodischen Unstimmigkeiten zwischen den Fachvertreter*innen offenbare, letztlich aber zu einer einheitlichen Wissenschaft führen werde. Das geschah bekanntlich nicht.

Nach der Machtübernahme Hitlers und dem Aufstieg der NSDAP zur Regierungspartei begann das dunkelste Kapitel in der Geschichte der deutschsprachigen Psychologie. Dieses „Kapitel" als Krise zu bezeichnen, wäre euphemistisch. Am 7. April 1933 verabschiedeten die Nationalsozialisten das „Gesetz zur Wiederherstellung des Berufsbeamtentums", in dessen Folge „nicht-arische" und politisch unerwünschte Beamte in den Ruhestand versetzt wurden. Das betraf alle jüdischen Professoren. Bis Ende 1933 wurden an den deutschen Universitäten 313 ordentliche und 109 außerordentlich Professoren, etwa 400 Honorarprofessoren und Privatdozenten sowie mehr als 500 Mitarbeiter an wissenschaftlichen Instituten, Museen und Bibliotheken entlassen (Jaeger, 1993, S. 221). Ein Drittel aller ordentlichen Professoren und zahlreiche Lehrkräfte in höheren Rängen, die sich mit psychologischen Themen in Lehre und Forschung befassten, verloren durch die Judenverfolgung ihre Anstellungen. Damit wurde die deutsche progressive Psychologie nahezu zum Schweigen gebracht. Von den 308 im deutschen Sprachraum lebenden Mitgliedern der *Deutschen Gesellschaft für Psychologie* im Jahre 1932 emigrierten ab 1933 insgesamt 45 (vgl. Ash, 1985, S. 74). Darunter waren die meisten der damals führenden Psycholog*innen: Curt Bondy (Göttingen), Charlotte und Karl Bühler (Wien), Jonas Cohn (Freiburg), Adhémar Gelb (Halle), Erich von Hornbostel (Berlin), David Katz (Rostock), Wolfgang Köhler (Berlin), Kurt Lewin (Berlin), Wilhelm Peters (Jena), Otto Selz (Mannheim, später in seinem holländischen Exil von den Nazis verhaftet und in Auschwitz ermordet), William Stern (Hamburg), Max Wertheimer (Frankfurt), Traugott E. K. Oesterreich (Tübingen), Heinz Werner (Hamburg), Karl Duncker, Helene Frank, Liselotte Frankl, Else Frenkel-Brunswik, Marie Jahoda, Paul Felix

Lazarsfeld, die Psychoanalytikerinnen Edith Buxbaum, Frieda Reichmann-Fromm und die Psychoanalytiker Alfred Adler, Siegfried Bernfeld, Otto Fenichel, Sigmund Freud, Ernst Fromm, Wilhelm Reich u.v. a. (siehe auch: Wolfradt et al., 2017).

Anfang der 1950er Jahre sahen sich manche Psycholog*innen in der alten Bundesrepublik erneut mit einer Krise konfrontiert. Diesmal ging es um den Einfluss der US-amerikanischen Psychologie in Lehre und Forschung, um die „Amerikanisierung" der deutschen Psychologie, wie Alexander Métraux es später nannte (Métraux, 1985, S. 246).

Die Krisendiskussionen nahmen kein Ende. In den 1970er Jahren vermutete man eine „Krise der Sozialpsychologie" (Mertens & Fuchs, 1978), eine der Psychodiagnostik (Pulver, Lang & Schmid,1978), eine „Krise der Methodologie" (Maschewsky, 1977). Anfang der 1990er Jahre schien die Psychologie wieder im Krisenmodus zu sein. Heiner Leggewie forderte eine „Erneuerung der Psychologie" (Legewie, 1991), da die „nomologische", also auf die Prüfung von Gesetzesaussagen gerichtete Psychologie bedeutungslos für den Gegenstand der praktisch arbeitenden Psycholog*innen sei. Theo Herrmann hielt dagegen und verwies darauf, dass Forschungsprobleme nicht mit Krisen in der Ausbildung und der Anwendung von Psychologie vermischt werden sollten. Er bot zwar einen „Theorienpluralismus" an (vgl. auch Herrmann, 1979), grenzte den pluralistischen Rahmen allerdings auf die nomologische Methodologie und die analytische Wissenschaftstheorie ein (Herrmann, 1991). Es lag auf der Hand, dass man sich nicht einigen konnte und auch nicht wollte. Der Streit um die „Erneuerung" (Legewie) versus „Verbesserung" (Herrmann) ähnelte einem Nullsummenspiel: Jeder beanspruchte, im Besitz der wissenschaftstheoretischen Positionen zu sein, von denen aus allein Psychologie zu betreiben wäre. Am Ende grenzten sich die Erneuerer von der „nomologischen Psychologie" und ihrer Institution, der *Deutschen Gesellschaft für Psychologie,* ab und gründeten einen neuen Verein, die *Neue Gesellschaft für Psychologie* (vgl. auch Volmerg, 1991). Paul Feyerabend würde es *wissenschaftlichen Chauvinismus* nennen. Ich spreche von *Borniertheit,* weil in all den Debatten um Erneuerung oder Verbesserung eine, nun wirklich gravierende Krise völlig übersehen wurde, die Krise der DDR-Psychologie. Man kann darüber streiten, wie diese DDR-Psychologie beschaffen und wie groß ihr internationales Renommee war. Auf ihre Instrumentalisierung durch die SED-Diktatur und das Ministerium für Staatssicherheit lässt sie sich nicht reduzieren (vgl. auch Bredenkamp, 1991; Busse, 1993; Frindte, 2022; Maercker & Gieseke, 2021).

Übrig geblieben ist dennoch nicht viel von der einstigen DDR-Psychologie, vor allem nicht von ihrem sozialpsychologischen Ansatz. Gewiss, die einflussreichen Arbeiten von Friedhart Klix zur Kognitionspsychologie (z. B. 1971, 1984) oder von Winfried Hacker zur Arbeitspsychologie (z. B. 1973, 2021) besitzen auch heute noch großes Anschlusspotential. Ganz anders in der Sozialpsychologie. Sie gehörte zu jenem Teil der DDR-Psychologie, der am engsten mit dem Partei- und Staatsregime verwoben war. Etliche offizielle und inoffizielle Mitarbeiterinnen und Mitarbeiter der Staatssicherheit hatten in Jena Sozialpsychologie studiert (teils gemeinsam mit ihren späteren Opfern), ließen sich an der Stasi-Hochschule Potsdam-Golm aus- und weiterbilden oder waren gar selbst als Operative Psychologen[1] tätig (vgl. ausführlich: Lenski, 2021). Das allein kann aber nicht der Grund sein, warum die DDR-Sozialpsychologie entweder in Vergessenheit geriet, in schöner Einigkeit ignoriert oder nur noch in ihren Verstrickungen mit dem SED-Staat wahrgenommen wird.

Vielleicht haben solche Urteile, wie sie in den 1990er Jahren zum Beispiel von William Woodward und Steven Clark (1996) abgegeben wurden, zur bornierten Ablehnung der DDR-Sozialpsychologie geführt: Die „ostdeutsche" Psychologie sei, schaue man sich das Sachwortregister im sozialpsychologischen Lehrbuch von Hiebsch und Vorwerg (1979) an, zutiefst monokulturell, nationalistisch und ethnozentrisch geblieben (Woodward & Clark, 1996, S. 240); es seien zwar Methoden der multivariaten Statistik und mathematischen Modellierung, aber keine anderen methodischen Techniken eingesetzt worden (ebd., S. 246); die experimentelle Forschung hinke den internationalen Entwicklungen hinterher (ebd., S. 247); schließlich sei den ostdeutschen Psycholog*innen nichts anders übrig geblieben, als sich entweder die westlichen Forschungsmethoden anzueignen oder in Rente zu gehen.

Bekanntlich bildet ein Lehrbuch nicht unbedingt die neuesten Entwicklungen in einer wissenschaftlichen Disziplin ab. Sieht man einmal von politisch-ideologischen Gefügigkeitsadressen ab, so waren zum Beispiel die „Wissenschaftspsychologie" (Hiebsch, 1977) oder das Gemeinschaftswerk „Interpersonelle Wahrnehmung und Urteilsbildung" (Hiebsch u. a., 1986) durchaus auf der Höhe ihrer Zeit. Nun gut, das sind Klagen eines alten, weißen Mannes.

Während sich Erneuerer von den Verbesserern in Westdeutschland emanzipierten, wurden die Psycholog*innen in den akademischen Einrichtungen

---

[1] Die „Operative Psychologie" des Ministeriums für Staatssicherheit (MfS) der DDR war zum einen die Bezeichnung für das psychologische Lehrprogramm an der MfS-Hochschule in Potsdam. Zum anderen bezeichnet dieser Begriff die tatsächliche Anwendung psychologischer Taktiken in der alltäglichen Praxis der Stasi, wie durch viele Opferakten zu belegen ist.

Ostdeutschlands von den „Abwicklungs- und Erneuerungswellen" Anfang der 1990er Jahre überrollt. Diese „Wellen", in denen die institutionellen Strukturen der Psychologie und ihre personalen Träger*innen in Frage gestellt wurden oder hinsichtlich ihrer Fachkompetenzen befragt wurden, bewegten sich zwischen notwendigen und angemessenen Bewertungsintentionen sowie überhasteten und z. T. vorurteilsbehafteten Abwertungsinteressen. Mitchell G. Ash hat versucht, mit einem gewissen historischen Abstand die radikalen Veränderungen der „ostdeutschen" Psychologie nach 1989 nachzuzeichnen. Die „Westgermanifizierung", so eine seiner Schlussfolgerungen, also die Umstrukturierung der ostdeutschen Hochschulen nach westdeutschem Vorbild, sei von zerstörerischer Kraft gewesen (Ash, 2023, S. 12).

Zirka 60 % der Wissenschaftler*innen an den DDR-Hochschulen und mehr als 80 % der Wissenschaftler*innen in der Industrieforschung verloren bis 1992 ihre Anstellung. Ein geringerer Teil wurde entlassen, weil sie als informelle Mitarbeiter der Staatssicherheit tätig waren oder als systemnah eingestuft wurden. Der weit größere Teil wurde – wie es so unschön hieß – wegen mangelnder fachlicher Kompetenz abgewickelt. Die Kriterien für diese fachlichen Evaluierungsprozesse gaben wissenschaftliche Vertreter*innen westdeutscher Fachdisziplinen vor, die in der Regel auch die wissenschaftliche Begutachtung der ostdeutschen Wissenschaftlerinnen und Wissenschaftler übernahmen. Die Vermutung, dass die Abwicklung aus fachlichen Gründen auch den Effekt hatte, akademische Lebensräume für die zweite und dritte Garnitur westdeutscher Wissenschaftler*innen zu schaffen, liegt nahe.

Sieht man einmal von besagter Krise der DDR-Psychologie, die längst nicht umfassend erforscht ist, ab und nimmt die pars pro toto erwähnten Psychologie-Krisen in den Blick, so liegt der Schluss nahe: Die Kontroversen, die sich in den letzten Jahrzehnten um die „natur- versus geisteswissenschaftliche" Psychologie, um die „quantifizierende" versus „qualitative" Forschung, um die „Objekt-" versus „Subjektpsychologie" oder um die Mathematisierung versus Sinnverstehen usw. drehten, gehören allesamt zu den Versuchen, den *Mythos* von der „objektiven Erkenntnis" auch in der psychologischen Wissenschaft zu dekonstruieren und der „subjektiven" Seite der Erkenntnis, wie Feyerabend an bereits erwähnter Stelle schrieb, wieder auf die Beine zu helfen (Feyerabend, 2005, S. 158; Original: 1989).

Es wäre zu viel der guten Spekulation, anzunehmen, Paul Feyerabend habe mit den „subjektiven Elementen" ähnliche Diskussionen in der Psychologie im Blick gehabt. Erinnert sei trotzdem an die Debatten und Kontroversen, die in den 1960er bis in die 1980er Jahre kreisten. Man kann es die „Wiederentdeckung des Subjekts" nennen, was da geschah (Gummersbach, 1985,

S. 324 ff.). Das mag zunächst wie ein weißer Schimmel klingen, setzt man voraus, dass es sich bei der Psychologie um eine Subjektwissenschaft handelt. In der Tradition des Positivismus und Behaviorismus war die Subjekthaftigkeit des Menschen in der psychologischen Forschung allerdings weitgehend auf die Reaktionsfähigkeit in experimentellen Settings reduziert und durch ausgefeilte Techniken kontrolliert worden. In den 1960er Jahren setzten dann Diskussionen ein, in denen es um das Für und Wider experimenteller Designs und deren Realitätsnähe ging (z. B. Timaeus, 1974), der kaum zu kontrollierende Einfluss der Forscher*innen auf die zu erforschenden Proband*innen (die sogenannten Versuchsleiter-Effekte; Rosenthal, 1966) problematisiert wurde oder die Einsicht wuchs, dass Proband*innen (als „Versuchspersonen") durchaus eigene und oftmals sehr unterschiedliche Motivationen („Vpn-Motivationen") haben, an der psychologischen Forschung teilzunehmen (Orne, 1962). Es wurde über – wie es später in der deutschsprachigen Psychologie hieß – die sogenannten Artefakte (Kriz, 1981), um die Kunstprodukte, die „fehlerhaften Forschungsergebnisse" diskutiert und nach Wegen gesucht, dem widerspenstigen Subjekt im Forschungsalltag Herr zu werden (z. B. Bungard, 1984; Greenwood, 1983).

Vor dem Hintergrund einer potentiellen Vielzahl von Störbedingungen vervielfältigten sich alsbald auch die Vorschläge, wie mit solchen Störbedingungen im (sozial-)psychologischen Experiment umzugehen sei. Ein Teil der Forscher betonte die generellen Grenzen der experimentellen Methode (z. B. Bungard, 1984). Ein anderer Teil bemühte sich um Vorschläge, um den „Versuchspersonen" die Einsicht in die „wahren" Absichten des Experimentators zu erschweren und auf diese Weise „unerwünschte Vpn-Erwartungen" auszuschalten (z. B. durch den Einsatz nicht-reaktiver Verfahren[2]; Webb u. a., 1975). Wieder andere plädierten dafür, die Kontakte zwischen Versuchsleiter*in und „Versuchspersonen" offener und gleichberechtigter zu gestalten, auf Täuschungen zu verzichten und ethische Prinzipien im Umgang mit den „Versuchspersonen" zu kodifizieren, um sie so zu veranlassen, mehr und bessere Informationen über sich preiszugeben (z. B. Kelman, 1967, Schuler, 1980). Auch der vollständige Verzicht auf herkömmliche Laborexperimente und die Hinwendung zu Rollenspielen und Felduntersuchungen wurde eingefordert (z. B. Greenwood, 1983; Mertens, 1975). Wie auch immer: In den Diskussionen der Artefaktforscher*innen zeigte sich, dass offenbar der gesamte (sozial-)psychologische Untersuchungsprozess potentiell artefaktgetränkt zu sein scheint, dass Artefakte nicht nur in psychologischen

---

[2] Nicht-reaktive Methoden der Datenerhebung sind Verfahren, in denen den „untersuchten" Personen nicht bewusst ist, dass sie an einer Untersuchung teilnehmen.

Experimenten aufzutreten pflegen und dass es kaum Mittel und Wege zu geben scheint, Artefakte zu vermeiden. Mitte der 1980erJahre ebbten die Diskussionen um die Artefaktanfälligkeit psychologischer Forschungen ab. Die einen gaben resigniert auf, die anderen beschritten den Weg der nichtexperimentellen, qualitativen Forschung (vgl. z. B. Mayring, 1990). In manchen Branchen der psychologischen Wissenschaft brach sich die Erkenntnis Bahn, nicht präzisere Forschungsmethoden seien nötig, sondern die Auseinandersetzung um den „Gegenstand" der Psychologie stehe auf der Tagesordnung. Menschlichkeit und Subjekthaftigkeit rückten in den Mittelpunkt dieser Auseinandersetzungen (z. B. Gergen, 1989; Groeben & Scheele, 1977; Holzkamp, 1983).

Die Herde des Mainstreams zog indes weiter auf ihrer „Via Regia".

Ein Teil der Psychologen und Psychologinnen erklärte die Krise der Psychologie für beendet, die Methodenprobleme als beherrschbar, vermeintliche ethische Probleme des psychologischen Experimentierens als erkannt und sah z. B. in der Erforschung „sozialer Kognitionen" ein neues Paradigma der Sozialpsychologie. Hinter diesem Paradigma stehe die Überzeugung, dass das Verhalten nicht die adäquate Analyseebene für die (Sozial-)Psychologie darstelle, sondern dass soziales Verhalten nur dann befriedigend erklärt werden könne, wenn die verhaltenssteuernden mentalen Prozesse hinreichend verstanden werden (z. B. Strack, 1988, S. 73). Andere beschränkten sich auf die Entwicklung und Überprüfung kleiner oder mittelgroßer Theorien. Zu Beginn des neuen Jahrtausends beklagt Arie Kruglanski nicht nur eine allgemeine theoretische Zurückhaltung („theory shyness") der (Sozial-)Psychologen, sondern kritisiert auch die von Robert Merton (1957) initiierten Bemühungen, vor allem Theorien „mittlerer Reichweite" zu konstruieren und empirisch zu prüfen (Kruglanski, 2001). Ein weiterer Teil des Mainstreams widmet sich den methodenverfeinernden Arbeitsweisen. Die Erhebungsverfahren vervielfältigten sich. So gewannen Mixed-Methods, die Kombination von qualitativen und quantitativen Erhebungsverfahren, in den letzten Jahren an Bedeutung (Schreier & Odağ, 2020; im praktischen Projekt z. B. Frindte & Haußecker, 2010), obwohl sich die qualitativ oder hermeneutisch arbeitenden Psychologinnen und Psychologen noch immer gegen die Borniertheit und Marginalisierung durch die „naturwissenschaftlich" orientierten Kolleg*innen zu erwehren haben (z. B. Schreier & Odağ ebd., S. 162). Das Experiment wird zwar von manchen Psycholog*innen noch immer als „Königsweg der Kausalanalyse" angesehen (Bohner, 2016, S. 58). Panelstudien, Langzeitstudien mit jeweils den selben Personen über mehrere Zeitpunkte hinweg, die mit ausgefeilter multivariater Analysetechnik ausgewertet werden können, entwickeln sich aber zunehmend zu herausfordernden Konkurrenzunternehmungen (Pforr & Schröder, 2015; im praktischen Projekt z. B. Eyssel, Geschke & Frindte, 2015).

Und schließlich ist da inzwischen die Gruppe jener Psycholog*innen, die – ähnlich wie vor etlichen Jahren Feyerabends Psychologielehrer Hubert Rohracher – die Neurowissenschaften zur Grundlage ihres psychologischen Forschens machen, um das Psychische in den neuronalen Prozessen, u. a. mit Hilfe Elektroenzephalografie, Magnetresonanztomografie, funktioneller Nahinfrarotspektroskopie oder Eye-Tracking, finden zu können. Mark Galliker fragt deshalb besorgt, ob die Psychologie noch neben der übermächtigen Neurowissenschaft bestehen könne (Galliker, 2016, S. 15 ff.). Andere hingegen sind der Auffassung, dass Psychologie und Neurowissenschaften keine konkurrierenden Disziplinen seien, sondern einander als Hilfswissenschaften ansehen sollten (z. B. Bak, 2021, S. 8).

Das Leib-Seele-Problem ist, wie Feyerabend voraussah, noch immer lebendig und die „subjektive" Seite der Erkenntnis ist nicht tot zu kriegen.

14.2   Ist das Borniertheit?

> „Mancher klopft mit dem Hammer an der Wand herum und glaubt, er treffe jedesmal den Nagel auf den Kopf" (Goethe, Maximen und Reflexionen, 1972, S. 493; Original: 1820).

Eigentlich geht es der Psychologie als Wissenschaft ganz gut, sieht man sich das exponentielle Wachstum der wissenschaftlichen Publikationen in den letzten Jahrzehnten an.[3] Es geht also voran, auch wenn die Quantität nichts über die Qualität der jeweiligen Publikationen verrät. Da scheint aber das Problem zu liegen, oder eines von vielen. Nach Medizin- und Lebenswissenschaften, so Wolfgang Maiers (2021), erlebe nun auch die Psychologie seit 2010 eine Replikationskrise.

Mit Replikation ist die Wiederholung von Studien gemeint, um deren Ergebnisse zu bestätigen, zu widerlegen oder zu erweitern. Das Ziel von Wiederholungen ist also der Nachweis von Gültigkeit und Stabilität der ursprünglich fabrizierten Befunde und schließlich geht es auch darum, glaubwürdige, verlässliche und nützliche wissenschaftliche Erkenntnisse zur Verfügung zu stellen.

---

[3] Ob man das auch von ihrer Anwendung sagen kann, soll an dieser Stelle nicht behandelt werden.

Das weiß übrigens auch ChatGPT. Am 19. Juni 2023 gab mir der Chatbot auf meine Frage, ob er mir etwas über die Replikationskrise mitteilen könne, folgende Antwort: „Die Replikationskrise bezieht sich auf die Schwierigkeiten, die viele Wissenschaftler bei der Wiederholung von Experimenten und Studien haben. Es gibt eine wachsende Besorgnis darüber, dass viele wissenschaftliche Ergebnisse nicht reproduzierbar sind und dass dies zu einer Verzerrung der wissenschaftlichen Erkenntnisse führen kann. Es gibt verschiedene Gründe für die Replikationskrise, darunter mangelnde Transparenz bei der Berichterstattung von Forschungsergebnissen, unzureichende statistische Methoden und eine übermäßige Betonung von signifikanten Ergebnissen. Die Wissenschaftsgemeinschaft arbeitet daran, Lösungen für diese Probleme zu finden, um die Qualität und Zuverlässigkeit wissenschaftlicher Erkenntnisse zu verbessern". Gar nicht schlecht.

Begonnen hat die vermeintliche Replikationskrise damit, dass Psychologinnen und Psychologen eben auch nur Menschen sind, klug, liebenswert, aber auch selbstsüchtig, lügnerisch und vieles mehr. Im Jahre 2012 veröffentlichte ein Team um den prominenten Psychologen und Verhaltensökonomen Dan Ariely eine Studie zur Ehrlichkeit (Shu et al., 2012). Der mitgeteilte Befund war so simpel wie überzeugend: Wenn Menschen z. B. Steuererklärungen, Versicherungspolicen oder andere Behördenpapiere unterschreiben müssen, um zu bekunden, dass sie ehrlich geantwortet haben, so sollte die Unterschrift nicht am Ende, sondern am Anfang der Dokumente eingefordert werden. Das erhöhe das Maß an Ehrlichkeit. Man kann sich vorstellen, dass die Studie nicht nur oft zitiert, sondern auch von Unternehmen, Finanzämtern, Versicherungsunternehmen etc. gelobt und begrüßt wurde. Es gab nur ein Problem, das 2020 auftauchte: Die Studie ließ sich nicht nur nicht replizieren; die zugrundeliegenden Daten waren gefälscht und Dan Ariely könnte der Hauptschwindler gewesen sein (vgl. auch Diekmann, 2021).

Das Absurde ist, dass zu Beginn der 2010er Jahre auch andere geschwindelt und Daten gefälscht haben. Zum Beispiel Diederik Stapel, ein prominenter, vielzitierter und preisgekrönter niederländischer Sozialpsychologe. Von den Arbeiten, die er in anerkannten Fachzeitschriften veröffentlichte, sollen mindestens 55 auf gefälschten Daten beruhen. Stapel hatte jahrelang für Aufsehen mit angeblichen Forschungsergebnissen gesorgt, wie: Fleischesser sind ungeselliger und egoistischer als Vegetarier. Frauen sollten sich zweimal überlegen, ob sie nach der Heirat den Namen ihres Mannes annehmen, denn dann hält man sie für weniger intelligent. Behalten sie dagegen ihren Namen, werden sie als ehrgeiziger und auch als weniger fürsorglich eingeschätzt (vgl. auch Konitzer, 2013, S. 66). Aufgedeckt haben den Schwindel Stabels eigene Doktorand*innen (Rost & Bienfeld, 2019). Nun, dass in der Wissenschaft geschwindelt wird, ist nichts Neues. Vielleicht kennen Sie das Beispiel von Cyril Burt, einem der Pioniere der angewandten Psychologie in England. Er war Professor für Psychologie am University College in London und wurde als erster Psychologe zum Ritter geschlagen; 1971 verlieh ihm der amerikanische Psychologenverband den Thorndike-Preis (zum ersten Mal bekam diese hohe Auszeichnung ein Ausländer). Das Problem nur bei Burt: er war ein Schwindler. Er sog sich Daten aus den Fingern, um seine Theorien zu untermauern. Er nutzte seine meisterliche Beherrschung der Statistik, um seine Bewunderer und seine Kritiker an der Nase herumzuführen. Burt publizierte zu seiner Zeit die IQ-Daten von getrennt aufgewachsenen eineiigen Zwillingen. Es war die größte Sammlung dieser Art auf der Welt. Da seine Zwillinge dasselbe Erbgut besaßen, aber aus verschiedenen Milieus stammten, konnten sie als ideale Versuchspersonen herhalten, um die Wechselwirkung von Erbe und Umwelt zu untersuchen. Aufgrund seiner Befunde kam Burt zu der Feststellung, Intelligenz sei vorwiegend genetisch bedingt. Als er 1971 im Alter von 88 Jahren starb, wurde der Schwindel offenbar. Aufgedeckt wurde das Ganze von einem Psychologen aus Princeton, Leon Kamin. Ein Student drängt ihn 1972, sich die Aufsätze von Burt anzusehen (Kamin, 1979; Original: 1974). Diese und auch eine spätere Durchsicht der Burtschen Tagebücher ergab etwas sehr Fatales: Burt hatte die von ihm jahrzehntelang behaupteten und publizierten Forschungen gar nicht durchgeführt. Die Zwillingsforschung hatte ihren Skandal. Die gefälschten Daten belegten keinesfalls den übermächtigen Einfluss genetischer Faktoren auf die Intelligenzentwicklung, sondern zeigten etwas, was viele schon ahnten: Auch Wissenschaftler sind von dieser Welt. Wie meinte Paul Feyerabend noch mal: „Man kann sich auf die Wissenschaftler einfach nicht verlassen …" (Feyerabend, 1980, S. 188).

Paul Feyerabend kannte die Fälschungen von Sir Cyril Burt übrigens ganz gut, meinte indes, dass dessen Schwindeleien im Vergleich zu manchen psychologischen Strömungen (z. B. des Behaviorismus), die einen geringen Wert auf persönliche Erfahrungen legen und die Menschen entmündigen, kindlich und harmlos seien (in: Feyerabend & Thomas, 1986, S. 216).

Die nunmehr ausgerufene Replikationskrise geht nun allerdings ans Eingemachte.

In einer großen und systematischen Untersuchung durch die Open Science Collaboration (2015) wurden 100 experimentelle und korrelative Studien aus drei einflussreichen psychologischen Zeitschriften (*Psychological Science, Journal of*

Personality and Social Psychology und *Journal of Experimental Psychology: Learning, Memory, and Cognition*) analysiert. Im Ergebnis zeigte sich u. a.: Während in 97 % der Originalarbeiten signifikante Effekte nachgewiesen wurden, ließen sich in nur 36 % der Replikationsstudien diese signifikanten Effekte auch tatsächlich bestätigen. Andere systematische Analysen von internationalen Studien verweisen auf eine Replikationsrate zwischen 54 und 62 % (vgl. auch Brachem et al., 2022, S. 2).

Hinzu kommt, dass Studien, in denen Null-Effekte ermittelt wurden, also zum Beispiel die vorausgesagten positiven Zusammenhänge zwischen den untersuchten psychologischen Variablen nicht nachgewiesen werden konnten, keine großen Chancen auf Veröffentlichung in anerkannten Zeitschriften haben. Nicht nur Karl Popper würde sich im Grabe rumdrehen und jene, die noch immer dem naiven Falsifikationismus anhängen, müssten sich schämen.

Das Fachkollegium Psychologie der Deutschen Forschungsgemeinschaft analysierte die Lage und schätzte, dass in zirka 43 % der publizierten psychologischen Arbeiten „richtig-positive" Ergebnisse berichtet werden. Die meisten, also 57 %, der berichteten signifikanten Ergebnisse wären also falsch-positive (Ulrich et al., 2016, S. 165). Falsch-positive Befunde können zustande kommen, weil Forscher*innen methodische Standards nicht einhalten oder bewusst verletzen, z. B., wenn sie zwar den Zusammenhang zwischen mehreren „unabhängigen" und „abhängigen" Variablen untersucht haben, aber nur die signifikanten Zusammenhänge berichten oder wenn sie die Datenauswertung nicht vollständig durchführen, sondern abbrechen, sobald die gewünschten signifikanten Zusammenhänge gefunden wurden.

Und dann sind – wie gesagt – noch die Datenfälschungen und Datenmanipulationen, die in der Psychologie etwa zwei Prozent aller Veröffentlichungen ausmachen (Fanelli, 2009). In den Neurowissenschaften und der Medizin dürfte indes die Rate der „Fake-Publikationen", der Veröffentlichungen mit gefälschten Daten noch größer sein. Forscher*innen der Universität Magdeburg haben zirka 15.000 Publikationen aus diesen Wissenschaftsfeldern analysiert. Zwischen 2010 und 2020, so die Autor*innen, sei die Rate der „red-flagged fake publications" von 16 % auf 28 % gestiegen. Vor allem in Publikationen aus Russland, der Türkei, China und Ägypten sei eine hohe Rate nachweisbar (Sabel, Knaack, Gigerenzer & Bilc, 2023).

Geht man davon aus, dass den Psychologinnen und Psychologen in ihrer wissenschaftlichen Arbeit mittlerweile nicht nur der Logische Empirismus oder der Kritische Rationalismus, sondern ein bunter Strauß wissenschaftstheoretischer Grundannahmen zur Verfügung stehen (von Thomas Kuhn über Paul Feyerabend bis zu den Spielarten des Konstruktivismus, z. B. Herzog, 2012; Walach,

2020), so muss man sich fragen: Cui bono? Interessieren sich die Forscher*innen überhaupt für die Wissenschaftstheorie oder erlauben sie sich in *bornierter* Überheblichkeit über derartige Grundlagen einfach hinwegzusehen? Einerseits würde sich Paul Feyerabend darüber freuen, andererseits käme auch er ins Grübeln angesichts der Hinweise, dass viele der grundlegenden psychologischen Effekte bisher gar nicht repliziert werden konnten und das Fälschen oder Manipulieren von Daten offenbar auch zur Praxis der wissenschaftlichen Erkenntnisfindung gehören.

Der Hauch von Borniertheit umweht in diesem Falle nicht die Wissenschaftstheoretiker, sondern wohl eher die Fabrikant*innen von Erkenntnis und deren Förderer. Sie oder ein nicht geringer Teil von ihnen lässt sich statt vom hehren Erkenntnisinteresse von Anerkennung, Karriereinteresse und Geltungsbedürfnissen leiten.

Die Forschungsförderer, die Universitäten, Stiftungen, Zeitschriftenverlage und andere Institutionen, die die Forschungsgelder und die Publikationsmöglichkeiten bereitstellen, erwarten „neue" Erkenntnisse und seltener die Bestätigung oder Widerlegung von bereits Bekanntem. Auch die Beobachter*innen zweiter Ordnung, zum Beispiel die Gutachter*innen der zur Veröffentlichung eingereichten Manuskripte, sind möglicherweise nicht frei von Borniertheit. Auch sie sind Menschen mit Interessen, Überzeugungen und subtiler Voreingenommenheit. Sie befürworten nicht selten eher jene wissenschaftlichen Befunde, die ihnen gemäß sind, und lehnen Arbeiten ab, die nicht dem eigenen Erkenntnisstand oder dem der eigenen Scientific Community entsprechen. In der Psychologie ist diese Tendenz auch als *Confirmation Bias* bekannt.

> „Der Confirmation Bias (auch ‚Bestätigungsfehler') beschreibt die Tendenz, dass Individuen Informationen suchen, interpretieren oder erinnern, die ihre Meinung zu einem bestimmten Thema bestätigen. Dieses Phänomen wurde ursprünglich im Zusammenhang mit Hypothesentests untersucht: Studien konnten zeigen, dass Personen grundsätzlich versuchen, eine bestehende Hypothese zu bestätigen, aber nicht, sie zu falsifizieren" (Peter & Brosius, 2013, S. 467).

Selbstüberschätzung, die Neigung, Schwächen eines Manuskripts gegenüber den vorhandenen Stärken überzubetonen oder der Einfluss von (negativen) Vorinformationen über den/die Autor*in können den Blick der Gutachter*in ebenfalls trüben (ausführlich: King et al., 2018).

14.3 Ein Hauch von Chauvinismus

„Ein Element der Verwirrung ist, dass es oft nicht gelingt, den Unterschied zu erkennen zwischen der Identifikation mit den eigenen Wurzeln, dem Verstehen derer, die
andere Wurzeln haben, und der Beurteilung, was gut und was schlecht ist" (Eco, 2012,
S. 202).

Es soll wohl Zeiten gegeben haben, und lang ist das nicht her, in denen man,
wer auch immer das war, meinte, die Psychologie, die wir kennen und betreiben, fuße auf den Experimenten mit US-amerikanischen College-Studierenden.
Eine solche Meinung, falls sie überhaupt vertreten wurde, darf, sofern man über
ein gewisses Maß an psychologiehistorischen Kenntnissen verfügt, getrost als
geschichtsvergessen bezeichnet werden. Einerseits.

Andererseits dürfte es nicht ganz falsch sein, wenn man annimmt, dass die
Mehrheit der weltweiten psychologischen Studien auf Stichproben beruht, die
aus westlichen, gebildeten, industrialisierten, reichen und demokratischen Gesellschaften stammen: *Western, Educated, Industrialized, Rich* and *Democratic*, kurz:
WEIRD. Eine Analyse psychologischer Zeitschriften aus den Jahren 2003 bis
2007 ergab, dass 96 % der Proband*innen, die an den berichteten Studien teilnahmen, aus den westlichen Industrieländern, einschließlich Israel und Australien,
stammten. Das heißt, 96 % der Stichproben repräsentierten 12 % der Weltbevölkerung. In 67 % der US-amerikanischen Studien und in 80 % der anderen Studien
setzten sich die Stichproben aus Psychologie-Studierenden zusammen (Arnett,
2008; zit. n. Henrich et al., 2010, S. 63).[4] Das wäre nicht ganz so schlimm,
wenn einige der „weird" Erforscher*innen nicht auch noch den Anspruch hätten, ihre Erkenntnisse über die „weird" Menschen auf die Menschen allgemein
zu übertragen. Vielleicht sind das Ausnahmen. Aber Joseph Henrich, Steven
Heine und Ara Norenzayan (2010) haben eine ganze Reihe dieser Ansprüche
sehr ausführlich überprüft und kommen zu dem Schluss, dass die Psychologie,
falls dies weiterhin gängige Forschungspraxis sei, mit einer alarmierenden Situation konfrontiert werde. Die Stichproben der westlichen Studierenden würden
die psychologischen Datenbanken überschwemmen; dabei repräsentierten diese
Stichproben doch die ungeeignetste Population, um unsere Erkenntnisse über
Homo Sapiens zu erweitern (Henrich et al., 2010, S. 83).

---

[4] Inwieweit diese Angaben valide sind, lässt sich schwer beurteilen. Ich würde die Prozentangaben gern niedriger ansetzen. Eine eigene Datenbankrecherche ergab für das Jahr 2022,
dass in maximal 40 % aller deutschsprachigen experimenteller Studien die Proband*innen
aus dem Milieu der Studierenden stammten.

Man meint, einen Hauch von Chauvinismus zu verspüren, wenn man sich die Versuche ansieht, psychologische Erkenntnisse über das Verhalten von Studierenden in westlichen Laboren oder anderen methodischen Inszenierungen auf die „Welt an sich" oder auf die „Menschheit hier und jetzt" zu verallgemeinern. Um Paul Feyerabend nicht zu vergessen (siehe auch *Kap. 11*): „Seit Menschen entdeckt wurden, die nicht zum westlichen Kultur- und Zivilisationskreis gehörten, hielt man es fast für eine moralische Pflicht, ihnen die Wahrheit zu bringen – und damit meinte man die herrschende Ideologie der Eroberer" (Feyerabend, 1992, S. 52 f.).

Zugegeben, vielleicht ist das etwas zu starker Tobak angesichts der Bestrebungen, die eigenen Forschungsleistungen einfach nur ein wenig überzustrapazieren und nicht anzugeben, wie repräsentativ die eigenen Studien denn nun wirklich sind. Sehen wir uns einige psychologische Effekte beispielhaft im Hinblick auf ihre Generalisierbarkeit genauer an:

Beginnen wir mit der im *Kap. 12* kurz erwähnten Müller-Lyer-Figur, mit der eine optische Täuschung erzielt werden kann, die auch Paul Feyerabend beeindruckt haben könnte. Sie wurde 1889 entdeckt und galt lange Zeit als universelles, phylogenetisch vorgeformtes Wahrnehmungsphänomen. Bis in den 1960er Jahren ein Team um den Anthropologen Marshall H. Segall in interkulturellen Vergleichsstudien u. a. in Südafrika zeigen konnte, dass dem nicht so ist (Segall et al., 1966). Die Müller-Lyer-Täuschung, so die Ergebnisse, tritt offenbar nur dann auf, wenn die wahrnehmenden Personen in kulturellen Kontexten sozialisiert wurden, in denen „[…] die alltägliche Umwelt durch gerade Linien, Kanten und Winkel geprägt ist, so dass die nach innen oder außen weisenden Enden der Figur wie die Fluchtlinien eines dreidimensionalen geometrischen Körpers aufgefasst werden" (Breyer, 2017, S. 142).

Nicht nur relativ einfache Wahrnehmungsphänomene scheinen einer kulturellen Relativität zu unterliegen. Auch solch bekannte Effekte wie die kognitive Dissonanz, der von Leon Festinger (1957) so bezeichnete Spannungszustand infolge widersprüchlicher Kognitionen, scheint nicht frei von kulturellen Einflüssen zu sein (z. B. Aggarwal, Kim & Cha, 2013; Yakın et al., 2023). Noch überzeugender sind die Befunde zum sogenannten *fundamentalen Attributionsfehler*. Es handelt sich um einen Urteilseffekt, nach dem Menschen, wenn sie das Verhalten anderer Personen beurteilen, eher die Personen, also die individuellen Ursachen, als die Situationen für deren Verhalten verantwortlich machen. Auch hier ist die Sozialpsychologie lange von einem universellen Phänomen ausgegangen. Mittlerweile liegen robuste empirische Hinweise vor, dass in westlichen Kulturen der fundamentale Attributionsfehler eher anzutreffen ist als zum Beispiel in der chinesischen, kollektivistischen Kultur (z. B. Krull et all., 1999;

Miyamoto & Kitayama, 2002). Sogar die Tendenz des Einzelnen, einstellungs-
konforme Informationen zu bevorzugen, der besagte *Confirmation Bias* also,
dürfte kulturabhängig sein. Zumindest legen das (nicht-repräsentative) experimentelle Vergleichsstudien mit US-amerikanischen, deutschen und japanischen
Proband*innen nahe. Die Personen aus den drei Kulturen sind zwar alle nicht
gefeit, Informationen zu bevorzugen, die ihre Ansichten bestätigen. Besonders
ausgeprägt ist der Confirmation Bias, wie kann es anders sein, allerdings bei den
US-Amerikanern (Knobloch-Westerwick et al., 2019).

In den hochaktuellen psychologischen Forschungen zum Umgang mit dem
Klimawandel (siehe *Kap. 17*) scheinen die Arbeiten ebenfalls vor allem aus
den „weird countries" (den westlichen, gebildeten, industrialisierten, reichen und
demokratischen Gesellschaften) zu stammen. Kim-Pong Tam, Angela Leung und
Susan Clayton analysierten zum Beispiel in einem systematischen Review 130
psychologische Studien zum Klimawandel und zur globalen Erwärmung. Mehr
als 92 % dieser Studien wurden in den westlichen, demokratischen Gesellschaften
durchgeführt (Tam et al., 2021, S. 131). In nur zwei Studien waren Proband*innen
aus Afrika, in fünf aus Lateinamerika und der Karibik und in acht Studien
Menschen aus Asien involviert.

Wie weiter? Methodische Exaktheit, theoretische Seriosität und erkenntnistheoretische (epistemologische) Prinzipien sind wichtig. Universell anwendbare
rationale Prinzipien zur „objektiven Erkenntnis von Wirklichkeit" sind es nicht
unbedingt. Sicher, und das wissen die Expertinnen und Experten auch, es
gibt einige Wege, um zum Beispiel die Publikationskrise in der Psychologie
(und anderen Disziplinen) einzudämmen: Replikationsstudien sollten gefördert,
sorgfältig begründet, möglichst in Kooperation mit dem Forscherteam der zu
replizierenden Studie durchgeführt, transparent dokumentiert und in geeigneter
Form publiziert werden (Ulrich et al., 2016, S. 171).

Außerdem wäre es absurd und chauvinistisch zu behaupten, die „westliche"
Psychologie habe das Monopol auf das psychologische Wissen. Denn: „Es ist
kurzsichtig anzunehmen, dass man »Lösungen« für Menschen hat, an deren
Leben man nicht teilnimmt und deren Probleme man nicht kennt" (Feyerabend,
1980, S. 237). Psychologinnen und Psychologen sollten deshalb einen Pluralismus von Prinzipien, Theorien und Methoden vertreten, um der möglichen Vielfalt
von Wirklichkeiten und Kulturen gerecht zu werden. Kulturvergleichende Studien
sowie entsprechende Kooperationen mit Kolleginnen und Kollegen aus dem Globalen Süden, wären zum Beispiel ein Schritt, um dem „westlichen" Chauvinismus
zu begegnen.

14.4 Prinzipien oder Offenheit? – Reflexionen über das Methodologische[5]

„[...] es gibt keine »wissenschaftliche Methode«; es gibt keine einzige Prozedur, Regel, es gibt keinen Maßstab der Vortrefflichkeit, der jedem Forschungsprojekt unterliegt und es »wissenschaftlich« und daher vertrauenswürdig macht. Jedes Projekt, jede Prozedur, jede Theorie muß für sich und nach Maßstäben gemessen werden, die an die relevanten Prozesse angepasst sind [...] Die Idee einer universellen und stabilen *Methode* und die entsprechende Idee einer universellen und stabilen *Rationalität* sind ebenso unrealistisch wie die Idee eines Messinstruments, das jede Größe in allen nur möglichen Umständen misst" (Feyerabend, 1980, S. 195; Hervorh. im Original).

Es wäre absurd, nur auf die Rationalität der psychologischen Erkenntnis zu setzen.

Wenn all das, was gesagt wird, durch eine kulturell geformte Sprache gesagt wird, dann sind auch die Aussagen, die in Wissenschaftlergemeinschaften über das Psychische formuliert werden, von den Beschaffenheiten dieser Sprach- und Deutegemeinschaften abhängig.

Deutegemeinschaften sind soziale Gruppierungen von Menschen, die gleiche oder ähnliche Sichtweisen auf gesellschaftliche Probleme und Prozesse, also weitgehend interindividuell übereinstimmende soziale Konstruktionen besitzen. In der sozialwissenschaftlichen Literatur findet man eine Reihe von Begriffen, die ähnliche soziale Wirklichkeiten bezeichnen sollen, wie wir es mit dem Begriff der *Deutegemeinschaft* versuchen. Tilman Reitz (2014) spricht in Anlehnung an Ludwig Wittgenstein von „Sprachgemeinschaften", Zygmunt Bauman (1992) gelegentlich von „Sinngemeinschaft" und Ludwik Fleck von „Denkkollektiven" (Fleck, 1993, Original: 1935).

Jede psychologische Aussage ist insofern Ergebnis/Konstruktion der Interpretations- und Kommunikationsregeln, wie sie von jenen Wissenschaftlern oder Wissenschaftlergemeinschaften benutzt werden, die diese Aussagen formuliert haben. Unterschiede in den psychologischen Interpretationen und Kommunikationen drücken somit vor allem die Unterschiede in den *sozialen*

---

[5] Dieser Abschnitt besteht zu großen Teilen aus Selbstzitaten (Frindte, 1998, S. 263 ff., Frindte & Geschke, 2019, S. 77 ff.); frei nach dem Motto: „[...] am Ende bemerkt es ein guter Dozent immer, wenn ein Text wahllos kopiert worden ist, und riecht die Fälschung – während, ich wiederhole es, eine gut gewählte Kopie durchaus Lob verdient" (Eco, 2016, 48).

Konstruktionen des Psychischen aus. Insofern ist eben jede psychologische
Aussage auch ein soziales Artefakt, ein soziales Kunstprodukt, eine soziale
Konstruktion, so dass ich mir die folgende Definition erlaube:
  Psychologische Artefakte sind soziale Konstruktionen über das Psychische, die
von einzelnen Wissenschaftler*innen und/oder wissenschaftlichen Gemeinschaf-
ten fabriziert werden, sich auf jene Prozesse beziehen, die zwar beim einzelnen
Menschen beobachtbar sind und von diesem u. U. auch selbst berichtet werden
können, letztlich aber den Interpretations- und Kommunikationsregeln der jeweiligen Wissenschaftlergemeinschaft unterworfen sind und deshalb im öffentlichen
Diskurs im Hinblick auf ihre Nützlichkeit verhandelt werden müssen.
  Psychologische Artefakte haben zunächst einen oder mehrere Referenten, auf
die sie sich beziehen, einen *Context of Reference*. Das ist der Bereich der psychischen Phänomene, der erklärt und interpretiert werden soll. Die Artefaktforschung
der 1970er und 1980er Jahre illustrierte in differenzierter Weise die Problematik
eines psychologischen Verständnisses, nach dem es möglich sei, die psychologischen Prozesse anderer Menschen zu erforschen und wahre Aussagen darüber
zu gewinnen; man müsse halt nur die richtige Methode finden. Die gibt es aber
nicht. Jeder Forscher, jede Forscherin wird, wollen sie die psychischen Regu-
lationsmechanismen ihrer „Versuchspersonen" (Vpn), also anderer Menschen,
erschließen – sei es mittels experimenteller oder nichtexperimenteller Verfahren
-, mit einem gravierenden Kontrolldilemma konfrontiert, das ich knapp wie folgt
skizzieren möchte:
  In nahezu jeder beliebigen psychologischen Untersuchungs- und Forschungs-
situation (im Experiment ebenso wie beim narrativen Interview, ausgenommen
vielleicht diverse nichtreaktive Erhebungen) versucht der/die Forscher*in die
Proband*innen oder Vpn mit bestimmten Handlungs-Anforderungen (A) oder
„unabhängigen Variablen" zu konfrontieren (in Gestalt der Instruktion, der Cover
Story, der Interview-Einleitung etc.). Gelingt es den Forscher*innen zu kontrollieren, dass sich die Proband*innen oder Vpn in ihrer je individuellen
Handlungsbegründung ausschließlich nach diesen Anforderungen (A) richten
(was an sich schon kaum zu erwarten ist, wie die Artefaktforschung gezeigt hat),
so steht der/die Forscher*in zumindest vor folgender Frage; ich nenne sie F1:
  Sind die Handlungen (H) der Probanden oder Vpn (z. B. das Verhalten im
Experiment, die Antworten im Interview etc.) nun tatsächlich Ausdruck und
Indikator für die individualspezifischen Handlungsorganisationen, d. h. sagen die
individuellen Handlungen etwas über die psychischen Besonderheiten der Probanden oder Vpn aus, oder spiegeln die Handlungen nur die für alle Probanden
oder Vpn gleichermaßen restriktiven (von den „Versuchsleiter*innen" bewusst
gesetzten und kontrollierten) Handlungsanforderungen wider?

Verzichten die Forscher*innen hingegen auf das gezielte und planvolle Setzen von Handlungsanforderungen (A) und überlassen es stattdessen den Probanden und Vpn, so zu handeln, wie sie es wollen (z. B. durch den Einsatz nicht-reaktiver Verfahren), und gelingt es dem Forscher oder der Forscherin, die Handlungen der Probanden oder Vpn exakt zu kontrollieren und zu registrieren (was wiederum kaum denkbar ist), so stehen die Forscher*innen vor einer anderen Frage, die ich F2 nennen möchte:

Welche Beschaffenheiten der Untersuchungssituation (und anderer Kontextbedingungen) haben die Probanden oder Vpn in ihren je individuellen Handlungsbegründungen wohl als Anforderungen, sich so und nicht anders zu verhalten, berücksichtigt; welche Handlungsanforderungen könnte ich als Forscher demnach in der psychologischen Interpretation des Probanden-Verhaltens mit ins Kalkül ziehen?

Wiederum stünden die Forscher*innen vor dem Problem, nur vage auf die Beschaffenheiten der psychischen Prozesse seiner/ihrer Vpn schließen zu können. Das Kontrolldilemma, das sich ergibt, will man sich zwischen den beiden Fragen (F1 und F2) zu entscheiden versuchen, hängt schlicht und ergreifend mit einer Unschärferelation zusammen, auf die man immer dann stößt, wenn man psychologische Prozesse zu untersuchen gedenkt. Diese Unschärferelation – in Analogie zu Heisenberg - ließe sich vielleicht vereinfacht folgendermaßen symbolisieren:

U (A) x U (H) > G (Psi),

wobei „U" für „Unschärfe bei der Kontrolle von…" steht, mit „A" die von den „Versuchsleiter*innen" gesetzten Handlungsanforderungen oder „unabhängigen Variablen" (im oben beschriebenen Sinne) gemeint sind, „H" die von den Probanden oder Vpn produzierten und extern erfassbaren Handlungen symbolisieren soll und mit „G (Psi)" die „theoretisch denkbare Genauigkeit zur Erfassung der je individuellen psychischen Regulationsprozesse" bezeichnet wird. Nach dieser Relation kann die Verringerung der Unschärfe bei der Erfassung der einen Größe (A oder H) nur durch eine größere Unschärfe bei der Erfassung der anderen Größe (H oder A) erreicht werden. Psychische Prozesse sind demnach kaum „objektiv" erschließbar. Das hat schlicht und ergreifend mit der Subjektivität des psychologischen „Gegenstands" zu tun. Menschen sind selbstbewusst, selbstreflexiv und handlungsfähig sowie in Kooperation mit anderen zur Selbstemanzipation in der Lage.

Das ist eine wissenschaftsphilosophische These, keine psychologiespezifische.

Das Psychologiespezifische ist etwas komplizierter. In der (Sozial-) Psychologie werden seit den 1980er Jahren sogenannte Zwei-Prozess-Modelle hoch gehandelt; zum Beispiel das Modell der Elaborationswahrscheinlichkeit (ELM) von Petty und Cacioppo (1986), das Heuristik-Systematik-Modell (HSM) von Chaiken et al. (1989) oder das MODE-Modell von Fazio (1990); auch das Modell der zwei kognitiven Verarbeitungsprozesse von Daniel Kahneman (2012), lässt sich hier einordnen. In diesen Modellen werden zwei Prozesse der Informationsverarbeitung unterschieden. Im ELM heißen sie periphere und zentrale Route; im HSM wird die systematische von der heuristischen Verarbeitung unterschieden und im MODE-Modell wird von automatischen bzw. spontanen versus geplanten bzw. kontrollierten Prozessen gesprochen; Kahneman nennt die zwei Prozesse System 1 und 2. Die zentrale Frage, auf die mit diesen Modellen geantwortet werden soll, lässt sich vereinfacht so formulieren: Wann urteilen wir über die Welt, in die wir involviert sind, eher affektiv, automatisch und nach inneren Schemata und wann unterwerfen wir uns der Mühe, in komplexer, bewusster Weise die Welt zu erschließen? John A. Bargh ist es nicht nur zu verdanken, das Unbewusste auch in der akademischen Psychologie zu verankern (siehe auch *Kap. 12*). Er hat das Unbewusste als automatischen Prozess auch neu zu erklären versucht. Ein unbewusster, automatischer Prozess kann z. B. dann vorliegen, wenn ein Mensch sich eines Reizes nicht bewusst ist (eine Anregung aus der Umwelt nur unterschwellig wahrgenommen wird), der Mensch nicht weiß, wie er diese Anregung interpretieren soll oder kann oder wenn es effizient ist (und schnell gehen muss), auf derartige Reize bzw. Anregungen zu reagieren bzw. der Mensch nicht in der Lage ist, seine Reaktionen auf bestimmte Reize oder Anregungen zu stoppen (Bargh, 2014).

Ein Experiment mag zur Illustration (der unterschwelligen Wahrnehmung) dienen. Es gehört, obwohl noch gar nicht so in die Jahre gekommen, auch schon zu den klassischen, wenn es um die automatische Verarbeitung von Reizen geht und stammt von Bargh, Chen und Burrows (1996). Es handelt sich um ein Priming-Experiment. Am Experiment, das als Sprachtest ausgegeben wurde, nahmen 30 Studierende teil. Sie bekamen eine Wortliste, in der 30 Wortgruppen mit je fünf Wortvariationen enthalten waren. Daraus sollten die Teilnehmer*innen so schnell wie möglich einen grammatikalisch korrekten Satz mit vier Wörtern bilden. Die Wortgruppenlisten enthielten entweder neutrale Wörter oder Wörter, die mit dem Stereotyp *ältere Menschen* verknüpft sein können, z. B. alt, einsam, grau, vergesslich, abhängig, hilflos etc. Ein Teil der Teilnehmer*innen bearbeitete die neutrale Liste, der andere Teil die Liste mit den altersstereotypen Wörtern. Nach dem Experiment verließen die Teilnehmer*innen den Versuchsraum über den Flur in Richtung Fahrstuhl. Auf dem Flur saß ein Helfer des Versuchsleiters, der als solcher für die Teilnehmer*innen nicht erkennbar war. Der Helfer registrierte, wie lange die Teilnehmer*innen jeweils benötigten, um vom Versuchsraum zum Fahrstuhl zu laufen. Die Ergebnisse: Die Teilnehmer*innen, die vorher die Wortliste mit den altersstereotypen Wörtern bearbeitet hatten, benötigten mehr Zeit bis zum Fahrstuhl als jene, die die neutrale Wortliste vorgelegt bekommen hatten.

Die Autor*innen interpretieren die Ergebnisse so: Bei jenen Teilnehmer*innen, die eine Liste mit altersstereotypen Wörtern bearbeiteten, wurde unbewusst und automatisch ein Altersstereotyp aktiviert, der zu einem motorischen Verhalten führte, das mit dem aktivierten Stereotyp kompatibel ist, langsam und gemächlich zu gehen. Die Teilnehmer*innen sagten nach dem Abschluss des Experiments, sie hätten nicht bemerkt, dass die Wörter, die im Experiment verwendet wurden, ein gemeinsames Thema gehabt hätten.

Drei Schlussfolgerungen mögen genügen: Erstens legen die Zwei-Prozess-Modelle der Informationsverarbeitung nahe, dass es automatische bzw. unbewusste Prozesse gibt, die darauf verweisen, dass Menschen nicht immer und überall selbstreflexiv zu sein scheinen. Zweitens dürften Methoden der Introspektion kaum geeignet sein, unbewusste Prozesse des Umgangs mit Welt aufzuklären. Drittens, und das scheint mir das Wichtigste: Mit Priming-Experimenten oder ähnliche Versuchsanordnungen lässt sich das erwähnte Kontrolldilemma auch nicht umgehen. Lag es tatsächlich an aktivierten Altersstereotypen, dass die entsprechend geprimten Teilnehmer*innen langsamer gingen? Oder liefen die Teilnehmer*innen langsamer, weil sie durch die altersstereotypen Wörter angeregt wurden, über ihre kürzlich verstorbenen oder erkrankten Großeltern nachzudenken? Manche Menschen neigen ja bekanntlich dazu, langsamer zu gehen, wenn sie gerade bewusst nach der Lösung eines Problems suchen. Vielleicht haben die Teilnehmer*innen die eigentliche Zielstellung des Experiments doch erkannt und wollten als „gute Versuchspersonen" den „Versuchsleiter*innen" einen Gefallen tun? Oder sind noch andere Interpretationen denkbar? „Kein Gedanke ist so alt oder absurd, daß er nicht unser Wissen verbessern könnte" (Feyerabend, 1986, S. 55).

Psychische Prozesse werden durch psychologische Artefakte, also durch sozial fabrizierte Konstruktionen erklärt. Den sozialen Bereich, in dem diese Fabrikation stattfindet, könnte man auch den *Context of Manufacture* nennen. Das sind die *Interaktionsräume,* in denen Psychologen agieren, experimentieren, diskutieren und über ihr psychologisches Tun reflektieren. In diesem sozialen Bereich werden *psychologische Theorien* erfunden und entdeckt, *psychologische Daten* beobachtet und *soziale Konstruktionen über das Psychische* fabriziert. Fragen wir zunächst: Wie findet man eine Theorie?

Die Sozialpsychologen Elliot Aronson und Merrill Carlsmith schreiben 1968: „[…] where the ideas come from is not terribly important […] the important and difficult feat involves translating a conceptual notion into a tight, workable, credible, meaningful set of experimental operations" (Aronson & Carlsmith, 1968,

S. 37; zit. n. Kruglanski, 2001, S. 871).[6] Die Autoren sprechen eine Differenz an, die in der Wissenschaftstheorie spätestens seit Hans Reichenbach bekannt und auch benannt ist: die Differenz zwischen *Context of Discovery* und *Context of Justification* bzw. die Differenz zwischen Entdeckungs- und Begründungszusammenhang (Reichenbach, 1938). Paul Feyerabend meinte im Gegensatz zu Reichenbach bekanntlich, beide Kontexte seien mit subjektiven Elementen durchtränkt (vgl. z. B. Feyerabend, 1992, S. 157 f.).

Zufall, Eingebung, Intuition, Glück oder spekulative Vorstellung scheinen sowohl die Theoriefindung als auch die angemessene Wahl der Methoden zu beeinflussen, um Theorien zu prüfen. Oder, wie Kruglanski meint, "inspiration, intuition, and imagination" (Kruglanski, 2001, S. 874).

Einige Jahre zuvor beantwortete Gerd Gigerenzer die Frage, wie man eine Theorie findet, zunächst so: „Im englischen Sprachraum sagt man, dass wissenschaftliche Theorien im Kontext der drei 'B's entstünden: 'bed', 'bathroom' und 'bicycle' [...] Lehrbücher und Curricula lehren, mit welchen Methoden man herausfinden kann, ob Theorien richtig oder falsch sind und unter welchen Randbedingungen; aber wenig darüber, woher diese Theorien kommen. [...] die Aufmerksamkeit gilt vornehmlich dem 'context of justification', d. h. dem Kontext, in dem bereits vorhandene Theorien geprüft werden; der 'context of discovery' d. h. der Kontext, in dem die Theorien entstehen, bleibt dagegen im Dunkeln" (Gigerenzer, 1988, S. 91). Gigerenzer macht für das Dunkel im *context of discovery* vor allem Karl R. Popper verantwortlich.

Ich ergänze: Paul Feyerabend sieht es wohl ähnlich. Philosophen wie Popper hätten die Ignoranz gefördert, indem die Entstehung von Theorien als ein letztlich unerklärliches, mystisches Geschehen hingestellt wurde. Mag sein, dass es so ist. Noch immer scheint der *Kritische Rationalismus* Popperscher Prägung die implizite, subjektive Wissenschaftstheorie vieler Sozialwissenschafter*innen zu sein. Zumindest wird eine solche Vermutung angesichts der expliziten Identifikation mit kritisch-rationalistischen Auffassungen durch deutsche Sozialpsychologen nicht unwahrscheinlicher (vgl. z. B. Frey & Bierhoff, 2011, S. 285 ff.).

Also noch einmal: Woher kommen (sozial-)psychologische Theorien? Gerd Gigerenzers Antworten auf diese Frage wurden bereits 1987 veröffentlich (Gigerenzer & Murray, 1987), später von ihm erweitert, leicht variiert (1994) und inzwischen nicht selten zitiert.

---

[6] Sinngemäß: Wo die Ideen herkommen, ist nicht besonders wichtig ... Die wichtige und schwierige Aufgabe besteht darin, einen konzeptionellen Begriff in eine enge, praktikable, glaubwürdige und sinnvolle Reihe experimenteller Operationen zu übersetzen.

„Auf die Frage nach der Herkunft von Theorien kann man [...] zumindest drei Klassen von Antworten erhalten: 1. Geschichten, wie jene, dass G.T. Fechner am 22. Oktober 1850, im Bett liegend, plötzlich das Konzept der psychophysischen Funktion vor sich sah; 2. das induktive Argument, dass neue Theorien durch neue Daten entstehen; und 3. das Argument, dass neue Theorien durch neue Metaphern motiviert sind" (Gigerenzer, 1994, S. 111).

Dem dritten Argument gilt Gigerenzers Aufmerksamkeit.

„Seit der sogenannten kognitiven Wende um 1960 (als die Kognitionspsychologie zentrales psychologische Paradigma wurde; WF) bauen viele Theorien auf Metaphern auf, welche aus der 'Werkzeugkiste' des Sozialwissenschaftlers stammen. Die beiden wichtigsten Werkzeuge, die zum Kern von Theorien über kognitive Prozesse wurden, sind die *Statistik* und der *Computer*. Ursprünglich waren beide lediglich Mittel zur Analyse von Daten, inzwischen haben sie das Vokabular der Theorien nach der kognitiven Wende geprägt [...] Dies legt nahe, das Tun des Forschers, welches uns bestens bekannt ist, als Metapher für jenes Unbekannte zu nehmen, das im Kopf der untersuchten Personen vorgeht" (Gigerenzer, ebd., S. 113).

Zugespitzt ließe sich behaupten: Psycholog*innen im Allgemeinen und Sozialpsycholog*innen im Besonderen konstruieren Theorien auch nach dem Bild, das sie von ihren eigenen Werkzeugen und von sich selbst als werkzeugschaffende und -anwendende Subjekte haben. Der zum Psychologen avancierte Ingenieur betrachtet seinen psychologischen Gegenstand als wohlstrukturierte Maschine. Der mit der Varianzanalyse vertraute Attributionsforscher entwirft, wie das z. B. Harold Kelley (1967) tat, eine Theorie über die kausalen Attributionen in Analogie zu eben dieser Varianzanalyse. Usw. usf. So oder ähnlich könnte der Theoriefindungsprozess im Forschungsraum ablaufen.

Da dieser Kontext der Fabrikation von Erkenntnis aber immer auch ein sozialer ist, in dem Psycholog*innen meist in Gruppen von Wissenschaftlerinnen und Wissenschaftlern arbeiten und mit anderen Gruppen und Gemeinschaften im sozialen Austausch stehen, müssen wir die o.g. Zuspitzung noch etwas weitertreiben: Psycholog*innen fabrizieren Erkenntnisse vor dem Hintergrund der Interaktions- und Kommunikationsmuster, mit denen sie ihre je eigenen Wirklichkeiten zu konstruieren pflegen. Anders gesagt: Die in den jeweiligen Gruppen interindividuell geteilten und weitergegebenen Deutungen von Welt, einschließlich des Bildes von der eigenen Gruppe, fungieren als wichtige Metaphern für die eigene Theoriebildung. Die Art und Weise, wie in solchen Gruppen z. B. Gruppenentscheidungen gefällt werden, wie sich Effekte des Gruppendenkens ausbilden, Minderheiten in den gemeinsamen Forschungsprozess einbezogen werden oder nicht, mit staatlichen Geldgebern gerechnet werden kann, Mythen über das wissenschaftliche Expertentum gepflegt und verbreitet werden – all dies und noch mehr gehört zum sprudelnden Quell, aus denen Psycholog*innen ihre Theorien über die Nichtpsycholog*innen schöpfen.

Im Forschungskontext geschieht aber noch mehr: Vor dem Hintergrund mehr oder weniger elaborierter Theorien fabrizieren Psycholog*innen ihre Erkenntnisse, indem sie Bezugspersonen, Probanden, Versuchsgruppen beobachten, experimentell beeinflussen oder befragen. Das heißt: Der Forschungskontext ist nicht nur der soziale Raum, in dem Psychologen (und andere Wissenschaftlerinnen) ihre Theorien über psychologisch relevante Phänomene zu entdecken versuchen. Es ist auch jener Raum, in dem die Empirie fabriziert wird, mit der die Theorien begründet und der selbst durch die Theorien erklärt werden soll. In diesem Kontext dreht sich letztlich das Karussell von Theorie und Empirie. Und dieses Karussell dreht sich infolge einer inneren Dynamik: Beobachten heißt nämlich, eine Unterscheidung zu treffen und zugleich eine Seite der Unterscheidung zu bezeichnen, zu benennen, mit einem Begriff zu verknüpfen, um sie künftighin besser begreifen zu können. Jene Seite der Unterscheidung, die aus der Beobachtung ausgeschlossen wird, gerät quasi aus dem Blick, muss nicht erklärt werden und wird auch nicht zur Begründung von Erklärungen herangezogen.

Die wissenschaftlichen Beobachter*innen sehen nur das, was sie für erklärungswürdig und erklärungsfähig halten, und sie erklären mit Hilfe ihrer Theorien auch nur das, was sie durch die Brille ihrer Theorie zu sehen, zu beobachten meinen.

In der Sprache der Wissenschaftstheoretiker haben wir es hier *zum einen* mit dem bekannten Problem der Theoriehaltigkeit von Beobachtungen zu tun, das Paul Feyerabend lang und breit erklärt hat. *Zum anderen* aber – und das dürfte entscheidend sein – handelt es sich beim Kreisel von Theorie und Empirie, den die Akteure im Forschungskontext erzeugen, um einen selbstreferentiellen, also auf sich selbst bezogenen Kreislauf.

Ist es nicht so, dass Wissenschaftler*innen zwar die Regeln einer guten wissenschaftlichen Praxis (z. B. der Formulierung von Fragestellungen und der Begründung von Hypothesen, der Auswahl geeigneter Forschungsmethoden, der quantitativen und qualitativen Datenauswertung und deren Interpretation) kennen und beherrschen, im eigentlichen Forschungsprozess und im Interesse der Erkenntnis aber nicht selten gegen diese Regeln verstoßen und verstoßen müssen? Ich meine damit nicht das bereits erwähnte und auch in der (Sozial-)Psychologie vorgekommene bewusste Täuschen und Lügen mancher „schwarzen Schafe". Nein, ich meine die Art und Weise, wie Theorie und Empirie aufeinander bezogen werden. Theorie und Empirie werden nicht selten so lange variiert, bis sie zueinander passen und eine relativ stabile Interpretation der Befunde zulassen. Diese Vorgehensweise ist nicht nur üblich; sie ist auch sinnvoll. Denn die Nützlichkeit der Ergebnisse hängt nicht von starr vorgegebenen Regeln ab, wie Forschung sein sollte, sondern sie muss sich letztendlich im ‚wahren Leben' beweisen.

Dafür, dass die Forscherinnen und Forscher ihre Erkenntnisse in einem solchen rekursiven Forschungsprozess fabrizieren, müssen sie einen hohen Preis zahlen; den Preis, in zweifacher Weise mit Blindheit geschlagen zu werden: Zum einen schließen die Forscherinnen und Forscher durch ihre Entscheidung, etwas beobachten und untersuchen zu wollen, jene sonstigen Möglichkeiten aus, die eventuell auch noch beobachtet werden könnten. Zum anderen wird stets jene Unterscheidung, die die Forscherinnen und Forscher getroffen haben, um etwas zu beobachten, verdeckt. Die einmal getroffene Entscheidung, etwas zu beobachten, ist im Prozess der Beobachtung und Untersuchung nicht mehr präsent, denn kein Beobachter kann während des Beobachtens seine Beobachtung beobachten (vgl. Luhmann, 1991, S. 63 ff.). Allerdings: Ein anderer Beobachter kann beobachten, welche Unterscheidungen die beobachteten Beobachter (also unsere Forscherinnen und Forscher) benutzen, und damit sehen, was diese nicht sehen können. Mit einer solchen Beobachtung *zweiter* Ordnung wird es möglich, jene Seiten wieder präsent zu machen, die die Beobachter erster Ordnung zuvor aus ihrer Beobachtung ausgeblendet haben. Das heißt, die Beobachtung zweiter Ordnung könnte helfen, die blinden Flecken der Beobachter erster Ordnung aufzudecken. Genau dies geschieht in einem Kontext, den ich gern den *Context of Validation* (Prüfraum) nenne. Das sind jene sozialen Bereiche, in denen die wissenschaftlichen Erkenntnisse ihre eigentliche wissenschaftliche und praktische Gültigkeit erhalten, indem sie durch die *scientific community* (die wissenschaftliche Gemeinschaft) legitimiert und von anderen gesellschaftlichen Gruppen als tatsächlich relevant akzeptiert werden. Jene, die im Forschungskontext ihre Erkenntnisse über das Psychische fabriziert haben, müssen – wollen sie die Gültigkeit ihrer Fabrikate anerkannt bekommen – nachweisen, dass die Erkenntnisse in die wissenschaftlich anerkannten Bedeutungsräume passen. Anders gesagt: Die Akteure haben den Nachweis zu erbringen, dass sie die psychologischen Wirklichkeiten so deuten, wie dies den interindividuell übereinstimmenden Vorstellungen über das Psychische in wissenschaftlich etablierten *Deutegemeinschaften* entspricht.

Jürgen Klüver (1988) nannte vor Jahren die Versuche, mit denen Wissenschaftler ihre wissenschaftlichen Fabrikate zu explizieren und auf Gültigkeit zu prüfen versuchen, *literarische* und *kollektive Validierung*. Dabei wird versucht, die im „stillen Kämmerlein" oder in der Forschungsgruppe fabrizierten „wahren" wissenschaftlichen Erkenntnisse in den Bedeutungsraum der eigenen Scientific

Community einzuordnen, das heißt, Anschlusshandeln zu praktizieren, indem die eigenen wissenschaftlichen Produkte mit dem Wissensbestand der Community so lange abgeglichen werden, bis sie passen. Die eigene Scientific Community übernimmt dabei die Funktion des Beobachters zweiter Ordnung. Und diese Beobachter zweiter Ordnung fordern in der Regel, dass diejenigen, die ihre „Fabrikate" validiert haben möchten, die konventionalisierten und tradierten Regeln wissenschaftlichen Interpretierens und Kommunizierens beachten.

Aber, wie Paul Feyerabend feststellt: *„Man kann sich auf die Wissenschaftler einfach nicht verlassen.* Sie haben ihre eigenen Interessen, die ihre Deutung der Evidenz und der Schlüssigkeit dieser Evidenz färben, sie *wissen* nur sehr wenig, geben aber vor, weitaus mehr zu wissen, sie verwenden Gerüchte, als handele es sich um wohlbestätigte Tatsachen, fromme Wünsche, als handele es sich um grundlegende »Prinzipien« des wissenschaftlichen Denkens, und selbst die sehr detaillierten Forschungsergebnisse beruhen auf Annahmen, die die Wissenschaftler oft nicht kennen und deren Inhalt und Reichweite sie nicht verstehen..."* (1980, S. 188 f.; Hervorh. im Original).

Und so wunderte es nicht, wenn validierungswillige Wissenschaftler*innen, denen die eigene Publizität wichtiger ist als die Seriosität ihrer wissenschaftlichen Fabrikate, den wissenschaftlichen Diskurs nach Kommunikationsregeln zu betreiben versuchen, die der (vermeintlich) wissenschaftlichen Rationalität zuwiderlaufen. *Publish or perish.*

Literatur

Aggarwal, P., Soo Kim, C., & Cha, T. (2013). Preference-inconsistent information and cognitive discomfort: A cross-cultural investigation. *Journal of Consumer Marketing, 30*(5), 392–399.

Arnett, J. (2008). The neglected 95%: Why American psychology needs to become less American. *American Psychologist, 63*(7), 602–614.

Aronson, E., & Carlsmith, J. M. (1968). Experimentation in social psychology. In G. Lindzey & E. Aronson (Hrsg.), *Handbook of Socialpsychology* (Vol. 2, S. 1–79). Addison Wesley.

Ash, M. G. (1985). Die experimentelle Psychologie an den deutschsprachigen Universitäten von der Wilhelminischen Zeit bis zum Nationalsozialismus. In M. G. Ash & U. Geuter (Hrsg.), *Geschichte der deutschen Psychologie im 20. Jahrhundert* (S. 45–82). Westdeutscher Verlag.

Ash, M. G. (2023). Psychology and the Fall of Communism: The special case of (East) Germany. *Journal of the History of the Behavioral Sciences, 59*(1), 8–19.

Bak, P. M. Zum Verhältnis von Neurowissenschaft und Psychologie. *Journal of Business and Media Psychology, 11*, 1, S. 1–11.

Bargh, J. (2018). *Vor dem Denken: Wie das Unbewusste uns steuert*. Droemer Verlag.

Bargh, J. A. (2014, second Edition). The four horsemen of automaticity: Awareness, intention, efficiency, and control in social cognition. In R. S. Wyer & T. K. Srull (Hrsg.), *Handbook of Social Cognition, Vol. 1*. (S. 1–40). Psychology Press.

Bargh, J. A., Chen, M., & Burrows, L. (1996). Automaticity of social behavior: Direct effects of trait construct and stereotype activation on action. *Journal of personality and social psychology, 71*(2), 230.

Bauman, Z. (1992). *Moderne und Ambivalenz*. Junius.

Bohner, G. (2016). Experimentalpsychologische Genderforschung in Bielefeld. *Onlinezeitschrift des Interdisziplinären Zentrums für Geschlechterforschung (IZG)*, S. 58–62.

Brachem, J., Frank, M., Kvetnaya, T., Schramm, L. F., & Volz, L. (2022). Replikationskrise, p-hacking und Open Science. *Psychologische Rundschau, 73*(1), 1–17.

Brand, H.W. (1980). "Soziale Wahrnehmung" - oder Wahrnehmung in sozialen Situationen. In W. Bungard (Hrsg.), *Die "gute" Versuchsperson denkt nicht*. Urban & Schwarzenberg.

Bredenkamp, J. (1993). Zur Lage der Psychologie in den neuen Bundesländern. *Psychologische Rundschau, 44*, 1–10.

Breyer, T. (2017). Soziale Wahrnehmung zwischen Erkenntnistheorie und Anthropologie. *Interdisziplinäre Anthropologie: Jahrbuch, 4*(2016), 141–161.

Bühler, K. (1908). Antwort auf die von Wundt erhobenen Einwände gegen die Methode der Selbstbeobachtung an experimentell erzeugten Erlebnissen. *Archiv für die gesamte Psychologie, 12*, 93–122.

Bühler, K. (1927). *Die Krise der Psychologie*. Barth.

Bungard, W. (1984). *Sozialpsychologie im Labor*. Göttingen: Verlag für Psychologie C.J. Hogrefe.

Busse, S. (1993). Gab es eine DDR-Psychologie?. *Psychologie und Geschichte, 5*(1/2).

Chaiken, S., Liberman, A., & Eagly, A. H. (1989). Heuristic and systematic information processing within and beyond the persuasion context. In J. S. Uleman & J. A. Bargh (Hrsg.), *Unintended thought* (S. 212–252). Guilford.

Diekmann, A. (2021). Unehrliche Ehrlichkeitsforschung. *Frankfurter Allgemeine Zeitung* vom 8. September 2021.

Dilthey, W. (1894/1990). Ideen über eine beschreibende und zergliedernde Psychologie. In G. Misch (Hrsg.), *Gesammelte Schriften* (Bd. 5, S. 139–240). Teubner Verlagsgesellschaft.

Ebbinghaus, H. (1896). Über erklärende und beschreibende Psychologie. *Zeitschrift für Psychologie und Physiologie der Sinnesorgane, 9*, 161–205.

Eco, U. (2012). *Im Krebsgang voran*. Deutscher Taschenbuch Verlag.

Eco, Umberto (2016). *Pape Satàn*. Hanser.

Eyssel, J., Geschke, D., & Frindte, W. (2015). Is seeing believing? The relationship between TV consumption and Islamophobia in German majority society. *Journal of Media Psychology: Theories, Methods, and Applications, 27*(4), 190.

Fanelli, D. (2009). How many scientists fabricate and falsify research? A systematic review and meta-analysis of survey data. *PLoS ONE, 4*(5), e5738.

Fazio, R. H. J. (1990). Multiple processes by which attitudes guide behaviour: The MODE model as an integrative framework. In M. P. Zanna (Hrsg.), *Advances in experimental social psychology* (Bd. 23, S. 75–109). Academic.

Festinger, L. (1957). *A theory of cognitive dissonance*. Stanford University Press.

Feyerabend, P. K., & Thomas, C. (Hrsg.). (1986). *Nutzniesser und Betroffene von Wissenschaften.* Zürich: Verlag der Fachvereine.

Feyerabend, P. K. (1980). *Erkenntnis für freie Menschen.* Suhrkamp.

Feyerabend, P. K. (1986; Original: 1975). *Wider den Methodenzwang.* Suhrkamp.

Feyerabend, P. K. (1992; Original: 1989). *Über Erkenntnis. Zwei Dialoge.* Campus.

Feyerabend, P. K. (2005). *Die Vernichtung der Vielfalt. Ein Bericht,* herausgegeben von Peter Engelmann. Passagen Verlag.

Fleck, L. (1993, Original: 1935). *Entstehung und Entwicklung einer wissenschaftlichen Tatsache.* Suhrkamp.

Frey, D. & Bierhoff, H.-W. (2011). *Sozialpsychologie – Interaktion und Gruppe.* Göttingen u.a.: Hogrefe.

Frindte, W. & Geschke, D. (2019). *Lehrbuch Kommunikationspsychologie.* Beltz/Juventa.

Frindte, W. & Haußecker, N. (2010). *Inszenierter Terrorismus.* Springer VS.

Frindte, W. (1998). *Soziale Konstruktionen.* Westdeutscher Verlag.

Frindte, W. (2022). *Quo Vadis, Humanismus?* Springer.

Galliker, M. (2016). *Ist die Psychologie eine Wissenschaft?* Springer VS.

Gergen, K. J. (1989). Social psychology and the wrong revolution. *European Journal of Social Psychology, 19*(5), 463–484.

Gigerenzer, G., & Murray, D. J. (1987). *Cognition as intuitive statistics.* Erlbaum.

Gigerenzer, G. (1988). Woher kommen Theorien über kognitive Prozesse? *Psychologische Rundschau, 39,* 91–100.

Gigerenzer, G. (1994). Woher kommen die Theorien über kognitive Prozesse? In A. Schorr (Hrsg.). *Die Psychologie und die Methodenfrage.* Hogrefe.

Goethe, J. W. (1972). Maximen und Reflexionen. *Berliner Ausgabe, Band 18.* Aufbau Verlag.

Greenwood, J. D. (1983). Role-playing as an experimental strategy in social psychology. *European Journal of Social Psychology,* Vol. 13.

Groeben, N. & Scheele, B. (1977). *Argumente für eine Psychologie des reflexiven Subjekts.* Steinkopff.

Gummersbach, W. (1985). Krise der Psychologie. Zur Aktualität eines traditionellen Themas. In M. G. Ash & U. Geuter (Hrsg.), *Geschichte der deutschen Psychologie im 20. Jahrhundert* (S. 314–339). Westdeutscher Verlag.

Hacker, W. (1973). *Allgemeine Arbeitspsychologie.* Psychische Struktur und Regulation von Arbeitstätigkeiten: Deutscher Verlag der Wissenschaften.

Hacker, W. (2021). *Psychische Regulation von Arbeitstätigkeiten 4.0.* Zürich: Hochschulverlag AG.

Henrich, J., Heine, S. J., & Norenzayan, A. (2010). The weirdest people in the world? *Behavioral and brain sciences, 33*(2–3), 61–83.

Herrmann, T. (1979). *Psychologie als Problem.* Klett-Cotta.

Th., & Herrmann. (1991). Diesmal diskursiv - schon wieder eine Erneuerung der Psychologie. *Report Psychologie, 2,* 21–27.

Herzog, W. (2012). *Wissenschaftstheoretische Grundlagen der Psychologie.* Springer VS.

Hiebsch, H. & Vorwerg, M. (Hrsg.) (1979). Sozialpsychologie. Deutscher Verlag der Wissenschaften.

Hiebsch, H. (1977). *Wissenschaftspsychologie.* Deutscher Verlag der Wissenschaften.

Hiebsch, H. (1986). *Interpersonelle Wahrnehmung und Urteilsbildung.* Deutscher Verlag der Wissenschaften.

Holzkamp, K. (1973). *Sinnliche Erkenntnis*. Fischer Athenäum Taschenbuch.

Holzkamp, K. (1983). *Grundlegung der Psychologie*. Campus.

Jaeger, S. (1993). Zur Widerständigkeit der Hochschullehrer zu Beginn der nationalsozialistischen Herrschaft. *Psychologie und Geschichte, 4*, 219–228.

Kahneman, D. (2012). *Schnelles Denken, langsames Denken*. Siedler Verlag.

Kamin, L. J. (1979; Original: 1974). *Der Intelligenz-Quotient in Wissenschaft und Politik*. Steinkopf Verlag.

Kelley, H. H. (1967). Attribution theory in social psychology. In D. Levine (Ed.), *Nebraska Symposium on Motivation* (Vol. 15, S. 129–238). University of Nebraska Press.

Kelman, H. C. (1967). Human use of human subjects: The problem of deception in social psychological experiments. *Psychological Bulletin, 67*(1), 1–11.

King, E. B., Avery, D. R., Hebl, M. R., & Cortina, J. M. (2018). Systematic subjectivity: How subtle biases infect the scholarship review process. *Journal of Management, 44*(3), 843–853.

Klix, F. (1971). *Information und Verhalten*. Kybernetische Aspekte der organismischen Informationsverarbeitung: Deutscher Verlag der Wissenschaften.

Klix, F. (Hrsg.). (1984). *Gedächtnis, Wissen*. Wissensnutzung: Deutscher Verlag der Wissenschaften.

Klüver, J. (1988). *Die Konstruktion der sozialen Realität Wissenschaft: Alltag und System*. Vieweg.

Knobloch-Westerwick, S., Liu, L., Hino, A., Westerwick, A., & Johnson, B. K. (2019). Context impacts on confirmation bias: Evidence from the 2017 Japanese snap election compared with American and German findings. *Human Communication Research, 45*(4), 427–449.

Konitzer, F. (2013). Einmal ist keinmal. *Bild der Wissenschaft, 8*, 66–69.

Kriz, J. (1981). *Methodenkritik empirischer Sozialforschung*. B.G: Teubner.

Kruglanski, A. W. (2001). That "Vision Thing". The State of Theory in Social and Personality Psychology at the Edge of the New Millennium. *Journal of Personality and Social Psychology, 80*(6), S. 871–875.

Krull, D. S., Loy, M. H. M., Lin, J., Wang, C. F., Chen, S., & Zhao, X. (1999). The fundamental fundamental attribution error: Correspondence bias in individualist and collectivist cultures. *Personality and Social Psychology Bulletin, 25*(10), 1208–1219.

Legewie, H. (1991). Argumente für eine Erneuerung der Psychologie. *Report Psychologie, 2,* 11–20.

Lenski, K. (2021). Die Sozialpsychologie der DDR und die Staatssicherheit. Örtliche und überregionale Verflechtungen am Beispiel der FSU Jena. In A. Maercker & J. Giesecke (Hrsg.), *Psychologie als Instrument der SED-Diktatur*. Hogrefe.

Luhmann, N. (1991). Wie lassen sich latente Strukturen beobachten? In P. Watzlawick & P. Krieg (Hrsg.), *Das Auge des Betrachters*. Piper.

Maercker, A. & Gieseke, J. (Hrsg.) (2021). *Psychologie als Instrument der SED-Diktatur*. Hogrefe.

Maiers, W. (2021). Psychologie in der Replikationskrise - eine Replikation ihrer Krisen? In M. Dietrich, I. Leser, K. Mruck, P. S. Ruppel, A. Schwentesius, & R. Vock (Hrsg.), *Begegnen, Bewegen und Synergien stiften: Transdisziplinäre Beiträge zu Kulturen, Performanzen und Methoden* (S. 441–459). Springer VS.

Mann, Th. (1954). *Doktor Faustus*. Aufbau Verlag.

Markard, M. (1985). Konzepte der methodischen Entwicklung des Projekts Subjektentwicklung in der frühen Kindheit. *Forum Kritische Psychologie, 17*, 101–125.

Maschewsky, W. (1977). *Das Experiment in der Psychologie*. Campus.

Massen, C., & Bredenkamp, J. (2005). Die Wundt-Bühler-Kontroverse aus der Sicht der heutigen kognitiven Psychologie. *Zeitschrift für Psychologie, 213*(2), 109–114.

Mayring, P. (1990). *Einführung in die qualitative Sozialforschung*. Psychologie Verlagsunion.

Mertens, W. & Fuchs, G. (1978). *Krise der Sozialpsychologie?* Ehrenwirth.

Mertens, W. (1980). Artefakte in der Aggressionsforschung. In W. Bungard (Hrsg.), *Die „gute" Versuchsperson denkt nicht. München*. Urban & Schwarzenberg.

Merton, R. K. (1957). *Social theory and social structure*. Free Press.

Métraux, A. (1985). Der Methodenstreit und die Amerikanisierung der Psychologie in der Bundesrepublik 1950–1970. In G. M. Ash & U. Geuter (Hrsg.), *Geschichte der deutschen Psychologie im 20. Jahrhundert*. (S. 225–251). Westdeutscher Verlag.

Miyamoto, Y., & Kitayama, S. (2002). Cultural variation in correspondence bias: The critical role of attitude diagnosticity of socially constrained behavior. *Journal of Personality and Social Psychology, 83*(5), 1239–1248.

Open Science Collaboration. (2015). Estimating the reproducibility of psychological science. *Science, 349*(6251), aac4716.

Orne, M. T. (1962). On the social psychology of the psychological experiment: With particular reference to demand characteristics and their implications. *American Psychologist, 17*(11), 776–783.

Peter, C., & Brosius, H.-B. (2013). Wahrnehmungsphänomene. In W. Schweiger & A. Fahr (Hrsg.), *Handbuch Medienwirkungsforschung* (S. 463–480). Springer VS.

Petty, R. E. & Cacioppo, J. T. (1986). The Elaboration Likelihood Model of persuasion. In L. Berkowitz (Hrsg.). *Advances in Experimental Social Psychology* (Bd. 19, S. 123–205). Academic Press.

Pforr, K., & Schröder, J. (2015). Warum Panelstudien? (Version 1.1). (GESIS Survey Guidelines). Mannheim: GESIS -Leibniz-Institut für Sozialwissenschaften. https://doi.org/10. 15465/gesis-sg_00.

Reichenbach, H. (1938). *Experience and Prediction*. An Analysis of the Foundations and the Structure of Knowledge: The University of Chicago Press.

Reitz, T. (2014). *Sprachgemeinschaft im Streit. Philosophische Analysen zum politischen Sprachgebrauch*. transcript Verlag.

Rost, D. H., & Bienefeld, M. (2019). Nicht replizieren: Publizieren!? *Zeitschrift für Pädagogische Psychologie, 33*(4–3), 163–176.

Sabel, B. A., Knaack, E., Gigerenzer, G., & Bilc, M. (2023). Fake Publications in Biomedical Science: Red-flagging Method Indicates Mass Production. *medRxiv*, 2023–05; https://doi.org/10.1101/2023.05.06.23289563; aufgerufen: 22.06.2023.

Schreier, M., Odağ, Ö. (2020). Mixed Methods. In G. Mey & K. Mruck (Hrsg.),) *Handbuch Qualitative Forschung in der Psychologie*. (S. 159–184). Springer.

Schuler, H. (1980). *Ethische Probleme psychologischer Forschung*. Hogrefe.

Segall, M. H., Campbell, D. T. & Herskovits, M. J. (1966*) The Influence of Culture on Visual Perception*. Bobbs-Merrill.

Semin, G. R., & Fiedler, K. (1988). The cognitive functions of linguistic categories in describing persons: Social cognition and language. *Journal of Personality and Social Psychology, 54*, 558–568.

Shu, L. L., Mazar, N., Gino, F., Ariely, D., & Bazerman, M. H. (2012). Signing at the beginning makes ethics salient and decreases dishonest self-reports in comparison to signing at the end. *Proceedings of the National Academy of Sciences, 109*(38), 15197–15200.

Stern, W. (1913). *Die Anwendung der Psychoanalyse auf Kindheit und Jugend*. Ein Protest: Verlag Johann Ambrosius Barth.

Strack, F. (1988). Social Cognition: Sozialpsychologie innerhalb des Paradigmas der Informationsverarbeitung. *Psychologische Rundschau, 39*(2), 72–82.

Tam, K. P., Leung, A. K. Y., & Clayton, S. (2021). Research on climate change in social psychology publications: A systematic review. *Asian Journal of Social Psychology, 24*(2), 117–143.

Timaeus, E. (1974). *Experiment und Psychologie*. Zur Sozialpsychologie psychologischen Experimentierens: Hogrefe.

Ulrich, R., Erdfelder, E., Deutsch, R., Strauß, B., Brüggemann, A., Hannover, B., & Rief, W. (2016). Inflation von falsch-positiven Befunden in der psychologischen Forschung. *Psychologische Rundschau, 67*(3), 163–174.

Volmerg, B. (1992). Zur Gründung der Neuen Gesellschaft für Psychologie (NGfP). *Journal für Psychologie, 1*(1), 36–42.

Walach, H. (2020). *Psychologie: Wissenschaftstheorie, philosophische Grundlagen und Geschichte*. Ein Lehrbuch: Kohlhammer.

Webb, E.J. (1975). *Nichtreaktive Messverfahren*. Beltz.

White, D. M. (1950). The "Gatekeeper". A Case Study in the Selection of News. *Journalism Quaterly, 27*, 383–390.

Wolfradt, U., Billmann-Mahecha, E., & Stock, A. (2017). *Deutschsprachige Psychologinnen und Psychologen 1933–1945*. Springer.

Woodward, R. W., & Clark, S. C. (1996). The Reflection of Soviet Psychology in East German Psychological Practice. In V. A. Koltsova, Y. N. Oleinik, A. R. Gilgen, & C. K Gilgen (Hrsg.), *Post-Soviet Perspectives on Russian Psychology* (S. 236–250). Greenwood Press.

Wundt, W. (1907). Über Ausfrageexperimente und über die Methoden zur Psychologie des Denkens. *Psychologische Studien, 3*, 301–306.

Yakın, V., Güven, H., David, S., Güven, E., Bărbuţă-Mişu, N., Güven, E. T. A., & Virlanuta, F. O. (2023). The Effect of Cognitive Dissonance Theory and Brand Loyalty on Consumer Complaint Behaviors: A Cross-Cultural Study. *Sustainability, 15*(6), S. 4718 ff. https://doi.org/10.3390/su15064718.

„Sprache, die für dich dichtet und denkt" – Weiße Männer und „Cancel Culture"

„Greift die neue *Sprache* um sich, so affiziert sie die Artikulation des Seelenlebens und damit der Wahrnehmung, dann findet sich der Mensch bald in einer neuen Umgebung, er vernimmt neue Gegenstände, er lebt in einer neuen Welt" (Feyerabend, 2009, S. 169; Hervorh. im Original).

15.1 Sprachspiele

„[...] Sprache, die für dich dichtet und denkt", heißt es in einem Spruchgedicht von Friedrich Schiller. Victor Klemperer, der Romanist, von dem das „LTI-Notizbuch eines Philologen" stammt, greift den Satz von Schiller auf und schreibt: „Aber Sprache dichtet und denkt nicht nur für mich, sie lenkt auch mein Gefühl, sie steuert mein ganzes seelisches Wesen, je selbstverständlicher, je unbewusster ich mich ihr überlasse. Und wenn nun die gebildete Sprache aus giftigen Elementen gebildet oder zur Trägerin von Giftstoffen gemacht worden ist? Worte können sein wie winzige Arsendosen: sie werden unbemerkt verschluckt, sie scheinen keine Wirkung zu tun, und nach einiger Zeit ist die Giftwirkung doch da" (Klemperer, 1970, S. 24; Original: 1947).

Es geht um den Einfluss der Sprache auf unser Denken und um unser Denken, das nach Sprache sucht. Fragen also, mit denen sich Paul Feyerabend ebenfalls sein Leben lang rumgeschlagen hat (z. B. mit dem Verhältnis von Beobachtungs- und Umgangssprachen oder mit den Beziehungen zwischen Sprache und Theorie, Feyerabend, 1958; 1970; 1987).

W. Frindte, *Wider die Borniertheit und den Chauvinismus – mit Paul K. Feyerabend durch absurde Zeiten*, https://doi.org/10.1007/978-3-658-43713-8_15

> „Der erfolgreiche Forscher ist ein gebildeter Mensch, er kennt viele Tricks, Ideen, Redeweisen, er kennt Details der Geschichte seines Faches sowie kosmologische Abstraktionen, Gerüchte sowie Tatsachen, er kann Fragmente von sehr verschiedenen Standpunkten miteinander kombinieren und schnell von einem Rahmen zu einem ganz anderen und inkommensurablen Rahmen übergehen. Er ist an keine besondere Sprache gebunden, er spricht bald die Sprache der Tatsachen, dann wieder die Sprache der Märchen und vermengt sie auf sehr unerwartete Weise. Und man beachte, dass solche Prozeduren sowohl im »Kontext der Entdeckung« als auch im »Kontext der Rechtfertigung« auftauchen, denn die wissenschaftliche *Untersuchung* von Ideen ist genau so komplex wie ihre *Erfindung*" (Feyerabend, 1981, S. 55 f.; Hervorh. im Original).

Mit den Worten, die gefunden oder erfunden wurden, lässt sich das Gesehene benennen. Das Gesehene, das geschaffen oder konstruiert wurde, bekommt einen Namen. Mit den Worten wird es wirklich, weil nun das, was wirkt, auch erkannt und benannt werden kann. Es tritt in die Welt und lässt sich von Anderem in dieser Welt unterscheiden. Mit den Worten beginnt das Geschaffene, Konstruierte, Gesehene und Benannte seine Wirkung in der Welt zu entfalten. So weit, so allgemein.

Konkret wird es, wenn es um das Politische der Sprache, deren Gebrauch und um die Kritik an scheinbar traditionellen Bezeichnungen, Wörtern, Floskeln, Formulierungen geht, um *Sprachspiele* also.

Bekanntlich sind soziale Vorstellungen oder Konstruktion der Wirklichkeit in sozialen Gemeinschaften (Gesellschaften, Organisationen, Gruppen etc.) von den betreffenden Mitgliedern geteilte (konventionalisierte) und weitergegebene (tradierte) Deutungen von Welt, einschließlich der Welt der eigenen Gemeinschaft. Wenn sie sprachlich ausgedrückt, exteriorisiert werden, geschieht das in der Regel in diversen Sprachspielen und nach den Regeln dieser Sprachspiele. Zur Erinnerung an das Wittgenstein-Programm: Mit dem Wort „Sprachspiel" will Wittgenstein hervorheben, „daß das Sprechen der Sprache ein Teil ist einer Tätigkeit, oder einer Lebensform" (Wittgenstein, 1984, Philosophische Untersuchungen, Teil I, § 23). Das Wort „Apfel" lässt sich innerhalb bestimmter Denk-, Sprach- und Lebensformen nur schwer – wie Wittgenstein beschreibt (Wittgenstein, 1988, Remarks on the Philosophy of Psychology, Anm. 489) – durch das Wort „Bank" ersetzen. Ein solcher Austausch verletzt die Regeln, Konventionen und Traditionen innerhalb bestimmter sozialer Gemeinschaften. D. h. die Inhalte der sozialen Konstruktionen, worauf sie sich letzten Endes beziehen, diese Inhalte verhalten sich offenbar gegen willkürliche Änderungen relativ widerborstig. Und die Mitglieder sozialer Gemeinschaften tun das nicht selten ebenfalls. Manche möchten ungern auf „Zigeuner-Schnitzel" verzichten, weiterhin in die „Mohren-apotheke" ihres Vertrauens gehen, „Indianer" spielen, Shakespeare's „Othello", den „Mohr von Venedig" im Theater mit guten Schauspieler*innen erleben, auch künftig am Nettelbeckufer wohnen, Patti Smith's „Rock N Roll Nigger" toll finden, Immanuel Kant einen großen Aufklärer nennen dürfen und keine Gender-Sternchen oder Binnen-Is benutzen und so weiter und so fort.

15.2 Von widerborstigen Sprachtraditionen

Sehen wir uns einige Beispiele an, um anschließend wissenschaftliche Befunde aufzuarbeiten, die gegen die widerborstigen Sprachtraditionen sprechen. Denn man darf ja nicht übersehen, „[…] dass der Mensch Sprachen nicht nur verwen-den, sondern auch erfinden kann", schreibt Feyerabend in einem anderen, aber auch hier passenden Zusammenhang (Feyerabend, 1981, S. 90; Original: 1962).

Ich beginne mit dem scheinbar Problematischeren, weil es gegenwärtig so viel Staub in den politischen Debatten aufwirbelt: das Gendern, also das geschlechtergerechte Sprechen und Schreiben. Politikerinnen und Politiker, wie der Ministerpräsident Bayerns, AfD-affine Bürgerinnen und Bürger, Journalis-tinnen und Journalisten, aber auch Wissenschaftler und Wissenschaftlerinnen sprechen und schreiben von „Gender-Ideologie" und „Gender-Wahn". Einige lehnen ein „Neusprech", ein „betreutes Sprechen" ab (Gauck, 2019) oder rufen nachvollziehbare Gründe auf, das Gendern zu beenden (Payr, 2021). Das Bildungsministerium in Sachsen-Anhalt verbot Mitte 2023 das Gendern mit Sonderzeichen an Schulen, also die Sternchen, Binnen-Is, Unterstriche etc. (MDR, 2023). Andere berufen sich auf den *Rat für deutsche Rechtschrei-bung*, der im März 2021 „[…] die Aufnahme von Asterisk (‚Gender-Stern'), Unterstrich (‚Gender-Gap'), Doppelpunkt oder anderen verkürzten Formen zur Kennzeichnung mehrgeschlechtlicher Bezeichnungen im Wortinnern in das Amt-liche Regelwerk der deutschen Rechtschreibung zu diesem Zeitpunkt nicht empfohlen" hat (Rat für deutsche Rechtschreibung, 2021). Und wieder andere verweisen auf die zahlreichen Perzeptionsstudien, nach denen das generische Maskulinum (die Personen- oder Berufsbezeichnung in grammatisch männlicher Form) in seiner Anwendung (z. B. Arzt oder Psychologe) mehrheitlich männliche Vorstellungen und Schemata auslöst (z. B. Nübling, 2018). Empirische Studien können überdies die Befürchtungen widerlegen, geschlechtergerechte Formulierungen (z. B. Arzt und Ärztin, Psychologin und Psychologe) würden indirekt die Geschlechter-Diskriminierung verstärken (Cirksena & Leiner, 2022). Hinweise gibt es allerdings, dass geschlechtergerecht formulierte Texte, in denen z. B. der Gender-Stern oder das Binnen-I verwendet werden, die Lesegeschwindigkeit verringern könnten (Pöschko & Prieler, 2018).

Nun, Sie werden es selbst überprüfen können. Den Leserinnen und Lesern wird aufgefallen sein, dass ich in diesem Buch, das Sie gerade lesen, häufig den Gender-Stern benutze. Forschungen, in denen eindeutig gezeigt werden kann, ob und inwieweit die verschiedenen Strategien einer gendergerechten Sprache und Schreibweise (z. B. der Gender-Stern oder das Binnen-I) die kognitive Differenzierung der Gendervielfalt befördern können, sind relativ rar. Und doch gibt es einige empirisch überzeugende Befunde, nach denen wohl eher der Gender-Stern und der Unterstrich als das Binnen-I oder Beid-Nennungen (Kolleginnen und Kollegen) inklusivere mentale Repräsentationen fördern können (z. B. Bröder, Meuleneers & Zacharski, 2022, Löhr, 2021). Deshalb habe ich mich entschieden, nicht nur meine gewohnte Beid-Benennung zu nutzen, sondern auch besagtes Sternchen.[1] Allerdings wäre es absurd zu glauben, mit dem Gender-Stern ließen sich Diskriminierungen wegen des Geschlechts per se aus der Welt schaffen.

Das gilt wohl auch für andere Bezeichnungen und deren Umbenennungen. Nehmen wir den „Zigeuner". Die Bezeichnung findet sich seit dem 15. Jahrhundert in verschiedenen europäischen Ländern in unterschiedlichen Schreibweisen, zum Beispiel als „Cygan" im Polnischen bzw. „Cyganki" im Russischen oder „Tsiganes" im Französischen, „Tziganu" in Rumänien, „Zingaro" oder „Zingano" in Italien (Schwicker, 1883; Engbring-Romang, 2014; Wippermann, 1998). Die Herkunft der Bezeichnung scheint umstritten zu sein. Sicher ist, dass es sich um eine negativ konnotierte Fremdbezeichnungen handelt, die im Deutschen als „Zigeuner" wohl auch im späten 14. und frühen 15. Jahrhundert erstmals auftauchte.

---

[1] Mau, Lux und Westheuser fanden 2022 in einer repräsentativen Befragung mit 2.530 Personen im Alter ab 16 Jahren, dass 28 % der Befragten der Aussage zustimmen, eine gendergerechte Sprache sei wichtig für die Gleichstellung (Mau, Lux & Westheuser, 2023, S. 186). Etwas differenzierter sind die Ergebnisse einer Befragung mit 10.062 Personen aus dem Jahre 2021 von Lempp, Serfling und Rolf. Der Frage „Es sollte mehr Wert auf eine gendergerechte Sprache gelegt werden"? stimmten zwei Prozent der CDU-Anhänger*innen, sieben Prozent der SPD-Anhänger*innen, 20 % der Grünen, vier Prozent der FDP-Anhänger*innen, 11 % der Linken und ein Prozent der AfD-Affinen *eindeutig* zu (Lempp, Serfling & Rolf, 2023, S. 251). Ich stimme dieser Frage auch zu, gehöre also zu einer kleinen Minderheit und fühle mich dabei wohl.

Im Nationalsozialismus wurden die Sinti und Roma, so die Selbstbenennung, in Ausweispapieren und in den Listen der Konzentrationslager als „Z" geführt. Solche Lager gab es, um das „Zigeunerunwesen zu bekämpfen", in etlichen Regionen Deutschlands,[2] so zum Beispiel in Berlin Marzahn, in Düsseldorf, Essen, Frankfurt am Main, Fulda, Hannover, Kiel, Köln oder in Magdeburg. Tatsächlich waren es Vorstufen zur Vernichtung (Milton, 1995). Die Vernichtung begann auf Befehl von Himmler 1941. Sinti und Roma kamen in die Vernichtungslager Chelmno oder Auschwitz-Birkenau. In Auschwitz-Birkenau waren im sogenannten „Zigeunerlager" zwischen 1943 und 1944 über 23.000 Sinti und Roma interniert, mehr als 19.000 starben oder wurden ermordet. In Kroatien wurden zwischen 10.000 und 40.000 Sinti und Roma umgebracht; in Rumänien bis 1942 rund 25.000. Man schätzt, dass zwischen 220.000 und 500.000 Sinti und Roma dem von den Nationalsozialisten geplanten Völkermord zum Opfer fielen (Scriba, 2015).

„Sinti" nennen sich die Mitglieder der Minderheit, die seit dem späten Mittelalter in Mitteleuropa und in Deutschland leben; als „Roma" bezeichnet sich der große Teil jener Minderheit, die aus Ost- und Südosteuropa nach Mitteleuropa eingewandert ist (Kelch, 2018, S. 32 ff.). In Deutschland leben zirka 70.000 Angehörige der Sinti und Roma. In einer Studie der Arbeitsgemeinschaft „RomnoKher" bezeichneten sich 41,2 % als „Sinti*zze" und 22,9 % als „Rom*nja". 9,2 % lehnten eine Selbstbezeichnung ab. 4,3 % gebrauchten die Fremdbezeichnung „Zigeuner" (Strauß, 2021). Die Mehrheit der Sinti und Roma, weist indes die Bezeichnung „Zigeuner" als diskriminierend zurück. Das sollte ausreichen, auf die Bezeichnung „Zigeuner" und auch auf das „Zigeunerschnitzel" zu verzichten. Nennt es von mir aus „Paprikaschnitzel", esst „Wiener Schnitzel" oder werdet Veganer.

Das Problem ist damit aber nicht aus der Welt. Unter dem Begriff *Antiziganismus*, oder besser: „Abwertung von Sinti und Roma" werden seit einigen Jahren rassistische Vorurteile gegenüber Sinti und Roma erforscht (z. B. Heitmeyer, 2012; Decker et al., 2022). Und es zeigt sich immer wieder: Ressentiments gegenüber Sinti und Roma sind offenbar in Ost- und Westdeutschland weit verbreitet. Die Unterschiede zwischen Ost und West sind, nach Angaben der Autor*innen, signifikant zuungunsten der ostdeutschen Befragten. Wie lässt sich das erklären? An der physischen Präsenz von Sinti und Roma in Ostdeutschland kann es nicht liegen. Vielleicht an der Langlebigkeit und Rigidität von rassistischen Traditionen und Vorurteilen. Das müsste dann aber auch in den Regionen

---

[2] Ab 1936 erfasste die „Reichszentrale zur Bekämpfung des Zigeunerunwesens" die Daten von Sinti und Roma.

der alten Bundesrepublik gelten. Es scheint eher so zu sein, dass Vorurteile gegenüber Sinti und Roma zu den „antimodernen" Ressentiments gehören, mit denen manche Menschen in Ostdeutschland ihre Demokratiefeindlichkeit und ihre Unzufriedenheit mit demokratischen Einrichtungen in Deutschland auszudrücken versuchen. In den Studien von Decker und Kolleg*innen korrelieren antiziganisti-sche Vorurteile signifikant negativ, wenn auch auf relativ niedrigem Niveau, u. a. mit der „Demokratiezufriedenheit", dem „Vertrauen in den Bundestag" oder der „Bundesregierung" (Decker et al., 2022, S. 197).

Mit der „Mohrenapotheke" verhält es sich etwas anders als mit dem „Zi-geunerschnitzel". Rund 100 Apotheken, die sich „Mohrenapotheke" nennen oder bislang so benannt haben, gibt bzw. gab es in Deutschland, in Thüringen (z. B. in Erfurt, in Mühlhauen oder in Rudolstadt), in Bayern (z. B. in München, Coburg oder Bamberg), in Schleswig–Holstein (z. B. in Kiel) oder in Nordrhein-Westfalen (z. B. in Gütersloh). Manchmal findet man unweit von Apotheken auch die „Mohrenstraße", ein „Café zum Mohren" oder das „Hotel zum Mohrenbrun-nen", in dem man zum Beispiel einen „Eisenberger Mohrentropfen" trinken kann. Karl Marx wurde von seinen Kindern und Freunden „Mohr" genannt, wegen sei-ner dunklen Augen und seinen zunächst dunklen Haaren. „Lieber Mohr" lautete die Anrede, mit der Friedrich Engels häufig seine Briefe an Karl Marx begann (z. B. Engels, 1974, S. 9; Original: 1860). DDR-sozialisierte Menschen können sich möglicherweise noch an das Jugendbuch und den gleichnamigen Film „Mohr und die Raben von London" erinnern.

Aber der „Mohr" hat seine Schuldigkeit getan, in mehrfacher Hinsicht, auf jeden Fall als Bezeichnung. Spätestens seit die *Black-Lives-Matter-Bewegung* 2020 Europa und Deutschland erreicht hat, kreisen antirassistische Diskurse auch um Benennungen von Unternehmungen, Produkten, Straßennamen, Denkmalen.

„Mohr" (zum Beispiel die „Mohrenstraße" in Berlin, deren Umbenennung bevorsteht), „Nettelbeckufer" (Straße in Erfurt), Nettelbeck-Platz in Berlin, Nettelbeckstraße in Dortmund, „Neger" (im 17. Jahrhundert in die deutsche Sprache eingeführte und *immer* diskriminierend gemeinte Bezeichnung für dun-kelhäutige Menschen) und etliche andere Fremdbenennungen werden entweder von antirassistisch argumentierenden Wissenschaftler*innen, Politiker*innen oder Aktivist*innen als Zeichen rassistischer Diskriminierung abgelehnt und es wird die Umbenennung gefordert oder derartige Bezeichnungen werden wortreich und mit historischen Quellen als zutreffend verteidigt (vgl. Herling, 2021).[3] Das Nettelbeckufer zum Beispiel.

Joachim Nettelbeck spielte 1807 als Bürgeradjutant nicht nur eine wichtige Rolle bei der Verteidigung der preußischen Festung Kolberg gegen die Truppen Napoleons. Er war auch Steuermann auf einem holländischen Sklavenschiff, handelte selbst mit Sklaven und wurde in einem Propagandafilm der UFA von den Nationalsozialisten als großer Held instrumentalisiert. In diesem Film, uraufgeführt am 30. Januar 1945, spielte Heinrich George unter der Regie von Veit Harlan den Nettelbeck (Kemmerer & Nettelbeck, 2021). Für diese Instrumentalisierung ist Nettelbeck nicht haftbar zu machen. Die „dunkle" Seite von Nettelbeck als Sklavenhändler indes nahmen Initiativen, so die „Decolonize Erfurt", zum Anlass, vehement die Umbenennung von Straßen oder Plätzen, die nach Nettelbeck benannt wurden, einzufordern (siehe z. B. Berlin.de, 2023; Deutschlandfunk, 2022). Am 6. September 2023 wurde das Erfurter Nettelbeckufer in Gert-Schramm-Ufer umbenannt.[4] Derartige Initiativen entbehren allerdings nicht einer gewissen Borniertheit (siehe *Kap. 13*). Solange in den Orten, in denen Menschen am Nettelbeckufer oder am Nettelbeck-Platz wohnen, zum Beispiel auch Bismarckdenkmale (wie am Anger in Erfurt[5] oder im Berliner Tiergarten) „zu bewundern" sind, fehlt es den Umbenennungsinitiativen einfach an Konsequenz.

Spätestens seit 1880 versuchten die Deutschen einen kolonialen „Platz an der Sonne" zu ergattern, in Afrika oder im Pazifik und dies meist im Einklang mit den anderen europäischen Kolonialmächten. Auf der sogenannten „Westafrika-Konferenz", zu der Otto von Bismarck Vertreter von dreizehn europäischen Staaten, aus den USA und des Osmanischen Reiches vom 15. November 1884 bis zum 26. Februar 1885 nach Berlin eingeladen hatte, wurde in einer Schlussakte faktisch die koloniale Aufteilung Afrikas, respektive der Welt, beschlossen. Otto von Bismarck erklärte das Gebiet des heutigen Namibia zum „Schutzgebiet Deutsch-Südwestafrika", also zur

---

[3] In der schon erwähnten Studie von Mau, Lux und Westheuser stimmten 87 % der Befragten der Aussage zu: „Straßen wegen Rassismus umbenennen ist übertrieben" (Mau, Lux & Westheuser, 2023, S. 186).

[4] Gert Schramm (1928–2016) war der jüngste von insgesamt sechs im Konzentrationslager Buchenwald inhaftierten schwarzen Häftlingen.

[5] Die überlebensgroße Bronzestatue des „Eisernen Kanzlers" am Erfurter Anger wurde 1904 aufgestellt, 1948 entfernt und 2004 auf Initiative eines Bismarckturmvereins wieder errichtet (Erfurt-Web, 2023).

deutschen Kolonie. Die einheimischen Hereros und Namas wurden von den Kolonisatoren zu Menschen zweiter Klasse deklassiert und entrechtet. Sie verloren ihr Land und somit die wichtigste Grundlage ihrer Existenz. Im Januar 1904 begehrten die Hereros auf und wehrten sich gegen die Unterdrückung. Unter dem Kommando von Generalleutnant Lothar von Trotha (1848–1920) schlugen die Kaiserlichen Schutztruppen den Aufstand blutig nieder. Die Überlebenden ließ von Trotha in Konzentrationslagern internieren oder in die Wüste treiben, wo die meisten verdursteten. Im Oktober 1904 erhob sich auch der Stamm der Nama gegen die deutschen Kolonialherren. Ihr Kampf endete 1907 ebenfalls mit einer Niederlage. Zirka 80 % der Hereros und mehr als die Hälfte der Nama verloren in diesen Kolonialkriegen ihr Leben. Es war Völkermord, die vorsätzliche inhumane, eben unmenschliche Ausrottung von Volksgruppen. Bismarck war zu dieser Zeit schon verstorben. Zu den Aktivisten der Kolonialisierung zählt er dennoch. In Deutschland soll es rund 700 Bismarck-Türme, -Säulen und andere Denkmale von Bismarck geben (Wolfrum, 2002, S. 4).

Um die „Mohrenapotheke" und die „Mohrenstraße" nicht aus dem Blick zu verlieren. Gegen letztere Bezeichnung liefen in den vergangenen Jahren etliche Berliner Initiativen Sturm. Die Berliner CDU wandte sich gegen eine Umbenennung, ebenso der Historiker Götz Aly. Er klagte gegen das Bezirksamt Berlin Mitte und verlor (Aly 2021; Verwaltungsgericht Berlin, 2022). Nun soll die „Mohrenstraße" nach dem ersten bekannten Philosophen Deutschlands afrikanischer Herkunft, Anton Wilhelm Amo (1703–1759)[6], umbenannt werden, der allerdings mit Berlin wenig zu tun hatte.

Die „Mohrenapotheke" ist ein beliebtes Streitobjekt, in Feuilletons, in Talkshows oder in wissenschaftlichen Abhandlungen (z. B. Herling, 2021; Munske, 2020). Sandra Herling (2021) hat sich die Mühe gemacht, die laienlinguistischen „Mohren-Diskurse" in den Internetforen zwischen Juni 2020 und Juni 2021 auszuwerten. Dabei zeigte sich – kurzgefasst: Die einen fordern die Umbenennung, weil die Bezeichnung „Mohr" veraltet und rassistisch sei; die anderen bestehen darauf, die „Mohrenapotheke" auch weiterhin so nennen zu dürfen, da der Verweis auf den oder die „Mohren" eine Wertschätzung der Heilkundigen aus dem „Morgenland" bedeute.

---

[6] Amo studierte in Halle und in Wittenberg, promovierte dort 1734 zum Leib-Seele-Thema (De humanae mentis apatheia) und wirkte ab 1736 in Halle und im Jahre 1739 in Jena als Dozent der Philosophie (Martin-Luther-Universität Halle Wittenberg 2023).

Peter J. Bräunlein (1991) hat schon vor Jahren versucht, mehr oder weniger schlüssige Antworten auf die Frage nach der Benennung der „Mohrenapotheken" zu finden. Vor allem mit zwei Antwortmöglichkeiten hat er sich gründlicher befasst: Die namensbezogene Verwendung von „Mohr" könnte sich auf den aus Oberägypten stammenden und im Dienste des römischen Kaisers Diokletian (zwischen 236 und 245 bis 312) stehenden Hauptmann Mauritius beziehen. Der heute als Heiliger verehrte Soldat befehligte eine Abteilung christlicher Soldaten, die gemeinsam mit ihm Opfer in einer von Diokletian befohlenen „Säuberungsaktion" den „Heldentod" gestorben sein sollen, so die Legende. Später wurde Mauritius zum Schutzpatron der Soldaten, der Waffen- und Messerschmiede, der Färber, Glasmaler, Krämer usw. (Bräunlein, 1991, S. 224 ff.). Auf Stadtwappen (z. B. von Coburg), im Wappen der Nürnberger Familie Tucher oder als Heiligenfigur im Magdeburger Dom wird Mauritius als Mensch mit dunkler Hautfarbe und krausem Haar dargestellt. Dass er auch ein klassischer Apothekenheiliger war oder ist, lässt sich allerdings historisch nicht belegen. Etwas schlüssiger, allerdings auch auf wackligen Füßen stehend, könnte nach Bräunlein der Versuch sein, eine Verbindung zu den „Heiligen Drei Königen" herzustellen. Von den Dreien, die dem Christuskind Gold, Weihrauch und Myrrhe überbracht haben sollen, wird bekanntlich Caspar in der Regel als Dunkelhäutiger dargestellt. Eben jener Caspar könnte auch derjenige gewesen sein, der die Myrrhe, ein Heilmittel, als Geschenk mitbrachte. Und so könnte es sein, dass sich im 16. Jahrhundert eine Assoziationskette entwickelte, in der der „Mohr" Caspar und seine Myrrhe zur Grundlage für die Verbindung Arzt-Mohr-Apotheke wurden. Nicht schlecht.

Dem deutschen Wort „Mohr" liegen das lateinische „maurus" bzw. das griechische „mauros" zugrunde. Beides bedeutet „schwarz", „dunkel". Als Bezeichnung bezog sich das Wort „Mohr" zunächst auf die Bewohner Äthiopiens und später auf die Menschen aus dem westlichen Nordafrika, aus Mauretanien. Von dort, so Peter J. Bräunlein (ebd., S. 219), kamen eben auch im 8. Jahrhundert n. Chr. die nichtchristlichen Eroberer der iberischen Halbinsel, also die Feinde der Christen. So wunderte es nicht, dass sich die Bezeichnung „Mohr" im Verlaufe der Jahrhunderte nicht nur zu einem Begriff für Menschen mit dunkler Hautfarbe wurde, sondern als abwertender Bezeichnung für farbige Menschen Schule machte. Das konnten auch die „edlen Mohren" oder die „Hofmohren", die die Adligen und Reichen an den europäischen Höfen unterhalten sollten, nicht verhindern (Kunz, 2021, S. 57). Insofern haben die „Mohrenapotheke", die „Mohrenstraße" oder das „Hotel zum Mohren", ob es sich nun um einen, zwei oder drei „Mohren" handelt, nicht nur ein Geschmäckle, sie sind eben auch nicht losgelöst von der Hegemonie des Christentums und der Kolonialgeschichte zu betrachten. Ich komme darauf zurück.

Die „Indianer" wollen wir auch nicht vergessen: Franz Kafka hatte den Wunsch, Indianer zu werden: „Wenn man doch ein Indianer wäre, gleich bereit, und auf dem rennenden Pferd, schief in der Luft, immer wieder kurz erzittert über dem zitternden Boden..." (Kafka, 2020, S. 17; Original: 1912)[7]. An den Irrtum von Christoph Kolumbus muss nicht erinnert werden. Die alltägliche Diskriminierung der indigenen Menschen Amerikas ist ebenfalls bekannt, ebenso ihr andauernder Kampf um ihr Land und um ihr Leben. Wenn von „Indianern" die Rede ist, so schwingt in den meisten Fällen kein Rassismus mit, auch wenn man sich fragen kann, ob die Fremdbezeichnung sonderlich passend ist. Auf einem Parteitag der Grünen im März 2021 antwortete Bettina Jarasch, Abgeordnete im Berliner Senat, auf die Frage, was sie als Kind gern geworden wäre. „Indianerhäuptling" lautete ihre Antwort. Und ein Shitstorm brach los. Indigene Stämme, so die Kritiker*innen würden die Bezeichnung „Indianer" als kränkend empfinden (Berliner Zeitung, 2021a). Bettina Jarasch entschuldigte sich zwar, die Berliner Zeitung (BZ) indes ließ nicht locker und fragte bei Politiker*innen, Prominenten und Wissenschaftler*innen nach. Heike Bungert, Professorin in Münster, wurde auch gefragt und von der BZ wie folgt zitiert: „Als Fremdbezeichnung gilt das Wort ‚Indianer' heute vielen Deutschen als kolonialistisch. Es bleibt aber das Problem des fehlenden Sammelbegriffs. In den USA bezeichnen sich ‚Indianer' eher als ‚American Indians'. In Anlehnung an diese Präferenz kann man also im Deutschen ‚Indianer' noch benutzen – auch wenn das Wort ‚Indigene' bzw. die Benennung der individuellen Gruppe zu bevorzugen ist" (Berliner Zeitung, 2021b).

Ich bin kein Mitglied in einem der 400 verschiedenen Clubs, die sich an Wochenenden in Indianerkleidung treffen, in Tipis schlafen und sich als Rothäute bezeichnen (Alvarez & Kunze, 2018, S. 83). Aber ich bekenne, als Kind lieber Indianer als Cowboy gespielt zu haben, noch heute die Indianerfilme mit Gojko Mitić besser finde als die Karl-May-Verfilmungen. Und meine Enkel lesen mit großem Interesse und viel Sympathie mein mittlerweile ziemlich verschlissenes Buch „Blauvogel – Wahlsohn der Irokesen" von Anna Jürgen; sie sehen sich Abenteuer von Yakari im Fernsehen an oder feiern gern Indianergeburtstag.

> „Sehen Sie – ich möchte nicht einfach nur eine Sorte von Verrückten durch eine andere Sorte von Verrückten ersetzen [...] ich will Schluss machen mit allen Wahnideen und mit den menschlichen Neigungen, die Wahnideen

---

[7] Den Hinweis auf das Fragment von Franz Kafka sowie weitere Anregungen verdanke ich dem Buch „Ethik der Appropriation" von Jens Balzer (2023).

unterstützen und ihren Propheten den Erfolg leicht machen" (Feyerabend, 1992, S. 55).

15.3 Ausschlussverfahren und Diskurskontrollen

Und dann sind da noch die Debatten um *Blackfacing* und *Jewfacing*. Blackfacing passiert, wenn weiße Menschen sich verkleiden, ihr Gesicht mit dunkler Farbe bemalen, um so ein stereotypes Bild vom Schwarzsein farbiger Menschen (korrekter: People of Color") zu vermitteln. Vor diesem Hintergrund wurde in den letzten Jahren in den Feuilletons und in der wissenschaftlichen Welt (z. B. Dillmann, 2020; Skwirblies, 2022) u. a. heftig z. B. über die schwarze Schminke diskutiert, die sich weiße Schauspieler auf ihr Gesicht schmieren, um Othello mimen zu können. Ähnlich heftig waren im Sommer 2023 die Diskussionen, als bekannt wurde, der US-amerikanische, nichtjüdische Schauspieler Bradley Cooper habe sich eine große Nasenprothese ins Gesicht modellieren lassen, um im Film „Maestro" den Dirigenten und Komponisten Leonhard Bernstein spielen zu können (z. B. Tagesschau, 2023). *Jewfacing* wurde dem Schauspieler in den sozialen Medien vorgeworfen, also die klischeehafte Darstellung von Juden durch einen Nicht-Juden.

Einen Ursprung für das *Blackfacing* wird in den US-amerikanischen *Minstrel Shows* des 19. Jahrhunderts gesehen, „[…] in denen klischeehafte Imaginationen von Schwarzsein ein weißes Publikum belustigten und die Ausbeutung und Versklavung Schwarzer Menschen legitimierten" (Wilmot, 2020, S. 117). Und das *Jewfacing* kennt man aus den Propagandafilmen der Nationalsozialisten, zum Beispiel aus dem antisemitischen Film „Jud Süß" über den jüdischen Finanzratgeber des Herzogs Karl Alexander von Württemberg, Joseph Süß Oppenheimer, gespielt vom nichtjüdischen Schauspieler Ferdinand Marian (ausführlich über den Rassismus im Film „Jud Süß" siehe auch: Malli, 2022).

Wir haben es somit in beiden Fällen, beim Blackfacing sowie beim Jewfacing, im Hinblick auf ihre historischen Wurzeln mit Formen rassistischer Körperinszenierung zu tun. Ich frage mich allerdings, ob diese historischen Wurzeln immer aufgerufen werden müssen, wenn im Theater oder im Film weiße nichtjüdische Menschen Rollen von Jüdinnen und Juden oder People of Color zu spielen versuchen. Helen Mirren, eine Nichtjüdin, war brillant in der Rolle von Golda Meir im Film „Golda" aus dem Jahre 2023 (Kino-Zeit, 2023) und Martin

Reik hervorragend als schwarz geschminkter Othello in „Othello. Venedigsneger"
(Deutschlandfunk, 2012).

Zugegeben, das sind keine wissenschaftlichen Argumente, sondern die ganz
persönlichen Meinungen eines Wissenschaftlers, der auch Patti Smith's „Rock N
Roll Nigger" für einen großen Song hält. Spotify, Apple Music, Tidal oder Ama-
zon Music haben dieses Lied aus ihren Streamingangeboten entfernt. Auch das
ist absurd. Wenn Patti Smith von „Nigger" singt, Jimmy Hendrix, Jesus Christus,
ihre Großmutter oder Jackson Pollock als „nigga" bezeichnet, so wird eigentlich
klar, was und wie das gemeint ist. Es geht nicht um die Verhöhnung der Afro-
amerikaner*innen. Patti Smith dekonstruiert quasi das Wort „Nigger", indem sie
es als Symbol für jene verwendet, die „outside of society" wahrgenommen werden. „Outside of society. They're waitin' for me. Outside of society. If you're
looking, that's where you'll find me" (vgl. auch: Büttner, 2022).

Gehen wir noch ein Stück weiter: Kennen Sie das Gedicht „avenidas" von
Eugen Gomringer? Das Gedicht ist auf Spanisch geschrieben und zierte lange Zeit
die Fassade der *Alice Salomon Hochschule* in Berlin-Hellersdorf. Die deutsche
Übersetzung lautet: „Alleen/Alleen und Blumen/Blumen/Blumen und Frauen/
Alleen/Alleen und Frauen/Alleen und Blumen und Frauen und/ein Bewunderer". In den Jahren 2017 und 2018 wurde heftig darüber gestritten, ob dieses
Gedicht an der Fassade der Hochschule bleiben darf oder ob es, wie es der Stu-
dierendenausschuss der Hochschule forderte, übermalt werden müsse, weil es ein
„altmodisches Frauenbild" transportiere. Es wurde schließlich übermalt und findet sich nun – unweit von der *Alice Salomon Hochschule* – an der Fassade eines
Wohnhauses (siehe auch: Süddeutsche Zeitung, 2019). Hin und wieder wird dieses Gedicht auch als ein Indikator für ein Geschehen betrachtet, dass nicht nur in
den Feuilletons, sondern auch in wissenschaftlichen Publikationen „Cancel Culture" genannt wird. Mit „Cancel Culture" (von engl. „to cancel", „etwas absagen",
„etwas fallenlassen", „etwas streichen") ist ein Phänomen gemeint, mit dem „[…]
missliebigen, mehr oder weniger bekannten, lebenden oder nicht mehr lebenden
Personen (etwa aus Wissenschaft, Kunst und Politik) die Unterstützung entzogen
oder der Kampf angesagt wird, mit dem Ziel, ihre Reputation zu beschädigen, ihre
Berufsausübung bzw. die Rezeption ihres Werks zu verhindern oder ihre Präsenz
in den Massenmedien und sozialen Medien zu vermindern" (Bendel, Lin-Hi &
Suchanek, 2022, S. 15).

Adrian Daub (2022) analysiert die Entwicklungen der Cancel Culture (CC)
von den Vorformen in den Jahren der Reagan-Administration über vermeintliches
Canceln an US-amerikanischen Universitäten bis zu Cancel-Culture-Vorwürfen in
rechtsextremen und rechtspopulistischen Ecken. Der Diskurs über CC, so Daub,

entpuppe sich mehr und mehr als Neuauflage der Debatten um die Political Correctness, die in den USA in den frühen 1990er Jahren Fahrt aufnahmen und sowohl von Anhängern der Bush-Administration als auch von Demokraten um *Clinton* rhetorisch angeheizt wurden. Das Reden von und über CC erheische und kanalisiere Aufmerksamkeit und stütze sich auf Anekdoten. Es seien Geschichten, in denen mit Raum und Zeit gespielt werde, die oft unpräzise, aber als glaubwürdig erzählt werden. „Cancel-Culture-Anekdoten zu konsumieren, bedeutet eine Art Erziehung zur selektiven Übertreibungstoleranz. Oder vielleicht besser, Cancel-Culture-Anekdoten suggerieren, welche Art der Übertreibung legitim ist und welche nicht" (Daub, ebd., S. 214 f.). Der Geburtsort von CC sei das Internet. Nur dort habe der Ausdruck einen Hauch von Trifftigkeit.

Nun, das ist vielleicht zu viel Lob oder Kritik am Internet. Cancel Culture hat eine längere Vergangenheit als die Geschichte des Internets. Man denke zum Beispiel an den „Index Romanus", das von der römischen Inquisition aufgestellte „Verzeichnis der verbotenen Bücher" (erstmals veröffentlicht 1559, letztmals aktualisiert 1962 und dann nicht mehr weitergeführt). Die Liste umfasste z. B. Bücher von Honoré de Balzac, Giordano Bruno, Auguste Comte, René Descartes, Alexandre Dumas, Gustave Flaubert, Heinrich Heine, Victor Hugo, Immanuel Kant, John Stewart Mill, Jean-Jacques Rousseau, Voltaire, Thomas Hobbes, Moses Maimonides oder Simone de Beauvoir und Jean-Paul Sartre (Wolf & Arning, 2010, S. 165). An das römische Verdikt „Verdammung des Andersdenkens" (Damnatio memoriae) und seine Anwendung im Mittelalter kann man ebenfalls denken (Schwedler, 2020) oder an die Bücherverbrennungen auf dem Wartburgtreffen der Burschenschaften im Jahre 1817 (Ries, 2019) oder 1933 in ganz Deutschland (Schenck, 2023). Falls diese Beispiele nicht ins wissenschaftliche Verständnis von Cancel Culture passen sollten, erinnere ich an das „Kahlschlagplenum", an das 11. Plenum des Zentralkomitees der SED, auf dem im Dezember 1965 der Kampf gegen „Feinde des Sozialismus" beschlossen wurde. Zu den Feinden gehörten nun, so konnte man es von Walter Ulbricht, Erich Honecker, Horst Schumann und anderen Männern auf diesem Plenum hören, „Gammler", „Nieten in Nietenhosen", „Rowdys", „Beat-Gruppen", aber auch Wolf Biermann, Werner Bräunig, Robert Havemann, Stefan Heym und all jene, die sich nicht bereit erklärten, eine „[…] der Partei angenehme Kunst" zu schaffen (Günter Mittag, zit. n. Groschopp, 2012, S. 423). Daraufhin wurden Bücher, Filme, Theaterstücke, Musikgruppen, Schriftsteller*innen und Musiker*innen verboten. Übrigens: Wenige Monate vor dem 11. Plenum, im Oktober 1965, erhielten die DDR-Rockgruppe „Butlers" und zahlreiche andere Bands Auftrittsverbot, woraufhin es in Leipzig zu einem „Beataufstand" kam (Mählert & Stephan, 1996, S. 166 f.). Mehrere tausend junge Leute demonstrierten für die Wiederzulassung der verbotenen Bands. Und dann ging alles seinen Gang. Die Demonstration wurde von der Polizei und anderen Sicherheitskräften brutal beendet. Im Sinne der Ausgewogenheit sei schließlich noch der bundesdeutschen „Radikalenerlass" aus dem Jahre 1972 genannt, in dessen Folge „Verfassungsfeinde" nicht mehr im öffentlichen Dienst (z. B. in Hochschulen, der Bundesbahn oder in Schulen) arbeiten durften. Insgesamt sollen zirka 3,5 Mio. Personen überprüft, mehr als 1.200 Personen als linksextrem eingestuft und rund 260 Personen entlassen worden sein (vgl. auch: Braunthal, 1993).

Folgen wir Adrian Daub weiter: Während in den USA ein Abwandern der Cancel-Culture-Debatten von den digitalen Medien hin zu den Printmedien zu beobachten sei, finde der Diskurs in Deutschland sowohl in den sozialen Medien als auch in den Zeitungen statt – und dort vor allem in den Feuilletons. Cancel-Culture-Texte sagen: „Es ist in Ordnung, Einzelfälle immer schon im Licht eines ganz spezifischen Framings zu sehen und sich dann einzureden, man habe sich informiert. In solchen Texten kommt Stimmung vor Detail, alles wird im caravaggiesken Schlaglicht des Kulturkampfs analysiert" (Daub, 2022, S. 281). Das Interesse an angeblicher Zensur, Identitätspolitik und „Wokeness" stehe in keinem Verhältnis zur belegbaren Verbreitung von CC. In Deutschland verbinde sich die Cancel-Culture-Panik mit der Angst vor „linker Zensur" und einer „Identitätspolitik von links". Statt sich nun aber mit den Wurzeln der (amerikanischen) Identitätspolitik, mit den Kämpfen afroamerikanischer Frauen oder LGBTQ + -Personen auseinanderzusetzen, unterstellen Menschen der weißen Mehrheitsgesellschaft jenen, für die ihre Identität wesentlich ist, mangelnde Toleranz, Debattenunwilligkeit etc. „Die Kritik der Identitätspolitik ist in vielen Fällen schlicht Identitätspolitik für Menschen, die Jürgen heißen" (Daub, ebd., S. 257). In der Angst vor CC schwinge auch immer ein gewisses Maß an Antiamerikanismus mit. „Der Kampf gegen Cancel Culture mag sich als Speerspitze eines wehrhaften Liberalismus verstehen. In Wahrheit ist er Teil des Backlash, der die liberale Demokratie überhaupt erst bedroht" (ebd., S. 341).

Bekanntlich muss man Reden von deutschen Politiker*innen zum Politischen Aschermittwoch nicht sonderlich ernst nehmen. Interessant war sie dann aber doch, die Rede des bayerischen Ministerpräsidenten *Markus Söder* am 22. Februar 2023. „Ein zwanghaftes Gendern", so *Söder* mit unverkennbaren Blick auf das Geschehen in der deutschen Hauptstadt und auf seinen politischen Hauptgegner in Bayern, die Grünen, „[...] machen wir in Bayern nicht. In Bayern darf überhaupt jeder nach seiner Façon glücklich werden. Wir unterwerfen uns hier weder irgendwelchen Umerziehungs-Fantasien noch betreiben wir hier eine Cancel Culture" (Hamburger Abendblatt, 2023). Wer für das „zwanghafte" Gendern, für die „Umerziehungs-Fantasien" und die „Cancel Culture" genau verantwortlich ist, sagte *Söder* leider nicht direkt. Seine Sprüche illustrieren aber einige Hauptbefunde aus dem Buch von Adrian Daub: Über CC werde mehr geraunt als konkret gesprochen bzw. geschrieben. Das Wort „Cancel Culture" tauche eher bei jenen auf, die sich vom Geschehen bedroht sehen als bei denen, die unter Umständen tatsächlich canceln.

Ein weiterer Befund sei das Anekdotische, das die Debatten über CC auszeichnet. Eine Anekdote ist bekanntlich eine kurze Erzählung über tatsächlich stattgefundene oder erfundene Geschehnisse. Je öfter eine Anekdote erzählt wird, um so glaubhafter wird sie, auch wenn sich im Verlaufe des Weitererzählens manche Merkmale des erzählten Geschehens verändern, verschwinden und/oder durch neue Merkmale ersetzt werden. Das passiert auch in den Debatten über CC. Allerdings sind die Anekdoten über CC gar nicht so unbestimmt in Raum und Zeit, wie Adrian Daub meint. Die Beispiele, die er in Kapiteln seines Buches jeweils voranstellt, scheinen das zu belegen. In den meisten Beispielen werden Personen genannt, die scheinbar gecancelt wurden; auch die Orte der vermeintlichen „Cancel"-Geschehnisse bleiben selten unerwähnt. Das trifft meist auch auf die Beispiele respektive Anekdoten zu, die über das Canceln in deutschen Lebensräumen erzählt werden (z. B. die weiße Musikerin *Ronja Maltzahn*, die wegen Rastalocken auf einer Veranstaltung in Hannover im Frühjahr 2022 für „unerwünscht" erklärt wurde; die Kabarettistin *Lisa Eckhart* wurde 2020 vom *Harbourfront Literaturfestival* in Hamburg wegen angeblich rassistischer und antisemitischer Äußerungen ausgeladen; *Bernd Lucke*, AfD-Mitbegründer, wurde im Oktober 2019 von Studierenden daran gehindert, seine Vorlesung zu halten). Unabhängig davon, ob es sich in diesen beispielhaften Fällen um CC oder bloße Streitfälle handelte, gerade die scheinbare Konkretheit in den Anekdoten erhöht einerseits ihre Glaubwürdigkeit. In diesem Sinne unterscheiden sich die CC-Anekdoten von den modernen Sagen und Großstadtmythen, die Bengt af Klintberg (1990) so treffend dekonstruiert hat (siehe auch: Frindte

& Frindte, 2020, S. 75 ff.). Andererseits ist Cancel Culture keine Kulturtechnik, die von woken, linken und identitätsbesorgten Menschen praktiziert wird. Vielmehr gehört das Reden und Schreiben von bzw. über Cancel Culture überwiegend zu den Sprachspielen in manchen konservativen und (rechts-)populistischen Subkulturen.

Frei von derartigen Sprachspielen und Ausgrenzungsinstrumenten sind die identitätsbesorgten Menschen indes auch nicht. Empirische Studien zeigen, dass das Bestreben, Personen oder soziale Gruppen auszugrenzen, weil sie angeblich beleidigende, frauenfeindliche, rassistische oder antisemitische Positionen vertreten, nicht nur ein rhetorischer Mythos ist, sondern auch von den jeweils existierenden Dominanzkulturen in Gruppen, Gesellschaften oder Nationen mitbestimmt sein kann. Pippa Norris (2023) belegt das anhand einer Studie, an der 2500 Wissenschaftler*innen aus verschiedenen Ländern teilgenommen haben. Während sich in Ländern, wie USA, Großbritannien oder Schweden, vor allem konservative Wissenschaftler*innen mit einem „kühleren" und ablehnenden Klima konfrontiert sahen, waren es in Ländern mit einer eher „traditionellen Moralkultur", wie z. B. in Nigeria, besonders linksorientierte Menschen, die über Bedrohungen durch sozialen Ausschluss berichteten. Zu erinnern ist in diesem Zusammenhang auch daran, dass Wissenschaftler*innen, die ihre Expertise während der Corona-Pandemie der Öffentlichkeit und der Politikberatung bereitgestellt haben, mit Vorwürfen der Datenmanipulierung konfrontiert, mit unflätigen Beschimpfungen oder gar mit Gewalt bedroht wurden.

Vor dem Hintergrund solcher Einzelfälle macht Mitchell G. Ash auf die „Diskurskontrolle an deutschen Universitäten" aufmerksam (Ash 2022). „Diskurskontrolle" ist sozusagen das neutrale Wort für Cancel Culture oder Political Correctness. Diskurskontrolle herrscht dann, wenn die – in der Regel so hochgehaltene – Wissenschaftsfreiheit bedroht wird.

Eine solche Kontrolle kann *extern* erfolgen, so z. B. von Institutionen außerhalb des Raumes, in dem Forschung betrieben wird (*Context of Manufacture* hatte ich diesen Raum an früherer Stelle genannt; *Kap. 14*). Mitchell G. Ash erwähnt als Beispiel einen Fachartikel von Stefan Lewandowsky (2019), der nachweist, dass sich Gegner*innen des menschengemachten Klimawandels wie Anhänger*innen von Verschwörungserzählungen verhalten. Der Artikel war in einer Fachzeitschrift bereits publiziert worden, musste aber aufgrund mehrerer Klagen wieder zurückgezogen werden.

Die Diskurskontrolle kann auch *intern* betrieben werden. Das ist zum Beispiel dann der Fall, wenn „[…] eine Disziplin oder Gruppe von Disziplinen versucht, den Diskurs in anderen Disziplinen dahingehend zu kontrollieren, wer in welchen Fächern wie genau von Sex und Gender reden darf" (Ash, 2022, S. 22).

Schließlich sind auch *internalisierte* Diskurskontrollen denkbar. Sie funktionieren quasi wie vorauseilender Gehorsam. Wissenschaftler*innen kontrollieren sich dabei selbst, in dem sie auf nichterwünschte Forschungsthemen, -praktiken oder –regeln verzichten. „Eine Internalisierung von Diskurskontrollen mag auch dann vorliegen, wenn von außen kommende politische Forderungen oder Wertehaltungen zur Grundlage einer wissenschaftlichen Disziplin erhoben werden, etwa durch Dogmatisierungen von Gender-, Diversitäts- oder ‚Entkolonialisierung'-Perspektiven über die Personalpolitik hinaus, und die beteiligten Wissenschaftler*innen diese Vorgaben zur Grundlage der eigenen Forschung werden lassen" (Ash, 2022, S. 28). *Ash* und seine Mitstreiter*innen empfehlen deshalb u. a., Wissenschaft nicht mit politischer Verantwortungslosigkeit zu verwechseln, wissenschaftliche Diskurse ohne Moralisierung oder politische Denkverbote zu ermöglichen und die Fürsorgepflicht gegenüber personalisierten Kampagnen und Drohungen gegen Hochschulangehörige ernst zu nehmen.

Um an Paul Feyerabend zu erinnern:

„Welche Werte wählen wir, um die Wissenschaften von heute auf ihre Brauchbarkeit zu untersuchen? Es scheint mir, dass die Glückseligkeit und die volle Entfaltung individueller menschlicher Wesen auch heute noch als höchster Wert gelten muss. Dieser Wert schließt andere Werte nicht aus, die aus institutionalisierten Lebensformen folgen (Beispiele sind Wahrheit, Mut, Selbstverleugnung und so weiter). Er kann auch diese anderen Werte fördern, aber nur in dem Ausmaß, in dem sie zum Fortschritt des Individuums beitragen. Ausgeschlossen wird der Missbrauch institutionalisierter Werte zur Verurteilung und vielleicht gar zur Elimination jener Menschen, die ihr Leben anders einrichten wollen. [...] Der Grundwert menschlicher Glückseligkeit und Selbstvervollkommnung fordert also eine Methodologie und eine Reihe von Institutionen, die uns befähigen, so wenig wie nur möglich von unseren Fähigkeiten zu verlieren und unsere eigenen Neigungen so weit wie nur möglich zu verwirklichen" (Feyerabend, 1978, S. 167).

15.4 Vom Weißsein und kultureller Aneignung

Damit wären wir bei den Vertreterinnen und Vertreter der *Postcolonial Studies*, der *Critical Race Studies* oder der *Whiteness Studies*, die übrigens Immanuel Kant als einen theoretischen Vordenker der imperialen Eroberung, des Kolonialismus und des Rassismus betrachten (z. B. Dhawan, 2017; Moses, 2021a; Robinson, 2002 u.v.a).

Sie berufen sich u. a. auf Kants rassistische Auslassungen, die er in Vorlesungen unter dem Titel „Physische Geographie" 1772/73 in Königsberg gehalten hat. Es muss eine populäre und gut besuchte Vorlesung gewesen sein, folgt man Karl Vorländer (1993, Teil 2, S. 65). Kant hat diese Vorlesung allerdings nie selbst publiziert. Der heute zugängliche Text stützt sich auf Vorlesungsmitschriften, die Kants Schüler und Kollege Friedrich Theodor Rink 1802 – also noch zu Lebzeiten Kants – als Buch veröffentlichte. Dort liest man u. a.: „Die Menschheit ist in ihrer größten Vollkommenheit in der Race der Weißen. Die gelben Indianer haben schon ein geringeres Talent. Die Neger sind weit tiefer und am tiefsten steht ein Theil der amerikanischen Völkerschaften. […] Der Einwohner des gemäßigten Erdstriches, vornehmlich des mittleren Theiles desselben ist schöner an Körper, arbeitsamer, scherzhafter, gemäßigter in seinen Leidenschaften, verständiger, als irgendeine andere Gattung der Menschen in der Welt. Daher haben diese Völker zu allen Zeiten die andern belehrt, und durch die Waffen bezwungen" (Kant, AA, Band IX, S. 317).

Die heterogenen, multidisziplinären Forschungsrichtungen der Postcolonial oder Critical Race Studies beschäftigen sich nicht nur mit den Wirkungen und Hinterlassenschaften des Kolonialismus, sondern führen nahezu alle sozialen, politischen und kulturellen Probleme der Jetztzeit, einschließlich des menschengemachten Klimawandels, auf die koloniale Dominanz des „weißen Westens" zurück. Der Rassismus der Weißen sei Ursache *und* Folge der kolonialen Verbrechen in Vergangenheit und Gegenwart. Auch den Antisemitismus und den Holocaust sehen einige Vertreterinnen und Vertreter des Postkolonialismus als Teil der Kolonialgeschichte so wie die massenhafte Versklavung, Vertreibung und Vernichtung kolonialisierter Völker. Dabei geht es gar nicht darum, den Holocaust zu leugnen, sondern ihm – nach der „post-kolonialen Wende" – die Singularität abzusprechen und den Antisemitismus sowie die Massenvernichtung der Juden in die Geschichte des kolonialen Rassismus einzuordnen (Cheyette, 2018). Vor allem jene Wissenschaftler*innen, die die Völkermorde an indigenen Völkern untersuchen, meinen, die These von der Einzigartigkeit des Holocaust sei dogmatisch, würde die Sichtweisen der Opfer kolonialer Völkermorde negieren und einen hegemonialen Eurozentrismus befördern (Moses, 2002).

In Deutschland hat der australische und in den USA lehrende Politikwissenschaftler A. Dirk Moses im Sommer 2021 für Aufregung gesorgt, als er den Beschluss des Deutschen Bundestages vom Mai 2019 kritisierte, in dem die

BDS-Boykottaufrufe[8] gegen Israel als antisemitisch bezeichnet wurden. Dieser Beschluss wurde mit den Stimmen von CDU/CSU, SPD, FDP und großen Teilen der Grünen sowie eines fraktionslosen Abgeordneten verabschiedet (Bundestag, 2019). A. Dirk Moses nannte diesen Beschluss das „bislang unheilvollste Signal" für die Ignoranz, mit der die bundesdeutschen Eliten den Kampf der Palästinenser gegen die Kolonialisierung durch Israel zu leugnen versuchen (Moses, 2021b).

„Die Erinnerung an den Holocaust als Zivilisationsbruch ist für viele das moralische Fundament der Bundesrepublik. Diesen mit anderen Genoziden zu vergleichen, gilt ihnen daher als eine Häresie, als Abfall vom rechten Glauben. Es ist an der Zeit, diesen Katechismus aufzugeben" (Moses, 2021b). Deutsche Wissenschaftseliten würden, so *Moses*, im Verein mit führenden Politikerinnen und Politikern auf der Einzigartigkeit des Holocaust bestehen und ihn als „heiliges Trauma" betrachten, „[...] das um keinen Preis durch andere Ereignisse – etwa durch nichtjüdische Opfer oder andere Völkermorde – kontaminiert werden darf, da dies seine sakrale Erlösungsfunktion beeinträchtigen würde".

Keine Frage, die Aufarbeitung der kolonialen Verbrechen des „Westens" ist dringend notwendig, die intellektuellen Vordenker müssen benannt und der alte und neue Rassismus bekämpft werden. Die Geschichte der Judenfeindlichkeit beginnt indes früher als die der Kolonialverbrechen. Und der Holocaust war mehr als eine schreckliche Ausuferung des Kolonialismus.

Der Antisemitismus ist die kalkulierte Inszenierung der Vernichtung der Juden als Juden, weil es ein Publikum gibt, das erst ob der Inszenierung staunt, um sich dann willig an der Inszenierung zu beteiligen und schließlich die Vernichtung der Juden als Juden selbst und in noch brutalerer Weise auszuführen. Es war letztlich immer das Publikum, das als populus, als Volk oder als „gemeines Volk" die inszenierte Judenfeindschaft (noch vor dem Mittelalter) oder den ideologisierten Antisemitismus in die Tat umsetzten. So sollten „gemeine" Perser die vom Oberpriester Haman

---

[8] BDS bedeutet: „Boycott, Divestment and Sanctions" bzw. Boykott, Desinvestitionen und Sanktionen. Die Anhängerinnen und Anhänger fordern, man solle den Staat Israel wegen der „Besetzung und Kolonialisierung des 1967 besetzten arabischen Landes" wirtschaftlich, politisch und kulturell boykottieren (BDS, 2021). Es handelt sich um eine transnationale Kampagne, die sich zwar auf Beschlüsse der UNO beruft und die Beachtung der Menschenrechte einfordert, letztlich aber versucht, den Staat Israel vom Rest der Welt zu isolieren. Die moderne Form von kolonialem Rassismus – so zum Beispiel Omar Barghouti (2021), ein Mitbegründer von BDS – manifestiere sich in der Unterdrückung der Palästinenser durch die Israelis.

inszenierte Vernichtung vollziehen (Buch Esther); „gemeine" Bürger ließen sich von so genannten Kreuzfahrern zu den Pogromen im Hochmittelalter anstacheln; „gemeine" Bürger töteten auch die Juden, von denen gesagt wurde, sie hätten die Brunnen vergiftet und christliche Kinder gemordet; „normale" deutsche Studenten verbrannten auf dem Wartburgfest 1817 jüdische Schriften; ganz „normale Deutsche" ließen sich in der Nacht vom 9. zum 10. November 1938 von der NSDAP und der SA „organisieren", um jüdische Geschäfte, Privathäuser, Wohnungen und Synagogen zu zerstören; und ganz „banale" Deutsche organisierten und vollzogen schließlich auch den Holocaust. Und wie bei jeder schlechten Inszenierung, hat am Ende niemand aus dem Publikum etwas gewusst bzw. das Böse immer schon abgelehnt. Um es nicht zu vergessen: Zwei Drittel der in Europa lebenden Juden fielen dem Holocaust zum Opfer, sechs Millionen Menschen! Und heute sind es ganz „gemeine" Menschen, die die nationalsozialistischen Verbrechen leugnen oder relativieren, die israelische Palästinenserpolitik mit der Vernichtung der Juden im Nationalsozialismus gleichsetzen, israelische Bürger*innen als Nazis bezeichnen oder als Jüdinnen und Juden erkennbare Menschen bedrohen.

Dan Diner, Saul Friedländer, Norbert Frei, Jürgen Habermas und Sybille Steinbacher wiesen die Thesen von A. Dirk Moses vehement zurück (Friedländer, Frei, Steinbacher & Diner, 2022). So macht Habermas u. a. darauf aufmerksam, dass der Vergleich des Holocaust mit den kolonialen Genoziden einen „spezifischen Unterschied" ignoriere. Während es bei den deutschen Verbrechen im „Osten" um rücksichtslose „Gewinnung von Lebensraum" ging, in dessen Folge die dort ansässigen slawischen Völker unterdrückt, ausgebeutet und auch getötet wurden, wurden die deportierten Juden aus „[...] dem einzigen Grund, weil sie Juden waren, ermordet" (Habermas in: Friedländer et al., 2022, S. 11). Die Vernichtung der Juden richtete sich nicht gegen Fremde, sondern gegen die eigenen Bürger, „[...] die als subversive Gefahr erst kenntlich gemacht und schrittweise aus der eigenen Bevölkerung ausgegrenzt werden mussten, bevor sie in die Vernichtungslager abtransportiert wurden". Das ist der Unterschied, der den Unterschied macht, auf den Saul Friedländer ebenfalls hinweist. „Der Unterschied", so Friedländer, „liegt im historischen Kontext des jeweiligen Genozids. In diesem Sinne – und nur in diesem – ist der Holocaust besonders und tatsächlich präzedenzlos" (Friedländer et al. ebd., S. 18). Dieser Kontext und seine historische Gewordenheit, ein zwei Jahrtausend alter Hass gegenüber Jüdinnen und Juden, sei entscheidend, um die Einzigartigkeit der Shoa zu begreifen. Die darauf bezogene Erinnerungskultur entspringe keinem irgendwie formulierten „Katechismus", sondern habe sich in Deutschland sehr langsam über Generationen entwickelt und nichts mit einer verborgenen politischen Agenda zu tun. Sybille Steinbacher hält Moses entgegen, verglichen mit anderen Völkermorden, wie dem an den Herero und Nama, an den Armeniern oder an den Tutsi, war die Judenvernichtung einzigartig. Sie war es deshalb, weil die „Endlösung der Judenfrage" eben nicht in der Tradition eines kolonialistischen Programms stand, sondern ausschließlich von einer eigenen fanatischen Hemmungslosigkeit angetrieben wurde (Steinbacher in: Friedländer et al., 2022, S. 64).

Historische Vergleiche können hilfreich sein, aber auch blinde Flecken verursachen und dazu führen, dass das Monströse kleingeredet wird. Was bezweckt also der kulturrevolutionäre Furor, mit dem Moses und andere vom angeblichen Vergleichsverbot schreien? „Die Attacke richtet sich gegen die hart erkämpften Errungenschaften der Gedenkkultur hierzulande genauso wie gegen Israel, das stellvertretend gemeint ist, wenn es um den Topos von der Einzigartigkeit des Holocaust geht. Juden dürfen deshalb keine besondere Opfergruppe sein, weil, wie es heißt, Schluss sein müsse mit der selbstangemaßten jüdischen Hegemonie" (Steinbacher ebd., S. 66). Schlicht und ergreifend steckt hinter den postkolonialistischen Ergüssen von A. Dirk Moses eine anti-israelische Attitüde mit antisemitischem Zuschnitt.

Aber wie ist das nun mit den „Weißen" und dem *Weißsein* (whiteness)? Darüber ist man sich in den Scientific Communities nicht immer einig, eher schon, dass es sich einerseits sowohl beim *Weißsein* als auch beim *Schwarzsein* um soziale Konstruktionen von Rasse handele (vgl. z. B. Tißberger, 2017). Andererseits drücke sich im *Weißsein* auch immer ein hierarchisches Machtverhältnis gegenüber all jenen aus, denen das *Weiße* nicht zugebilligt wird. Die systematische Verschleppung und Versklavung von Menschen war nicht nur mit der dominierenden Kolonialpolitik der *Weißen*, sondern auch mit der Industrialisierung und dem wachsenden Wohlstand im „weißen Europa" eng verknüpft.[9] Und weiße Aufklärer lieferten in eurozentristischer Weise die Rechtfertigungen. „Mit Kants »Ausgang des Menschen aus seiner selbst verschuldeten Unmündigkeit« wird nicht allen der Weg in die Freiheit gewiesen", schreibt Martina Tißberger. Und weiter: „Das Zivilisationsprojekt der Moderne bringt nicht Entwicklungsmöglichkeiten für alle, sondern erzeugt einen geschichtslosen Raum, genannt

---

[9] Es muss an dieser Stelle nicht darauf hingewiesen werden, dass Sklaverei in Afrika oder Asien schon Jahrhunderte vor der Kolonialisierung durch den „Westen" verbreitet war (siehe auch: Patterson, 2018).

Primitivität, in dem Subjekte und Kulturen verortet werden, die aus diesem Zivilisationsprojekt ausgeschlossen sind: Die ‚Primitiven' und ‚Wilden' – Synonyme für Nicht-Weiße* – die zeitgleich in den europäischen Kolonien ausgebeutet werden" (Tißberger, 2017, S. 104).

Ob die europäischen Aufklärer*innen (es waren bekanntlich nicht nur Männer[10]) und die von ihnen vertretenen Werte damit obsolet geworden sind, wie Axel Honneth befürchtet (Honneth, 2023, S. 46), ist unter den Vertreterinnen und Vertretern der *Postcolonial Studies* nicht ausgemacht. Zu den weißen Männern, die die moralische Rechtfertigung für die Kolonialisierung der „Primitiven" geliefert haben, werden die Aufklärer*innen von den postkolonialen Kritiker*innen indes schon gezählt. Ja, es waren weiße Männer und Frauen, die im sogenannten „Westen" einen aufgeklärten Humanismus entwickelten, in dessen Zentrum der Mensch, seine Fähigkeit zur Selbstreflexion, die Freiheit, Würde und Gleichheit sowie ein mitmenschliches Miteinander stehen. „Auch der Postkolonialismus bleibt an dieses kleine Erbstück der Aufklärung gebunden, solange er seine Kritik am westlichen Denken als eine moralische Aufforderung zur kulturellen Umorientierung auffasst. So viel an Hybris und schlimmster Verleugnung kolonialer Gräueltaten auch in dieser philosophischen Hinterlassenschaft gesteckt haben mag, sie muss gleichwohl der Sockel bleiben, auf dem wir unser Selbstverständnis überprüfen und im Eingedenken unserer kolonialen Verbrechen grundsätzlich revidieren können" (Honneth, 2023, ebd.). Sicher, dieser aufgeklärte Humanismus hat und hatte seine Schattenseiten (ausführlich: Frindte, 2022).

Wird allerdings das *Weißsein* zur „Schlüsselkategorie des Rassismus" (Schmidt-Linsenhoff, 2004, S. 9), dann kommt die emanzipatorisch gemeinte Identitätspolitik der prekär lebenden, marginalisierten und diskriminierten Gruppen selbst in eine rassistische Schräglage. Insofern wäre es absurd, wenn nicht gar chauvinistisch, auf den abendländischen, westlichen Humanismus zu verzichten und nun ausschließlich auf die Identitätspolitik nichtweißer Gruppen und Gemeinschaften zu setzen.

Ich bin ein alter, weißer Mann. Nimmt man die extremen postkolonialen Kritiker*innen beim Wort, so trage ich nicht nur die Bürde des Kolonialismus; auch all mein Wissen, Fühlen, Sprechen und Handeln sei von dieser Bürde belastet. „Weiße Identität ist inhärent rassistisch. Es gibt keine weißen Menschen außerhalb des Systems weißer Suprematie", schreibt zum Beispiel Robin DiAngelo, eine (weiße) amerikanische Soziologin, in ihrem Bestseller *„White Fragility"*,

---

[10] Wer kennt noch Anne Conway (1631–1679), Philosophin und Briefpartnerin von Leibniz, Emilie du Châtelet (1706–1749), Philosophin, Physikerin und Partnerin Voltaires oder die Feministin Harriet Taylor Mills (1807–1858), Ehefrau von John Stuart Mill und manch andere (vgl. auch: Hagengruber, 1998).

hier zitiert aus der deutschen Übersetzung (DiAngelo, 2020, S. 203). Und wenn ich leugne, rassistisch zu sein, so sei das eben nur die Rechtfertigung meines impliziten rassistischen Denkens.

Dem ließe sich eigentlich nur eine andere These entgegensetzen, mit der die Vertreterinnen und Vertreter der *Postcolonial Studies* sicher nicht einverstanden sind: „Kultureller Austausch ist eine gut eingeführte Praxis. Für Jahrtausende tauschten Kulturen Ideen, technologische Errungenschaften, Kunstformen, Luxusgüter, Nahrungsmittel, Gottheiten und Prostituierte aus" (Feyerabend, 2005, S. 286).

Wäre dies nicht auch eine Basis, um die gescholtene und durchaus ambivalente *kulturelle Aneignung (cultural appropriation)* in einem neuen, positiven Lichte zu betrachten und sie nicht nur auf „Blackfacing", „weißen Rap" oder auf „Rastalocken" zu reduzieren? Denn so absurd ist die These nicht. Kulturelle Aneignung kann *einerseits* Teil postkolonialer Diskriminierungsprozesse sein. Jens Balzer nennt das „schlechte" oder misslungene Appropriation. „Schlechte Appropriation beutet ästhetische Erzeugnisse marginalisierter Menschen aus der Position einer hegemonialen Mehrheitsgesellschaft aus..." (Balzer, 2023, S. 54). Allerdings sei schlechterdings keine Kultur denkbar, die sich nicht aus der Aneignung vorangegangener kultureller Formen ergeben habe. Gute, reflektierende kulturelle Aneignung bedeutet dagegen *andererseits*, aus den unterschiedlichen kulturellen Einflüssen etwas Neues zu konstruieren, in dem kulturelle Grenzen überschritten und die Machtverhältnisse in den bisher begrenzten Räumen kritisch unter die Lupe genommen werden. Daraus ließe sich dann auch eine Ethik des Appropriierens ableiten, „[...] eine Ethik, die das Fremde im Eigenen freudig umarmt – und der die Solidarität im Diversen wichtiger ist als der Kampf aller gegen alle" (Balzer, ebd., S. 82). Ich bin mir sicher, Paul Feyerabend würde eine solche Ethik auch begrüßen.

Literatur

Alvarez, A., & Kunze, S. (2018). Indianer, der Holocaust und die Frage des Völkermords in Deutschland und den USA. In V. Benkert (Hrsg.), *Feinde, Freunde, Fremde?* (S. 83–104). Nomos Verlagsgesellschaft.

Aly, G. (2021). Meine letzte Kolumne. https://www.berliner-zeitung.de/politik-gesellschaft/meine-letzte-kolumne-li.167934; Zugegriffen: 14.08.2023.

Ash, G. A. (2022). Diskurskontrolle an deutschen Universitäten – Bedrohung der Wissenschaftsfreiheit? *Schriftenreihe der Berlin-Brandenburgischen Akademie der Wissenschaften.* Berlin: Berlin-Brandenburgische Akademie der Wissenschaften. https://edoc.bbaw.de/files/3738/BBAW_WiD_21_2022.pdf; Zugegriffen: 14.08.2023.

Balzer, J. (2023; Original: 2022). *Ethik der Appropriation.* Bundeszentrale für politische Bildung.

Barghouti, O. (2021). BDS: Nonviolent, Globalized Palestinian Resistance to Israel's Settler Colonialism and Apartheid. *Journal of Palestine Studies, 50*(2), 108–125.

BDS (2021). http://bds-kampagne.de/aufruf/deutschlandweiter-bds-aufruf/; Zugegriffen: 14.08.2023.

Bendel, O., Lin-Hi, A., & Suchanek, A. (2022). *110 Keywords Wirtschaftsethik.* Springer Gabler.

Berlin.de (2023). Der Nettelbeckplatz braucht einen neuen Namen! https://mein.berlin.de/projekte/der-nettelbeckplatz-braucht-einen-neuen-namen/; Zugegriffen: 14.08.2023.

Berliner Zeitung (2021a). Bettina Jarasch erntet Kritik für „Indianerhäuptling"-Aussage. https://www.berliner-zeitung.de/news/gruenen-parteitag-jarasch-ernet-kritik-fuer-indian erhaeuptling-aussage-li.147659; Zugegriffen: 14.08.2023.

Berliner Zeitung (2021b). Diskussion nach Jarasch-Entschuldigung! Darf man nicht mehr Indianer sagen?. https://www.bz-berlin.de/berlin/diskussion-nach-jarasch-entschuld igung-darf-man-nicht-mehr-indianer-sagen; aufgerufen: 14.08.2023.

Braunthal, G. (1993). *Politische Loyalität und öffentlicher Dienst. Der „Radikalenerlass" von 1972 und die Folgen.* Schüren Verlag.

Bräunlein, P. J. (1991). Von Mohren-Apotheken und Mohrenkopf-Wappen. *Zeitschrift für Kultur-Austausch-Regensburg: ConBrio Verl.-Ges., 1962, 41*(2).

Bröder, H. C., Meuleneers, P., & Zacharski, L. (2022). Neue Forschungen zur Genderlinguis-tik – Genderbewusste Sprache in Diskurs, Grammatik und Kognition: Tagungsbericht zur Auftakttagung des DFG-Projekts „Genderbezogene Praktiken bei Personenreferenzen "am 18. und 19.02. 2022. *Zeitschrift für germanistische Linguistik, 50*(3), 548–556.

Bundestag (2019). Antrag: BDS-Boykottaufruf verurteilen. https://www.bundestag.de/web archiv/presse/hib/2019_05/643058-643058; Zugegriffen: 14.08.2023.

Büttner, J.-M. (2022). Warum Patti Smith das N-Wort verwendete. https://www.derbund.ch/warum-patti-smith-das-n-wort-verwendete-726419595417; Zugegriffen: 14.08.2023.

Cheyette, B. (2018). Postcolonialism and the study of anti-semitism. *The American Histori-cal Review, 123*(4), 1234–1245.

Cirksena, F., & Leiner, D. J. (2022). Priming von Stereotypen durch geschlechtergerechte Sprache in journalistischen Texten. *Studies in Communication and Media, 11*(2), 240–277.

Daub, A. (2022). *Cancel Culture Transfer. Wie eine moralische Panik die Welt erfasst.* Suhrkamp.

Decker, O., Kies, J. Heller, A., & Brähler, E. (Hrsg.) (2022). *Autoritäre Dynamiken in unsicheren Zeiten.* Psychosozial-Verlag.

Deutschlandfunk (2012). Und alle Welt schaut zu. https://www.deutschlandfunkkultur.de/und-alle-welt-schaut-zu-100.html; Zugegriffen: 14.08.2023.

Deutschlandfunk (2022). „Nettelbecks koloniale Aktivitäten waren total unbekannt". https://www.deutschlandfunkkultur.de/zur-umbenennungs-debatte-der-film-kolberg-und-die-nettelbeck-kontroverse-dlf-kultur-45f02f87-100.html; Zugegriffen: 14.08.2023.

Dhawan, N. (2017). Die Aufklärung retten: Postkoloniale Interventionen. *Zeitschrift für Politische Theorie, 7,* 249–255.

DiAngelo, R. (2020). *Wir müssen über Rassismus sprechen.* Hoffman & Campe.

Dillmann, D. (2020). Warum Blackfacing immer noch rassistisch ist. https://www.fr.de/panorama/warum-blackfacing-immer-noch-rassistisch-10960317.html; Zugegriffen: 14.08.2023.

Engbring-Romang, U. (2014). *Ein unbekanntes Volk? Daten, Fakten und Zahlen Zur Geschichte und Gegenwart der Sinti und Roma in Europa.* Bundeszentrale für politische Bildung.

Engels, F. (1974; Original: 26. Januar 1860). Engels an Marx in London. In Karl Marx & Friedrich Engels, Werke, Band 30. Dietz.

Erfurt-Web (2023). Bismarckdenkmal am Anger. https://erfurt-web.de/Bismarckdenkmal_Anger_Erfurt; Zugegriffen: 14.08.2023.

Feyerabend, P. K. (1958). An attempt at a realistic interpretation of experience. *Proceedings of the Aristotelian Society, 58*, 143–170.

Feyerabend, P. K. (1970). Philosophy of Science: A Subject with a Great Past. In R. H. Stuewer (Hrsg.), *Historical and Philosophical Perspectives of Science. Minnesota Studies in the Philosophy of Science, 5.*, S. 172–183. University of Minnesota Press: Minneapolis.

Feyerabend, P. K. (1978). *Der wissenschaftstheoretische Realismus und die Autorität der Wissenschaften.* Braunschweig/Wiesbaden: Vieweg & Sohn.

Feyerabend, P. K. (1981; Original: 1962). *Probleme des Empirismus.* Braunschweig/Wiesbaden: Vieweg & Sohn.

Feyerabend, P. K. (1987). Putnam on Incommensurability. *The British Journal for the Philosophy of Science, 38*(1), 75–81.

Feyerabend, P. K. (1992). *Über Erkenntnis.* Frankfurt a. M./New York: Campus Verlag.

Feyerabend, P. K. (2005). *Die Vernichtung der Vielfalt. Ein Bericht*, herausgegeben von Peter Engelmann. Passagen Verlag.

Feyerabend, P. K. (2009). *Naturphilosophie*, herausgegeben von H. Heit und E. Oberheim. Suhrkamp.

Friedländer, S., Frei, N., Steinbacher, S., & Diner, D. (2022). *Ein Verbrechen ohne Namen: Anmerkungen zum neuen Streit über den Holocaust.* C.H. Beck.

Frindte, W., & Frindte, I. (2020). *Halt in haltlosen Zeiten.* Eine sozialpsychologische Spurensuche: Springer.

Frindte, W. (2022). *Quo Vadis, Humanismus?* Springer.

Gauck, J. (2019). Gauck kritisiert gesellschaftlichen Diskurs. https://www.tagesspiegel.de/politik/auch-linksliberale-mussen-toleranz-fur-andersdenke-lernen-6684676.html; Zugegriffen: 14.08.2023.

Groschopp, H. (2012). *Der ganze Mensch. Die DDR und der Humanismus – Ein Beitrag zur deutschen Kulturgeschichte.* Marburg: Tectum Verlag.

Hagengruber, R. (1998). *Klassische philosophische Texte von Frauen.* Deutscher Taschenbuchverlag.

Hamburger Abendblatt (2023). https://www.abendblatt.de/politik/deutschland/article23771 5807/Soeder-will-beim-Politischen-Aschermittwoch-nicht-Gendern.html; aufgerufen: 14.08.2023.

Heitmeyer, W. (Hrsg.) 2012. *Deutsche Zustände, Folge 10.* Suhrkamp.

Herling, S. (2021). Laienlinguistische Namenkritik im Kontext der Black Lives Matter-Bewegung. In K. Hengst (Hrsg.), *Namenforschung und Namenberatung* (S. 329–360). Leipzig: Universitätsverlag.

Honneth, A. (2023). Ein Sockel muss bleiben. *Die Zeit*, 7. Juni 2023, S. 46.

Kafka, F. (2010). *Kleine Formen*, gesammelt und gelesen von Fritz Michel und Hartmut Abendschein. edition taberna kritika.

Kant, I. (AA, Band IX). Physische Geographie, Vom Menschen. In Kant, I. *Gesammelte Schriften, Band IX*, S. 311–320, Hrsg.: Bd. 1–22 Preußische Akademie der Wissenschaften, Bd. 23 Deutsche Akademie der Wissenschaften zu Berlin, ab Bd. 24 Akademie der Wissenschaften zu Göttingen. Berlin: Walter de Gruyter & Co. https://korpora.zim.uni-duisburg-essen.de/kant/aa09/311.html. Zugegriffen: 10.10.2020.

Kelch, C. G. (2018). Dr. Hermann Arnold und seine »Zigeuner«. Zur Geschichte der „Grundlagenforschung" gegen Sinti und Roma in Deutschland. Dissertation. Erlangen-Nürnberg: Friedrich-Alexander Universität.

Kemmerer, A., & Nettelbeck, J. (2021). Joachim Nettelbeck. Des Seefahrers Widersprüche. *Zeitschrift für Ideengeschichte, XV, 1*, 121–124.

Klemperer, V. (1970; Original: 1947). *LTI. Notizbuch eines Philologen*. Leipzig: Verlag Philipp Reclam Junior.

Kino-Zeit (2023). Golda 2023. https://www.kino-zeit.de/film-kritiken-trailer-streaming/golda-2023; Zugegriffen: 14.08.2023.

Klintberg, B. af (1990). *Die Ratte in der Pizza – und andere moderne Sagen und Großstadtmythen*. Butt Verlag.

Kunz, S. (2021). Rassismus in aller Munde. Über die Rolle der Sprache im Ent- und Bestehen rassistischer Praktiken. *Wiener Linguistische Gazette, 88*, 53–60.

Lempp, J., Serfling, O., & Rolf, J. N. (2023). *Parteianhängerschaft in Deutschland: Eine Analyse der Parteien und ihrer Anhängerschaften in Bund und Ländern*. Wiesbaden: Springer VS.

Lewandowsky, S. (2019): In whose hands the future? In J. E. Uscinski (Hrsg.), Conspiracy theories and the people who believe them (S. 149–177). Oxford University Press.

Löhr, R. A. (2021). Gendergerechte Personenbezeichnungen 2.0. Wie nichtbinäre Personen den Genderstern und andere Bezeichnungsvarianten beurteilen. *Muttersprache, 131*, 1, S. 172–182.

Mählert, U. & Stephan, G.-R. (1996). *Blaue Hemden – Rote Fahnen*. Opladen: Leske + Budrich.

Malli, D. (2022). Nationalsozialistische Verschwörungsnarrative: Veit Harlans Spielfilm *Jud Süß*. In D. Newiak & A. Schnitzer (Hrsg.), *Verschwörungsideologien in Filmen und Serien*. Springer.

Martin-Luther-Universität Halle Wittenberg (2023). Anton Wilhelm Amo. https://www.amo.uni-halle.de/; Zugegriffen: 14.08.2023.

Mau, S., Lux, T., & Westheuser, L. (2023). *Triggerpunkte – Konsens und Konflikt in der Gegenwartsgesellschaft*. Berlin: Suhrkamp.

MDR (2023). Lob und Kritik für Verbot von Gendern mit Sonderzeichen an Schulen. https://www.mdr.de/nachrichten/sachsen-anhalt/landespolitik/gendern-verbot-schulen-104.html; Zugegriffen: 17.08.2023.

Milton, S. (1995). Vorstufe zur Vernichtung. http://www.ifz-muenchen.de/heftarchiv/1995_1.pdf. Zugegriffen: 15.08.2023.

Moses, A. D. (2002). Conceptual blockages and definitional dilemmas in the „racial century": Genocides of indigenous peoples and the Holocaust. *Patterns of prejudice, 36*(4), 7–36.

Moses, A. D. (2021a). *The Problems of Genocide: Permanent Security and the Language of Transgression.* Cambridge University Press.

Moses, A. D. (2021b). Der Katechismus der Deutschen. https://geschichtedergegenwart.ch/der-katechismus-der-deutschen/; Zugegriffen: 14.08.2023.

Munske, H. H. (2020). *Unser Deutsch II.* Neue Glossen zum heutigen Wortschatz: FAU University Press.

Nübling, D. (2018). Und ob das Genus mit dem Sexus. *Sprachreport, 34*(3), 44–50.

Patterson, O. (2018). *Slavery and Social Death: A Comparative Study.* Harvard University Press.

Payr, F. (2021). *Von Menschen und Mensch* innen: 20 gute Gründe, mit dem Gendern aufzuhören.* Wiesbaden: Springer.

Pöschko, H., & Prieler, V. (2018). Zur Verständlichkeit und Lesbarkeit von geschlechtergerecht formulierten Schulbuchtexten. *Zeitschrift für Bildungsforschung, 8*, 5–18.

Rat für deutsche Rechtschreibung (2021). Geschlechtergerechte Schreibung: Empfehlungen vom 26.03.2021. https://www.rechtschreibrat.com/geschlechtergerechte-schreibung-empfehlungen-vom-26-03-2021/; Zugegriffen: 14.08.2023.

Ries, K. (2019). Die erste „Demo" in Deutschland. Das Wartburgfest von 1817 als radikaldemokratischer Aufbruch. In M. Fröhlich, O. W. Lembcke & F. Weber-Stein (Hrsg.), *Universitas. Ideen, Individuen und Institutionen in Politik und Wissenschaft* (S. 111–133). Baden-Baden: Nomos Verlag.

Robinson, A. R. (2002). Race, place, and space: Remaking whiteness in the post-reconstruction South. *The Southern Literary Journal, 35*(1), 97–107.

Schenck, J. (2023). *Verbrannte Orte. Nationalsozialistische Bücherverbrennung in Deutschland.* Wien, Berlin: Mandelbaum-Verlag.

Schmidt-Linsenhoff, V. (2004). Weiße Blicke. Bild- und Textlektüren zu Geschlechtermythen des Kolonialismus. In V. Schmidt-Linsenhoff, K. Hölz & H. Uerlings (Hrsg.), *Weiße Blicke. Geschlechtermythen des Kolonialismus* (S. 8–18). Jonas.

Schwedler, G. (2020). *Vergessen, Verändern, Verschweigen. damnatio memoriae im frühen Mittelalter.* Köln: Böhlau.

Schwicker, J. H. (1883). *Die Zigeuner in Ungarn und Siebenbürgen.* Verlag Karl Prochaska.

Sciba, A. (2015). Der Völkermord an Sinti und Roma. Berlin: Deutsches Historisches Museum, Berlin. https://www.dhm.de/lemo/kapitel/der-zweite-weltkrieg/voelkermord/voelkermord-an-sinti-und-roma.html; Zugegriffen: 15.08.2023.

Skwirblies, L. (2022). Koloniale Theatralität: Zur Verwobenheit von deutscher Kolonial-und Theatergeschichte. *Thewis, Online-Zeitschrift der Gesellschaft für Theaterwissenschaft,* S. 102–113. https://de.thewis.de/article/download/114/35; aufgerufen: 14.08.2023.

Strauß, D. (2021). *RomnoKher-Studie 2021. Ungleiche Teilhabe. Zur Lage der Sinti und Roma in Deutschland.* Mannheim: RomnoKher.

Tagesschau (2023). Bernsteins Kinder verteidigen Bradley Cooper. https://www.tagesschau.de/ausland/amerika/bradleycooper-bernstein-jewfacing-100.html; Zugegriffen: 14.08.2023.

Tißberger, M. (2017). *Critical Whiteness.* Springer VS.

Vorländer, K. (1993; Original: 1924). *Immanuel Kant – Der Mann und das Werk.* Felix Meiner Verlag.

Verwaltungsgericht Berlin (2022). Mohrenstraße: Umbenennung nur von Anwohnern angreifbar (Nr. 32/2022); aufgerufen: 14.08.2023.

Wilmot, V. M. (2020). Das M-Wort als Ausdruck von Kolonialität – anhand eines aktuellen Beispiels aus Thüringen. *Wissen schafft Demokratie, 7,* 110–122.

Wippermann, W. (1998). *Antiziganismus – Entstehung und Entwicklung der wichtigsten Vorurteile.* Stuttgart: Landeszentrale für politische Bildung.

Wittgenstein, L. (1984). *Philosophische Untersuchungen,* Werkausgabe Bd. 1. Suhrkamp.

Wittgenstein, L. (1988). *Remarks on the Philosophy of Psychology.* Vol. I u. II. Chicago: University of Chicago Press.

Wolf, H., & Arning, H. (2010). Die Münsteraner Forschungen zum „Index der verbotenen Bücher", Eine Zwischenbilanz zum DFG-Langfristvorhaben „Buchzensur durch Römische Inquisition und Indexkongregation in der Neuzeit (1542–1966)". *Jahrbuch für Kommunikationsgeschichte, 12,* 165–185.

Wolfrum, E. (2002). *Geschichte als Waffe: Vom Kaiserreich bis zur Wiedervereinigung.* Vandenhoeck & Ruprecht.

Corona – Skandal, Krise, Katastrophe

16

Die einen nennen eine Krise eine Krise, für die anderen ist es eine Katastrophe. Wieder andere sehen in der Krise den Krieg, der zur Katastrophe werden kann. Angesichts dessen gibt es wichtigere Probleme auf der Welt als die Krisen der Psychologie oder den Streit um Cancel Culture. Das ist eine triviale Feststellung. „Die wirklichen Probleme unserer Zeit […] bestehen in Krieg, Gewalt, Hunger, Krankheit und Umweltkatastrophen" (Feyerabend, 2005a, S. 295).

16.1 Wirklichkeiten

Am 24. März 2020, die Coronakrise nahm gerade so richtig Anlauf, starb der Erfinder von Asterix und Obelix, Albert Uderzo, an einem Herzinfarkt. Drei Jahre zuvor hatte er im Band „Asterix in Italien" dem Bösewicht und Widersacher der mutigen Gallier den Namen Coronavirus verpasst. „Dabei handelt es sich um einen verschlagenen Wagenlenker mit einer goldenen Maske, der im Auftrag von Julius Cäsar ein Pferdewagen-Rennen quer durch Italien gewinnen soll. Asterix und Obelix wollen den Sieg dieses bösartigen »Coronavirus« auf jeden Fall verhindern. Eine der Zeichnungen in dem Comic zeigt eine jubelnde Menge, die »Coronavirus, Coronavirus« schreit" (Süddeutsche Zeitung, 2020). In der deutschen Ausgabe des Comicheftes taucht der Name nicht auf. Dort heißt der römische Bösewicht Caligarius (auf Deutsch: der Schuhmacher).

© Der/die Autor(en), exklusiv lizenziert an Springer Fachmedien Wiesbaden GmbH, ein Teil von Springer Nature 2024
W. Frindte, *Wider die Borniertheit und den Chauvinismus – mit Paul K. Feyerabend durch absurde Zeiten*, https://doi.org/10.1007/978-3-658-43713-8_16

Im Dezember 2019 wurde Covid-19[1] erstmals in der Provinz Wuhan in China festgestellt. Ein erster Infektionsfall in Deutschland wurde am 28. Januar 2020 bestätigt. Zwischen März und Mai 2020 starben in den europäischen Ländern etwa 140.000 Menschen an oder mit Covid-19. Die Krankenhäuser in Italien, aber auch die in Spanien und Frankreich kamen an ihre Kapazitätsgrenzen, Ärzte und Pflegepersonal an ihre physischen und psychischen Limits. Fast 17.000 Mitarbeiter*innen des italienischen Gesundheitssystems hatten sich bis Mitte April 2020 mit dem Coronavirus angesteckt. Nach Angaben des italienischen Ärzteverbandes und italienischer Medien starben bis Mitte April 125 Ärzte und mehr als 30 Krankenschwestern nach einer Infektion mit Covid-19 (Merkur, 2020). Die italienische Lombardei, besonders die Provinz Bergamo, entwickelte sich im März und April 2020 zu der Region in Europa, die am härtesten von der Corona-Pandemie betroffen war. Mehr als 16.000 Menschen starben dort an Covid-19. Die Krematorien in Bergamo waren nicht mehr in der Lage, all die Toten zu begraben. Militärfahrzeuge brachten die Särge in andere Städte. Ärzte und Pflegepersonal in Italien, Frankreich und Spanien waren gezwungen, im Schnellverfahren zu entscheiden, wer von den Patienten mit Covid-19 die besten Überlebenschancen hat und deshalb einen Platz auf den Intensivstationen erhalten kann und wer zum Sterben verdammt ist. Die Regierungschefs der EU-Länder einigten sich am 17. März 2020 darauf, die EU-Außengrenzen zu schließen und zunächst für 30 Tage Nicht-EU-Bürgerinnen und -Bürgern die Einreise in die EU-Länder zu verbieten. In Deutschland wurden ab Mitte März 2020 zahlreiche Geschäfte, Schulen, Kitas und Hochschulen geschlossen, Gottesdienste sowie Treffen in Vereinen verboten und Spielplätze gesperrt. Der Lockdown begann.

Im Verlaufe der nächsten Monate entwickelte sich die Infektionserkrankung zu einer Pandemie, zu einer weltweiten Ausbreitung, die dann doch keinen Halt an Ländergrenzen machte.

Während die Bundesregierung am 22. März 2020 verschärfte „Regeln zum Corona-Virus" verfügte (Die Bundesregierung, 2020), ereignete sich in den vermeintlichen Wissenschaftsgemeinschaften eine Auseinandersetzung, die schon damals aus Sicht von Laien (zu denen auch ich mich zähle) etwas *Absurdes* an sich hatte. Es ging um Atemmasken, Handschuhe und ähnliche Schutzausrüstungen. Am 3. März 2020 ordnete das deutsche Bundesministerium für Wirtschaft und Energie ein Exportverbot von medizinischer Schutzausrüstung (Atemmasken, Handschuhe, Schutzanzüge etc.) an. Diese Verordnung wurde am 19. März

---

[1] Ich verwende überwiegend die Bezeichnung Covid-19 und stütze mich dabei auf den von der Weltgesundheitsorganisation (WHO) und dem Robert-Koch-Institut eingeführten Namen.

wieder aufgehoben, da die Europäische Kommission ein solches Exportverbot
nun für alle EU-Mitgliedsstatten verfügte (BMWK, 2020). Zeitgleich wurde
offenbar, dass Atemmasken, Schutzhandschuhe und geeignete Desinfektionsmittel kaum mehr erhältlich waren. Sie wurden zu raren Gütern – auch in deutschen
Kliniken und Arztpraxen. Der damalige Gesundheitsminister Spahn hielt Ende
März eine generelle Maskenpflicht in Deutschland für nicht geboten. Virologen
und Ärzte waren sich Ende März/Anfang April 2020 ebenfalls uneins, was das
Tragen von Masken im öffentlichen Raum betrifft. Der Notfalldirektor der Welt-
gesundheitsorganisation Michael Ryan warnte, weil ein falsches An- und Ablegen
der Masken Infektionsrisiken mit sich bringen könnte. Der Vorstandsvorsitzende
der Kassenärztlichen Bundesvereinigung Andreas Gassen, meinte, eine mögliche
Maskenpflicht sei nur „reine Symbolpolitik" (Handelsblatt, 2020). Der Hallenser
Virologe Alexander Kekulé dagegen hielt Masken für „absolut sinnvoll". Karl
Lauterbach, schon damals der Gesundheitsexperte der SPD, sah einen solchen
Sinn nur, wenn es sich um medizinische Masken von hoher Qualität handele.
Und der Virologe Christian Drosten äußerte zunächst, Ende Januar, seine Skep-
sis gegenüber dem Schutz mittels Maske (Drosten, 2020), um später auch in
selbstgemachten Masken eine kluge Idee zu entdecken. Das Robert-Koch-Institut
sah anfangs, im Februar 2020, im Tragen von Masken nur einen psychologi-
schen Effekt, änderte seine Einschätzung aber Anfang April und empfahl auch
Menschen ohne Symptome das Maskentragen, um das Risiko einer möglichen
Ansteckung zu reduzieren (Die Presse, 2020).

> Es ist ja durchaus etwas dran, wenn Paul Feyerabend in einem anderen
> Zusammenhang behauptet: „It is absurd first to declare that a society serves
> the needs of »the people« and then to let autistic experts (liberals, Mar-
> xists, Freudians, sociologists of all persuasions) decide what »the people«
> »really« need and want" (Feyerabend, 2005b, S. 151; Original: 1987).[2]

Die Skepsis gegenüber der Schutzfunktion von Mund-und-Nasen-Bedeckungen
kann man als Ausdruck eines mangelnden Plausibilitätsdenkens interpretieren,
aber auch als Hinweis auf strittige Vorannahmen in Wissenschaft, Politik und
Alltag. Mit Feyerabend ließe sich auch behaupten: „Die Wissenschaftler studieren

---

[2] Sinngemäß: Es ist absurd, zunächst einmal zu erklären, dass eine Gesellschaft den Bedürfnissen „des Volkes" dient, und dann zuzulassen, dass autistische Expert*innen (Liberale,
Marxisten, Freudianer, Soziologen aller Richtungen) entscheiden, was „die Menschen"
„wirklich" brauchen und wollen.

nicht alle Phänomene, sondern nur die Phänomene aus einem genau definierten Bereich; und sie untersuchen nicht alle Aspekte der so ausgewählten Phänomene, sondern nur jene, die ihnen bei der Erreichung ihrer oft sehr beschränkten Ziele helfen" (Feyerabend, 1985, in: Feyerabend & Thomas, 1985, S. 326).

Dass es plausibel und nicht *absurd* ist, unter gewissen Umständen Mund und Nase zu maskieren, hätte man eigentlich schon aus Zeiten von Grippe-Epidemien wissen können. Oder nicht? Die strittigen Vorannahmen in der Politik hingegen dürften vor allem mit den Versorgungsengpässen zu tun. Es gab im Frühjahr schlicht und ergreifend nicht genug Masken zu kaufen. Das machten sich 2020 dann jene Politiker*innen zunutze, die sich durch Bestechung und Korruption an der Beschaffung von Masken bereicherten. Ebenfalls eine *absurde* Geschichte (siehe auch: Frankfurter Rundschau, 2021).

Mit der rasanten, lebensgefährlichen Ausbreitung des Virus vervielfältigten sich auch die Namen der Krankheit, ihre Deutungen und Erklärungen sowie die sozialen Bewegungen, die sich für oder gegen die Maßnahmen richteten, die auf wissenschaftlicher, wirtschaftlicher, politischer und gesamtgesellschaftlicher Ebene vorgeschlagen, entwickelt und realisiert wurden. Manche der Namen, Deutungen und Erklärungen waren *absurd, borniert* oder *chauvinistisch*. Dazu gleich mehr.

(Gesellschaftliche) Krisen lassen sich als Indikatoren „großer Transformationen" (Polanyi, 2019; Original: 1944) verstehen, durch die sowohl Möglichkeitsräume für neue Deutungsmuster als auch Wertedeformationen und Verunsicherungen entstehen können. Im Rahmen dieser Ambivalenz konkurrieren Politiker*innen, Wissenschaftler*innen, Journalist*innen, Alltagsmenschen, soziale Bewegungen um die Deutungshoheit bzw. um die passenden Interpretationen, Attributionen (Verantwortungszuschreibungen) und um passfähige Rahmungen dieser Krisen. Worte, Namen, Metaphern, Mythen und Sprachspiele spielen in den Definitions- und Deutungskämpfen eine herausragende Rolle. Handelt es sich um ein internationales Risiko, um eine Krise, in deren Folge mit „großen Systemtransformationen" zu rechnen ist, oder gar um eine Katastrophe, die uns alle betrifft?

Deutungskämpfe und Streitigkeiten drehten sich während der Pandemie u. a. um Fragen, wie: Ist die Corona-Krise eine Chance? So lautete der Untertitel (mit Fragezeichen) einer Studie, die im Rahmen des Sozio-Ökonomischen Panels (SOEP), einer repräsentativen Wiederholungsbefragung von Privathaushalten in Deutschland, zwischen April und Juni 2020 durchgeführt wurde. Als Antwort auf die im Untertitel gestellte Frage schlussfolgern die Autor*innen u. a.: „Insgesamt betrachtet können die durchaus optimistisch stimmenden, positiven Ergebnisse

der vorliegenden Analyse zwar nicht über die massiven lebens- und existenz-
bedrohenden Folgen der Verbreitung des Coronavirus hinwegtäuschen. Dennoch
scheint in der Krise trotz der großen Herausforderungen und individueller Schick-
sale auch eine Chance zu liegen, den gesellschaftlichen Zusammenhalt nachhaltig
zu stärken" (Kühne et al., 2020, S. 15).

Oder ist/war die Corona-Krise gar ein großer Skandal? Denkt man an die
Partys, die der damalige britische Premierminister in seiner Residenz in Dow-
ningstreet 10 gefeiert hat, während sich das Land im Lockdown befand, oder
an die Bestechlichkeit von Bundestags- und Landtagsabgeordneten der CDU
und CSU, den sogenannten diversen Maskenaffären, so hat das durchaus etwas
Skandalöses. Einen noch tiefergehenden „Skandal" sah auch der Journalist Sven
Magnus Hanefeld durch die Corona-Krise aufscheinen. Nicht ganz frei von Verschwörungserzählungen meint er u. a., ein öffentlicher Diskurs zu Maßnahmen
gegen die Pandemie habe nicht stattgefunden; auch die „sogenannte freie Presse"
kenne nur eine Meinung (Hanefeld, 2020).

Auch als „Machtkampf" wurde die Corona-Krise gedeutet. Stichworte: „USA
gegen China", so der Titel einer „Phoenix Runde" am 7. Mai 2020; „Drosten
gegen Streek" oder „Bild gegen Drosten" (z. B. die Analyse von BILDblog,
2020, ein „Watchblog", der die BILD Publikationen kritisch unter die Lupe legt).

Die Kriegs-Metapher musste ebenfalls herhalten, um sich in der Corona-
Krise zu inszenieren. Der damalige US-Präsident Donald Trump sah sich wie
auch der französische Präsident Emmanuel Macron im „Krieg mit einem tödli-
chen Virus" (Tagesschau, 2020a). Alexander Gauland, jener von der AfD, sprach
im Oktober 2020 im Bundestag von „Kriegspropaganda", mit der eine Art von
„Kriegskabinett" (gemeint war die Bundesregierung) die Maßnahmen gegen die
Corona-Pandemie durchzusetzen versuche (Zeit Online, 2020). Der Bundespräsi-
dent Frank-Walter Steinmeier widersetzte sich einer solchen Kriegsrhetorik und
stellte in einer Fernsehansprache am 11. April 2020 u. a. fest: „Nein, diese
Pandemie ist kein Krieg. Nationen stehen nicht gegen Nationen, Soldaten nicht
gegen Soldaten. Sondern sie ist eine Prüfung unserer Menschlichkeit. Sie ruft das
Schlechteste und das Beste in den Menschen hervor. Zeigen wir einander doch
das Beste in uns!" (Tagesschau, 2020b). Paul Widmer, ein ehemaliger Diplo-
mat aus der Schweiz und von 2016 bis 2021 Gastkolumnist der *Neuen Züricher
Zeitung am Sonntag,* verwies mit Recht darauf, dass das Gerede vom Krieg im
Zusammenhang mit der Corona-Pandemie unmoralisch sei und eine Verhöhnung
der Menschen, die wirklich unter Gewalt, Zerstörung und Krieg zu leiden haben
(Widmer, 2020).

Das Coronavirus, SARS-CoV-2 oder Covid-19 sei, so UN-Generalsekretär
António Guterres am 31. März 2020, die „[...] die größte Prüfung, der wir

seit der Gründung der Vereinten Nationen gemeinsam ausgesetzt waren" (UN-Informationszentrum, 2020).

Im März und April 2020 verabschiedeten der US-Kongress und der Senat riesige Hilfspakete, um die Entwicklung eines Impfstoffs zu forcieren, finanzielle Erleichterungen für Arbeitgeber*innen zu ermöglichen, Finanzhilfen für Unternehmen bereitzustellen und das Gesundheitssystem zu stützen. Mitte März stellte Donald Trump fest, das Virus habe „keine Chance gegen uns". Anfang April 2020 möchte er, nachdem in einigen Bundesstaaten religiöse Einrichtungen, Schulen und Universitäten geschlossen wurden und – so in Kalifornien – Ausgangssperren zur Eindämmung von Covid-19 verhängt wurden, sein schönes Land mit einem Knall wieder öffnen. Während einer Pressekonferenz am 23. April 2020 sinnierte Trump darüber, ob man den Körper nicht mit ultraviolettem oder einem anderen starken Licht bestrahlen könnte, um die Corona-Viren abzutöten. Auch Desinfektionsmittel könnten, so Trump, das Virus in einer Minute töten. Insofern sei es interessant, wenn man einen Weg finden könnte, Desinfektionsmittel direkt zu injizieren – quasi als Reinigung von innen.

Drei Monate später sagte Donald Trump während eines Wahlkampfauftritts in Phoenix, Arizona, er kenne 19 oder 20 Namen für das Virus und legte sich mit seinen jubelnden Anhängerinnen und Anhängern darauf fest, künftig von „Kung Flu" zu sprechen, um, wie eine Sprecherin des Weißen Hauses später bekundet, auf die Herkunft des Virus aufmerksam zu machen. Zu dieser Zeit gab es offiziell 2,3 Mio. Covid-Fälle in den USA, mehr als 120.000 Menschen waren mit oder an Corona verstorben. Mitte September 2020 äußerte Trump die Überzeugung, Covid-19 werde auch ohne Impfstoffe weggehen. Es werde, so Trump, bald eine „Herd mentality" (eine Herdenmentalität) geben (Huffpost, 2020).

Trump meinte wohl „Herdenimmunität". „Herdenmentalität" ist ein Begriff, mit dem gruppenangepasstes individuelles Verhalten, also die Anpassung individuellen Verhaltens und individueller Einstellungen an vermeintliche Normen oder Forderungen sozialer Gruppen, bezeichnet werden kann. In der modernen Sozialpsychologie ist der Begriff nicht sehr gebräuchlich. In wirtschafts- und finanzwissenschaftlichen Arbeiten sowie in Reflexionen über das Nutzerverhalten in sozialen Medien taucht er hin und wieder auf, um das konforme Verhalten von Aktienanlegern oder Mediennutzer*innen zu beschreiben (z. B. Hasler, 2011).

Am 20. September 2020, sieben Monate nach Ausbruch von SARS-CoV-2, meldete die Johns Hopkins University (JHU) in Baltimore (im US-Bundesstaat Maryland), weltweit seien 30,81 Mio. Menschen mit dem Virus SARS-CoV-2 infiziert und von der Krankheit Covid-19 betroffen; mehr als 957.600 Menschen seien an der Erkrankung gestorben. Die weltweit meisten bekannten Infektionen gab es in den USA. Dort wurde zwischen dem 9. und 10. August 2020 die 5-Mio.-Grenze überschritten. Und bis zum 20. September waren in den USA mehr als 6,7 Mio. Menschen infiziert und über 199.000 an Covid-19 verstorben (Johns Hopkins University, 2020). Am 26. Oktober 2020, eine Woche vor den Präsidentschaftswahlen in den USA twitterte Donald Trump: „Cases up because we TEST, TEST, TEST. A Fake News Media Conspiracy. Many young people who heal very fast. 99.9 %. Corrupt Media conspiracy at all time high. On November 4th, topic will totally change. VOTE!" (Trump, 2020) Die Zahl der Neuinfektionen mit SARS-CoV-2 steige in den USA nur deshalb, weil so viel getestet werde. Die korrupten und falsch informierenden Medien würden die Pandemie ausschlachten und Verschwörungstheorien verbreiten (Redaktionsnetzwerk Deutschland, 2020; vgl. auch: Frindte, 2022, Kap. 21). *Ist das nicht absurd?*

Am 10. März 2023 stellte die JHU die Registrierung von Covid-19-Erkrankungen ein. In Deutschland und Europa wurde die Pandemie inzwischen offiziell als beendet erklärt (vgl. auch Christian Drosten im Interview mit dem „Tagesspiegel" vom 26. Dezember 2022; Drosten, 2022). Sucht man die Internetseite der JHU dennoch auf, so zeigt sich, dass sich bis zum Ende der statistischen Erfassung weltweit über 600 Mio. Menschen mit Covid-19 infiziert haben. Mehr als 6,8 Mio. Menschen seien an oder mit Covid-19 gestorben. Die meisten Infektionsfälle gab es offiziell zu dieser Zeit mit 103,8 Mio. in den USA. Seit Beginn der Pandemie waren dort bis zum März 2023 1,1 Mio. an oder mit dem Virus verstorben (Johns Hopkins University, 2023).

16.2 Impfen und Folgen

Forscherinnen und Forscher des Imperial College London zeigen in einer Modellierungsstudie (auf der Basis von Daten aus 185 Ländern), dass weltweit mehrere zehn Millionen Menschenleben durch die COVID-19-Impfungen gerettet wurden. Dennoch hätten noch mehr Menschenleben gerettet werden können, wenn die Impfstoffe in vielen Teilen der Welt schneller verteilt worden wären (Watson et al., 2022). Während die Ständige Impfkommission in Deutschland im Herbst 2022 für Menschen ab dem Alter von 60 Jahren eine vierte Impfung als Auffrischung empfahl, war auf dem afrikanischen Kontinent nur jeder zehnte Mensch einmal geimpft (zit. n. Quent et al., 2022, S. 69). Das liegt auch daran, dass eine weltweit gerechte Verteilung von Impfstoffen zwar von der Weltgesundheitsorganisation (WHO) und zahlreichen Ländern eingefordert, von der EU-Kommission – wohl aus politischen – und der Pharmaindustrie – aus profitorientierten Gründen – aber bisher abgelehnt wurde (AGENDA, 2030, 2023).

Impfen ist nie problemlos, auch nicht das Impfen gegen Covid-19. Leichte Schmerzen an der Einstichstelle, Kopfschmerzen, Müdigkeit, auch Fieber können als Nebenwirkungen nach einer Impfung gegen Covid-19 auftreten. Auch schwerwiegendere Folgen, wie Herzmuskel- oder Herzbeutelentzündungen, Thrombosen oder Autoimmunerkrankungen, sind möglich. Bis zum April 2023 hatten sich 64,9 Mio. Menschen in Deutschland zumindest einmal gegen Covid-19 impfen lassen; 76,4 % der Bevölkerung. 18,4 Mio. hatten bis zu diesem Zeitpunkt auf eine Impfung verzichtet. Das Paul-Ehrlich-Institut (PEI), das für die Sicherheit von Impfstoffen verantwortlich ist, registrierte zwischen dem 27. Dezember 2020 und dem 31. März 2023 insgesamt 192.208.062 Impfungen gegen Covid-19 in Deutschland. In diesem Zeitraum wurden 340.282 Verdachtsfälle auf Nebenwirkungen und Impfkomplikationen gemeldet. Für alle Impfstoffe zusammen wurden 1,8 Meldungen pro 1000 Impfdosen registriert; bei den schwerwiegenden Nebenwirkungen und Komplikationen (z. B. Herzmuskelentzündungen, Lungenembolien, Gesichtslähmungen oder Thrombosen) lag die Melderate bei 0,3 pro 1000 Impfdosen (Paul-Ehrlich-Institut, 2023).

Insgesamt, so schätzte das Robert Koch Institut (RKI) im Juni 2023 ein (Robert Koch Institut, 2023), haben die Impfstoffe von BioNTech, Moderna und Johnson & Johnson bei Infektionen mit der Delta-Variante (vor allem 2021 aufgetreten) eine sehr hohe Wirksamkeit gegen schwere Covid-19-Erkrankungen geboten. Gegen die Omikron-Variante seien diese Impfstoffe weniger wirksam gewesen. Deshalb werde eine Impf-Auffrischung empfohlen. Es könne allerdings nicht ausgeschlossen werden, dass auch Geimpfte an Covid-19 erkranken. Mit den Impfungen lasse sich aber das Risiko von schweren Krankheitsverläufen stark reduzieren und die Häufigkeit von Infektionen verhindern. Systematische Reviews und Meta-Analysen zeigen, so das RKI, dass die Covid-19-Impfung nicht nur vor schweren Krankheitsverläufen von Covid-19 schütze, sondern auch die Häufigkeit und Ausprägung von Long-Covid-Symptomen (z. B. Kurzatmigkeit, Konzentrations- und Gedächtnisschwierigkeiten, Muskelschwäche, Angst- und Schlafstörungen) nach einer Durchbruchinfektion mildern könne. Nun, das wäre eine gute Nachricht, wäre da nicht noch eine andere: Wissenschaftliche Studien gehen davon aus, dass 10 bis 20 % aller Menschen, die sich mit Covid-19 infiziert hatten, auch Wochen nach der Infektion mit besagten Long-Covid-Symptomen zu kämpfen haben (vgl. auch Pink & Welte, 2023).

16.3 Eine differenzierte Klientel

Weder diejenigen, die sich impfen ließen, noch jene, die es nicht taten, konnten während der Pandemie von Long-Covid-Symptomen wissen. *Absurd* war es dennoch, dass die Ängstlichen und Impfskeptiker*innen in *bornierter* Weise in einen Topf geworfen wurden, mit denen, die aus politischen und verschwörungsmythischen Gründen gegen die Impfkampagnen und politischen Anti-Corona-Maßnahmen auf die Straße und in die sozialen Medien gingen und von Corona-Diktatur faselten. Studienergebnisse lassen vermuten, dass sich die einen nicht unbedingt wie die anderen denken, fühlen und handeln. So kommt eine im Auftrag des Bundesministeriums für Gesundheit von der *Gesellschaft für Sozialforschung und statistische Analysen* (Forsa) im Herbst 2021 durchgeführte bundesweite repräsentative Online-Befragung von 3048 erwachsenen Personen ab dem 14 Lebensjahr zu dem Ergebnis, dass sich die bis dato nicht geimpften Personen nicht über einen Kamm scheren lassen. Unter den befragten Personen finden sich a) die „Existenzleugner", die meinen, das Virus Covid-19 gebe es gar nicht, b) die „Diktatur-Vermuter", die eine „Corona-Diktatur" befürchten, c) die „Skeptiker", die an Covid-19 zwar nicht zweifeln, den staatlichen Maßnahmen gegen das Virus sowie den Medienberichten sehr skeptisch gegenüberstehen, und schließlich d) Personen „ohne Nähe zu Querdenkern", Personen also, die nichts mit den „Querdenker*innen" zu tun haben, deren Ansichten ablehnen, aber auch der Meinung sind, dass die Anti-Corona-Maßnahmen den Einfluss der staatlichen Kontrolle verstärken könnte. Mehr als jede*r Zehnte habe zudem Angst vor Nebenwirkungen; 16 % lehnten einen Impfzwang ab; 15 % vertrauten den offiziellen Informationen zur Schutzimpfung nicht; 15 % gaben an, Angst vor Impfschäden und Langzeitfolgen zu haben; 12 % bezweifelten die Wirksamkeit der Impfstoffe; 10 % schätzten das Risiko höher ein als den Nutzen der Impfung. Die befragten Personen konnten mehrfache Gründe nennen, so dass sich die Prozentangaben nicht zu 100 % summieren lassen (Forsa, 2021).

Ähnliche Differenzierungen liefert eine Studie der Westfälischen Hochschule Gelsenkirchen (Wielga & Enste, 2022). Die Autor*innen befragten von Oktober bis Dezember 2021 rund 1400 erwachsene Deutsche mittels eines Online-Panels. Die Befragten wurden u. a. gebeten, COVID-Schutzmaßnahmen (soziale Kontakte reduzieren, Abstand halten, sich freiwillig testen lassen, sich impfen lassen) einzuschätzen und Gründe anzugeben, falls sie sich gegen das Impfen aussprachen. Dabei waren auch hier Mehrfachnennungen möglich. Zu den häufigsten Gründen gehörten Hinweise auf die „Unsicherheit der Impfstoffe" (65 %). 38 % der genannten Gründe verweisen auf „fehlende Notwendigkeit", weil man Vertrauen in die eigene Gesundheit habe oder sich im Genesenen-Status befinde.

Als „Falschinformationen" lassen sich 28 % der Gründe kategorisieren; z. B., weil auf die zu großen Nebenwirkungen hingewiesen wird. 18 % der Nennungen können als „Gesundheitliche Gründe" verbucht werden (z. B. „vom Arzt verboten") und 15 % als „Externe Beeinflussung" (z. B. Impfung wird wegen des politischen Drucks abgelehnt). Zweifel an der „Wirkung der Impfstoffe" wurden zu 15 % genannt. Unter „Verschwörungstheorien" haben die Autor*innen 21 % der Gründe zusammengefasst, mit denen auf eine staatliche Initiierung der gesamten Pandemie und der Impfkampagne verwiesen wird und die eigene Impfverweigerung als gerechte Aktion gegen staatliche Erpressung benannt wird.

An dieser Stelle ist ein methodenkritischer Einwurf angebracht, mit dem an die Unschärferelation erinnert werden soll, die im Kap. 14 erläutert wurde: Als Wissenschaftler*innen wissen wir, dass Bevölkerungsbefragungen auch ihre Tücken haben. Häufig werden in solchen Fällen Fragebögen eingesetzt, die in der Regel standardisiert sind, also aus einem festen Satz von Fragen oder Aussagen bestehen. Auf diese Fragen sollen die Befragten antworten bzw. die Aussagen bewerten. Für die Antworten oder Bewertungen stehen ebenfalls standardisierte Antwortformate zur Verfügung, sogenannte Antwortskalen. Wenn die Befragten die Fragen beantworten oder die Aussagen auf diesen Skalen bewerten, müssen die Forscher entscheiden, ob die Antworten oder Bewertungen nun tatsächlich die Einstellungen der Befragten widerspiegeln oder ob die Befragten nur auf die restriktiven Situationsbedingungen der Befragung in sozial erwünschter Weise reagiert haben. Forscher sind somit mit einem Entscheidungsdilemma konfrontiert, das sich kaum auflösen lässt. Es sei denn, sie verzichten auf alle Standardisierungen und überlassen es den Befragten, sich so zu äußern, wie diese es möchten. Aber auch dann ist das Dilemma nicht gelöst. Die Forscher müssen sich nämlich wieder fragen, aus welchen Beweggründen die Personen, die sich frei äußern, das äußern, was sie äußern. Mit anderen Worten: Meinungs- oder Einstellungsforscher sind meist Beobachter von etwas, dass unscharf und eigenwillig ist.

Die Gründe, sich gegen das Impfen auszusprechen, scheinen/schienen vielfältig zu sein. Das galt wohl auch für die Motive, an den verschiedenen und zahlreichen „Corona-Protesten" teilzunehmen. Zwischen März 2020 und Januar 2021 können es – nach einer Schätzung von Eric Neumayer und Kolleg*innen (2021, zit. nach: Hunger et al., 2023) – zirka 1322 Demonstrationen in Deutschland

gewesen sein, in Spanien 1487 und in Frankreich 1168. In vielen Fällen wurden
diese Demonstrationen von mehr oder weniger rechtsextrem orientierten Personen
(z. B. von dem IT-Unternehmer Michael Ballweg, siehe Soldt, 2020) oder Bewegungen (z. B. von der Initiative „Querdenken 711" aus Stuttgart, Anhänger von
Pegida, der AfD oder den „Reichsbürgern") organisiert, initiiert, zumindest aber
instrumentalisiert und beworben. In einer nichtrepräsentativen Online-Befragung
im Herbst 2020 mit 1152 Erwachsenen aus Deutschland und der Schweiz schlussfolgern Nadine Frei, Robert Schäfer und Oliver Nachtwey u. a., die Beweggründe,
an den Corona-Protesten teilzunehmen, mögen heterogen sein. „Insgesamt sind
die Studienteilnehmer*innen weder ausgesprochen fremden- noch islamfeindlich,
auch nicht sozialchauvinistisch. In den Einstellungsmerkmalen finden sich sogar
anti-autoritäre Züge: 64 % sagen, man solle Kindern nicht beibringen, Auto-
ritäten zu gehorchen. Ein Großteil will die Alternativmedizin der Schulmedizin
gleichstellen, will zurück zur Natur und stärker auf ganzheitliches und spirituelles
Denken setzen" (Frei et al., 2021, S. 252). Möglicherweise hätte Paul Feyerabend
an diesem „Großteil" seine helle Freude.

16.4   Von Autoritären, Verschwörungsmystiker*innen und Narzisst*innen

Carolin Amlinger und Oliver Nachtwey (2022) haben versucht, die Gründe zu
analysieren und zu erklären, die Menschen bewogen haben könnten, sich an den
Corona-Protesten zu beteiligen. Besonders die Querdenker-Szene hat es ihnen
angetan, sehen sie die Querdenker*innen doch als Prototyp eines Sozialphäno-
mens, das sie libertären Autoritarismus nennen. Wichtiger Ausgangspunkt ihrer
Erklärung sind die Studien zum autoritären Charakter, die unter dem Titel „The
Authoritarian Personality" (TAP) im Jahre 1950 publiziert wurden (Adorno et al.,
1950).

Amlinger und Nachtwey sehen die typischen Autoritären zwar immer noch am
Werk, meinen aber einen neuen, eben den libertär-autoritären Gesellschaftscha-
rakter identifiziert zu haben. Libertäre Autoritäre sind libertär, weil sie sich nicht
mit einer externen Instanz identifizieren, sondern eine lose Ansammlung von Individuen bilden. Und sie sind autoritär, weil sie ihren Groll auf übergeordnete
Instanzen richten und ihren Zorn auf unterlegene Gruppen (Frauen, Transgen-
der, Migrant*innen, Jüd*innen). „Libertär-autoritär sind sie demzufolge, weil sie
sich an keine sozial verpflichtenden Normen mehr gebunden sehen, verinner-
lichte Rücksichtnahmen abgestreift haben und obsessiv auf eine Gefahr fokussiert
sind" (Amlinger & Nachtwey, 2022, S. 178). Die libertär Autoritären sind weder

konventionalistisch noch unterwürfig, sondern aufmüpfig und manchmal auch aggressiv. In der Online-Befragung mit mehr als 1150 Personen aus der Schweiz und Deutschland fanden Nachtwey und Mitarbeiter*innen u. a.: Die Mehrheit der befragten Querdenker*innen traut der Regierung, den Parteien und der EU nicht über den Weg, steht den „Mainstream"-Medien kritisch gegenüber, glaubt an Verschwörungserzählungen, ist aber weder fremden- noch islamfeindlich, vertritt stattdessen eher antiautoritäre Positionen, stimmt aber auch der Aussage zu, der Einfluss der Juden auf die Politik sei zu groß (Amlinger & Nachtwey, 2022, S. 257 ff.).

Mitarbeiter*innen des Wissenschaftszentrums Berlin befragten zwischen Juni und November 2020 mehr als 5000 Menschen. Während fast 70 % der Befragten den Verschwörungsmythen (z. B. vom „großen Austausch") der Coronaleugner*innen keinen Glauben schenken, äußerten gut 30 % der Befragten viel bzw. sehr viel Verständnis für die Anti-Corona-Demonstrationen und für die dort verbreiteten Mythen über das Virus. Mehr als 60 % der „Protestversteher" verorten sich in der politischen Mitte, 12,5 % der Befragten sehen ihren Platz am extremen Rand des ideologischen Spektrums, der größere Teil davon (7,5 %) am rechtsextremen Rand (Grande et al., 2021). In der Fortsetzung dieser Studie konnten sich die Forscher*innen auf 12.815 befragte Personen aus insgesamt 16 Erhebungswellen stützen (Hunger et al., 2023). Etwa jeder fünfte Befragte äußerte viel bzw. sehr viel Sympathie für die Menschen, die gegen die Maßnahmen der Regierung demonstrieren; rund 60 % von ihnen würden sich auch selbst an Demonstrationen beteiligen, wenn sie die Möglichkeit dazu hätten. Politisches Misstrauen sei dabei eine wichtige Motivation. Rechtsextreme Orientierungen und Sorgen über Freiheitseinschränkungen erklären die Sympathie für die Demonstration ebenfalls. Verbunden mit der Sympathie dürften auch wahrgenommene wirtschaftliche Bedrohungen in Folge der staatlich festgelegten Anti-Corona-Maßnahmen sein.

Es liegen überdies – wie kann es anders sein – relativ robuste Befunde vor, die einerseits darauf verweisen, dass die Impfquote auf Bundeslandebene mit der Bereitschaft, die AfD zu wählen, korreliert (Reuband, 2022; Richter et al., 2021). Allerdings finden sich in der großen Gruppe der Impfbefürworter nicht nur einhellige Zustimmungen zu einer „Impfpflicht", sondern auch Skepsis und Vorbehalte (Richter et al., 2022). Oliver Decker und Kolleg*innen sehen in den Motiven der ungeimpften Menschen nach wie vor Desiderate der Forschung (Decker et al., 2022, S. 96).

In repräsentativen Befragungen mit jeweils 2000 Personen konnten Tobias Spöri und Jan Eichhorn zeigen, „[…] dass 2021 weniger Personen in Deutschland Corona-Verschwörungsmythen anhängen als im Jahr zuvor. Während 2020 der Anteil unter den Befragten, die an Corona-Verschwörungserzählungen glaubten, noch bei rund 15 % lag, ist er 2021 auf rund 9 % gefallen" (Spöri & Eichhorn, 2021, S. 4). Aber es gibt sie noch, die Verschwörungserzählerinnen und –erzähler. In einer von der Friedrich-Ebert-Stiftung 2021 veröffentlichten Studie, in der 1500 erwachsene Deutsche befragt wurden, äußerten 22,9 % der Befragten, es gebe geheime Organisationen, die großen Einfluss auf politische Entscheidungen haben. Etwas mehr als 20 % glauben, Politikerinnen und Politiker sowie andere Führungspersönlichkeiten seien nur Marionetten von dahinterstehenden Mächten. „Jede_r Zehnte in Deutschland glaubt, dass die Corona-Pandemie durch geheime Mächte verursacht wurde (9,8 %). Noch mehr Menschen glauben, dass durch die Pandemie Zwangsimpfungen eingeführt würden (17,2 %)" (Lamberty & Rees 2021, S. 293). Besonders AfD-Wählerinnen und -Wähler (66,7 %) sowie Nichtwählerinnen und –wähler (57,6 %) glauben an Verschwörungen. Die wenigsten Verschwörungsgläubigen scheint es bei den Anhängerinnen und Anhängern von Bündnis 90/Die Grünen (7,2 %) und der FDP (5,6 %) zu geben (ebd., S. 295).

Jan-Willem van Prooijen und Nienke Böhm (2023) haben in zwei Panelstudien[3] (eine in den Niederlanden mit 4500 Personen, die andere in den USA mit 600 Personen) auf einen interessanten Zusammenhang zwischen Impfskepsis (bzw. zögerlicher Impfbereitschaft) und Verschwörungserzählungen (z. B. „Covid-19 sei ein Schwindel, der von Interessengruppen aus finanziellen Gründen erfunden wurde.") aufmerksam gemacht. Nicht immer und überall sind entsprechende Verschwörungserzählungen die Verursacher für eine Impfskepsis. Diese Skepsis kann auch Anlass sein, um nach Verschwörungserzählungen zu suchen, mit denen die eigene Skepsis oder Angst vor den Impfungen sich und anderen Menschen gegenüber begründet werden kann.

Zu den Erzählern und Erzählerinnen von Verschwörungsmythen gehören die Impfgegner*innen, von denen die Extremsten im Impfen eine „Biowaffe" sehen, die wahlweise von Rothschild, Bill Gates, der Pharmaindustrie oder – ganz allgemein – von einer Elite, die die Welt kontrollieren wolle, eingesetzt werde. Das Virus SARS-CoV-2, der Verursacher der Corona-Pandemie, sei von dieser Schattenregierung in die Welt gesetzt worden, um diese zu beherrschen. Mit Covid-19 solle eine neue Weltordnung geschaffen werden; das Virus sei in einem Labor gezüchtet worden; es verbreite sich über die neuen 5G-Netze; Bill Gates wolle

---

[3] Bei Panelstudien oder Längsschnittstudien werden, im Unterschied zu Querschnittstudien, Personen zu mehreren Zeitpunkten bzw. Wellen befragt oder interviewt und die Ergebnisse der einzelnen Untersuchungswellen verglichen. Werden den gleichen Personen, wie es in Panelstudien in der Regel geschieht, über die Zeit immer wieder die gleichen Fragen gestellt, so lassen sich nicht nur Zusammenhänge (Korrelationen), sondern auch Veränderungen und u. U. auch kausale Prozesse analysieren.

die Menschheit zwangsimpfen, um sie überwachen zu können; die Schattenregierung halte in geheimen Kellern Kinder gefangen, foltere sie und zapfe ihnen Blut ab, um daraus ein Serum für die ewige Jugend zu gewinnen. Mit solchen anderen Verschwörungsmythen hätten wir sozusagen die Spitze der *Absurditäten* in der Coronakrise erreicht.

Aber es sind eben nicht nur die bekannten „Irren" auf der extremrechten Seite des politischen Spektrums, die an Verschwörungserzählungen glauben, sie auf der Straße oder in sozialen Medien verbreiten. Manche linken Aktivist*innen sehen zum Beispiel in den Geheimdiensten, den Bank- und Hedgefondsmanager*innen, den Politiker*innen der EU ebenfalls Mächte am Werk, die in geheimen Zirkeln an den Rädern der Weltuhr drehen. So wundert es nicht, wenn eine internationale Forschungsgruppe um Roland Imhoff in einer Studie mit 104.253 Menschen aus 26 Ländern zu dem Ergebnis kommt, Verschwörungsmentalitäten seien – nach Kontrolle wichtiger soziodemographischer Variablen, wie Geschlecht, Alter, Bildung – vor allem mit rechtsextremen, aber auch mit linksextremen Überzeugungen verknüpft. Während in Ländern, wie Belgien, Frankreich, Deutschland, den Niederlanden, Österreich, Polen und Schweden die Verschwörungsmythen eher von den politisch Rechten geglaubt und verbreitet werden, sind es in Spanien, Rumänien oder Ungarn die extremen Linken (Imhoff et al., 2022). Aber was sagt uns das?

In diesem Zusammenhang (aber nicht nur in diesem) gibt es sozialwissenschaftliche Versuche, ein „altes" Konzept wieder ins Leben zu rufen, das – so wie der Autoritarismus – ebenfalls eng mit dem Namen von Erich Fromm verbunden ist. Erich Fromm hat es „Group Narcissism" oder „Collective Narcissism" genannt. Dieses Konzept hat er 1964 („The Heart of Man. Its Genius for Good and Evil", Fromm, 1999a; Original: 1964) entwickelt und 1973 erweitert („The Anatomy of Human Destructiveness", Fromm, 1999b; Original: 1973). Grundlagen finden sich indes schon 1955 („The Sane Society", Fromm, 1999c; Original: 1955). „Der Gruppen-Narzissmus hat wichtige Funktionen. Vor allem fördert er die Solidarität und den inneren Zusammenhalt der Gruppe und erleichtert ihre Manipulation, da er an narzisstische Vorurteile appelliert. Zweitens ist er außerordentlich wichtig als ein Element, das den Mitgliedern der Gruppe Befriedigung verschafft, vor allem jenen unter ihnen, die an sich wenig Gründe hätten, sich stolz und schätzenswert zu finden" (Fromm, 1999b, S. 182 f.). Gruppen-Narzissmus könne eine wichtige sozialpsychologische Quelle für soziale, wirtschaftliche und politische Diskriminierung und Aggression gegenüber anderen Gruppen sein. Eine wichtige Rolle spiele dabei der Anführer einer Gruppe. Er beschwört und vertritt seine eigene Überlegenheit und Grandiosität sowie die seiner eigenen Gruppe in prototypischer Weise.

Mittlerweile gibt es eine Reihe internationaler (quantitativer) Studien, die sich mehr oder weniger explizit auf den Gruppen-Narzissmus Frommscher Prägung beziehen und die nahelegen, Gruppen-Narzissmus nicht mit Autoritarismus zu verwechseln (z. B. Cichocka, 2016; Golec de Zavala et al., 2019). Es scheint sich um zwei relativ unabhängige Phänomene zu handeln. Insofern eignet sich der Gruppen-Narzissmus auch als Gegen-Konzept zum „Libertären Autoritarismus" von Amlinger und Nachtwey (2022; siehe oben).

Den Gruppen-Narzisst*innen geht es offenbar um die Überhöhung, Übertreibung und Idealisierung des Bildes der Gruppe, der man sich zugehörig fühlt (der Familie, der Gemeinschaft, der Nation, „Deutschland zuerst", der politischen Partei, die nicht so recht zum Zuge kommt usw.). Damit kann der/die Einzelne auch das eigene Ich überhöhen und idealisieren. Dort, wo der Gruppen-Narzissmus blüht (z. B. in scheinbar abgehängten Regionen, in AfD-Hochburgen, in Demos gegen die „Corona-Diktatur"; bei den „Wendehälsen 2.0" oder den „Wahlverlierern" und in manchen Wissenschaftlergemeinschaften) liefert er den „Frustrierten", „Wutbürger*innen" und ihren Ideologen das mindset (vulgo: die Fühl-, Denk- und Verhaltensmuster), um – unabhängig vom sozialen Status – die unerfüllten Gefühle der Größe und Einzigartigkeit durch Verschwörungsmythen, Gruppenfeindlichkeit, Nationalismus, Anti-Amerikanismus oder Antisemitismus zu kompensieren.

> In einem ganz anderen, an dieser Stelle aber nicht unpassenden, Zusammenhang, schreibt Paul Feyerabend u. a.: "Considering the narcissistic chauvinism of science such an examination would seem to be more than reasonable" (Feyerabend, 1976, S. 390).[4]

Sieht man einmal von manchen *Absurditäten* ab und fragt, was bleibt nach der Corona-Pandemie. Nun, zunächst die Erinnerungen an Schulschließungen, Kontaktverbote, gesperrte Parkbänke, geschlossene Restaurants, Existenzsorgen von freischaffenden Künstler*innen und das Sterben in Krankenhäusern, Pflegeheimen und in den eigenen vier Wänden usw. Und dann war da noch der Streit über das Krisenmanagement in der Pandemie. Heftig, laut und emotional stritten sich Regierungsvertreter*innen und Oppositionspolitiker*innen am 31. April 2023 im Bundestag über den Abschlussbericht zu den gesundheitlichen Auswirkungen der

---

[4] Sinngemäß: Angesichts des narzisstischen Chauvinismus der Wissenschaft erscheint eine solche Untersuchung mehr als sinnvoll.

Pandemie auf Kinder und Jugendliche. Bundesgesundheitsminister Karl Lauterbach räumte Fehler ein und stellte u. a. fest: „Die Schulschließungen hätte man
in dieser Länge nicht machen müssen" (Deutscher Bundestag, 2023).

Hätte man die Kontaktverbote in Alten- und Pflegeheimen oder die Schulschließungen umgehen können? Karim Bschir und Simon Lohse (2022) halten
das für möglich. Mit einem durchaus ernstzunehmenden Blick konfrontieren sie
die (gesundheits-)politischen Maßnahmen und Reaktionen während der Corona-
Pandemie mit dem epistemischen Pluralismus von Paul Feyerabend. Und sie kommen u. a. zu dem Schluss, dass ein höheres Maß an Pluralismus in der Gesund-
heitspolitik sowie die stärkere Einbeziehung außerwissenschaftlicher Perspektiven
während der Pandemie sowohl aus erkenntnistheoretischen als auch aus politischen Gründen wünschenswert gewesen wären. Epistemischer Pluralismus heißt,
ein *gleichberechtigtes* Zusammenspiel von Gesundheitspolitiker*innen, Politikbe-
rater*innen, Epidemiolog*innen, Sozialwissenschaftler*innen, Expert*innen, die
über lokales Wissen verfügen, Krankenpfleger*innen, Seelsorger*innen, Schulex-
pert*innen, Eltern statt einseitige Elitediskurse, wenn es um Entscheidungen für
ein effizientes und menschengerechtes Krisenmanagement geht.

„Die Bürger sind ja nicht unwissend. Sie leben in einer Demokratie, in der
die Information frei von einem Bürger zum anderen fließt. Sie leben nicht nur,
sie nehmen teil an Volksgerichten, Volksversammlungen, geben dort ihr Votum
ab, sie werden aufgefordert, Theaterstücke zu beurteilen, die von den größten
Dramatikern der Weltgeschichte geschrieben wurden, sie sind Zeugen öffentlicher Diskussionen, athletischer Wettkämpfe, kriegerischer Auseinandersetzungen.
Nach Protagoras (vermutl. 490 bis 411 v. Chr.; WF) genügt das Wissen, das
aus diesem unstrukturierten aber dafür sehr freien Lernprozess hervorgeht, zur
Beurteilung aller Ereignisse in einer Demokratie" (Feyerabend, in: Feyerabend &
Thomas, 1985, S. 327 f.).

Literatur

Adorno, T. W., Frenkel-Brunswick, E., Levinson, D. J., & Sanford, R. N. (1950). *The Authoritarian Personality*. Harper & Row.
AGENDA2030. (2023). https://www.2030agenda.de/de/ueber-uns. Zugegriffen: 26. Juni
2023.
Amlinger, C., & Nachtwey, O. (2022). *Gekränkte Freiheit. Aspekte des Libertären Autoritarismus*. Suhrkamp.
BILDblog. (2020). Wie die „Bild"-Redaktion mit schmutzigen Tricks versucht, Christian Drosten zu zerlegen. https://bildblog.de/121365/wie-die-bild-redaktion-mit-schmut
zigen-tricks-versucht-christian-drosten-zu-zerlegen/. Zugegriffen: 26. Juni 2023.

BMWK. (2020). Informationen des Bundeswirtschaftsministeriums zur Aufhebung der Allgemeinverfügung für Schutzausrüstung. https://www.bmwk.de/Redaktion/DE/Pressemitteilungen/2020/20200319-informationen-zur-aufhebung-der-allgemeinverfuegung-fuer-schutzausruestung.html. Zugegriffen: 26. Juni 2023.

Bschir, K., & Lohse, S. (2022). Pandemics, policy, and pluralism: A Feyerabend-inspired perspective on COVID-19. *Synthese, 200*(6), 441 ff.

Cichocka, A. (2016). Understanding defensive and secure in-group positivity: The role of collective narcissism. *European Review of Social Psychology, 27*(1), 283–317.

Decker, O., Kalkstein, F., Schuler, J., Celik, K., Brähler, E., Clemens, V., & Fegert, J. M. (2022). Polarisierung und autoritäre Dynamiken während der Pandemie. In O. Decker, J. Kiess, A. Heller, & E, Brähler (Hrsg.), *Autoritäre Dynamiken in unsicheren Zeiten* (S. 91–126). Psychosozial-Verlag.

Deutscher Bundestag. (2023). Drucksache 20/5650. https://www.bundestag.de/dokumente/protokolle/amtlicheprotokolle/ap20098-945508. Zugegriffen: 14. Aug. 2023.

Die Bundesregierung. (2020). 22. März 2020: Regeln zum Corona-Virus. https://www.bundesregierung.de/breg-de/leichte-sprache/22-maerz-2020-regeln-zum-corona-virus-173 3310. Zugegriffen: 26. Juni 2023.

Die Presse. (2020). Wie wirksam sind Masken? Forscher sind sich uneins. https://www.diepresse.com/5795101/wie-wirksam-sind-masken-forscher-sind-sich-uneins. Zugegriffen: 26. Juni 2023.

Drosten, C. (2020). Prof. Dr. Drosten Ende Januar 2020 auf RBB – Mit einer Maske ist das Virus nicht aufzuhalten. https://www.bitchute.com/video/1x2upVssJtpC/. Zugegriffen: 26. Juni 2023.

Drosten, C. (2022). Christian Drosten zur Corona-Lage in Deutschland: „Nach meiner Einschätzung ist die Pandemie vorbei". https://www.tagesspiegel.de/wissen/corona-experte-drosten-nach-meiner-einschatzung-ist-die-pandemie-vorbei-9089959.html. Zugegriffen: 29. Juni 2023.

Feyerabend, P. K. (1976). Logic, literacy, and Professor Gellner. *The British Journal for the Philosophy of Science, 27*(4), 381–391.

Feyerabend, P. K. (1985). Die Rolle von Fachleuten in einer freien Gesellschaft. In P. Feyerabend & C. Thomas (Hrsg.), *Grenzprobleme der Wissenschaften*. (S. 325–333). Eidgenössische Technische Hochschule, Verlag der Fachvereine.

Feyerabend, P. K. (2005a). *Die Vernichtung der Vielfalt. Ein Bericht,* herausgegeben von Peter Engelmann. Passagen Verlag.

Feyerabend, P. K. (2005b; Original: Farewell to Reason, 1987, S. 49–62.). Notes on Relativism. In J. Medina & D. Wood (Hrsg.), *Truth – Engagements across philosophical traditions.* (S. 146–156). Blackwell Publishing.

Forsa. (2021). Befragung von nicht geimpften Personen zu den Gründen für die fehlende Inanspruchnahme der Corona-Schutzimpfung. https://www.bundesgesundheitsministerium.de/ministerium/meldungen/ungeimpfte-wollen-sich-nicht-ueberzeugen-lassen.html. Zugegriffen: 26. Juni 2023.

Frankfurter Rundschau. (2021). Nußlein und Löbel: Maskenaffäre ist beispielhaft für das Politik-Verständnis von CDU und CSU. https://www.fr.de/meinung/kommentare/cdu-masken-affaere-nuesslein-loebel-union-kommentar-ideologie-korruption-90232540.html. Zugegriffen: 26. Juni 2023.

Frei, N., Schäfer, R., & Nachtwey, O. (2021). Die Proteste gegen die Corona-Maßnahmen: Eine soziologische Annäherung. *Forschungsjournal Soziale Bewegungen, 34*(2), 249–258.

Frindte, W. (2022). *Quo Vadis, Humanismus?* Springer.

Fromm, E. (1999a; Original: 1964). Die Seele des Menschen. Ihre Fähigkeit zum Guten und Bösen. *Erich-Fromm-Gesamtausgabe in 12 Bänden, Band 2*, herausgegeben von R. Funk. Deutsche Verlags-Anstalt.

Fromm, E. (1999b; Original: 1973). Anatomie der menschlichen Destruktivität. *Erich-Fromm-Gesamtausgabe in 12 Bänden, Band 7*, herausgegeben von R. Funk. Deutsche Verlags-Anstalt.

Fromm, E. (1999c; Original: 1955). Wege aus einer kranken Gesellschaft. *Erich-Fromm-Gesamtausgabe in 12 Bänden, Band 4*, herausgegeben von R. Funk. Deutsche Verlags-Anstalt.

Golec de Zavala, A., Dyduch-Hazar, K., & Lantos, D. (2019). Collective narcissism: Political consequences of investing self-worth in the ingroup's image. *Political Psychology, 40*, 37–74.

Grande, E., Hutter, S., Hunger, S., & Kanol, E. (2021). Alles Covidioten? Politische Potenziale des Corona-Protests in Deutschland. WZB Discussion Paper, No. ZZ 2021–601, Wissenschaftszentrum Berlin für Sozialforschung (WZB). https://www.econstor.eu/bitstream/10419/234470/1/1759173207.pdf. Zugegriffen: 5. Juli 2023.

Handelsblatt (2020). Vermummungspflicht könnte die nächste Verschärfung in Deutschland sein. https://www.handelsblatt.com/politik/deutschland/corona-pandemie-vermummungspflicht-koennte-die-naechste-verschaerfung-in-deutschland-sein/25699404.html. Zugegriffen: 26. Juni 2023.

Hanefeld, S. M. (2022). *Der Corona-Skandal: Warum wir nicht alles glauben sollten*. Books on Demand.

Hasler, P. T. (2011). *Aktien richtig bewerten*. Springer Gabler.

Huffpost. (2020). Trump's Bonkers Coronavirus ‚Herd Mentality' Claim Lights Up Twitter. Quelle: https://www.huffpost.com/entry/donald-trump-herd-mentality_n_5f618e1ac5b6e27db134a42b. Zugegriffen: 12. Juli 2023.

Hunger, S., Hutter, S., & Kanol, E. (2023). The mobilization potential of anti-containment protests in Germany. *West European Politics, 46*(4), 812–840.

Imhoff, R., Zimmer, F., Klein, O., António, J. H., Babinska, M., Bangerter, A., ... & Van Prooijen, J. W. (2022). Conspiracy mentality and political orientation across 26 countries. *Nature Human Behaviour, 6*(3), 392–403.

Johns Hopkins University. (2020). https://coronavirus.jhu.edu/map.html. Zugegriffen: 20. Sept. 2020.

Johns Hopkins University. (2023). https://coronavirus.jhu.edu/map.html. Zugegriffen: 26. Juni 2023.

Kühne, S., et al. (2020): Gesellschaftlicher Zusammenhalt in Zeiten von Corona: Eine Chance in der Krise? *SOEPpapers on Multidisciplinary Panel Data Research, No. 1091*, Deutsches Institut für Wirtschaftsforschung (DIW), Berlin.

Lamberty, P., & Rees, J. H. (2021). Gefährliche Mythen: Verschwörungserzählungen als Bedrohung für die Gesellschaft. In A. Zick & B. Küpper (Hrsg.), *Die geforderte Mitte – Rechtsextreme und demokratiegefährdende Einstellungen in Deutschland 2020/21*. Friedrich-Ebert-Stiftung. Verlag Dietz Nachf.

Merkur.de. (2020). Corona in Italien: Tausende Ärzte und Krankenpfleger haben sich mit dem Coronavirus infiziert. https://www.merkur.de/welt/coronavirus-italien-tote-fallza hlen-infizierte-covid-19-news-lombardei-zr-13642289.html. Zugegriffen: 26. Juni 2023.

Neumayer, E., Pfaff, K., & Plümper, T. (2021). Protest Against COVID-19 Containment Policies in European Countries. Available at SSRN: https://ssrn.com/abstract=3844989or.

Paul-Ehrlich-Institut. (2023). Sicherheit von COVID-19-Impfstoffen. https://www.pei.de/DE/newsroom/dossier/coronavirus/arzneimittelsicherheit.html. Zugegriffen: 26. Juni 2023.

Pink, I., & Welte, T. (2023). Risiko und Häufigkeit von Long-COVID. *CME, 20*(1–2), 12–17.

Polanyi, K. (2019; Original: 1944). *The Great Transformation*. Suhrkamp.

Quent, M., Richter, C., & Salheiser, A. (2022). *Klimarassismus. Der Kampf der Rechten gegen die ökologische Wende*. Piper Verlag.

Redaktionsnetzwerk Deutschland. (2020). https://www.rnd.de/politik/corona-trump-gegen-seine-verschworung-der-fake-news-medien-S5PRBMJOS4ZH3YVTWHJBDOKP3U.html. Zugegriffen: 28, Okt. 2020.

Reuband, K. H. (2022). AfD-Affinitäten, Corona-bezogene Einstellungen und Proteste gegen die Corona-Maßnahmen: Eine empirische Analyse auf Bundesländerebene. *Zeitschrift für Parteienwissenschaften (MIP), 28*(1), 67–94.

Richter, C., Wächter, M., Reinecke, J., Salheiser, A., Quent, M., & Wjst, M. (2021). Politische Raumkultur als Verstärker der Corona-Pandemie? Einflussfaktoren auf die regionale Inzidenzentwicklung in Deutschland in der ersten und zweiten Pandemiewelle 2020. *ZRex–Zeitschrift für Rechtsextremismusforschung, 1*(2), 191–211.

Richter, S., Faas, T., Joly, P., & Schieferdecker, D. (2022). Sag, wie hältst Du's mit der Impfpflicht?: Einstellungen der deutschen Bevölkerung zur Einführung einer allgemeinen Corona-Impfpflicht. *Rapid-Covid, Policy Brief*, 1/2022.

Robert Koch Institut. (2023). Wirksamkeit. https://www.rki.de/SharedDocs/FAQ/COVID-Impfen/FAQ_Liste_Wirksamkeit.html. Zugegriffen: 26. Juni 2023.

Soldt, R. (2020). Die Organisationsstruktur hinter den „Hygiene-Demos". Frankfurter Allgemeine Zeitung, 4. August 2020. https://www.faz.net/aktuell/politik/inland/berlin-die-organisationsstruktur-hinter-den-corona-demos-16888674.html. Zugegriffen: 29. Juni 2023.

Spöri, Z., & Eichhorn, J. (2021). Wer glaubt (nicht mehr) an Corona-Verschwörungsmythen. https://dpart.org/publications/wer-glaubt-nicht-mehr-an-corona-verschworungsmythen/. Zugegriffen: 29. Juni 2023.

Süddeutsche Zeitung. (2020). „Coronavirus" war auch bei Asterix der Böse. https://www.stuttgarter-zeitung.de/inhalt.nach-tod-von-albert-uderzo-coronavirus-war-auch-bei-asterix-der-boese.d32400ac-9386-4703-b8b9-9b3c26b74269.html. Zugegriffen: 26. Juni 2023.

Tagesschau. (2020a). Trump sieht sich im Virus-Krieg, 19.03.2020. https://www.tagesschau.de/ausland/trump-coronavirus-109.html. Zugegriffen: 2. Juli 2023.

Tagesschau. (2020b). Fernsehansprache zur aktuellen Lage in der Corona-Pandemie am 11.04. 2020. https://www.bundespraesident.de/SharedDocs/Reden/DE/Frank-Walter-Steinmeier/Reden/2020/04/200411-TV-Ansprache-Corona-Ostern.html. Zugegriffen: 2. Juli 2023.

Trump, D. (2020). https://twitter.com/realDonaldTrump/status/1320708386476990464. Zugegriffen: 28. Okt. 2020.

UN-Informationszentrum. (2020). UN stellt COVID-19-Plan vor, der „das Virus besiegen und eine bessere Welt schaffen" könnte. https://unric.org/de/covid-19-plan-guterres/. Zugegriffen: 26. Juni 2023.

Van Prooijen, J. W., & Böhm, N. (2023). Do conspiracy theories shape or rationalize vaccination hesitancy over time? *Social Psychological and Personality Science.* https://doi.org/10.1177/19485506231181659;aufgerufen:12.07.2023

Watson, O. J., Barnsley, G., Toor, J., Hogan, A. B., Winskill, P., & Ghani, A. C. (2022). Global impact of the first year of COVID-19 vaccination: A mathematical modelling study. *The Lancet Infectious Diseases, 22*(9), 1293–1302.

Widmer, P. 2020. Wir sind nicht im Krieg. Brachiales Vokabular ist in der Corona-Pandemie en vogue. Das ist folgenreich. https://www.alexandria.unisg.ch/entities/publication/e37 25da5-e664-47d4-b0db-78ab16ee21c2/details. Zugegriffen: 2. Juli 2023.

Wielga, J. & Enste, P. (2022). Zwischen Angst, Skepsis und Verweigerung: Was wissen wir über Menschen mit Impfvorbehalten in der Covid-19-Pandemie? (No. 03/2022). Forschung Aktuell.

Zeit Online. (2020). AfD spricht von „Corona-Diktatur". https://www.zeit.de/politik/deutschland/2020-10/corona-beschluesse-angela-merkel-alexander-gauland-kritik-opposition. Zugegriffen: 2. Juli 2023.

Klimakatastrophe

17

„Aber was können wir in einer Zeit wie der heutigen tun, die das Gleichgewicht noch nicht erreicht hat? […] Die Antwort ist einfach: Von ein paar Ausnahmen abgesehen, werden wir barbarisch handeln: wir werden strafen und töten, Krieg gegen Krieg setzen, Lehrer gegen Studenten, »geistige Führer« gegen die Öffentlichkeit und gegeneinander, wir werden in moralisch hochtönenden Worten über Vergehen sprechen und verlangen, dass eine Verletzung des Gesetzes mit Gewalt verhindert wird. Aber während wir unser Leben auf diese Weise weiterführen, sollten wir versuchen, unseren Kindern wenigstens eine Chance zu geben. Wir sollten ihnen Liebe und Sicherheit bieten und keine Prinzipien" (Feyerabend, 1995, S. 237f.).

© Der/die Autor(en), exklusiv lizenziert an Springer Fachmedien Wiesbaden GmbH, ein Teil von Springer Nature 2024
W. Frindte, *Wider die Borniertheit und den Chauvinismus – mit Paul K. Feyerabend durch absurde Zeiten*, https://doi.org/10.1007/978-3-658-43713-8_17

17.1   Kurz nach 12?[1]

Am 16. Juli 2023 regnete es an der St. Finian's Bay. Wir waren im Urlaub. Draußen lag die Temperatur bei 14 Grad Celsius. Im Pub sinnierten wir mit Paddy über das Wetter. Zwei Stunden später stieg die Temperatur auf 18 Grad. Die Sonne schien. Das Wetter war eben typisch irisch. „May the wind be always at your back. May the sun shine warm upon your face and the rain fall soft upon your fields. And until we meet again, may God hold you in the palm of his hand", heißt es in einem alten irischen Segensspruch.

Im Frühjahr und Sommer 2023 hat es in den Wäldern Kanadas gebrannt. Neun Millionen Hektar Land waren bis Anfang Juli in Rauch aufgegangen. Mehr als 150.000 Menschen mussten ihre Häuser verlassen (ZDF, 2023a). Die Rauchwolken zogen über die Ostküste Nordamerikas und erreichten auch Europa. Dort wurde es auch bald heiß. Die Temperaturen in Südeuropa, in Italien, Griechenland oder Spanien, lagen Mitte Juli oberhalb von 40, teils über 45 Grad Celsius. Im Mittelmeerraum kämpfen Feuerwehren gegen schreckliche Waldbrände. Menschen verloren Heim und Gut. Manche ihr Leben. Der Klimawandel-Beobachtungsdienst Copernicus (Copernicus Climate Change Service) der Europäischen Union meldete, die ersten drei Wochen im Juli 2023 seien die weltweit wärmste dreiwöchige Periode seit der Messung im Jahre 1940 gewesen (Copernicus, 2023). Dann wanderte eine Polarfront über Europa. Es wurde kalt, windig und regnete teils in Strömen. In Slowenien, Kroatien und Österreich kam es im August 2023 zu schweren Unwettern und Überschwemmungen. In Slowenien überschwemmten die angestiegenen Flüsse zwei Drittel des ganzen Landes. Die *Tagesschau* fragte Anfang August: „Ist das noch Wetter oder schon der Klimawandel?" (Tagesschau, 2023a). Und *ZDF heute* antwortete: „Juli wohl heißester Monat seit Jahrtausenden" (ZDF, 2023b). „Der Klimawandel ist da. Er ist erschreckend. Und er ist erst der Anfang", sagte UN-Generalsekretär António Guterres und warnte vor den klaren wie tragischen Folgen: „Kinder, die von Monsunregen weggefegt werden, Familien, die vor Flammen fliehen (und) Arbeiter, die in glühender Hitze zusammenbrechen" (zit. n. UNRIC – Regionales Informationszentrum der Vereinten Nationen, 2023).

Da der ehemalige Präsident der USA, Donald Trump, 2024 erneut kandidieren will, sei an dieses, wie einige seiner ehemaligen Mitstreiter heute meinen, „bockige Kind" erinnert: Mitte September 2020, 50 Tage vor den Präsidentschaftswahlen, die er bekanntlich verlor, besuchte Donald Trump Kalifornien, um

---

[1] Einige der hier vorgetragenen Argumente habe ich bereits andernorts geäußert (Frindte, 2022, Kap. 20).

sich ein Bild von der Katastrophe zu machen. Verheerende Waldbrände hatten an der Westküste der USA (vor allem in Kalifornien, Oregon und im Bundesstaat Washington, aber auch in Utah, Wyoming oder Arizona) mehr als 12.500 Quadratkilometer Land, die Wälder und zirka 4500 Gebäude zerstört. Über 20.000 Feuerwehrleute versuchten, die Brände einzudämmen, meist ohne Erfolg. Zehntausende Menschen verloren ihre Wohnungen, über 500.000 Menschen wurden aufgefordert, sich auf eine Evakuierung vorzubereiten.

In einem Gespräch wurde Trump damals vom demokratischen Gouverneur Kaliforniens Gavin Newsom und dem kalifornischen Chef des *Amtes für Bodenschätze und natürliche Ressourcen* auf den engen Zusammenhang zwischen dem Klimawandel und den katastrophalen Waldbränden hingewiesen. Trump reagierte mit der *bornierten* Bemerkung, es werde schon bald wieder kühler werden, auch wenn das die Wissenschaftler noch nicht wüssten (NBC News, 2020). Kalifornien solle sich überdies um ein besseres Forstmanagement kümmern, legte Trump ein Tag später in einem Interview mit *Fox News* nach. So könne man sich ein Vorbild zum Beispiel an Österreich nehmen. Die Menschen dort lebten, so Trump, in Wald-Städten mit viel mehr „explosiven Bäumen" als Kalifornien und trotzdem würden die Menschen die Feuer beherrschen. Trump im Original: „You look at countries, Austria, you look at so many countries. They live in the forest, they're considered forest cities. So many of them. And they don't have fires like this. And they have more explosive trees. They have trees that will catch easier, but they maintain their fire". Dass die Österreicherinnen und Österreich es ganz lustig fanden, von Donald Trump als Bewohner von Waldstädten bezeichnet zu werden, kann man sich vorstellen (Huffpost, 2020). Im Juni 2017 hatte Trump den Ausstieg aus dem Pariser Klimaschutzabkommen erklärt. Die menschengemachten Gefahren des Klimawandels hatte er als *Hoax* (Schwindel) und Fake News bezeichnet. Nachdem Joe Biden am 3. November 2020 als neuer US-Präsident gewählt worden war, kehrten die USA im Februar 2021 wieder in den Kreis der Unterzeichner des Pariser Abkommens zurück. Vorstellen möchte man sich allerdings nicht, was passiert, wenn das bockige Kind wieder an die Macht kommt.

Im April 2023 plädierte eine Mehrheit der US-Amerikaner dafür, dass die USA bis 2050 klimaneutral werden solle. Im Durchschnitt meinten 54 % aller befragten US-Amerikaner, der Klimawandel sei eine große Gefahr. Während 78 % der Menschen, die den Demokraten nahestehen, dies ebenso sehen, sind es bei Anhänger*innen der Republikaner nur 23 % (Pew Research Center, 2023). In separaten Umfragen, so Pew Research, habe sich gezeigt, dass die Besorgnis wegen des Klimawandels in anderen Ländern größer sei als in den USA. So würden beispielsweise 81 % der französischen Erwachsenen und 73 % der Deutschen den Klimawandel als große Bedrohung wahrnehmen. Mag sein.

In dem von *infratest dimap* monatlich erhobenen Meinungsbild (ARD-Deutschlandtrend, 2023) gaben im April 2023 insgesamt 26 % der Befragten an, der Umweltschutz bzw. der Klimawandel seien die wichtigsten Probleme. Anders als Pew Research hat *infratest dimap* allerdings den 1300 befragten Personen eine *offene* Frage vorgelegt: „Welches ist Ihrer Meinung nach das wichtigste politische Problem, um das sich die deutsche Politik vordringlich kümmern muss? Und welches ist das zweitwichtigste?". Wie auch immer, in Deutschland sind die Meinungen zum Klimaschutz – in Abhängigkeit von der Verortung im politische Spektrum – mehr als divers. Laut ZDF-Politbarometer gaben im Juni 2023 zirka 37 % der Befragten an, die bisherigen Maßnahmen für den Klimaschutz gehen zu weit. So sahen das 87 % der AfD-Sympathisant*innen, 44 % der CDU/CSU-Anhänger und Anhänger*innen, 35 % der FDP-Gefolgschaft, 24 % der SPD-Fans, 21 % der Linken und 3 % der Grünen (Statista, 2023).

Unabhängig von den politischen Orientierungen hielt die Mehrheit der Deutschen – trotz des russischen Angriffskrieges gegen die Ukraine und der nach wie vor hohen Inflationsraten – im Juli 2023 den Klimawandel für eines der drängendsten gesellschaftlichen Probleme unserer Zeit. So das Ergebnis des *Sozialen Nachhaltigkeitsbarometers,* eine jährliche repräsentative Befragung von deutschlandweit mehr als 6500 Personen zu Themen der Energie- und Verkehrswende, durchgeführt im Rahmen des Projekts Ariadne des Helmholtz-Zentrums Potsdam. Fragt man die Menschen danach, was sie am meisten an der Umsetzung der Energiewende stört, heben 53 % die *politische Gestaltung* der Prozesse hervor (Nachhaltigkeitsbarometer, 2023). Darauf ist noch genauer einzugehen.

17.2 Von Leugner*innen und Klimarassist*innen

Vom 29. Juli bis zum 6. August 2023 tagte die AfD in Magdeburg, um sich für die Europawahl 2024 warmzulaufen und über ihr Wahlprogramm zu beraten. Im vorgelegten Leitantrag zum Programm und dann in den Diskussionen auf dem Parteitag forderte die AfD nicht nur an Stelle der bestehenden Europäischen Union einen „Bund europäischer Nationen", eine Rückkehr zur D-Mark, eine Schließung der Grenzen zum Schutz vor „illegalen Einreisen", eine „sofortige Aufhebung der Wirtschaftssanktionen gegen Russland" und manches mehr. Auch gegen die Klimaschutzmaßnahmen richtet sich der Leitantrag. „Wir teilen die irrationale CO_2-Hysterie nicht, die unsere Gesellschaft, Kultur und Lebensweise strukturell zerstört. […] Wir wollen keine EU-Grenzwerte, die Klimalobbyisten gegen die elementarsten Interessen Deutschlands durchsetzen können" (AfD, Leitantrag, 2023, S. 71). Auf dem Parteitag in Magdeburg konkretisierte der Maler- und Lackierermeister Tino Chrupalla den Vorwurf der „Klimahysterie" und meinte: „1,5 Grad Erwärmung der Erde? Es wird nichts passieren, wenn die Erde 1,5 Grad wärmer ist. Das sind auch alles Dinge, wo mit Hysterie gearbeitet wird. Wenn vom Schmelzen der Pole gesprochen wird: Der Nordpol, wir sehen es, ist in einer guten Verfassung" (ZDF, 2023c). Das sind keine neuen Argumentationen; ähnlich *Borniertes* fand sich schon im Europawahlprogramm 2019. Ebenfalls 2019 hatten Abgeordnete der AfD-Bundestagsfraktion in einer kleinen Anfrage bezweifelt, dass 97 % aller Klimawissenschaftlerinnen und Klimawissenschaftler sich in den grundsätzlichen Erkenntnissen zum menschengemachten Klimawandel weitgehend einig seien. Die deutsche Bundesregierung hat mit Verweis auf mehrere Studien den Zweifel der AfD in ihrer Antwort vom 23. August 2019 deutlich zurückgewiesen und die Auffassung bekräftigt, „[…] dass rund 99 % der Wissenschaftler, die Fachaufsätze zum Klimaschutz veröffentlichen, der Überzeugung sind, dass der Klimawandel durch den Menschen verursacht ist" (Deutscher Bundestag, 2019, S. 5).

Warum also nun die Aufregung? Auch in anderen europäischen Ländern sind es bekanntlich die Anhänger der rechtspopulistischen Parteien (z. B. in der österreichischen FPÖ, der britische Ukip oder der niederländischen PVV), die die wissenschaftlichen Befunde über den Klimawandel bestreiten. Stella Schaller und Alexander Carius vom Berliner *Thinktank adelphi* haben das Abstimmungsverhalten von rechten und rechtspopulistischen Parteien im Europaparlament zu Klimaschutzthemen untersucht und kommen zu dem Schluss, dass zwei von drei rechtspopulistischen Abgeordneten regelmäßig gegen klima- und energiepolitische Maßnahmen stimmen. Dabei trete die AfD besonders als Vertreter lokaler Initiativen auf, die z. B. Windparks zu verhindern suchen (Schaller & Carius, 2019).

Nun, ich habe zumindest drei Gründe, mich über die AfD aufzuregen, einen allgemeinen, einen besonderen und einen globalen. Im *Allgemeinen* halte ich die AfD-Mitglieder, ganz im Sinne von Paul Feyerabend, für Cranks, für Spinner (siehe Kap. 11). *Cranks* sind für Feyerabend – wie Jamie Shaw gezeigt hat (Shaw, 2021) – Akteure, die nur ihre eigenen Sichtweisen und Agenden durchzusetzen wollen und nicht daran interessiert sind, ihre Auffassungen im Lichte anderer Ansichten zu hinterfragen. Das können Aktivist*innen sein, die sich gegen andere Standpunkte immunisieren, oder lokale Expert*innen, die nicht bereit sind, Auffassungen zu berücksichtigen, die ihren persönlichen Erfahrungen widersprechen. Zur Erinnerung: Auf einem Landesparteitag der AfD in Brandenburg Anfang

2019 sagte Alexander Gauland, er glaube das „Märchen vom menschengemachten Klimawandel" nicht (Frankfurter Allgemeine, 2019). Im nicht minder heißen
Sommer 2018 twitterte Beatrix Amelie Ehrengard Eilika von Storch: „Ja. Es ist
warm. Sehr sogar. Aber dieses hysterische Klimakrisen-Gekreische der Klimana-
zis ist wirklich unerträglich. Auch wenn wir alle zu Fuß gehen, statt Autos zu
bauen nun alle Gendergagisten werden u nur noch Brokkoli essen: der Sonne
ist es egal" (Twitter, von Storch, 2018; Kommafehler und Abkürzungen im Original). Und Ende Juli 2023 schrieb die geborene Herzogin von Oldenburg auf
Twitter: „Deutschland stöhnt seit Tagen unter der #Hitzewelle im #Hochsommer:
Heute schon wieder 36 Grad in Berlin. Morgens 17 Grad, nachmittags 19 Grad.
Das muss der #Klimawandel sein" (Twitter, von Storch, 2023).

Man kann es spleenig nennen oder *borniert*. Vielleicht sind solche Äußerungen auch einfach nur Propaganda, um die Mitläufer*innen zu erfreuen und bei der
Stange zu halten. Gefährlich für unser Gemeinwesen sind derartige Äußerungen
allemal. Die Cranks, die Spinner, haben die Autorinnen und Autoren der „Authoritarian Personality" übrigens ebenfalls beobachtet (Adorno et al., -Brunswick
1950, 1995, S. 331). Carolin Amlinger und Oliver Nachtwey sehen in den heutigen Konspirationisten mit ihrer Affinität zum Verschwörungsdenken und Vorurteil
deren Wiedergänger (Amlinger & Nachtwey, 2022, S. 191).

Auf jeden Fall möchte ich mich von gefährlichen Spinnern im *Besonderen*
nicht regieren lassen. Diese Gefahr besteht bekanntlich, in Thüringen, Sachsen,
Sachsen-Anhalt und vielleicht auch auf Bundesebene. Anfang Juli 2023 gaben
laut repräsentativer Umfrage von *Infratest dimap* 34 % von 1193 Befragten aus
Thüringen an, sie würden, wenn am kommenden Sonntag Landtagswahl wäre, die
AfD wählen. Das gegenwärtig (im Jahre 2023) in Thüringen regierende Bündnis
von Linken, Grünen und SPD käme insgesamt nur auf 35 % Zustimmung (infratest dimap, 2023a). In der bundesweiten Umfrage (Anfang August 2023; infratest
dimap, 2023b) erreichte die AfD eine Zustimmung von 21 % und lag damit auf
dem zweiten Platz hinter CDU/CSU (mit 27 %) und vor SPD (17 %), Grünen
(15 %), FDP (7 %) und Linken (4 %).

Wie reagierten die Regierenden in dieser Zeit? Der Thüringer Vorsitzende
der CDU, Mario Voigt, meinte Ende Juli 2023, die AfD sei, wie auch die Grünen, eine Angstpartei, die den Leuten einzureden versuche, wir stünden kurz vor
dem Weltuntergang (Spiegel, 2023a). Thüringens Ministerpräsident Bodo Ramelow hielt es für falsch, nur noch über die AfD zu reden und die Sachpolitik
aus dem Auge zu verlieren (Die Zeit, 2023). CDU-Chef Friedrich Merz äußerte
sich zunächst mehr oder weniger zustimmend zum Umgang mit der AfD auf
kommunaler Ebene, ruderte dann nach vehementer Kritik aus den eigen Reihen
wieder zurück und schrieb auf Twitter (heute X), es werde auch auf kommunaler

Ebene keine Zusammenarbeit der CDU mit der AfD geben (Tagesschau, 2023b).
Wirtschaftsminister Robert Habeck machte die Schwächen und die Orientierungs-
losigkeit der CDU für das Umfragehoch der AfD verantwortlich (Spiegel, 2023b).
Und der Bundeskanzler Olaf Scholz glaubte nicht an die dauerhafte Stärke der
AfD (ZDF, 2023d).

Um einen Satz von Paul Feyerabend abzuwandeln: Man kann sich auf die
Politiker*innen einfach nicht verlassen. Sie haben ihre eigenen Interessen, die
ihre Deutung der Evidenz und der Schlüssigkeit dieser Evidenz färben, sie wissen
nur sehr wenig, geben aber vor, weitaus mehr zu wissen (siehe auch: Feyerabend,
1980, S. 188).

Zugegeben, die zitierten Reaktionen der Regierenden sind etwas holzschnittar-
tig. Der Eindruck, dass die vom Volk gewählten und aus Steuergeldern bezahlten
politischen Verantwortlichen sich des Ernstes der Lage nicht ganz bewusst sind,
ließ sich indes im Sommer 2023 nicht vermeiden. Über einen Masterplan gegen
den AfD-Aufstieg schienen die Regierenden nicht zu verfügen.

Mir bleibt noch der Hinweis auf den *globalen* Grund, der mich angesichts
des AfD-Aufstieges so aufregt. Klimawandel, Klimakrise oder Klimakatastrophe?
Es liegt nicht im Auge der Beobachter*innen, ob die Klimakrise Krisenmerk-
male aufweist oder nicht. Maßstab sind ganz allein die Menschen, die unter
dem menschengemachten Klimawandel leiden. Vulnerable, durch den Klimawandel gefährdete Gruppen sind Menschen über 65 Jahre, chronisch Kranke und
Kinder, so zumindest in Europa. Für Millionen Menschen in anderen Weltre-
gionen ist der menschengemachte Klimawandel eine Katastrophe. Das sehen die
AfD-Mitglieder und wohl auch ihre Anhänger nicht, oder sie wollen es nicht
sehen.

> „[…] how can the actions of humans who viewed themselves as the masters
> of nature and society and whose achievements now threaten to destroy both
> be reintegrated with the rest of the world?, […] have human beings the right
> to shape nature and cultures different from their ow according to their latest
> intellectual fashions" (Feyerabend, 1987, S. 709).[2]

---

[2] Sinngemäß: Wie können die Handlungen von Menschen, die sich als Herren von Natur und
Gesellschaft sahen und deren Errungenschaften nun zu zerstören drohen, wieder in die übrige
Welt integriert werden? […] haben die Menschen das Recht, Natur und Kultur nach ihren
neuesten intellektuellen Moden zu gestalten, also anders als sie beschaffen sind.

Ein Forschungsteam der britischen Universität Exeter, der Universität Nanjing in China und der Universität Wageningen in den Niederlanden haben Studien vorgelegt, nach denen die Bewohnbarkeit der Erde vor allem in Gebieten gegeben ist, in denen eine Jahresmitteltemperatur von zirka 11 bis 15 Grad Celsius vorherrscht. Die meisten Menschen leben in Regionen, in denen eine Jahresdurchschnittstemperatur zwischen sechs und 28 Grad Celsius gemessen werden. Gegenwärtig leben neun Prozent der Weltbevölkerung (etwas mehr als 600 Mio. Menschen) außerhalb der „menschlichen Klima-Nische" („humane climate niche") von 11 bis 15 Grad, wobei die Bestimmung der Klima-Nische durchaus kontrovers ist. Klar ist allerdings, dass bis zum Ende des Jahrhunderts, wenn sich die derzeitigen Politiken nicht gravierend ändern, die globale Erwärmung um 2,7 Grad Celsius zugenommen haben könnte. Dann würden 22 bis 39 % der Weltbevölkerung außerhalb dieser „Nische" leben. Das beträfe Gebiete, in denen bereits jetzt häufig extreme Temperaturen herrschen, so Teile der arabischen Halbinsel, große Teile Indiens, Indonesien, die Philippinen, Thailand, Vietnam, die Sahelzone usw. Gelänge es die globale Erderwärmung auf 1,5 Grad zu beschränken, dann würden „nur" fünf Prozent der Menschen der Erderwärmung außerhalb der „Klima-Nische" ausgesetzt sein (Lenton et al., 2023; Xu et al., 2020). Und für diese Menschen wäre der Klimawandel immer noch katastrophal. Einfach mal Urlaub in Irland zu machen, ist für sie nicht möglich. Und die deutschen Waffenhersteller machen reichlich Profite. Im Mai 2023 teilte z. B. Rheinmetall mit, im ersten Quartal sei das operative Ergebnis im Vergleich zum Vorjahreszeitraum um 8 Mio. EUR auf 92 Mio. EUR gestiegen. Den anderen Waffenherstellern in Deutschland, Europa und den USA geht es nicht schlechter. Was ließe sich mit diesem Geld alles machen, um dem menschengemachten Klimawandel zu begegnen?

Die Studien zur „menschlichen Klima-Nische" sind nicht unwidersprochen geblieben. So wurden zum Beispiel die Schlussfolgerungen als „alarmistisch" bezeichnet (Milkau, 2022, S. 81) oder die Annahme kritisiert, dass bereits jetzt neun bis zehn Prozent der Weltbevölkerung außerhalb der „Klima-Nische" existieren. Eher sei davon auszugehen, dass gegenwärtig alle Lebenden unter lebenswerten Bedingungen leben (Tol, 2023, S. 7). Wenn derartige Stellungnahmen nicht so *absurd* wären, könnte man sich im Lehrstuhl zurücklehnen und meinen, Irren sei menschlich. Im Falle des menschengemachten Klimawandels könnte Irren allerdings tödlich sein.

Ob die Bevölkerung den menschengemachten Klimawandel akzeptiert oder nicht, ob die Menschen die klimafreundlichen Maßnahmen unterstützen oder sie ablehnen, ob sie das aus politischen oder finanziellen Gründen tun, auffallend sind die meist eskalierenden Debatten zwischen den Gegnern und den

Befürwortern. Die Auseinandersetzungen werden in populärwissenschaftlichen Büchern, in Zeitschriften, im Fernsehen, in Bundestags- und Landtagssitzungen und vornehmlich auf Online-Plattformen geführt. Zu den Gegnern und Leugnern des menschengemachten Klimawandels gehören Pseudowissenschaftler[3], Journalisten, Politiker, Youtube-Sternchen, konservative Thinktanks und – wie schon erwähnt – rechtspopulistische und rechtsextreme Organisationen und Parteien. Die Klimawandel-Leugner senden emotionsgeladene, zornige Tweets und Posts (Hemsley et al., 2021), stellen wissenschaftliche Fakten infrage, verbreiten Falschmeldungen und glauben an Verschwörungsmythen. Zu den gängigen Argumenten der Klimawandel-Leugner gehören Aussagen wie, die Erde erwärme sich gar nicht; sie erwärme sich schon, aber ohne Zutun des Menschen; man könne zwar etwas gegen die Erderwärmung tun, das sei aber zu teuer oder es sei eh zu spät; zuerst sollten die Länder in die Pflicht genommen werden, die mehr CO_2 ausstoßen als Deutschland usw. (Luczak, 2020, S. 17 f.). Verschwörungsmythen passen insofern gut in das Portfolio der Klimawandel-Leugner, weil die bedrohlichen Folgen des menschengemachten Klimawandels bequem in eine andere, vielleicht weniger große Bedrohung uminterpretiert werden können, in die Bedrohung durch geheime, konspirative Entscheidungen von Personen oder kleinen Gruppen mit illegitimen Absichten (vgl. auch Biddlestone et al., 2022). So wird in den Verschwörungsmythen der Klimawandel-Leugner nicht selten von einer Irreführung der Öffentlichkeit durch geheime Absprachen zwischen Klimaforschern und Politikern geraunt. Ziel solcher Absprachen sei es letztlich, die Gesellschaft, den Staat zu stürzen und eine grüne „Klimadiktatur" zu errichten.

Wer sind sie, die Klimawandel-Leugner und -Gegner und was treibt sie an?

Tief im Nordwesten der USA, in Idaho, haben Kristin Haltinner und Dilshani Sarathchandra (2021) in einer kleinen Interviewstudie 33 erwachsene weiße US-Amerikaner nach den Gründen ihrer Skepsis gegenüber dem menschengemachten Klimawandel befragt. Die Studie ist selbstverständlich nicht repräsentativ, belegt aber ein Narrativ, das man wohl auch in Deutschland finden könnte. So äußerten einige Befragte religiöse Gründe; etwa: Gott wird's schon richten; oder: Der Klimawandel, die Überschwemmungen usw. seien Zeichen für das kommende Ende der Welt. Andere Interviewteilnehmer lehnten die Mainstream-Medien ab und hielten den Hype um den Klimawandel für eine Verschwörung der Vereinten Nationen und ihrer Verbündeten.

Quantitative Analysen lassen vermuten, dass sich unter den Klimawandel-Skeptikern und Leugnern überdurchschnittlich mehr religiös und konservativ eingestellte ältere Männer mit höherem Einkommen finden lassen als unter den

---

[3] Die Frauen unter den Klimawandel-Leugnern sind selbstverständlich mitgemeint.

Nicht-Skeptikern. Von einem „conservative white male effect" zu sprechen, ist deshalb gar nicht so abwegig (McCright & Dunlap, 2013). Bedenken muss man allerdings, dass die meisten dieser Studien in den USA durchgeführt wurden. Deshalb ist die Vermutung naheliegend, in den USA finde sich eine besondere politische Kultur, durch die Bürgerinnen und Bürger ermutigt würden, Aussagen über das Klima und den Klimawandel verstärkt durch eine ideologische und weltanschauliche Brille zu bewerten. Dass die Vereinigten Staaten diesbezüglich etwas Besonderes sind, dürfte ja nicht unbekannt sein und spiegelt sich auch in interkulturellen Vergleichsanalysen wider. Matthew J. Hornsey, Emily A. Harris und Kelly S. Fielding (2018) verglichen die USA mit 24 anderen Ländern (z. B. Argentinien, Brasilien, China, Deutschland, Großbritannien, Indien oder Polen) und stellten fest, dass die Zusammenhänge zwischen der Skepsis gegenüber dem menschengemachten Klimawandel und ideologischen Überzeugungen in keinem der Länder so stark und konsistent sind wie in den USA.

Wir müssen also tiefergraben, um mehr über die Skeptiker und Leugner in Europa und Deutschland zu erfahren. Wouter Poortingaa und Kolleginnen (2019) haben aus diesem Grunde Daten des *European Social Survey* (ESS) von über 44.000 Personen aus 23 Ländern (einschließlich Russland) analysiert.[4] Es zeigte sich, dass die Zusammenhänge zwischen soziodemografischen Variablen (z. B. Alter, Geschlecht, Bildung), politischen Orientierungen und den Einstellungen zum menschengemachten Klimawandel doch stark zwischen den verschiedenen europäischen Regionen variieren. Während sich Männer aus Ost- und Nordeuropa (z. B. Polen, Russland, Slowenien oder Norwegen und Schweden) weniger um den Klimawandel scherten als Frauen, zeigte sich in den westeuropäischen Ländern (z. B. Belgien, Deutschland und Frankreich) ein solcher Gender-Effekt nicht. Hier, in den westeuropäischen Ländern, ist dagegen ein Alterseffekt zu beobachten; je älter die befragten Personen in diesen Regionen sind, um so skeptischer blicken sie auf den Klimawandel.[5]

---

[4] Der ESS ist eine der renommiertesten Vergleichsstudien, mit denen seit zwanzig Jahren regelmäßig Bürgerinnen und Bürger aus Europa und Israel nach ihren Meinungen zu sozialen und politischen Themen befragt werden.

[5] Steffen Mau, Thomas Lux und Linus Westheuser können allerdings eine Generationskluft im Klimabewusstsein der Deutschen nicht belegen. „Tatsächlich äußern die älteren Kohorten sogar größere Ängste als die jüngeren Jahrgänge. In der Gruppe der über 70-Jährigen machen sich ganze 85 % große Sorgen um den Klimawandel, bei den 50- bis 59-Jährigen liegt dieser Wert nur noch bei 76 %, und bei den 16- bis 29-Jährigen gar bei lediglich 62 %" (Mau et al., 2023, S. 217 f.). Ich bin somit in guter Gesellschaft.

In allen Ländern finden sich außerdem deutliche, signifikante Zusammenhänge zwischen den Einstellungen zum Klimawandel und den politischen Orientierungen. Menschen, die sich im politischen Spektrum eher rechts verorten, sind weniger am Wohlergehen anderer interessiert und äußern sich skeptischer gegenüber dem menschengemachten Klimawandel. Meta-Analysen belegen die Zusammenhänge zwischen Klima-Skepsis und politischen Einstellungen ebenfalls. Samantha Stanley und Marc Wilson (2019) analysierten 53 Studien und zeigen u. a., dass Menschen mit ausgeprägten autoritären Überzeugungen umweltfeindlicher eingestellt sind als weniger autoritär orientierte Personen. Meta-Analysen belegen auch, dass klimafreundliches Verhalten stark mit dem Vertrauen in die Wissenschaft und in Umweltorganisationen zusammenhängt (Cologna & Siegrist, 2020). Um dieses Vertrauen zu fördern, müssen die Umweltaktivisten und Umweltforscherinnen und -forscher allerdings als unparteiische Instanzen wahrgenommen werden, was bekanntlich keine einfache Angelegenheit ist.

Ob der menschengemachte Klimawandel überhaupt bedeutsam ist, von den Menschen wahrgenommen wird und zu klima- und umweltfreundlichem Verhalten anregt, hängt nicht zuletzt davon ab, mit welchen Gruppen und sozialen Instanzen sich die Menschen identifizieren bzw. welche Rolle der Klimawandel im Streben nach einer positiven sozialen Identität spielt. Die soziale Identität einer Person ist jener Teil des Selbstbildes, der sich aus den Zuordnungen zu verschiedenen sozialen Gruppen speist und mit Bewertungen und Emotionen bezüglich dieser Gruppen verknüpft ist (Tajfel & Turner, 1979). Soziale Identitäten spielen nicht zuletzt in der politischen Auseinandersetzung um den Klimawandel eine wichtige Rolle. Die Mitglieder politischer Parteien oder politischer Bewegungen definieren sich über die Zuordnung zu diesen Gruppierungen und stützen sich in ihren teils konträren Auffassungen auf diese Zuordnungen. Die einen sehen sich als Klimawandel-Skeptiker, die ihre Werte und Überzeugungen durch die anderen, die Klimaaktivistinnen und –aktivisten bedroht sehen, während die wiederum die Skeptiker als Bedrohung der Menschheit wahrnehmen (Mackay et al., 2021).

Der Mensch ist zu einer Naturgewalt geworden, an der er vielleicht zugrunde gehen könnte. Klimawandel, Erderwärmung, Artensterben, saure Meere, die Konzentration von Treibhausgasen in der Atmosphäre, Wasserknappheit, Gifte aller Art, die durch die Industrialisierung, die Landwirtschaft und die privaten Haushalte rasant die Umwelt zerstören usw. – all das sind Indikatoren für einen Wandel, den die Menschen selbst verursacht haben und durch den sie nun bedroht werden. Die Probleme, die der Klimawandel mit sich bringt, gehören zu den größten Bedrohungen und Herausforderungen. Die weltweite Klimaveränderung und die globale Erderwärmung sind weitgehend menschengemacht und bedrohen die Menschheit in allen Teilen der Erde. Radikale Beobachter der menschengemachten Weltveränderung, wie *Jason W. Moore,* ein US-amerikanischer Historiker und Soziologe, meinen allerdings, nicht die Menschheit oder wir Menschen seien für den Klimawandel und die Umweltzerstörungen verantwortlich, sondern der moderne Kapitalismus. *Jason Moore* (2020) spricht deshalb vom „Kapitalozän" (Capitalocene). Ähnlich argumentieren Matthias Quent, Christoph Richter und Axel Salheiser (2022), wenn sie schreiben, die Geschichte vom menschengemachten Klimawandel sei die Geschichte vom „Erfolgsmodell Kapitalismus".

Wenn die Geschichte des menschengemachten Klimawandels eine Geschichte des Kapitalismus ist, dann handelt es sich einerseits um eine Erfolgsgeschichte. Man denke etwa an die mit der Moderne verbundenen Fortschritte im Hinblick auf Gesundheit, Kindersterblichkeit, Lebenserwartung, Liberalisierung der Werte etc. Aber eine solche Sichtweise auf den Kapitalismus sei „[…] eine weiße, westliche, meist männliche und materiell wie kulturell privilegierte" (Quent et al., 2022, S. 23). Wechsele man die Perspektive, dann handele es sich beim Kapitalismus und seinen Folgen, einschließlich des menschengemachten Klimawandels, um eine Geschichte der Ausbeutung, Unterdrückung und gravierender Ungleichheiten. Es geht also nicht einfach um einen Klimakapitalismus, den es zu kritisieren gilt. Die Leugnung des menschengemachten Klimawandels laufe auf rassistische Vorherrschaft hinaus. „Klimarassismus beschreibt in diesem Sinne auf struktureller Ebene die Externalisierung der ökologischen Kosten des industriellen Wohlstands des mehrheitlich weißen Westens auf Kosten mehrheitlich nicht weißer Regionen und Menschen. Darüber hinaus beschreibt Klimarassismus die ideologischen und strategischen Hintergründe der Antworten der Rechten auf die Folgen des Klimawandels und auf Forderungen nach Klimagerechtigkeit" (Quent et al., 2022, S. 27). Nicht das „Abendland" stehe vor dem Untergang, wie die radikalen Rechten es propagieren, „[…] sondern viele pazifische Inseln werden faktisch vom abendländischen Modell der Industriegesellschaft im Meer versenkt" (ebd., S. 51). Das Modell der westlichen Industriegesellschaft, des christlich geprägten „Abendlandes", der aufgeklärten Demokratien, der weißen Vorherrschaft, der Weltordnung der Ungleichheit, der männlichen Herrschaft vernichte die Menschheit im globalen Süden. Das ist starker Tobak, mit dem aber der *Chauvinismus* der Klimaleugner*innen und Klimarassist*innen ganz gut auf den Punkt gebracht ist.

Dazu past ein Hinweis von Paul Feyerabend in einer Fußnote in „Creativity: A Dangerous Myth". Feyerabend weist auf eine Arbeit von Grazia Borrini über den Vergleich von „reichen" und „armen" Ländern hin (Borrini, 1985) und schreibt: „More recent studies of what is called, somewhat euphemistically, »developmental aid« have revealed the material and spiritual damage caused by Western interventions. The expansion of Western civilization robbed indigenous peoples of their dignity and their means of survival. War, slavery, simple murder seemed to be the right ways of dealing with »primitives«. But the humanitarians did not fare better than the gangsters. Imposing their own views of what it means to be human and how scarcity can be avoided, they often added to the destruction wrought by their predecessors" (Feyerabend, 1987, S. 709).[6]

Sicher, man kann darüber streiten, ob der „globale Norden" und „globale Süden" hilfreiche Kategorien sind, um die globalen Widersprüche der Klimakrise, des postmodernen Kapitalismus und der rechten Angriffe auf die Demokratie analysieren und beschreiben zu können. In den seriösen wissenschaftlichen Debatten finden sich dazu durchaus kontroverse Positionen. Einig ist man sich trivialer Weise, dass mit den Kategorien keine geografischen Entitäten beschrieben werden. Uneinigkeit herrscht eher darüber, inwieweit die Begriffe ein Potenzial haben, um die Positionen verschiedener sozialer Akteure aus dem globalen Süden in den globalen Netzwerken der Macht zu stärken (z. B. Kloß, 2017), oder ob mit der Bezeichnung „globaler Süden" neue Diskriminierungen transportiert werden (z. B. da Silva, 2021). Sieht man sich dagegen zum Beispiel Statistiken über die weltweite Vermögensverteilung an, so sind Länder wie die Schweiz, die USA, die sogenannte Sonderverwaltungszone Hong Kong[7], Australien, Neuseeland, Dänemark, Kanada, die Niederlande, Schweden, Belgien und Singapur die elf reichsten Ländern. Die Länder in Afrika finden sich weit abgeschlagen auf den letzten Plätzen (Global Wealth Report, 2022). Insofern funktioniert das

---

[6] Sinngemäß: Neuere Studien zur etwas beschönigenden „Entwicklungshilfe" haben den materiellen und spirituellen Schaden offengelegt, der durch westliche Interventionen verursacht wird. Die Ausbreitung der westlichen Zivilisation raubte den indigenen Völker ihre Würde und ihre Überlebensmöglichkeiten. Krieg, Sklaverei, schlichter Mord schienen die richtigen Methoden im Umgang mit „Primitiven" zu sein. Aber die Menschenfreunde verhielten sich nicht besser als die Gangster. Indem sie ihre eigenen Ansichten darüber durchsetzten, was es bedeutet, ein Mensch zu sein und wie Knappheit vermieden werden kann, trugen sie oft zu der Zerstörung bei, die ihre Vorgänger angerichtet hatten.

[7] Die sich bekanntlich längst nicht mehr verwalten kann.

grobe Raster, das Matthias Quent, Christoph Richter und Axel Salheiser nutzen, um die globalen Klimaungerechtigkeiten oder die Klimapolitik des Nordens zu Ungunsten des Südens anzuprangern.

„Fruchtet und mehrt euch und füllet die Erde und bemächtigt euch ihrer", heißt es in der Genesis (1. Moses, 1, 28). Nimmt man *Moses* beim Wort, so gilt nicht, sich die Erde zu unterwerfen, um sie irgendwann zu erneuern. Die Reihenfolge ist umgekehrt: Erneuere, fülle die Erde und dann kannst Du Dich ihrer bemächtigen. So steht es nicht nur bei Moses, sondern so lautet das Gebot für die Menschheit: „Es gibt weder ein Gebot noch eine Lizenz, die Erde zu zerstören […]. Die Erde soll vor Missbrauch geschützt werden, weil sie zur Freude des Menschen geschaffen wurde. Die Erde zu missbrauchen, ist kein ökologisches Verbrechen. Es ist ein Verbrechen gegen die Menschlichkeit" (Chighel, 2020, S. 278).

17.3   что делать? Psychologische Reflexionen

Grazia Borrini-Feyerabend und Rosemary Hill fragen u. a., wie wir Menschen auf den menschengemachten Klimawandel, auf den Verlust der biologischen Vielfalt, auf die Umweltkatastrophen reagieren müssen. Eine mögliche Antwort, so die Autorinnen, könnte eine adaptive Governance, ein lernendes Management, sein. Das bedeute u. a., den entsprechenden Institutionen, aber auch den beteiligten Menschen, die Zeit und die Möglichkeit zu geben, zu lernen und das individuelle und das gemeinsam geteilte Wissen sowie die individuellen und kollektiven Werte und Normen in die jeweiligen Entscheidungen einzubringen (Borrini-Feyerabend & Hill, 2015, S. 196).

Mit Blick auf die Gegenwart im Jahre 2023 muss man sich allerdings fragen, ob dem Management in Politik und Wissenschaft die Zeit zum Lernen gegeben ist und inwiefern das Wissen, die Werte und Normen der Beteiligten im Umgang mit dem menschengemachten Klimawandel berücksichtigt werden. Gewiss, das sind zuvörderst politische Fragen, die auf politischer Ebene und auf jener der Zivilgesellschaft entschieden werden müssen.

Den einen geht es zu langsam, zum Beispiel der *Letzten Generation,* nach der wir noch zwei bis drei Jahre haben, um den „fossilen Pfad der Vernichtung" verlassen zu können (Letzte Generation, 2023). Die anderen fordern ein Verbot der Organisation *Letzte Generation,* weil sie eine Bedrohung für die verfassungsmäßige Ordnung der Bundesrepublik darstelle (AfD-Antrag an den Deutschen Bundestag, 2023). Wieder andere, so mehrere Politiker*innen der CDU/CSU, möchten die Letzte Generation „nur" durch den Verfassungsschutz beobachten lassen (Tagesschau, 2023c). Die Regierung der Bundesrepublik kritisierte die

„massiven Störungen der öffentlichen Ordnung" durch Aktivist*innen der *Letzten Generation*. Bundeskanzler Scholz bezeichnete die Klebeaktionen der Letzten Generation als „völlig bekloppt" (Frankfurter Allgemeine, 2023). Dazu muss man sagen, dass Aktivist*innen der Letzten Generation nicht nur zu Protest aufrufen, sondern regelmäßig mit Sitzblockaden, dem Beschmieren von musealen Kunstwerken oder durch das Festkleben auf Straßen auf die Klimakatastrophe aufmerksam zu machen versuchen.

Einer Umfrage des Südwestrundfunks zufolge hielten im Juni 2023 85 % der Befragten die Aktionen (vor allem das Blockieren von Straßen) der Klimaaktivist*innen für „nicht gerechtfertigt" (Tagesschau, 2023d). Protestforscher Dieter Rucht äußerte sich zum zivilen Ungehorsam der *Letzten Generation* und meint: „Angesichts der unzureichenden politischen Antwort auf die klimapolitischen Herausforderungen halte ich zivilen Ungehorsam – neben allen sonstigen, aber bislang kaum effektiven Mitteln der Einflussnahme – für geboten. Jedoch sollte er nicht nur hinsichtlich der Ziele, sondern auch der konkreten Protestpraxis nicht auf den Reiz des Spektakels und die Heroisierung des »Widerstands« ausgerichtet sein, sondern mit dem Akt der Störung vor allem die politisch Verantwortlichen (anstatt unbeteiligte Dritte) konfrontieren, die Mühen kontinuierlicher Überzeugungsarbeit auf sich nehmen und in eine breiter angelegte Kritik gesellschaftlicher Verhältnisse eingebettet werden" (Rucht, 2023, S. 25). Ich finde die Aktionen der *Letzten Generation* auch nicht besonders zielführend. Meine Sympathie haben sie aber aus einem Grund: Sie sind keine autoritären Nationalist*innen wie die Reichsbürger*innen. Sie nehmen sich als Teil der globalen, vom menschengemachten Klimawandel bedrohten Menschheit wahr.

Zu einigen aktuellen Befunden: Ich beschränke mich auf meine sozialpsychologischen Leisten: Die Sozialpsychologie hat ja eine beeindruckende Menge an Forschungsarbeiten zum Umgang der Menschen mit dem Klimawandel vorgelegt. Menschen, die den menschengemachten Klimawandel nicht nur als abstrakte Nachricht wahrnehmen, sondern sensibel genug sind, sie selbst betreffende Folgen zu antizipieren *und* sich als Teil einer *globalen Menschheit* (global identity) betrachten, sind auch eher bereit, sich für Umweltschutz, klimafreundliche Energien und eine lebenswerte Zukunft zu engagieren (z. B. Loy & Spence, 2020; Masson & Fritsche, 2021). Auch die Identifikation mit der Natur (im Sinne einer engen Naturverbundenheit) hängt – wie kann es anders sein – eng mit einem umweltgerechten Verhalten zusammen. Ähnlich wie die Identifikation mit sozialen Gruppen und Umweltbewegungen kann die Identifikation mit der Natur, klima- und umweltfreundliches Verhalten fördern (Mackay & Schmitt, 2019). Schließlich geht es nicht nur um Starkregen in Süddeutschland oder um trockene Böden in Mecklenburg-Vorpommern, auch nicht nur um schmelzende Gletscher in den Alpen, um Überschwemmungen in Slowenien, Kroatien und Österreich oder um Hitzewellen in ganz Europa; es geht nicht um das oder die und dort, sondern um reale, weltweite Bedrohungen für die Menschheit insgesamt.

Freilich, der menschengemachte Klimawandel und seine katastrophalen Folgen können Angst machen, aber auch individuelles umweltfreundliches Verhalten motivieren. So fanden Kim Pong Tam und Kolleg*innen in einer länderübergreifenden Studie in China, Indien, Japan und den USA u. a., dass die Angst vor dem Klimawandel in der chinesischen und indischen Bevölkerung zwar ausgeprägter ist als in Japan und den USA, über alle vier Länder hinweg aber in einem positiven Zusammenhang steht mit dem Engagement für den Klimaschutz (besonders im Hinblick auf nachhaltige Ernährung und Klimaaktivismus; Tam et al., 2023). Motivierende Impulse von Angst angesichts des Klimawandels auf umweltfreundliche Handlungen lassen sich vor allem für jüngere Altersgruppen auch in Großbritannien nachweisen (Whitmarsh et al., 2022). Wenn Menschen sich mit klimafreundlichen und handlungsfähigen Gruppen identifizieren, so lässt sich nicht nur die individuelle Angst reduzieren, sondern auch die Motivation für kollektives Umwelt- und Klimahandeln fördern (Stollberg & Jonas, 2021). Der menschengemachte Klimawandel erfordert kollektives Handeln und klimafreundliches Handeln ist nur in Gemeinschaft mit anderen Menschen effektiv (Fritsche et al., 2018). Das ist plausibel und wohl auch wenig banal.

Wie steht es aber mit der Akzeptanz von politischen Entscheidungen für den Klimawandel und mit der Motivation, sich als Einzelne(r) oder als Mitglied sozialer Gruppen klimafreundlich zu verhalten sowie klimafreundlich zu handeln? Eine Meta-Analyse von Magnus Bergquist und Kollegen liefert erste Hinweise (Bergquist et al., 2022). Die Psychologen und Politikwissenschaftler aus Schweden haben sich gefragt, inwieweit Menschen unterschiedlicher Berufsgruppen (z. B. Landwirte, Wissenschaftler*innen, Politiker*innen) aus unterschiedlichen Regionen (Asien, Europa, Nordamerika, Ozeanien) marktwirtschaftliche und politische Instrumente (z. B. Einführung von CO_2-Steuern) akzeptieren. Dazu wurden 89 Datensätze mit insgesamt 119.465 Personen aus 33 Ländern ausgewertet. Geprüft wurden politische Überzeugungen (so die wahrgenommene Fairness und die Einschätzung der Effizienz von wirtschaftlichen und politischen Instrumenten im Umgang mit dem Klimawandel), die Beurteilung des Klimawandels (z. B. Sorgen, Ängste und Risikowahrnehmung angesichts des Klimawandels), psychologische Faktoren (z. B. Uneigennützigkeit, Selbstlosigkeit oder Egoismus und Egozentrismus, das Bedürfnis nach Selbstverwirklichung, politische Links-Rechtsorientierungen) und soziodemografische Merkmale (Bildung, Alter, Einkommen, sexuelle Orientierung). Über die verschiedenen geografischen

Regionen hinweg spielten diese Bedingungen selbstverständlich eine unterschiedliche Rolle. Insgesamt und über alle Datensätze hinweg zeigte sich, die sexuelle Orientierung (Gender) scheint keine substantielle Rolle in der Beurteilung der klimaförderlichen wirtschaftlichen und/oder politischen Entscheidungen zu spielen. Das Alter, das Einkommen und die Bildung haben auch nur einen geringen Effekt. Die psychologischen Faktoren variieren in ihrem Einfluss auf die Akzeptanz klimafreundlicher Wirtschafts- und Politikinstrumente. Besonders wirksam dürften die Sorgen, Ängste und Risikoeinschätzungen der Menschen sein, wenn es darum geht, die klimafreundlichen Instrumente zu akzeptieren. Am stärksten aber wird die Akzeptanz von der wahrgenommenen Fairness und von der Einschätzung der Effizienz der wirtschaftlichen und politischen Instrumente beeinflusst. *Das heißt, je gerechter wirtschaftliche und politische Entscheidungen zum Eindämmen des Klimawandels sind und je wirksamer und nützlicher sie wahrgenommen werden, umso eher werden einschneidende Klimawandelinstrumente auch akzeptiert.*

Auf die Nützlichkeit klimafreundlicher Entscheidungen machen auch zahlreiche andere Studien aufmerksam, zum Beispiel jene von Emily Schulte und Kollegen (2022). Es handelt sich ebenfalls um eine Meta-Analyse, in der anfangs 110 internationale Studien ausgewertet wurden und schließlich auf der Basis von acht Studien (mit 1714 Personen) ein Modell erstellt wurde, mit dem die Motivation bzw. Absicht, Photovoltaikanlagen in Privathaushalten zu installieren, vorausgesagt werden sollte. Grundlage dieses Modells ist die Theorie des geplanten Verhaltens von Icek Ajzen und Martin Fishbein (als Überblick: Ajzen 1991; Fishbein & Ajzen, 2011).

Fishbein und Ajzen gehen davon aus, dass es leichter sei, aus einer bestimmten Einstellung eine bestimmte Absicht, ein Verhalten auszuführen, abzuleiten, als das eigentliche Verhalten vorherzusagen. Das ist ganz gut nachvollziehbar. Nehmen wir an, Sie hätten eine positive Einstellung zu Photovoltaikanlagen und beabsichtigen, sich eine solche Anlage zuzulegen. An der eigentlichen Umsetzung ihres Verhaltens werden Sie aber gehindert, weil es momentan keine Handwerker gibt, die ihnen dabei helfen könnten. Dieses oder ein anderes Hindernis lässt sich in einer Einstellungstheorie schlecht voraussehen. Deshalb liegt es nahe, zunächst zwischen Verhalten und Verhaltensintention bzw. Verhaltensabsicht (behavioral intention) zu unterscheiden. Unter *Verhaltensintention* wird die Absicht verstanden, ein bestimmtes Verhalten in einer mehr oder weniger genau terminierten Zukunft auszuführen. Eine Verhaltensabsicht hängt von der Einstellung einer Person gegenüber dem beabsichtigten Verhalten, von der subjektiven Norm und der möglichen Verhaltenskontrolle ab. Mit der *Einstellung* gegenüber einem Verhalten ist die Einschätzung gemeint, mit der eine Person ein bestimmtes Verhalten positiv oder negativ bewertet. So macht es einen Unterschied, ob

Sie z. B. eine Photovoltaikanlage kaufen wollen, weil sie meinen, eine solche Anlage sei umweltfreundlich, oder ob sie den Kauf beabsichtigen, weil solche Anlagen eben im Trend sind. Eine zweite Komponente ist die sogenannte *subjektive Norm*. Damit ist der von einer Person wahrgenommene soziale Druck gemeint, ein bestimmtes Verhalten auszuführen oder nicht. Wie es der Name schon nahelegt, handelt es sich bei der subjektiven Norm nicht um eine tatsächlich vorhandene soziale Norm, etwas zu tun oder zu lassen, sondern um die subjektive Wahrnehmung und Interpretation einer solchen sozialen Norm. Die Frage, um bei unserem Beispiel zu bleiben, könnte also lauten: Wie überzeugt sind Sie z. B., dass auch Ihre Freunde und Bekannte von Ihnen erwarten, sich eine Photovoltaikanlage zuzulegen; was wissen Sie über die vermeintlichen Erwartungen der anderen bezüglich Ihres klimafreundlichen Handelns? Die dritte Komponente in der Theorie des geplanten Verhaltens bildet die *wahrgenommene Verhaltenskontrolle*. Die wahrgenommene Verhaltenskontrolle bezieht sich auf das erfahrungsbasierte Wissen über die Bedingungen, die das eigene Verhalten behindern oder befördern können. Wenn eine Person über ausreichend Informationen über derartige Bedingungen verfügt, kann man davon ausgehen, dass sie die Kontrollmöglichkeiten über das eigene Verhalten hinreichend einzuschätzen vermag. Je nachdem, um wieder beim o.g. Beispiel zu bleiben, ob sie der Meinung sind, selbst entscheiden zu können, sich selbst eine solche Anlage (wahlweise auch eine Wärmepumpe) zuzulegen oder ob sie dazu gezwungen werden, nehmen sie die Kontrolle ihres Verhaltens (Photovoltaikanlage kaufen oder nicht) unterschiedlich wahr.

Zurück zur Studie von Emily Schulte und Kollegen. Ohne auf die Ergebnisse im Einzelnen einzugehen, lässt sich sicher so viel sagen: Soziodemografische Merkmale, wie das Alter oder die sexuelle Orientierung, scheinen wiederum weniger relevant zu sein, wenn man danach fragt, ob Menschen bereit sind oder aufgefordert werden, sich klimafreundliche Energieerzeugungssysteme zuzulegen. Viel entscheidender dürften a) die Einstellungen zu den Vor- und Nachteilen solcher Systeme sein, b) die Wahrnehmung der eigenen Verhaltenskontrolle, also die Beurteilung, ob man selbst Herr oder Herrin seiner eigenen Entscheidungen ist oder ob man zu solchen klimafreundlichen Anschaffungen (durch Politik, Wirtschaft, den Medien) gedrängt wird und schließlich c) wie hoch der soziale Druck durch Freunde, Bekannte oder anderen Menschen, mit denen man sich identifiziert, ist, endlich das eigene Haus klimafreundlich zu beheizen. Und sicher ist das Ganze auch eine Frage des Geldes.

Betrachtet man klimafreundliches Handeln als Aufgabe, die es zu lösen gilt, kommen sicher noch weitere Bedingungen infrage, von denen es abhängt, wie

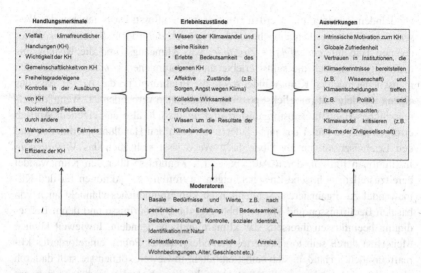

Abb. 17.1 Illustration von Parametern für ein klimafreundliches Handeln

ausgeprägt die Absicht ist, positive Beiträge zum Umwelt- und Klimaschutz zu leisten und entsprechende Vorgaben der Politik zu akzeptieren (siehe Abb. 17.1).

Klimafreundliches Handeln umfasst individuelle und/oder kollektive Handlungen, mit denen dem menschengemachten Klimawandel begegnet werden kann, zum Beispiel: Klimaschutzprojekte unterstützen, energieeffizient heizen, klimafreundliche Ernährung etc. Geht es nur um Photovoltaikanlagen in Privathaushalten und Wärmepumpen oder auch um generelle Tempolimits auf Autobahnen, um Wind- und Solaranlagen in der Region usw.? Die *Wichtigkeit einer klimafreundlichen Handlung (KH),* ob sie einzeln oder kollektiv, *gemeinschaftlich* ausgeübt wird, die *Freiheitsgrade* bei ihrer Ausführung, das *Feedback* nach der Ausführung, die *wahrgenommene Fairness* und die *Effizienz* der KH sind bedeutsam (z. B. Bergquist et al., 2022; Fritsche et al., 2021; Katz et al., 2022; Lou & Li, 2023). Das heißt u. a., inwieweit die klimafreundliche Handlung das eigene Leben und das anderer Personen beeinflusst, inwieweit die handelnden Personen genügend Entscheidungsfreiheit haben, eine klimafreundliche Handlung selbst auszuführen oder ob sie dazu gezwungen werden, wie fair und gerecht eine KH für die Lebensgestaltung einzelner Personen oder Gruppen wahrgenommen wird und wie effizient die eigene Handlung eingeschätzt wird. Diese und weitere Handlungsmerkmale beeinflussen diverse Erlebniszustände der handelnden Personen und werden von diesen beeinflusst. Dazu gehören das *Wissen* über den menschengemachten Klimawandel, die erlebte *Bedeutsamkeit* der eigenen Handlungen, *affektive Zustände,* wie Klimaangst und die Risikowahrnehmung, aber auch die selbst erlebte und empfundene *Verantwortung* für den menschengemachten Klimawandel sowie die Erfahrung und das *Wissen,* dass das eigene Handeln mit (möglichst positiven) Resultaten verbunden ist. Wenn klimafreundliches Handeln selbstorganisiert und *intrinsisch,* also aus eigenem Antrieb erfolgen soll, so hängt das nicht zuletzt von eben den Handlungsmerkmalen und den Erlebniszuständen ab. Über diese Wege lässt sich auch das *Vertrauen* in Institutionen fördern, deren Aufgabe es ist, Kenntnisse über den Klimawandel bereitzustellen, politische Entscheidungen zu treffen oder Aktionen für den Klimawandel zu organisieren. Schließlich ist klimafreundliches Handeln auch von basalen Bedürfnissen und Werten abhängig; diese Bedürfnisse und deren Befriedigung beeinflussen ihrerseits das klimafreundliche Handeln. Inwieweit können Menschen durch selbstorganisiertes und/oder von der Politik eingefordertes klimafreundliches Handeln sich selbst entfalten, inwieweit können sie sich dadurch als bedeutsam erleben, sich selbst verwirklichen, Kontrolle ausüben, sich mit Gleichgesinnten und der Natur identifizieren? Auch Kontextfaktoren, wie finanzielle Anreize, Wohnbedingungen, das Alter und das Geschlecht, beeinflussen mehr oder weniger das klimafreundliche Handeln.

Aus einer psychologischer Perspektive ließe sich deshalb u. a. fragen,

- ob den Menschen, die sich ab Januar 2024 eine neue Heizung leisten müssen, noch andere Möglichkeiten bleiben als eben jene mit den Erneuerbaren Energien, abgesehen von Übergangsfristen und Ausnahmen,
- wie wichtig diese neuen Heizungen im möglichen Paket klimafreundlichen Handelns sind,
- wieviel Freiheitsgrade und Autonomie den Menschen mit den staatlichen Vorgaben, den neuen Gesetzen und ihren Folgen eingeräumt werden,
- ob mit restriktiven Gesetzen nicht neue affektive Zustände, zum Beispiel Geldsorgen, Widerständigkeiten etc. affiziert werden,
- inwieweit staatliche Vorgaben für die Eingrenzung des menschengemachten Klimawandels ein intrinsisch motiviertes klimafreundliches Handeln zu fördern vermögen,
- ob sich mit den gesetzlichen Festlegungen, basale Bedürfnisse, wie persönliche Entfaltung, Selbstverwirklichung etc. befriedigen lassen oder eher eingeschränkt werden?

Ich verzichte auf Antworten, behaupte aber: Nicht immer sind die gegenwärtigen staatlichen und politischen Vorgaben besonders motivierend für ein klimafreundliches Handeln einzelner Menschen oder Gruppen. Die Klimawandelkommunikation zwischen den Akteuren lässt bekanntlich zu wünschen übrig (vgl. auch Wolling et al., 2023), von den parteiübergreifenden Streitereien einmal ganz abgesehen. Vielleicht hilft es doch manchmal, dem Volk ein wenig mehr aufs Maul zu schauen, nicht um ihm, dem Volk, nach dem Munde zu reden, sondern mit ihm besser zu kommunizieren. Alles andere wäre borniert. Wie meinte Paul Feyerabend: *„Nicht rationalistische Maßstäbe, nicht religiöse Überzeugungen, nicht humane Regungen, sondern Bürgerinitiativen sind das Filter, das brauchbare von unbrauchbaren Ideen und Maßnahmen trennt"* (Feyerabend, 1980, S. 77; Hervorh. im Original). Das sollten Politikerinnen und Politiker hin und wieder bedenken. Aber ich gebe zu, es ist das Schwere, das schwer zu machen ist, auch in einer demokratisch verfassten Gesellschaft.

Literatur

Adorno, T. W., Frenkel-Brunswick, E., Levinson, D. J., & Sanford, R. N. (1950). *The Authoritarian Personality.* Harper & Row.
Adorno, T. W., Frenkel-Brunswick, E., Levinson, D. J., & Sanford, R. N. (1995). *Studien zum autoritären Charakter.* Suhrkamp.
AfD, Leitantrag der Bundesprogrammkommission. (2023). https://www.afd.de/magdeburg 2023/. Zugegriffen: 7. Aug. 2023.
AfD-Antrag an den Deutschen Bundestag. (2023). https://dserver.bundestag.de/btd/20/067/2006702.pdf. Zugegriffen: 12. Aug. 2023.
Ajzen, I. (1991). The theory of planned behavior. *Organizational Behavior and Human Decision Processes, 50*(2), 179–211.
Amlinger, C., & Nachtwey, O. (2022). *Gekränkte Freiheit. Aspekte des Libertären Autoritarismus.* Suhrkamp.
ARD-Deutschlandtrend. (2023). Klimawandel als wichtigstes Problem. https://www.tagesschau.de/inland/deutschlandtrend/deutschlandtrend-3339.html; Zugegriffen: 6. Aug. 2023.
Bergquist, M., Nilsson, A., Harring, N., & Jagers, S. C. (2022). Meta-analyses of fifteen determinants of public opinion about climate change taxes and laws. *Nature Climate Change, 12*(3), 235–240.
Biddlestone, M., Azevedo, F., & van der Linden, S. (2022). Climate of conspiracy: A meta-analysis of the consequences of belief in conspiracy theories about climate change. *Current Opinion in Psychology, 46,* 101390.
Borrini, G. (1985). Health and development: A marriage of heaven and hell? *Studies in third world society.* Univ. of Texas.
Borrini-Feyerabend, G., & Hill, R. (2015). Governance for the conservation of nature. *Protected Area Governance and Management, 7,* 169–206.

Chighel, M. (2020). *Kabale. Das Geheimnis des Hebräischen Humanismus im Lichte von Heideggers Denken.* Vittorio Klostermann GmbH.

Cologna, V., & Siegrist, M. (2020). The role of trust for climate change mitigation and adaptation behaviour: A meta-analysis. *Journal of Environmental Psychology, 69.* https://doi.org/10.1016/j.jenvp.2020.101428.

Copernicus. (2023). July 2023 sees multiple global temperature records broken. https://climate.copernicus.eu/july-2023-sees-multiple-global-temperature-records-broken#:~:text=The%20hottest%20day%20was%206,three%2Dweek%20period%20on%20record. Zugegriffen: 6. Aug. 2023.

Da Silva, J. T. (2021). Rethinking the use of the term ‚Global South' in academic publishing. *European Science Editing, 47,* e67829.

Deutscher Bundestag. (2019). Drucksache 19/12631. https://dserver.bundestag.de/btd/19/126/1912631.pdf. Zugegriffen: 7. Aug. 2023.

Die Zeit. (2023). Ramelow: Dauerdebatte über AfD nutzt den Rechtspopulisten. https://www.zeit.de/news/2023-08/06/ramelow-dauerdebatte-ueber-afd-nutzt-den-rechtspopulisten; Zugegriffen: 7. Aug. 2023.

Feyerabend, P. K. (1980). *Erkenntnis für freie Menschen.* Suhrkamp.

Feyerabend, P. K. (1995). *Zeitverschwendung.* Suhrkamp.

Feyerabend, P. K. (1987). Creativity: A dangerous myth. *Critical Inquiry, 13*(4), 700–711.

Fishbein, M., & Ajzen, I. (2011). *Predicting and changing behavior: The reasoned action approach.* Taylor & Francis Group.

Frankfurter Allgemeine. (2019). AfD macht SPD vor Landtagswahl zum Hauptgegner. https://www.faz.net/aktuell/politik/inland/afd-brandenburg-macht-spd-vor-landtagswahl-zum-hauptgegner-15973969.html. Zugegriffen: 7. Aug. 2023.

Frankfurter Allgemeine. (2023). „Letzte Generation" ist „fassungslos" über Scholz' Kritik. https://www.faz.net/aktuell/politik/inland/scholz-kritisiert-letzte-generation-aktivisten-fassungslos-18912714.html. Zugegriffen: 12. Aug. 2023.

Frindte, W. (2022). *Quo Vadis, Humanismus?* Springer.

Fritsche, I., Barth, M., & Reese, G. (2021). Klimaschutz als kollektives Handeln. In L. Dohm, F. Peter & K. v. Bronswijk (Hrsg.), *Climate Action – Psychologie der Klimakrise* (S. 229–250). Psychosozial-Verlag.

Fritsche, I., Barth, M., Jugert, P., Masson, T., & Reese, G. (2018). A Social Identity Model of Pro-Environmental Action (SIMPEA). *Psychological Review, 125*(2), 245–269.

Global Wealth Report. (2022). https://www.credit-suisse.com/about-us/en/reports-research/global-wealth-report.html. Zugegriffen: 8. Aug. 2023.

Haltinner, K., & Sarathchandra, D. (2021). The nature and nuance of climate change skepticism in the United States. *Rural Sociology.* https://doi.org/10.1111/ruso.12371.

Hemsley, J., Hopek, J., & Lee, J. (2021). Climate change deniers spread negative emotion laden tweets. https://ssrn.com/abstract=3837367. Zugegriffen: 8. Aug. 2023.

Hornsey, M. J., Harris, E. A., & Fielding, K. S. (2018). Relationships among conspiratorial beliefs, conservatism and climate scepticism across nations. *Nature Climate Change, 8*(7), 614–620.

Huffpost. (2020). Austrian minister to Trump: No, We Don't Live In ‚Forest Cities,' Have exploding trees. https://www.huffpost.com/entry/austrian-minister-responds-trump-forest-cities-exploding-trees_n_5f63b7cac5b6184558685df8. Zugegriffen: 12. Juli. 2023.

Infratest dimap. (2023a). ThüringenTREND Juli 2023. https://www.infratest-dimap.de/umf ragen-analysen/bundeslaender/thueringen/laendertrend/2023/juli/. Zugegriffen: 7. Aug. 2023.

Infratest dimap. (2023b). ARD-DeutschlandTREND August 2023. https://www.inf ratest-dimap.de/umfragen-analysen/bundesweit/ard-deutschlandtrend/2023/august/. Zugegriffen: 7. Aug. 2023.

Katz, I. M., Rauvola, R. S., Rudolph, C. W., & Zacher, H. (2022). Employee green behavior: A meta-analysis. *Corporate Social Responsibility and Environmental Management, 29*(5), 1146–1157.

Kloß, S. T. (2017). The Global South as subversive practice: Challenges and potentials of a heuristic concept. *Global South, 11*(2), 1–17.

Lenton, T. M., Xu, C., Abrams, J. F., Ghadiali, A., Loriani, S., Sakschewski, B., & Scheffer, M. (2023). Quantifying the human cost of global warming. *Nature Sustainability, 1–11,*. https://doi.org/10.1038/s41893-023-01132-6.

Letzte Generation. (2023). Jetzt erst recht! https://letztegeneration.org/. Zugegriffen: 12. Aug. 2023.

Lou, X., & Li, L. M. W. (2023). The relationship of environmental concern with public and private pro-environmental behaviours: A pre-registered meta-analysis. *European Journal of Social Psychology, 53*(1), 1–14.

Loy, L. S., & Spence, A. (2020). Reducing, and bridging, the psychological distance of climate change. *Journal of Environmental Psychology, 67*. https://doi.org/10.1016/j.jenvp. 2020.101388.

Luczak, A. (2020). *Deutschlands Energiewende – Fakten, Mythen und Irrsinn.* Springer.

Mackay, C. M., & Schmitt, M. T. (2019). Do people who feel connected to nature do more to protect it? A meta-analysis. *Journal of Environmental Psychology, 65*. https://doi.org/ 10.1016/j.jenvp.2019.101323.

Mackay, C. M., Schmitt, M. T., Lutz, A. E., & Mendel, J. (2021). Recent developments in the social identity approach to the psychology of climate change. *Current Opinion in Psychology, 42*. https://doi.org/10.1016/j.copsyc.2021.04.009.

Masson, T., & Fritsche, I. (2021). We need climate change mitigation and climate change mitigation needs the ,We': A state-of-the-art review of social identity effects motivating climate change action. *Current Opinion in Behavioral Sciences, 42*, 89–96. https://doi. org/10.1016/j.cobeha.2021.04.006.

Mau, S., Lux, T., & Westheuser, L. (2023). *Triggerpunkte – Konsens und Konflikt in der Gegenwartsgesellschaft.* Suhrkamp.

McCright, A. M., & Dunlap, R. E. (2013). Bringing ideology in: The conservative white male effect on worry about environmental problems in the USA. *Journal of Risk Research, 16*(2), 211–226.

Milkau, U. (2022). *Operational resilience in finanzinstituten.* Springer Gabler.

Moore, J. W. (2020). Capitalocene & planetary justice. *Études digitales, 9,* 53–65. https://cla ssiques-garnier.com/etudes-digitales-2020-1-n-9-capitalocene-et-plateformes-hommage-a-bernard-stiegler-capitalocene-planetary-justice.html. Zugegriffen: 8. Aug. 2023.

Nachhaltigkeitsbarometer. (2023). Soziales Nachhaltigkeitsbarometer der Energie- und Verkehrswende 2023. https://ariadneprojekt.de/pressemitteilung/weitaus-mehr-menschen-als-angenommen-befuerworten-klimaschutz/. Zugegriffen: 6. Aug. 2023.

NBC News. (2020). Quelle: https://www.nbcnews.com/politics/2020-election/newsom-gen
tly-confronts-trump-climate-others-his-administration-aren-t-n1240095.   Zugegriffen:
12. Aug. 2023.
Pew Research Center. (2023). What the data says about Americans' views of climate change.
https://www.pewresearch.org/short-reads/2023/04/18/for-earth-day-key-facts-about-ame
ricans-views-of-climate-change-and-renewable-energy/. Zugegriffen: 12. Juli. 2023.
Poortinga, W., Whitmarsh, L., Steg, L., Böhm, G., & Fisher, S. (2019). Climate change
perceptions and their individual-level determinants: A cross-European analysis. *Global
Environmental Change, 55*, 25–35.
Quent, M., Richter, C., & Salheiser, A. (2022). *Klimarassismus. Der Kampf der Rechten
gegen die ökologische Wende.* Piper Verlag.
Rucht, D. (2023). Die Letzte Generation – Beschreibung und Kritik. *Ipb working paper, 1/
2023*, Ipb.
Schaller, S., & Carius, A. (2019). *Convenient Truths. Mapping climate agendas of right-wing
populist parties in Europe.* Adelphi consult GmbH.
Schulte, E., Scheller, F., Sloot, D., & Bruckner, T. (2022). A meta-analysis of residential PV
adoption: The important role of perceived benefits, intentions and antecedents in solar
energy acceptance. *Energy Research & Social Science, 84*, 102339.
Shaw, J. (2021). Feyerabend and manufactured disagreement: Reflections on expertise, consensus, and science policy. *Synthese, 198*(Suppl 25), 6053–6084.
Spiegel. (2023a). Thüringer CDU-Chef setzt AfD und Grüne als »Angstparteien« gleich.
https://www.spiegel.de/politik/deutschland/thueringen-mario-voigt-setzt-afd-und-gru
ene-als-angstparteien-gleich-a-4e946555-82af-4ee2-8254-29af0f0605e4. Zugegriffen: 7.
Aug. 2023.
Spiegel. (2023b). Habeck macht »orientierungslose« CDU für AfD-Erfolge mitverant-
wortlich. https://www.spiegel.de/politik/deutschland/gruene-robert-habeck-macht-orient
ierungslose-cdu-fuer-afd-erfolge-verantwortlich-a-533573db-b113-4fb8-be45-8a42a4
b17a0c. Zugegriffen: 7. Aug. 2023.
Stanley, S. K., & Wilson, M. S. (2019). Meta-analysing the association between social domi-
nance orientation, authoritarianism, and attitudes on the environment and climate change.
Journal of Environmental Psychology, 61, 46–56.
Statista (2023). https://de.statista.com/statistik/daten/studie/1379717/umfrage/engagement-
fuer-den-klimaschutz-in-deutschland-nach-parteien/. Zugegriffen: 6. Aug. 2023.
Stollberg, J., & Jonas, E. (2021). Existential threat as a challenge for individual and collective
engagement: Climate change and the motivation to act. *Current Opinion in Psychology,
42*, 145–150.
Tagesschau. (2023a). Ist das noch Wetter oder schon Klimawandel? https://www.tagesschau.
de/wissen/klima/klima-wetter-100.html. Zugegriffen: 6. Aug. 2023.
Tagesschau. (2023b). Merz relativiert Aussagen zu AfD-Zusammenarbeit. https://www.tag
esschau.de/inland/innenpolitik/merz-kritik-104.html. Zugegriffen: 7. Aug. 2023.
Tagesschau. (2023c). https://www.tagesschau.de/inland/union-beobachtung-letzte-genera
tion-100.html. Zugegriffen: 12. Aug. 2023.
Tagesschau. (2023d). Deutsche lehnen Straßenblockaden mehrheitlich ab. https://www.tag
esschau.de/inland/innenpolitik/klima-proteste-umfrage-aktivisten-letzte-generation-100.
html. Zugegriffen: 12. Aug. 2023.

Tajfel, H., & Turner, J. C. (1979). An integrative theory of intergroup conflict. In W. G. Austin & S. Worchel (Hrsg.), *The social psychology of intergroup relations* (S. 33–47). Brooks/Cole.

Tam, K. P., Chan, H. W., & Clayton, S. (2023). Climate change anxiety in China, India, Japan, and the United States. *Journal of Environmental Psychology, 87,* 101991.

Tol, R. S. (2023). The climate niche of homo sapiens. https://arxiv.org/abs/2306.00002. Zugegriffen: 8. Juli 2023.

Twitter, von Storch. (2018). https://twitter.com/Beatrix_vStorch/status/102418889060383 5392?lang=de. Zugegriffen: 7. Aug. 2023.

Twitter, von Storch (2023). https://twitter.com/Beatrix_vStorch/status/168595074946367 4880. Zugegriffen: 7. Aug. 2023.

UNRIC – Regionales Informationszentrum der Vereinten Nationen. (2023). Juli 2023: Der heißeste Monat seit Aufzeichnungsbeginn; https://unric.org/de/juli-2023-der-heisseste-monat-seit-aufzeichnungsbeginn/. Zugegriffen: 6. Aug. 2023.

Whitmarsh, L., Player, L., Jiongco, A., James, M., Williams, M., Marks, E., & Kennedy-Williams, P. (2022). Climate anxiety: What predicts it and how is it related to climate action? *Journal of Environmental Psychology, 83,* 101866.

Wolling, C., Becker, J., & Schumann (Hrsg.). (2023). *Klima(wandel)kommunikation: Im Spannungsfeld von Wissenschaft, Medien und öffentlicher Meinung.* Universitätsverlag, BoD–Books on Demand.

Xu, C., Kohler, T. A., Lenton, T. M., Svenning, J. C., & Scheffer, M. (2020). Future of the human climate niche. *Proceedings of the National Academy of Sciences, 117*(21), 11350–11355.

ZDF. (2023a). Hunderte Waldbrände in Kanada außer Kontrolle. ZDF, 8.07. 2023. https://www.zdf.de/nachrichten/panorama/waldbraende-kanada-hitze-umwelt-klima-100.html. Zugegriffen: 12. Aug. 2023.

ZDF. (2023b). Juli wohl heißester Monat seit Jahrtausenden. https://www.zdf.de/nachrichten/panorama/juli-hitze-welt-rekord-klima-wandel-wetter-un-100.html. Zugegriffen: 6. Aug. 2023.

ZDF. (2023c). AfD-Parteitag in Magdeburg. https://www.zdf.de/nachrichten/politik/afd-parteitag-wahlprogramm-europawahl-100.html. Zugegriffen: 8. Aug. 2023.

ZDF. (2023d). Scholz glaubt nicht an dauerhafte AfD-Stärke. https://www.zdf.de/nachrichten/politik/kanzler-scholz-sommer-pressekonferenz-100.html. Zugegriffen: 8. Aug. 2023.

In „Wissenschaft als Kunst" bekennt Paul Feyerabend, Grazia Borrini-Feyerabend, seine Frau und große Liebe, habe ihm die Klarheit gebracht, was die großen Probleme unserer Zeit seien: „Das Problem des Friedens in seinen verschiedenen Gestalten – des Friedens mit unseren Mitmenschen, auch wenn sie anderer Meinung sind; des Friedens mit anderen Nationen, auch wenn damit das Eingeständnis großer Fehler verbunden ist; und das Problem des Friedens mit der Natur, auch wenn das heißt, dass wir die Natur nicht mehr als unseren Sklaven betrachten, sondern als einen gleichberechtigten Lebenspartner" (Feyerabend, 1984, S. 12f.).

18.1   Pazifismus I – Blicke zurück

Bertha von Suttner (1843–1914), geborene Gräfin Kinsky von Wchinitz und Tettau, schrieb als Journalistin und Pazifistin gegen den Krieg und plädierte für eine friedliche und humane Welt. 1889 erschien ihr Roman „Die Waffen nieder". „Heute", heißt es da optimistisch, „gibt es fast Niemand mehr, der diesen Traum (vom Frieden, WF) nicht träumte oder der dessen Schönheit nicht zugeben wollte. Und auch Wache gibt es – ganz helle Wache, – welche die Menschheit aus dem langen Schlaf der Barbarei erwecken wollen und thatkräftig, zielbewusst sich zusammenschaaren, um die *weiße Fahne* aufzupflanzen. Ihr Schlachtruf ist: »Krieg dem Kriege«; ihr Losungswort – das einzige Wort, welches noch imstande wäre, das dem Ruin entgegenrüstende Europa zu erlösen – heißt: »Die Waffen nieder!«" (von Suttner, 1892, S. 304; Hervorhebung im Erstdruck von 1889).

© Der/die Autor(en), exklusiv lizenziert an Springer Fachmedien Wiesbaden
GmbH, ein Teil von Springer Nature 2024
W. Frindte, *Wider die Borniertheit und den Chauvinismus – mit Paul K.*
Feyerabend durch absurde Zeiten, https://doi.org/10.1007/978-3-658-43713-8_18

243

Am 10. Dezember 1905 bekam Bertha von Suttner den Friedensnobelpreis überreicht. Damit ging ein Jahr zu Ende, das keinesfalls friedlich war. Anfang Januar 1905 eroberten deutsche Truppen in einem blutigen Gefecht eine der wichtigen Festungen der Nama auf dem heutigen Gebiet Namibias, das die Deutschen „Deutsch-Südwest" nannten. Der Völkermord an den Herero und Nama hatte 1904 begonnen und endete 1908. Zwischen 60.000 und 80.000 Herero und zirka 10.000 Nama kamen dabei ums Leben (Kößler & Melber, 2004; siehe auch: Abschn. 15.2). Am 22. Januar 1905 (nach dem Julianischen Kalender am 9. Dezember) machten sich 150.000 Menschen im russischen St. Petersburg auf den Weg zur Residenz des Zaren. Sie wollten ihn in friedlicher Weise um menschenwürdige Arbeits- und Lebensbedingungen, um religiöse Toleranz und demokratische Verhältnisse bitten. Zaristische Soldaten schossen auf die Menschen. Dabei wurden 150 bis 300 Menschen getötet und über 1000 verwundet. Mit dem „Petersburger Blutsonntag" begann die letztlich erfolglose Russische Februarrevolution. Im Mai 1905 besiegten japanische Schiffe die russische Flotte und besiegelten damit die Niederlage Russlands im Japanisch-Russischen Krieg. Ebenfalls im Mai kam es zum wiederholten Male auf russisch-ukrainischen Gebieten zu Pogromen gegen die jüdische Bevölkerung. In der Stadt Schytomyr starben dabei 200 Menschen. Im Oktober 1905 kamen nach offiziellen Angaben mehr als 400 Jüdinnen und Juden bei einem von der zaristischen Polizei angestachelten Pogrom in Odessa ums Leben. Inoffizielle Quellen sprachen von über 1000 Toten (Weinberg, 1987, S. 53). Währenddessen bereiteten sich die Alliierten Großbritannien, Frankreich und Russland und die Mittelmächte Deutschland und Österreich-Ungarn darauf vor, die Welt „neu" zu ordnen. Österreich-Ungarn annektierte 1908 die Gebiete von Bosnien und Herzegowina, die bis dahin zum Osmanischen Reich gehörten. Im April 1909 verübten osmanische Truppen im türkischen Adana ein Massaker, bei dem 20.000 Armenier ermordet wurden.[1] Dann bekriegten sich 1911 bis 1912 Italien und das Osmanische Reich im Italienisch-Türkischen Krieg, der einer der grausamsten Kriege gewesen sein soll. Es ging um die Vorherrschaft im Mittelmeer, in Nordafrika und im Jemen. Es folgten 1912 und 1913 die Balkankriege, in denen Bulgarien, Griechenland, Montenegro und Serbien die Vorherrschaft der Osmanen zu brechen versuchten.

Bertha von Suttner hielt am 6. November 1911 in Budapest und am 9. November in Bukarest einen Vortrag, in dem sie sich mit dem Italienisch-Türkischen Krieg und der Friedensbewegung auseinandersetzte. Sie geißelte den – aus ihrer

---

[1] Dem organisierten Völkermord durch die Türken in den Jahren 1915 und 1916 fielen bis zu eine Million Armenier (wenn nicht noch mehr) zum Opfer (Schladebach, 2005, S. 98 f.).

Sicht – von Italien begonnen Angriffskrieg gegen die osmanisch gesetzten Provinzen Tripolitanien und Cyrenaika, Gebiete im heutigen Libyen. Diesem Angriff
war ein italienisches Ultimatum vorausgegangen, in dem die osmanische Regierung aufgefordert worden war, die Provinzen an Italien abzutreten. Nachdem die
osmanische Regierung die Forderung abgelehnt hatte, erklärte die italienische
Regierung den Osmanen den Krieg. „Der Krieg wurde", so Bertha von Suttner,
„sozusagen nur mehr als Abwehr des Krieges, als Verteidiger gegen Angriffe,
als letzte Notwehr proklamiert – und da plötzlich, durch jenes italienische
Ultimatum, durch die darauf nach vierundzwanzig Stunden, trotz angetragener
Verhandlung, erfolgte Kriegserklärung und Überfall, trat der Krieg wieder in seiner ganzen arroganten brutalen Selbstherrlichkeit auf, ganz ohne Mäntelchen,
ohne Maske – als die Bejahung des schrankenlosen Rechts des Stärkeren, des
Eroberungsdranges, der Gewaltherrschaft! Welch ein Beispiel! Welch Präzedenzfall, der in Zukunft der Gewalt Tür und Tor offen hält!" (v. Suttner, 1911, S. 316).
Nachdem Italien mit dem Krieg gegen die Haager Landkriegsordnung von 1907[2]
verstoßen hat, stelle sich die Frage, ob der Pazifismus nun bankrott sei. Nein,
meint Bertha von Suttner. Bankrott sei der bewaffnete Friede, bankrott auch
die offiziellen Versicherungen und Verträge, hinter denen keine Aufrichtigkeit
gestanden habe. Der italienische Angriff auf Tripolis und die nordafrikanischen
Regionen sei ein Attentat, an dem die europäischen Regierungen, weil sie sich so
passiv verhalten hätten, gleichfalls beteiligt gewesen seien. „Der Krieg selbst,
wie er sich jetzt in Tripolis zu entwickeln beginnt, wird die Argumente der
Pazifisten bestätigen und der Welt vor Augen führen, wie recht sie haben mit
ihrer Behauptung, es gäbe keinen gewinnbringenden Eroberungskrieg, es gäbe
keine glorreichen, fröhlichen, militärischen Spaziergänge mehr. Die Welt hat sich
verändert" (v. Suttner, ebd., S. 318). Deshalb werden von nun an die Friedenskämpfer noch bestimmter mit ihren Forderungen hervortreten. „Sie werden sich
enger aneinanderschließen und neue Anhänger werden sich ihnen anschließen".
   Und sie taten ihr Bestes, die Friedensbewegten, die Pazifist*innen. Bereits
1892 hatten Bertha von Suttner und Alfred Hermann Fried[3] die pazifistische
Zeitschrift „Die Waffen nieder!" und die „Deutsche Friedensgesellschaft" (DFG)
gegründet. Kurz vor Beginn des Ersten Weltkrieges hatte die DFG 98 Ortsgruppen

---

[2] Die Haager Landkriegsordnung geht auf die Friedenskonferenzen im niederländischen
Haag und auf die dort verabschiedeten humanitären Prinzipien bei bewaffneten Konflikten
zurück. 1907 hatten – neben anderen Ländern, z. B. Deutschland, Frankreich, Russland und
Österreich-Ungarn – auch Italien und das Osmanische Reich die Ordnung unterzeichnet (Den
Haag, 2010).
[3] Alfred Hermann Fried (1864–1921) erhielt 1911 gemeinsam mit dem niederländischen
Juristen und Politiker Tobias Asser den Friedensnobelpreis.

mit insgesamt etwa 10.000 Mitgliedern (Dingeldey, 2015). Nebenbei bemerkt: In der Sozialdemokratischen Partei Deutschlands waren zu dieser Zeit zirka eine Million Mitglieder organisiert (SPD Geschichtswerkstatt, 2023).

1910 gründete der amerikanische Stahlmagnat und Philanthrop Andrew Carnegie die Stiftung „Carnegie Endowment for International Peace" und stattete sie mit zehn Millionen US-Dollar aus (das wären heute ca. 3,5 Mrd. Dollar). Im selben Jahr veröffentlichte der britische Journalist Norman Angell seinen Bestseller „The Great Illusion. A Study of the Relation of Military Power in Nations to their Economic and Social Advantage", in dem er argumentierte, ein Krieg sei irrational, da er zu großen wirtschaftlichen und sozialen Umbrüchen führen würde (Van den Dungen, 2014). 1907 hatten die Delegierten auf dem Kongress der II. Internationale in Stuttgart eine Resolution verabschiedet, mit der sie die Arbeiter aufriefen, alles zu tun, um einen Krieg zu verhindern. Bekräftigt wurde dies 1910 auf dem Kongress in Kopenhagen und noch einmal 1912 auf dem anlässlich des Balkankrieges einberufenen Kongresses in Basel. Allerdings zeigten sich auf den Kongressen auch die Differenzen zwischen den Sozialdemokrat*innen aus Frankreich und Deutschland. Während die Franzosen konkrete Maßnahmen gegen einen möglichen Krieg verlangten (im Falle eines Krieges sollten die Arbeiter aller Länder in einen Generalstreik treten, um die Industrien lahmzulegen, in denen rüstungswichtige Materialien hergestellt werden), drängten die deutschen Sozialdemokrat*innen um August Bebel (mit Ausnahme von Rosa Luxemburg, die ab 1898 in der deutschen Sozialdemokratie aktiv war) auf zurückhaltende und allgemeine Verpflichtungen (Musner, 2014, S. 57 ff.).

Kurz vor Ausbruch des Ersten Weltkrieges kam es in den europäischen Hauptstädten zu zahlreichen Anti-Kriegsdemonstrationen. In Berlin sollen es im Juli 1914 zirka 100.000 Menschen gewesen sein, die für den Frieden demonstrierten (Dingeldey, 2015).

Den Pazifist*innen und Friedensbewegten schlug auch Ablehnung und Wut entgegen. Als „Staatsfeinde" und „schlechte Patrioten" wurden sie beschimpft. Im Februar 1914 wurde Rosa Luxemburg wegen „Ungehorsam gegen die Obrigkeit" angeklagt, weil sie im September 1913 auf einer Kundgebung in Frankfurt am Main die Menschen aufgefordert hatte, die Waffen nicht gegen ihre französischen und ausländischen Brüder zu erheben (siehe auch: Piper, 2019, S. 450 ff.).

Indes es war zu spät. Die Pazifist*innen und Friedensbewegten konnten den Ersten Weltkrieg nicht mehr verhindern. Am 4. August 1914, Bertha von Suttner war sechs Wochen zuvor verstorben und August Bebel bereits am 13. August 1913, erklärte die SPD-Fraktion im Deutschen Reichstag ihre Zustimmung zu den Kriegskrediten. Nur wenige Fraktionsmitglieder der SPD stimmten dagegen, so Rosa Luxemburg, Clara Zetkin, Karl Kautsky und Franz Mehring.[4] „Ich werde mir eine Kugel durch den Kopf schießen, das wird der beste Protest gegen den Verrat der Partei sein und wird die Arbeitermassen vielleicht doch noch zur Besinnung bringen", soll Rosa Luxemburg nach Auskunft von Hugo Eberlein[5] unmittelbar nach der Bewilligung der Kriegskredite gesagt haben (Utopie kreativ, 2005, S. 357).

Am 1. August 1914 hatte das Deutsche Reich Russland den Krieg erklärt, am 3. August folgte die Kriegserklärung an Frankreich. Es begann die allgemeine Mobilmachung und mit einem gewaltigen Schuss Nationalismus und Chauvinismus zogen die deutschen Soldaten in den Krieg. Am 4. August hatte Kaiser Wilhelm II. in einer Thronrede den berühmten Satz ausgesprochen: „Ich kenne keine Parteien mehr, ich kenne nur noch Deutsche". Ob die deutsche Bevölkerung nun tatsächlich so kriegsbegeistert war, wie oft angenommen, darf indes bezweifelt werden.

Zwischen 8,5 und 17 Mio. Menschen, Soldaten und Zivilisten, sollen in den Stahlgewittern und Stellungskämpfen, durch Bombenangriffe, Krankheiten, Hungersnöte und ethnische Säuberungen während des Ersten Weltkrieges gestorben sein. Zehntausende Soldaten kamen durch Giftgasangriffe ums Leben (Woyke, 2016, S. 70). Das Giftgas für die Deutschen hatte der deutsche Chemiker Fritz Haber (1868–1934) entwickelt. Unter Einsatz „aller Kräfte die Gegner niederzuringen" betrachtete Haber es als seine „sittliche Pflicht" und die jedes Deutschen (zit. n. Szöllösi-Janze, 1998 S. 261). 1918 bekam Haber den Chemie-Nobelpreisträger für das von ihm entwickelte Ammoniak-Syntheseverfahren (das Haber–Bosch-Verfahren). 1933 emigrierte Haber nach England. Er war Jude.

Und wer war schuld am Krieg? Die Juden, die Linksparteien und die Pazifist*innen. Schon während des Krieges tauchten die Vorwürfe von den „jüdischen Drückebergern" und „jüdischen Kriegsgewinnlern" auf (Ullrich, 2019, S. 58). Nach seinem Sturz lastete Kaiser Wilhelm II. die Kriegsniederlage den „jüdischen" Führern der Arbeiterbewegung an und forderte die „Ausrottung" der Juden. Die Mythen von der „Dolchstoßlegende" und von der „pazifistischen, internationalen, antimilitaristischen und revolutionären Unterwühlung des Heeres" (so der preußische General Hermann von Kuhl oder der Generalfeldmarschall

---

[4] M Dezember 1915 stimmte dann fast die Hälfte der SPD-Abgeordneten im Reichstag gegen weitere Kredite.

[5] Hugo Eberlein (1887–1941), Mitglied der SPD und mit Rosa Luxemburg befreundet, war Gründungsmitglied der KPD und wurde 1941 im Rahmen des stalinistischen Terrors in der Sowjetunion zum Tode verurteilt und erschossen.

Paul von Hindenburg und später Adolf Hitler) wurden bemüht, um die Verantwortung für die Niederlage der Deutschen im Ersten Weltkrieg auf die politischen
Gegner abzuwälzen (Lobenstein-Reichmann, 2002).

Die Kriegsgegner*innen und die Pazifist*innen sahen sich indes durch die
Schrecken des Großen Krieges und den verstärkten Militarismus nach Kriegsende in ihrem Kampf für eine „gewaltlose Welt" bestätigt. Bereits während des
Krieges gründete sich zum Beispiel die *Internationale Frauenliga für Freiheit und
Frieden*. In England wurde die *Union of Democratic Control* ins Leben gerufen,
eine Vereinigung, die sich für die Aufrechterhaltung der internationalen Bezie-
hungen einsetzte. In den USA etablierte sich die *League to Enforce Peace,* die
zwar konservativ ausgerichtet, sich aber für die Neugestaltung der internationalen
Beziehungen engagierte und die Grundlagen des späteren Völkerbundes vorbe-
reitete (von Gerlach, 1924). Am 2. Oktober 1919 riefen linksrepublikanische
Intellektuelle, darunter Carl von Ossietzky, Kurt Tucholsky, der Mathematiker
Emil Julius Gumbel (1891–1966) und der Arzt und Soziologe Georg Friedrich
Nicolai (1874–1964)[6], den „Friedensbund der Kriegsteilnehmer" ins Leben. Im
Oktober 1920 fand in Braunschweig der 9. Pazifistenkongress statt, an dem etwa
1500 Menschen aus mehreren deutschen pazifistischen Organisationen teilnahmen
und sich 1922 zum Deutschen Friedenskartell (DFK) zusammenschlossen (Braunschweig, 1920). Vorsitzender des DFK wurde Ludwig Quidde (1858–1941), der
1927 den Friedensnobelpreis verliehen bekam (Holl, 2002).[7] Im Jahre 1929, kurz
vor seiner Auflösung vertrat das DFK insgesamt 28 deutsche Friedensorganisa-
tionen mit zirka 100.000 Mitgliedern. In Den Haag tagte im Dezember 1922
der *Internationale Kongress für einen neuen Frieden,* organisiert von der Internationalen Frauenliga für Frieden und Freiheit (Nattermann, 2022). Im Sommer
1926 gründete der Jude, Schriftsteller, Pazifist und Aktivist der Schwulenbewe-
gung Kurt Hiller die *Gruppe Revolutionärer Pazifisten*. 1929 gab sich die Gruppe
ein neues Programm, in dem nicht nur Angriffskriege, sondern auch nationale
Verteidigungskriege und Exekutions- oder Sanktionskriege abgelehnt sowie eine
allgemeine Abrüstung und Kriegsdienstverweigerungen gefordert wurden. Die
Hauptquelle der Kriege wird in der „kapitalistischen Gesellschaftsordnung" gesehen; weshalb ein Kampf für den Frieden deshalb zugleich auch „Arbeit für die
soziale Revolution" sein müsse (Hiller, 1929, S. 173).

---

[6] Georg Friedrich Nicolai hieß bis 1897 Georg Friedrich Lewinstein und nahm danach den
Nachnamen seines Urgroßonkels Otto Nicolai an (https://dewiki.de/Lexikon/Georg_Friedr
ich_Nicolai).

[7] Nach Ludwig Quidde ist der gleichnamige Preis benannt, der jährlich von der Deutschen
Stiftung Friedensforschung verliehen wird (Deutsche Stiftung Friedensforschung).

Die Liste der pazifistischen Aktivitäten in den 1920er Jahren ist nicht vollständig. Zumal sich der Pazifismus in der Weimarer Republik in sehr unterschiedlichen Formen, Strukturen und Inhalten artikulierte und dessen Akteure sich keineswegs einig waren.

Radikal-religiöser Pazifismus, völkerrechtsorientierter Pazifismus, anarchistischer Pazifismus, sozialistischer Pazifismus und manch andere Strömungen versuchten sich in der Zwischenkriegszeit für den Frieden und gegen Krieg zu artikulieren. Auch die Kommunist*innen Leninscher Prägung nahmen in dieser Zeit Stellung zum Pazifismus. Die Linie hatte Wladimir Iljitsch Lenin (1870–1924) selbst noch vorgegeben. Im März 1915 wandte er sich an die Delegierten der „Sozialdemokratischen Arbeiterpartei Russlands" (SDAPR), die in Bern tagten: „Pazifismus und abstrakte Friedenspredigt sind eine Form der Irreführung der Arbeiterklasse" (Lenin, 1960a, S. 152; geschrieben am 4. März 1915). Der Gedanke, dass ein sogenannter demokratischer Frieden ohne Revolutionen auskomme, sei grundfalsch. Das richtete sich auch gegen Karl Kautsky und andere sozialdemokratische „Renegaten". Im August 1915 wurde Lenin noch deutlicher und betonte, dass die Marxisten, wenn es um die Beurteilung eines Krieges gehe, sich himmelweit von den „Pazifisten" und „Anarchisten" unterschieden. „Marxismus ist nicht Pazifismus", schreibt Lenin 1915 in „Sozialismus und Krieg" (Lenin, 1960b, S. 331; geschrieben im Juli/August 1915). Friedensfreundliche Stimmungen der Massen könnten darauf hinweisen, dass der „reaktionäre Charakter" eines Krieges erkannt werde. Eine solche Stimmung auszunutzen, sei „Pflicht aller Sozialdemokraten". Aber: „Wer einen dauerhaften und demokratischen Frieden will, der muss für den Bürgerkrieg gegen die Regierungen und die Bourgeoisie sein" (ebd., S. 317). Kurzum: Frieden sei nicht ohne Sturz des Kapitalismus und nicht ohne Revolution zu haben.

Gegen eine solche, man kann sagen, Doktrin, wandte sich der schon erwähnte Kurt Hiller. Er zitiert einen „[...] der besten Köpfe von Moskau", Nikolai Iwanowitsch Bucharin, der in einem „ABC des Kommunismus" (deutsche Ausgabe 1921) im o.g. Sinne Lenins behauptete, der Pazifismus sei die Irreführung und Verdummung der Arbeitermassen, weil er, der Pazifismus, die Massen vom bewaffneten Kampf um den Kommunismus abhalte. Hiller hielt dagegen: „»Ziel« der pazifistischen Predigt ist nicht: gerade die Arbeiterklasse, sondern ist: alle Menschen und Menschengruppen (Hauptfall: die Nationen) »vom bewaffneten Kampfe abzulenken«" (Hiller, 1923, S. 297).

Kurz vor seiner Flucht in die Schweiz äußert sich Ludwig Quidde noch deutlicher: „Die Sowjet-Union das internationale Vaterland von Pazifisten! Das ist doch der helle Wahnsinn! Schärfere Gegensätze als Bolschewismus und Pazifismus kann es kaum geben. Selbst der Gegensatz des Pazifismus zum Fascismus ist nicht schärfer. Der oberste aller Grundsätze des Pazifismus ist die gewaltlose Austragung aller Streitigkeiten, sowohl national im Innern der Staaten, wie international zwischen den Völkern. Sowohl Fascismus wie Bolschewismus beruhen auf dem Grundsatz gewalttätiger Unterdrückung aller widerstrebenden Richtungen. Sie sind Verkörperung des gleichen Prinzips brutaler Gewalttätigkeit, nur mit entgegengesetzten Tendenzen gegenüber sozialistischen Ideen" (Quidde, 1932, S. 227 f.). Ludwig Quidde wird von der 1929 von Stalin und der KPdSU beschlossenen Zwangskollektivierung der Landwirtschaft gewusst haben. Die Bauern wurden enteignet oder zwangsumgesiedelt, nach Sibirien, in den Ural, nach Kasachstan. Wer zu den „konterrevolutionären Aktivisten" zählte, kam entweder in ein Arbeits- und Straflager oder wurde hingerichtet. Von diesem „Krieg gegen das Dorf" (Hildermeier, 2000, S. 595) waren zwischen fünf bis sechs Millionen Menschen betroffen. 530.000 bis 600.000 Menschen verloren ihr Leben. Die Zwangskollektivierung verbesserte die Versorgungslage nicht. Im Gegenteil, sie führte in den Jahren 1932 bis 1933 zu großen Hungersnöten, in denen schätzungsweise weitere sechs Millionen Bauern starben. Von der Hungerkatastrophe in der Ukraine und dem „Großen Terror" konnte Quidde 1932 sicher noch nichts wissen, über die Menschenverachtung in den frühen Zeiten der Sowjetunion war er indes im Bilde. Übrigens, die Leninschen Vorgaben über den Frieden, der nur durch eine gewaltvolle Revolution zu haben sei, wurden auch von Philosophen in der DDR nicht angezweifelt (vgl. z. B. Hörz, 1976; Kiessling & Scheler, 1976).

Viel wichtiger als die Streitigkeiten zwischen den pazifistischen Strömungen sind die Reaktionen, mit denen die Militaristen, Nationalisten, Faschisten und Kommunisten auf die vielfältigen Bemühungen der Pazifist*innen und Kriegsgegner*innen reagierten. Am 15. Januar 1919 ermordeten Freikorps-Soldaten Rosa Luxemburg und Karl Liebknecht. Am 21. Februar 1919 wurde der erste Ministerpräsident Bayerns, Kurt Eisner, umgebracht. Eisner hatte zunächst den Krieg gegen Russland befürwortet und wurde dann während des Ersten Weltkrieges ein entschiedener Gegner des Krieges. Im Mai 1919 ermordeten Freikorps-Soldaten den Philosophen und Pazifisten Gustav Landauer. Matthias Erzberger, ein führender Politiker der Zentrumspartei, wurde im August 1921 ebenfalls durch völkisch-nationale Freikorps-Soldaten getötet. Erzberger, der vor dem Ersten Weltkrieg mit chauvinistischen Tiraden das Kriegsgeheul der Militaristen befeuerte, entwickelte sich im Verlaufe des Krieges ebenfalls zum Kritiker der deutschen Kriegsführung und trat später für einen Verständigungsfrieden sowie für die Etablierung des Völkerbundes als wichtiges Instrument für einen zukünftigen Weltfrieden ein (Dowe, 2011). Im Juni 1922 folgte der Mord an Walther Rathenau (1867–1922), dem damaligen Reichsaußenminister. Rathenau war Jude und Deutscher. Den Mord hatte die „Organisation Consul", eine terroristische

Brigade des Freikorps, in Auftrag gegeben. Rathenau war kein Pazifist. Noch im Jahre 1918 forderte er die Fortführung des Krieges, wenn es sein muss durch die Mobilisierung der Volksmassen. Nach der Niederlage setzte er sich für die Erfüllung der Reparationskosten gegenüber den Siegermächten ein und sah darin einen „Weg zum Frieden" (Volkov, 2012, S. 219).

Die Abgesänge auf die Humanität und die Protagonisten der Unmenschlichkeit waren bald nicht mehr zu überhören und zu übersehen. Am 30. Januar 1933 ernannte der Reichspräsident Paul von Hindenburg den Parteivorsitzenden der NSDAP, Adolf Hitler, zum Reichskanzler. Dieser erklärte sich nach dem Tod von Hindenburg zum Führer der Deutschen und der Terror nahm seinen Lauf. Im Februar 1933 ließen die Nationalsozialisten den Berliner Reichstag abfackeln. Anschließend wurde die KPD und bald darauf die SPD verboten, Rivalen im „Röhm-Putsch" ermordet und Konzentrationslager für politische Gegner eingerichtet. Am 7. April 1933 hatten die Nationalsozialisten das „Gesetz zur Wiederherstellung des Berufsbeamtentums" verabschiedet (siehe auch: Kap. 14). Am 6. August 1933 wurden auch die „Deutsche Friedensgesellschaft" und die „Deutsche Liga für Menschenrechte"[8] als unzulässige politische Gesellschaften eingestuft (Bittner, 1987, S. 174). Kurt Tucholsky hatte Deutschland schon 1929 verlassen, Ludwig Quidde flüchtete als 74-Jähriger 1933 in die Schweiz. Emil Julius Gumbel verlor seine Professur an der Universität Heidelberg, floh 1933 nach Frankreich und 1940 in die USA. Georg Friedrich Nicolai, der sich schon zu Beginn des Ersten Weltkrieges vehement gegen die deutschen Kriegslügen wandte, flüchtete 1933 nach Chile und wurde dort Professor für Physiologie. Andere, die es nicht rechtzeitig ins Exil schafften, wurden verhaftet, so Kurt Hiller, Erich Mühsam oder Carl von Ossietzky (1889–1938). Erich Mühsam, der, wie Kurt Eisner, Gustav Landauer und Ernst Toller 1919 zu den Protagonisten der Münchner Räterepublik gehörte, vertrat eher anarcho-pazifistische, antiautoritäre Positionen (Ablehnung jeglicher Herrschaft und Gewalt gegen Menschen). Mühsam wurde 1934 im Konzentrationslager Oranienburg ermordet. Carl von Ossietzky starb am 4. Mai 1938 an den Folgen seiner Haft im Konzentrationslager Esterwegen und den dort erlittenen Misshandlungen. Den Friedensnobelpreis,

---

[8] „Die Wurzeln der Internationalen Liga für Menschenrechte reichen zurück bis 1914. In diesem Jahr wurde der *Bund Neues Vaterland* gegründet, der sich für Völkerverständigung und die sofortige Beendigung des deutschen Angriffskrieges einsetzte. Ab 1922 nannte sich der Bund *Deutsche Liga für Menschenrechte,* um die zunehmende Kooperation mit der französischen Liga für Menschenrechte zu unterstreichen. Bis zum Verbot im März 1933 engagierte sich die *Deutsche Liga für Menschenrechte* für die Sicherung der in der Weimarer Reichsverfassung festgelegten demokratischen Rechte. Sie warnte vor dem erstarkenden Militarismus und Faschismus" (Internationale Liga für Menschenrechte, Ludwig-Quidde-Stiftung).

den er 1936 verliehen bekam, konnte er nicht in Empfang nehmen. Kurt Hiller floh nach seiner Haft in mehreren Konzentrationslagern 1934 über Prag nach London. Dort gründete er den Freiheitsbund Deutscher Sozialisten. 1955 kehrte er nach Deutschland zurück und gründete den „Neusozialistischen Bund", um sich gegen jeglichen Angriffskrieg zu engagieren. (siehe die ausgezeichnete Biografie von Daniel Münzner, 2015, über Kurt Hiller).

Für die Nationalsozialisten gehörten die Pazifist*innen zu den Feinden der Bewegung. Zwar äußerte sich Hitler in „Mein Kampf" scheinbar positiv zum Pazifismus, stellt aber klar, wer den „Sieg des pazifistischen Gedankens" wünsche, müsse „[…] sich mit allen Mitteln für die Eroberung der Welt durch die Deutschen einsetzen" (Hitler, A., „Mein Kampf". Eine kritische Edition, 2016, S. 304). Spätestens am 1. September 1939 war klar, Hitler meinte es ernst. Der Zweite Weltkrieg begann und mit ihm der Tiefpunkt humanistischer Anstrengungen. 1940 überfiel die Wehrmacht Dänemark, Norwegen, später die Niederlande, Belgien, Luxemburg und Frankreich. Anfang 1940 ordnete der SS-Reichsführer Himmler den Bau des Konzentrationslagers Auschwitz an. Mitte Oktober 1940 wurden mehr als 400.000 Jüdinnen und Juden in das Warschauer Ghetto gesperrt. Ebenfalls im Oktober 1940 besetzten sowjetische Truppen das Baltikum. Am 14. November zerstörten deutsche Bomber das Stadtzentrum der englischen Stadt Coventry. Am 22. Juni 1941 überfielen deutsche Truppen die Sowjetunion. Im Dezember 1941 erklärte Deutschland den USA den Krieg. Mit der Wannsee-Konferenz im Januar 1942 und den anschließenden Massendeportationen begann dann die letzte Phase der nationalsozialistischen Vernichtungspolitik, die in der systematischen, millionenfachen Ermordung der Juden endete. Sechs Millionen Juden starben in Auschwitz und Treblinka, in Belzec und Sobibor, in Majdanek und Chelmno.

Der Pazifismus konnte es nicht verhindern. Vielleicht weil der Pazifismus in seinen verschiedenen Schattierungen zu sehr auf die Vermittlung von Geisteshaltungen oder Aufrufen zur Gewaltlosigkeit setzte, statt auf die Revolte friedensorientierter Bewegungen.[9]

Paul Feyerabend, um ihn nicht zu vergessen, hielt bekanntlich wenig von der bloßen belehrenden Vermittlung von Werten, Normen und Überzeugungen, wenn es um Krieg und Frieden geht. In „Erkenntnis für freie Menschen" liest man

---

[9] Sicher, auch diese Revolten gab es. Im Januar 1918 streikten Millionen Menschen in Deutschland unter der Losung „Frieden und Brot" gegen die Fortsetzung des Krieges (Feldman et al., 1972). Und während des Zweiten Weltkrieges organisierten sich zahlreiche Gruppierungen im Widerstand gegen Krieg und Nationalsozialismus, so die „Rote Kapelle", die „Bekennende Kirche" um Martin Niemöller, der „Kreisauer Kreis" und andere (Benz, 2014).

zum Beispiel: „Nicht alles kann erlaubt sein. Kriegsliebhaber, zum Beispiel, sollen nicht friedliebende Menschen zu ihren Kriegsspielen zwingen dürfen. [...] Man kann die Leute so erziehen, dass sie gewisse Dinge nicht tun. Man lehrt sie »Menschlichkeit«, »Achtung vor dem Leben« und anderen Schmonzes und hofft dann, dass sie diesen Ideen getreu leben werden. Ich halte das für einen kindlichen Optimismus. Kein Unterricht oder, vielmehr, kein *humanitärer* Unterricht, der die Menschen nicht geistig kastriert, bringt etwas zustande" (Feyerabend, 1980, S. 295 f.; Hervorh. im Original).

Sicher, das ist wieder einmal eine typisch Feyerabendsche Provokation, deren Herausforderung gemindert wird, wenn man sich stattdessen die praktischen Alternativen zu Gemüte führt, die Feyerabend zu präferieren scheint. In „Zeitverschwendung", seiner Autobiographie erzählt er – wie erwähnt (Kap. 6) – von den Studentenunruhen, die er am Ende der 1960er Jahre in Berkeley erlebte: „In der Zeit der sogenannten Studentenrevolution besprach ich die Theorien, die frühere Revolutionsbewegungen begleitet hatten. Cohn-Bendit, Lenins Schrift *Der linke Radikalismus, die Kinderkrankheit des Kommunismus,* die Aufsätze des Vorsitzenden Mao und Mills *On Liberty* standen auf meiner Literaturliste. Ich bat die Studenten, Diskussionen zu veranstalten oder Demonstrationen vorzubereiten, statt Referate zu schreiben, und ich forderte Außenseiter auf, ihren Standpunkt darzustellen. [...] Auf meine Einladung hin, erklärten vietnamesische Studenten die Geschichte ihres Landes und die Gründe des Widerstands. Eine Gruppe junger Schwuler beschrieb, wie man sich als Minderheit unter lauter spießigen und ignoranten Bürgern fühlte" (Feyerabend, 1995, S. 167 f., Hervorh. im Original). Aufrufen gegen Krieg, Verbrechen und Morden stand Feyerabend allerdings nicht völlig ablehnend gegenüber. Ich habe im Kap. 10 ein Beispiel genannt und erwähne es an dieser Stelle noch einmal. Im letzten Beitrag des Buches „Die Vernichtung der Vielfalt" setzt sich Feyerabend mit einem Aufruf von Philosophen (verfasst u. a. von Gadamer, Derrida, Ricoeur, Rorty, Putnam) auseinander. Die Philosophen hatten sich an die Parlamente und Regierungen der Welt gewandt, sich für die Ausbildung in Philosophie an den Schulen einzusetzen. Feyerabend kritisiert, dass die wirklichen Probleme unserer Zeit in dem Aufruf nicht einmal genannt werden, und fragt: „Welches sind die wirklichen Probleme? Sie bestehen in Krieg, Gewalt, Hunger, Krankheit und Umweltkatastrophen. Kriegsführende Parteien haben ein wundervolles Instrument erfunden, um »bestehende Widersprüche zu bewältigen«: ethnische Säuberung. Der Aufruf weiß nichts zu diesen Gräueltaten zu sagen. [...] Die Philosophen und Wissenschaftler, die ihn unterzeichnet haben, hätten besser daran getan, eine harsche Verurteilung der Verbrechen und Morde, die in unserer Mitte passieren, herauszugeben, zusammen mit einem Aufruf an alle Regierungen, einzuschreiten und das Töten zu beenden, notfalls mit militärischer Gewalt. Solch eine Verurteilung und ein solcher Aufruf wären verstanden worden. Es hätte gezeigt, dass die Philosophie sich um ihre Mitmenschen kümmert" (Feyerabend, 2005, S. 295).

18.2   Der „Kalte Krieg" – ein Mythos?

Am 8. Mai 1945 endete der Zweite Weltkrieg mit der Niederlage Deutschlands, am 2. September kapitulierte Japan. Die Atombombenabwürfe auf Hiroshima und Nagasaki am 6. und 9. August 1945 schleuderten „[…] die Menschheit in eine neue Ära, nämlich ins Atomzeitalter […]. Dabei wird dieses Zeitalter kaum lange dauern können: *Entweder wir sorgen für sein Ende oder es wird sehr wahrscheinlich für das unsrige sorgen*" (Chomsky, 2021, S. 20; Hervorh. im Original). Am 24. Oktober 1945 trat die Charta der *Vereinten Nationen* in Kraft. Der Weltfrieden und die internationale Sicherheit sollten künftig gewahrt, durch internationale Zusammenarbeit und freundschaftliche Beziehungen zwischen den Nationen die globalen Probleme gelöst und die Menschenrechte gefördert werden (Die Charta). Drei Jahre später, am 10. Dezember 1948, wurde die Charta durch die *Allgemeine Erklärung der Menschenrechte* erweitert. Gut zwei Jahre zuvor, am 12. März 1947, hatte der US-amerikanische Präsident Harry S. Truman mit der sogennanten *Truman-Doktrin* die Kriegskoalition mit der Sowjetunion aufgekündigt und erklärt, es müsse die Politik der USA sein, „[…] freien Völkern bei(zu)stehen, die sich der angestrebten Unterwerfung durch bewaffnete Minderheiten oder äußeren Druck widersetzen" (Truman, zit. n. Woyke, 2016, S. 135). Gemeint waren die „freien Völker", die vom Kommunismus bedroht seien. Das war gegen die Sowjetunion und deren Versuche gerichtet, die eigenen Machträume und ideologischen Ansprüche international zu erweitern. Äußerer Anlass von Trumans Doktrin war der Versuch der Sowjetunion, die griechischen Antifaschisten und Kommunisten in ihrem Bürgerkrieg gegen die konservative Regierung zu unterstützen. Als Reaktion auf Trumans Doktrin verkündete der sowjetische Politiker Andrei A. Schdanow und Vertrauter Stalins am 25. September 1947 die „Zwei-Lager-Theorie". „Auch *Schdanow* diagnostizierte somit eine Zweiteilung der Welt, eine ideologische und politische Spaltung, mit den Hauptgegnern USA und Sowjetunion, die jeweils ihr »Lager« anführten" (Woyke, ebd., S. 139; Hervorh. im Original).

Der „Kalte Krieg" begann.[10] Genau genommen war dieser Krieg, der nach Ansicht von Historikern erst im Herbst 1989 beendet wurde, gar kein kalter. Man kann auf die sogenannten Stellvertreterkriege sowie auf zahlreiche, scheinbar regional begrenzte militärische Auseinandersetzungen verweisen, um den Begriff ad absurdum zu führen.

Beispiele:
Im Koreakrieg 1950–1953 kämpfte eine Militärallianz unter Führung der USA (nach Beschluss des UN-Sicherheitsrates, dem sich die Sowjetunion allerdings verweigerte) gegen nordkoreanische und chinesische Truppen, die mit Waffen aus der Sowjetunion ausgerüstet waren. Über vier Millionen Menschen sollen in diesem Krieg ihr Leben verloren haben (Stöver, 2013, S. 108).

Nachdem der US-Präsident Eisenhower und andere US-amerikanische Politiker 1954 vor kommunistischen Diktaturen in Lateinamerika und dem dortigen Einfluss der Sowjetunion gewarnt hatten, unterstützte die CIA einen gewalttätigen und völkerrechtswidrigen Staatsstreich gegen den demokratisch gewählten Präsidenten von Guatemala, Jacobo Árbenz Guzmán (vgl. auch: Epe, 2018).

Von 1955 bis 1975 herrschte Krieg in Vietnam, Kambodscha und Laos. Mit Unterstützung durch die Sowjetunion und China kämpften nordvietnamesische Truppen gemeinsam mit der „Nationalen Front für die Befreiung Südvietnams" (dem sogenannten „Vietcong") gegen die Soldaten des „antikommunistischen" Regimes in Südvietnam. Völkerrechtswidrig griffen die USA mit Bodentruppen, Flugzeugen und Napalm in den Krieg ein und unterstützten das südvietnamesische Regime. Im April 1975 mussten die US-Truppen Vietnam geschlagen verlassen. Über 1,4 Mio. Menschen, darunter etwa 58.000 amerikanische und eine Million südvietnamesischer Soldaten wurden in diesem Krieg getötet (siehe: Woyke, 2016, S. 207 ff.). Die Zahlen schwanken. Das Leid ist bis heute zu spüren.

Im Bürgerkrieg in Angola, der 1975 begann und bis heute nachhallt, bekämpften sich die „Volksbewegung zur Befreiung Angolas" (MPLA) und die „Nationale Front zur Befreiung Angolas" (FNLA). Gemeinsam mit der „Nationalen Union für die völlige Unabhängigkeit Angolas" (UNITA) hatten sie ihren Kampf ab 1961 zunächst gegen die portugiesische Kolonialmacht gerichtet. Nun ging es um den Machtanspruch im Land. Die Sowjetunion, die DDR und Kuba unterstützten die MPLA. Die FNLA, die sich mit der UNITA verbündete, erhielt finanzielle,

---

[10] Der Begriff wurde 1946 von einem Mitarbeiter des US-Präsidentenberaters Bernhard Baruch geprägt. Allgemein bekannt wurde die Benennung durch die 1947 in der New York Herald Tribune erschienen Broschüre „The Cold War. A Study in U.S. Foreign Policy" von Walter Lippmann (Stöver, 2021).

materielle und militärische Unterstützung von den USA und dem südafrikanischen Apartheit-Regime; China mischte auf deren Seite ebenfalls mit (siehe auch: Reiber, 2002). 500.000 Menschen sollen in dem Bürgerkrieg gestorben sein.

Der Bürgerkrieg in Syrien, der seit 2011 andauert, hat bis 2023 über 350.000 zivile Opfer gekostet. Sie starben durch Streubomben, Raketen, durch Chemiewaffeneinsatz, Hunger und durch mangelnde humanitäre Hilfe. Der diktatorisch regierende syrische Präsidenten Baschar al-Assad wird u. a. von Russland, Iran und China unterstützt, während die USA, die EU und die Türkei auf der Seite der syrischen Rebellen stehen. Auch dieser Krieg ist mehr als ein Bürgerkrieg (Hammed, 2023).

Nachdem 1979 die kommunistisch orientierte „Demokratische Volkspartei Afghanistans" an die Macht gekommen war und eine verstärkte Säkularisierung Afghanistans betrieb, flammte ein – kaum transparenter – Bürgerkrieg auf. Führende Politiker wurden ermordet, nicht zuletzt mit Hilfe sowjetischer KGB-Agenten. In all dem Durcheinander beschloss die Sowjetunion unter Führung von Leonid Iljitsch Breschnew, am 25. Dezember 1979 in Afghanistan einzumarschieren. Der sich nach dem Einmarsch schnell verstärkende Widerstand, an dem neben der regulären afghanischen Armee vor allem religiöse Glaubenskämpfer, die Mudschahedin, beteiligt waren, wurde vor allem von den USA, Pakistan und Saudi-Arabien politisch, finanziell und militärisch unterstützt. Die Guerillataktik der Mudschahedin und die US-amerikanischen Stinger-Raketen, mit denen die Mudschahedin gegen Kampfhubschrauber der sowjetischen Truppen kämpften, haben wohl schließlich den Krieg entschieden (Lüders, 2022). Im Februar 1989 zogen die sowjetischen Truppen ab. Eine Million Tote blieben zurück. Und die nächsten Bürgerkriege folgten bald, aus denen die Taliban als Sieger hervorgingen. Die Geschichten sind bekannt. Die „Operation Enduring Freedom" (Operation Andauernde Freiheit) scheiterte ebenso wie die „Verteidigung Deutschlands am Hindukusch" (Jahn, 2012) oder das Friedensabkommen zwischen den USA und den Taliban im Jahre 2020. Am 31. August 2021 verließen die US-Truppen fast fluchtartig Afghanistan. Die Bundeswehr zog ebenfalls ab. Zeitweise waren 100.000 US-Soldat*innen und zirka 40.000 Soldat*innen aus verbündeten NATO-Ländern in Afghanistan stationiert. 3800 Soldat*innen der NATO-Allianz, darunter 59 Angehörige der Bundeswehr, starben dort. Nach Schätzungen sind über 39.000 zivile Opfer zu beklagen (Goertz, 2022). Von den Verletzten, Verfolgten, Geflohenen ganz zu schweigen.

Die Beispiele ließen sich fortsetzen. Es ließe sich an die Absurditäten der Jugoslawienkriege in den 1990er Jahren erinnern, an die Völkermorde, Massaker und Kriegsverbrechen, die vor allem von den Serben verübt wurden, an die ambivalente Rolle Russlands im Verlaufe des Krieges und an die völkerrechtlich

nicht gedeckten Kampfeinsätze der NATO. Der Putsch des von den USA aus-
gerüsteten Militärs unter Führung von General Pinochet gegen den demokratisch
gewählten sozialistischen Präsidenten Salvator Allende im September 1973, die
Tschetschenienkriege (1994–1996; 1999–2009), der Krieg im Jemen (seit 2015)
oder die Golfkriege (1980–1988; 1990–1991; 2003–2011) ließen sich ebenfalls
im Hinblick auf ihre „Stellvertreterfunktionen" analysieren.

Ich belasse es bei den Aufzählungen. Vom „Kalten Krieg" zu sprechen und
zu schreiben, erscheint mir doch zu borniert zu sein. Eine solche Benennung
folgt einer „westlichen" Semantik, mit der die Leiden der zahlreichen Opfer der
sogenannten Stellvertreterkriege ignoriert und vergessen gemacht werden.

18.3   Krieg oder Spezialoperation

Das *Heidelberger Institut für Internationale Konfliktforschung* (HIIK) konstatierte
im Konfliktbarometer 2022 u. a.: Im Verlaufe des Jahres habe das HIIK weltweit
363 Konflikte beobachten können. Die Anzahl „hochgewaltsamer Kriege" sei im
Vergleich zum Vorjahr von 36 auf 42 angestiegen (Conflict Barometer, 2022).
Dazu gehören u. a. die gewaltsamen Auseinandersetzungen zwischen Armenien
und Aserbaidschan, Kriege in der Subsahara (u. a. zwischen Islamisten und
den Regierungen in Nigeria, Kamerun, Tschad und Niger), begrenzte Kriege in
der Demokratischen Republik Kongo (Tutsi-Rebellen gegen Regierungstruppen),
in Äthiopien (Volksbefreiungskräfte Tigrays gegen äthiopische und eritreische
Regierungstruppen) und Myanmar (oppositionelle gegen Regierungstruppen).

Am 24. Februar 2022 griff Russland die Ukraine an, um sie zu „ent-
nazifizieren". Als die russischen Angreifer im September und Oktober 2022
auf den erbitterten Widerstand der Ukrainer und Ukrainerinnen stoßen, drohte
der russische Präsident *Wladimir Wladimirowitsch Putin*, sein Land mit „allen verfügbaren Mitteln" zu verteidigen. Im „Westen" wurde dies als „nukleare
Drohgebärde" interpretiert. Der US-Präsident Joe Biden meinte daraufhin, die
Gefahr einer Nuklearkatastrophe sei so hoch wie seit der Kuba-Krise 1962 nicht
mehr, und warnte vor einem „nuklearen Armageddon" (Tagesschau, 2022a).
Zwischenzeitlich fordert der ukrainische Präsident *Wolodymyr Selenskyj*, einen
russischen Atomwaffeneinsatz durch einen Präventivschlag der NATO unmöglich
zu machen, um anschließend seine Aussage zu relativieren (Tagesschau, 2022b).
Woraufhin dies von der russischen Regierung bzw. ihrem Regierungssprecher als
„Aufruf zum Beginn des Dritten Weltkrieges" verurteilt wurde. Und der russische
Angriffskrieg gegen die Ukraine ging (und geht) weiter. Russische Raketen tref-
fen Wohnhäuser, Objekte der zivilen Infrastruktur, Marktplätze, Krankenhäuser.

Russische Soldaten sollen Massaker an der Zivilbevölkerung begangen haben. Die russische Regierung bestreitet das.

Am 27. Februar 2022 erklärte der deutsche Bundeskanzler, der 24. Februar markiere eine Zeitenwende in der Geschichte des europäischen Kontinents: „Wir erleben eine Zeitenwende. Und das bedeutet: Die Welt danach ist nicht mehr dieselbe wie die Welt davor. Im Kern geht es um die Frage, ob Macht das Recht brechen darf, ob wir es Putin gestatten, die Uhren zurückzudrehen in die Zeit der Großmächte des 19. Jahrhunderts, oder ob wir die Kraft aufbringen, Kriegstreibern wie Putin Grenzen zu setzen. Das setzt eigene Stärke voraus" (Scholz, 2022 S. 8). Am 27. April 2022 stimmte der Deutsche Bundestag mehrheitlich in einem Antrag der Fraktionen von SPD, CDU/CSU, Bündnis 90/Die Grünen und FDP für eine umfassende Unterstützung und für die Lieferung schwerer Waffen an die Ukraine. Die AfD und die Linke stimmten dagegen. Die AfD meinte, Deutschland mache sich dadurch zur Kriegspartei. Die Linke befürchtete eine weitere Eskalation und plädierte für diplomatische Bemühungen, um den Krieg zu beenden (Deutscher Bundestag, 2022).

Mit der Einigkeit von SPD, den Grünen, der FDP und der CDU war es allerdings bald vorbei. Der Bundesregierung und namentlich dem Bundeskanzler wird im Verlaufe der folgenden Monate (eigentlich bis heute) immer wieder vorgeworfen, zu zögerlich zu sein, wenn es um schnelle Lieferungen von Waffen geht. Die Vorwürfe kamen und kommen aus den Reihen der Opposition, von führenden Politiker*innen der Ampel-Parteien, aus EU-Ländern und vor allem aus der Ukraine selbst. Die Vorwürfe und Auseinandersetzungen sind bekannt und müssen hier nicht rezitiert werden.

Mittlerweile unterstützen die NATO-Staaten, allen voran die USA, und die Europäische Union die Ukraine im großen Umfang in ihrem Verteidigungskampf mit humanitärer, finanzieller und militärischer Hilfe. Bis Anfang September 2023 betrug das finanzielle Gesamtvolumen, das die EU-Länder der Ukraine zugesagt haben, 156 Mrd. Euro. 69,5 Mrd. kamen bisher aus den USA und knapp 37 Mrd. aus anderen Ländern (Quelle: IfW-Kiel, 2023). Deutschland war mit zirka 22 Mrd. nach den USA das größte Geberland – Stand September 2023. Neben politischer, finanzieller und humanitärer Hilfe lieferte Deutschland umfangreiche militärische Ausrüstungen, z. B. gepanzerte Gefechtsfahrzeuge, wie Gepard-, Leopard-, Marder- oder Dachs-Panzer, Luftverteidigungssysteme, Fliegerabwehrraketen, Munition, Spezialausrüstungen, Aufklärungsdrohnen usw. (Bundesregierung, 2023).

Zerstörung, Flucht, Vertreibung, Vernichtung und Tod gehören auch im Herbst 2023 zum Alltag der Menschen in der Ukraine. Die Angaben über zivile und nicht-zivile Opfer schwanken und lassen sich meist nicht verifizieren. Das Heidelberger Institut für Internationale Konfliktforschung stützt sich auf Angaben der Vereinten Nationen und berichtet, dass im Jahre 2022 mindestens 6900 Zivilist*innen getötet und mindestens 11.000 verletzt wurden. Zwischen 18.000 und 46.500 ukrainische und zwischen 30.000 und 60.000 russische Soldaten seien 2022 im Krieg gefallen (Conflict Barometer, 2022; S. 17). Auch diese Angaben lassen sich nicht überprüfen.

Viele deutsche Politiker*innen scheinen sich darin einig zu sein, die Ukraine verteidige „[...] auch unsere Freiheit, unsere Friedensordnung und wir unterstützen sie finanziell und militärisch – und zwar so lange es nötig ist. Punkt", so die deutsche Außenministerin Annalena Baerbock am 28. August 2022 (ZDF, 2022). Andere Politiker*innen sehen das ebenso, die FDP-Politikerin Marie-Agnes Strack-Zimmermann, der Grünen-Politiker Anton Hofreiter oder der Verteidigungsexperte der CDU/CSU-Fraktion Roderich Kiesewetter. Wird in der Ukraine, so wie damals am Hindukusch, auch die Freiheit und Demokratie Europas verteidigt oder ist der mutige und leidvolle Verteidigungskrieg der Ukrainerinnen und Ukrainer nicht zuvörderst eine Verteidigung des eigenen Landes?

Der 1921 geborene französische Philosoph, Soziologe und Komplexitätstheoretiker Edgar Morin, der als Offizier in der französischen Résistance gekämpft hat, stellte im Februar 2023 die These auf, es gebe in der Ukraine drei Kriege: „[...] die Fortsetzung des internen Krieges zwischen der ukrainischen Regierung und den separatistischen Provinzen, den russisch-ukrainischen Krieg und einen internationalisierten antirussischen politisch-wirtschaftlichen Krieg des Westens, der von den USA angeführt wird" (Morin, 2023, S. 99).

Das ist starker Tobak, den diejenigen, die den unbedingten Sieg der Ukraine über den russischen Aggressor einfordern, kaum akzeptieren.

Man kann darüber streiten, ob die USA bei den Verhandlungen zur deutschen Wiedervereinigung 1990 der Sowjetunion versprochen haben, die NATO nicht nach Osteuropa zu erweitern, ob das Versprechen, wenn es eines gab, vom „Westen" gebrochen wurde und die NATO-Osterweiterung schließlich die Konflikte zwischen dem „Westen" und Russland verschärfte. Joshua R. Itzkowitz Shifrinson kommt nach umfangreichen Archivstudien zu dem Ergebnis, dass die USA unter Führung von Georg Bush senior den damaligen sowjetischen Staatspräsidenten Michail Sergejewitsch Gorbatschow in die Irre geführt hätten, um den US-amerikanischen Einfluss nach Osteuropa auszudehnen (Shifrinson, 2016). Der Historiker und Journalist Ignaz Lozo bezweifelt das vehement (Lozo, 2021).

Dass die NATO nach Osten erweitert wurde, ist allerdings ein Fakt: Polen, Tschechien und Ungarn wurden 1999 Mitglied der NATO, Lettland, Litauen,

Rumänien, die Slowakei und Slowenien im Jahre 2004, Kroatien 2009, Montenegro 2017 und Nordmazedonien 2020. Spekulativ und absurd hingegen ist die Annahme, dass die NATO-Osterweiterung die notwendige und hinreichende Ursache für die russische Invasion in der Ukraine sei.

Der Krieg in der Ukraine ist keine „Spezialoperation". Es ist ein völkerrechtswidriger Angriffskrieg. Russland ist der Aggressor. Dagegen wehrt sich die Ukraine. Sie braucht die politische, finanzielle und militärische Unterstützung durch die europäischen Länder, die NATO und die USA. Diese Unterstützung als „Kampf der freien Welt" zu stilisieren, wäre indes ein Rückfall in die Semantik des Kalten Krieges.

Völkerrechtlich scheinen die Kriterien nicht ganz klar zu sein, wenn es darum geht, darüber zu urteilen, ob der „Westen" durch seine militärische Hilfe bereits zur Konflikt- und Kriegspartei geworden ist. Die *Wissenschaftlichen Dienste des Deutschen Bundestages* stellen im Juni 2023 u. a. fest: „Noch finden sich in der Völkerrechtslehre keine expliziten Rechtsauffassungen, welche die Unterstützung der NATO-Staaten zugunsten der Ukraine pauschal als eine Form der Konfliktbeteiligung bewerten. Doch lässt sich ein gewisses »Unbehagen« an der juristischen und rhetorischen »Orchestrierung« der westlichen Unterstützung kaum verhehlen. Das politische Schlagwort von der »Kampfjet*allianz*« geht jedenfalls schon rein semantisch über den logistischen Vorgang einer Lieferung von Flugzeugen hinaus" (Wissenschaftliche Dienste, 2023, S. 34; Hervorh. im Original).

Die Formulierung „Kampfjetallianz" gebrauchte der ukrainische Präsident *Wolodymyr Selenskyj* im Mai 2023, als er darum warb, der Ukraine im Kampf gegen den russischen Aggressor Kampfflugzeuge vom Typ F-16 zu liefern. Im August 2023 erhielt die Ukraine die Zusage aus den Niederlanden und Dänemark, solche Kampfflugzeuge zur Verfügung zu stellen. Anfang September 2023 erweiterte die Ukraine ihre Wünsche nach militärischer Ausrüstung. Der ukrainische Außenminister *Dmytro Kuleba* fordert Deutschland auf, schnellstmöglich *Taurus* Marschflugkörper zu liefern. „Jeder weitere Tag mit Diskussionen, mit Koordinierungstreffen, mit Reflexionsprozessen kostet die Ukraine Menschenleben", so die moralisch starke Argumentation Kulebas (ZDF, 2023). Die Grenze zwischen berechtigter militärischer Unterstützung der Ukraine und dem Status, Kriegspartei zu sein, scheint durchlässiger zu werden. Im März 2023 tauchten in den Medien geleakte Dokumente auf, nach denen sich 100 NATO-Spezialkräfte auf ukrainischem Territorium befänden und ukrainische Soldaten ausbilden würden (t-online, 2023). Die Ukraine dementierte das sofort (Zeit Online, 2023).

Edgar Morin fragt besorgt: „Wird die Verschärfung des internationalen Kriegs innerhalb der Ukraine über die Grenzen des Landes hinaustreiben, wird der Krieg nach Europa überschwappen und sogar über Europa hinausgehen? (Morin, 2023,

S. 103 f.). Ist der Ukrainekrieg die Fortsetzung eines Stellvertreterkrieges mit anderen Mitteln?

18.4   Pazifismus II – Heute

„In einem Krieg", schreibt Paul Feyerabend, „hat ein totalitärer Staat eine freie Hand. Humanitäre Überlegungen schränken ihn nicht ein. Die einzigen Beschränkungen sind Beschränkungen von Material, Talent, Menschen. Eine Demokratie muss aber einen Gegner human behandeln, *selbst, wenn das die Siegeschancen vermindert.* Es ist wahr – nur einige Demokratien sind jemals diesem Ideal gerecht geworden, aber jene, die an ihm festhielten, haben einen wichtigen Beitrag zu unserer Zivilisation geleistet" (Feyerabend, 1978, S. 366 f.; Hervorh. im Original).

Es kann gut sein, dass jene, die sich während des Angriffskrieges auf die Ukraine Sorgen wegen einer Verschärfung der internationalen Situation machten (und machen), ein solches humanes, vielleicht auch pazifistisches Ideal vor Augen haben. Im April 2022 entwarfen 28 Künstler*innen und Intellektuelle, initiiert von Alice Schwarzer, einen Brief an den deutschen Bundeskanzler Olaf Scholz. Zu den Erstunterzeichner*innen gehörten neben Schwarzer u. a. der Filmemacher Andreas Dresen, der Schauspieler Lars Eidinger, der Vielkönner Alexander Kluge, die Theologin und Politikerin Antje Vollmer, Martin Walser, der Publizist Harald Welzer, die Schriftstellerin Juli Zeh (Emma, 2022). Innerhalb weniger Tage unterzeichneten rund 140.000 Menschen diesen Brief. Die Unterzeichner*innen appellierten, keine schweren Waffen an die Ukraine zu liefern und sich so schnell wie möglich, für einen Waffenstillstand zwischen der Ukraine und Russland einzusetzen. Eine Rückeroberung aller von Russland besetzten ukrainischen Gebiete sei unrealistisch. „Die unter Druck stattfindende eskalierende Aufrüstung könnte der Beginn einer weltweiten Rüstungsspirale mit katastrophalen Konsequenzen sein, nicht zuletzt auch für die globale Gesundheit und den Klimawandel. Es gilt, bei allen Unterschieden, einen weltweiten Frieden anzustreben" (EMMA, 2022). Kaum veröffentlicht ernteten Alice Schwarzer und ihre Mitstreiter*innen harsche Kritik. Ihnen wurde in den klassischen und sozialen Medien Arroganz, Empathielosigkeit und Sofa-Pazifismus vorgeworfen (eine kleine Übersicht findet sich in: Euronews, 2022). Als Harald Welzer als Mitautor des Offenen Briefes seine Auffassung in der Talkshow *Anne Will* zu verteidigen versuchte und vor einer „Spirale der Aufrüstung" warnte, reagierte der anwesende damalige ukrainische Botschafter Andrij Melnyk erbost. Es sei einfach im Professorenzimmer zu sitzen und zu philosophieren. Was Welzer anbiete, sei moralisch verwahrlost (Zeit Online, 2022).

Zum Zeitpunkt der Veröffentlichung des Offenen Briefes zeigten Meinungsumfragen, dass die Gesamtbevölkerung in ihrer Meinung zu den Maßnahmen, die die Bundesregierung als Reaktion auf den russischen Einmarsch getroffen hat, gespalten zu sein scheint. In einer repräsentativen Befragung der Forschungsgruppe Wahlen (Politbarometer, April 2022) fanden es 56 % richtig, schwere Waffen an die Ukraine zu liefern, 39 % waren dagegen. Kritik kam von den Anhänger*innen der Linken (72 %) und der AfD (56 %). Im Januar 2023, kurz nachdem die Bundesregierung entschieden hatte, Leopard-2-Panzer an die Ukraine zu liefern, fanden 54 % der Befragten das richtig, 38 % waren dagegen. Mehrheitliche Zustimmungen gab es in den westlichen Bundesländern (59 % dafür, 33 % dagegen). In den ostdeutschen Bundesländern waren 35 % dafür und 57 % dagegen (Politbarometer, Januar 2023).

Am 29. April 2022 mischte sich Jürgen Habermas in der *Süddeutschen Zeitung* in die Debatten um den „massiven völkerrechtswidrigen Angriffskrieg" ein. Er verstehe einerseits die „selbstverständliche Parteinahme gegen Putin". Andererseits irritiere ihn die Selbstgewissheit, „mit der in Deutschland die moralisch entrüsteten Ankläger gegen eine reflektiert und zurückhaltende Bundesregierung auftreten". Sei es nicht, so Habermas, „ein frommer Selbstbetrug, auf einen Sieg der Ukraine gegen die mörderische russische Kriegsführung zu setzen, ohne selbst Waffen in die Hand zu nehmen?". Im Übrigen seien Kriege gegen eine Atommacht nicht zu gewinnen (Habermas, 2022, S. 12). Überrascht sei er angesichts der Forderungen, Putin vor einen Internationalen Gerichtshof zu stellen, der weder von Russland und China noch von den USA anerkannt werde. „Nicht als hätte es der Kriegsverbrecher Putin nicht verdient, vor einem solchen Gericht zu stehen; aber noch nimmt er im Sicherheitsrat der Vereinten Nationen den Sitz einer Vetomacht ein und kann seinen Gegnern mit Atomwaffen drohen. Noch muss mit ihm ein Ende des Krieges, wenigstens ein Waffenstillstand verhandelt werden" (Habermas, ebd., S. 13). Es mag vor allem der letzte, hier zitierte, Satz gewesen sein, den die Gegner von Jürgen Habermas auf die Palme stiegen ließ. So warf ihm Simon Strauss in der Frankfurter Allgemeinen Zeitung „Jugendbeschimpfung" und „fahrlässige Denunziation der ukrainischen Regierung" vor und entdeckte Parallelen zwischen den Argumentationen von Habermas und Alexander Gauland von der AfD (Strauss, 2022). Thomas Schmid von der „Welt" meinte, es sei unverschämt, wenn Habermas den moralisch Entrüsteten vorwerfe, sie würden das Ende eines auf Dialog und Friedenswahrung angelegten Modus der deutschen Politik propagieren (Schmid, 2022).

Und der „schrille Meinungskampf" zwischen den Befürworter*innen und Gegner*innen der Waffenlieferungen an die Ukraine ging weiter. Als Reaktion auf den Offenen Brief von Alice Schwarzer und Mitstreiter*innen veröffentlichte im Mai 2022 eine andere Gruppe von Intellektuellen ebenfalls einen Offenen Brief an den deutschen Bundeskanzler. Unter den 57 Erstunterzeichner*innen sind u. a. Gerhart Baum, Marieluise Beck, Maxim Biller, Marianne Birthler, Michel Friedman, Wolfgang Ischinger, Wladimir Kaminer, Daniel Kehlmann, Ilko-Sascha Kowalczuk, Sabine Leutheusser-Schnarrenberger, Igor Levit, Sascha Lobo, Eva Menasse, Herta Müller, Marina Weisband. Gefordert wird u. a., die Ukraine rasch mit allen Waffen auszurüsten, die für die Abwehr der russischen Invasion gebraucht werden, die russischen Energieexporte mit einem Embargo zu belegen und der Ukraine eine verbindliche Perspektive für den Beitritt in die EU zu eröffnen. „Die deutsche Geschichte gebietet alle Anstrengungen, erneute Vertreibungs- und Vernichtungskriege zu verhindern. Das gilt erst recht gegenüber einem Land, in dem Wehrmacht und SS mit aller Brutalität gewütet haben" (Change.org., 2022). Das ist nicht nur ein starkes moralisches Argument, sondern auch eine Absage an pazifistische Träumereien. Die Grünen-Politikerin und Erstunterzeichner*in des zweiten Offenen Briefes Marieluise Beck hatte sich schon während der Jugoslawienkriege vom Pazifismus verabschiedet. Im Mai 2022 konstatierte Claudia Roth, die Beauftragte der Bundesregierung für Kultur und Medien, die Grünen seien nie eine pazifistische Partei gewesen (Frankfurter Rundschau, 2022).

Im Februar 2023 riefen Sarah Wagenknecht und Alice Schwarzer in einer Petition auf change.org auf, die Eskalation der Waffenlieferungen an die Ukraine sofort zu stoppen. „Frauen wurden vergewaltigt, Kinder verängstigt, ein ganzes Volk traumatisiert. Wenn die Kämpfe so weitergehen, ist die Ukraine bald ein entvölkertes, zerstörtes Land" (change.org., 2023). Deshalb solle sich der Bundeskanzler jetzt auf deutscher wie europäischer Ebene an die Spitze einer starken Allianz für einen Waffenstillstand und für Friedensverhandlungen setzen. Wieder hagelte es Kritik. Die Forderungen von Wagenknecht und Schwarzer seien naiv, verlogen, unmoralisch und zynisch. Der Politikwissenschaftler Herfried Münkler, um nur ein Beispiel zu nennen, warf den Verfasser*innen und Unterzeichner*innen der Petition vor, sie würden eine „Komplizenschaft mit dem Aggressor" eingehen (Kölner Stadt-Anzeiger, 2023).

Auch Jürgen Habermas legte noch einmal nach. Am 14. Februar 2023 plädiert er in der Süddeutschen Zeitung für Verhandlungen mit Russland. Der damalige ukrainische Botschafter twitterte darauf: „Eine Schande für die deutsche Philosophie. Immanuel Kant und Georg Friedrich Hegel würden sich aus Scham im Grabe umdrehen" (Welt Online, 2023).

Bevor man borniert auf vermeintliche Gegner im Meinungsstreit schimpft, sollte man zunächst deren Argumente gründlich lesen. Habermas fordert keinen Stopp der Waffenlieferungen an die Ukraine, sondern denkt über einen „für beide Seiten gesichtswahrenden Kompromiss" nach. Es geht ihm um einen Kompromiss, für den sich auch der „Westen" verantwortlich fühlen müsse. Und: Habermas schreibt explizit von „[...] der Ukraine in ihrem mutigen Kampf gegen den völkerrechtswidrigen, ja kriminell geführten Angriff auf Existenz und Unabhängigkeit eines souveränen Staates" (Habermas, 2023). Freiheit und Vernunft bilden für Habermas bekanntlich eine, wenn auch dialektische, Einheit. „Die vernünftige Freiheit des menschlichen Willens besteht [...] in der Bereitschaft, sich der „Natur" des Moralgesetzes (... als Anlage zum Guten) eher zu unterwerfen als der Natur unserer Affekte und Triebe", heißt es im Habermas'schen Opus Magnum von 2019 (Habermas, 2019, Band 2, S. 237). Und auf dieser von Immanuel Kant inspirierten Grundlage stellt sich Habermas nicht auf die Seite derer, die sagen, wir müssten die Angst davor überwinden, Russland besiegen zu wollen. Stattdessen hält er den Satz für richtig, „Die Ukraine darf den Krieg nicht verlieren" und plädiert für Verhandlungen.

Während Intellektuelle in Deutschland und nicht nur dort darüber streiten, ob man die Ukraine mit schweren Waffen versorgen dürfe und mit Russland verhandeln könne, sterben in der Ukraine, aber auch in Russland Menschen infolge des Krieges. In Deutschland – und nicht nur dort – gehen Menschen auf die Straße, um ihre Solidarität für die Ukraine zu bekunden, gegen den russischen Angriffskrieg zu demonstrieren und/oder sofortige Friedensverhandlungen zu fordern. Dabei handelt(e) es sich keinesfalls um soziale Bewegungen mit gemeinsamen Schnittmengen. In vielen Fällen gibt es diese Schnittmengen auch gar nicht. Die Motive, sich an den Demonstrationen zu beteiligen, waren und sind indes sehr unterschiedlich. Gesine Höltmann und Kolleg*innen befragten im Mai 2022 (N = 3045) und im August 2022 (N = 2257) Personen, die an derartigen Demonstrationen in Deutschland teilgenommen haben. Unter anderem zeigte sich eine Polarisierung zwischen den Teilnehmer*innen. 80 % der Teilnehmer*innen an den Friedensdemonstrationen stehen dem russischen Angriffskrieg kritisch bis ablehnend gegenüber. Zirka 20 % der Befragten werden von den Forscher*innen als „russlandfreundlich" bezeichnet (Höltmann et al., 2022, S. 19).

Zum Jahrestag des russischen Angriffs am 24. Februar 2023 versammelten sich mindestens 10.000 Menschen vor der Russischen Botschaft in Berlin, um ihre Solidarität mit der Ukraine zu bekunden. Einen Tag später demonstrierten wieder mehrere tausend Menschen in Berlin und forderten das Ende der Waffenlieferungen an die Ukraine. An der Demonstration „Aufstand für den Frieden", die u. a. von Sarah Wagenknecht initiiert wurde, nahmen rund 13.000 Menschen teil, darunter auch führende AfD-Politiker*innen (rbb24, 2023). In Dresden folgten am 24. Februar mehrere hundert Menschen einem Aufruf der AfD unter dem Motto „Frieden schaffen ohne Waffen", dem Slogan der alten bundesdeutschen Friedensbewegung (MDR Sachsen, 2023).

Auf den Ostermärschen im April 2023 demonstrierten in etwa 70 deutschen Städten mehrere Tausende für den Frieden, so in Berlin, Bonn, Duisburg, Hannover, Leipzig, München oder Stuttgart. Die Teilnehmer*innen trugen Plakate und Fahnen mit der Friedenstaube, dem Regenbogenzeichen, mit den Aufschriften „Verhandeln statt Schießen", „Russland raus aus der Ukraine" oder „Frieden mit Russland". Auch Fahnen der *Alternative für Deutschland* wurden gesichtet. Die Friedensbewegungen sind gespalten.

Hat der Pazifismus versagt und ist er angesichts des russischen Angriffskrieges obsolet geworden? Tilman Brück, der ehemalige Vorsitzende des Stockholm International Peace Research Institute (SIPRI) äußerte sich im März 2023 in einem Podcast des Deutschlandfunks: „Der Krieg in der Ukraine ist kein Beweis für das Scheitern des Pazifismus. Im Gegenteil, der Krieg in der Ukraine ist eher ein Beleg für die Fragilität einer nicht regelbasierten Weltordnung, einer Ordnung nach dem Recht des Stärkeren" (Brück, 2023).

Kann der Pazifismus Kriege verhindern? Die Geschichte scheint uns eines Besseren belehren zu wollen. Das von Bertrand Russel initiierte Russell-Einstein-Manifest, das am 9. Juli 1955 veröffentlicht wurde und in dem u. a. eine Dezimierung der Atomwaffenbestände gefordert wurde, blieb weitgehend folgenlos. Die Gruppe „Göttinger 18", eine Gruppe von deutschen Atomforschern um Carl Friedrich von Weizsäcker, Otto Hahn, Werner Heisenberg und den Nobelpreisträger Max Born, gründete sich am 12. April 1957, um sich gegen atomare Aufrüstung der Bundeswehr zu richten. Die Bundesrepublik wurde zwar keine Atommacht, die Stationierung von US-amerikanischen Atomwaffen auf dem Gebiet der alten Bundesrepublik konnten die „Göttinger 18" nicht verhindern. Die 1960 erstmals gestarteten Ostermärsche in der alten Bundesrepublik oder der von der westdeutschen Friedensbewegung im November 1980 verabschiedete Krefelder Appell konnten die Stationierung von atomaren Mittelstreckenraketen in der alten Bundesrepublik und in der DDR nicht abwenden (Sonne, 2020).

Aber, es stimmt ja auch, „[...] dass es wichtigere Dinge gibt als Kriege gewinnen..." (Feyerabend, 1978, S. 367).[11]

Lassen wir noch einmal Tilman Brück zu Wort kommen:

„Wir müssen langfristig und kohärent pazifistisch handeln. Es bringt nichts, nur Pazifist zu sein, wenn das Schießen schon begonnen hat. Klar können wir jetzt Fehler der Vergangenheit korrigieren, etwa unsere Abhängigkeit von fossilen Brennstoffen aus Russland reduzieren, deren Import den Krieg in Ukraine finanziert. Dieselben Fehler setzen wir leider ungerührt im Handel mit beispielsweise Saudi-Arabien und China fort. [...] Um Pazifismus zu erreichen, müssen wir auch in anderen Dimensionen Macht regulieren, etwa im Umgang zwischen den Geschlechtern, zwischen Mensch und Natur, zwischen Arm und Reich, und zwischen Nord und Süd. Krieg ist nur ein Beispiel für Machtmissbrauch. #MeToo, Rassismus und die Klimakrise sind weitere Beispiele, die sich oft gegenseitig verstärken. [...] Es geht nicht um Utopie, Revolution oder den großen Wurf. Regeln, Normen und Institutionen werden stetig weiterentwickelt. [...] Pazifismus kann nicht plötzlich die Fehler der Vergangenheit kurieren. Aber Pazifismus kann helfen, die Zukunft sicherer, gleichberechtigter und nachhaltiger zu machen" (Brück, 2023).

Aus der Sicht einer Pazifistin und eines Pazifisten gibt es also noch viel zu tun. Einst sei die Welt voller Götter gewesen, so Paul Feyerabend, 1988. Daraus sei dann eine triste materielle Welt geworden, die sich hoffentlich in eine friedlichere Welt verändere, in eine Welt, in der Materie und Leben, Denken und Fühlen, Innovation und Tradition zum Wohle aller zusammenwirken (Feyerabend, 1988, S. 178).[12]

In diesem Sinne ist der Pazifismus nicht nur das schlechte Gewissen jener, die aus Chauvinismus und Borniertheit ihre Macht missbrauchen, um die Differenzen zwischen Arm und Reich, zwischen den Geschlechtern, zwischen dem

---

[11] Das vollständige Zitat lautet: „Wir müssen einsehen, dass es wichtigere Dinge gibt als Kriege gewinnen, die Wissenschaft fördern, die Wahrheit finden" (Feyerabend, 1978, S. 367). Der Verweis auf Wissenschaft und Wahrheit mag angesichts der wissenschaftskritischen Haltung Feyerabends zunächst irritieren, ist aber nur Teil seines (wissenschaftlichen) Pluralismus. Er war weder ein Wissenschaftsfeind noch ein Gegner der Wahrheitssucher*innen, sondern ein Rebell, dem jegliche Beweihräucherung von Wissenschaft und Wahrheit zuwider war. Auf die Frage, was für ihn Wahrheit sei, antwortete er in seinen Trentiner Vorlesungen: „Nun, manchmal eines, manchmal etwas anderes" (Feyerabend, 1998, S. 159; Original: 1996).

[12] „It was once a world full of gods; it then became a drab material world and it will, hopefully, change further, into a more peaceful world where matter and life, thought and feelings, innovation and tradition collaborate for the benefit of all" (Feyerabend, 1988, S. 178).

Globalen Süden und dem Westen, zwischen den Kulturen, Nationen und sozialen Gemeinschaften aus Profitgründen zu vergrößern. Der Pazifismus ist, in all seinen Schattierungen, ein „Humanismus in Aktion", um an eine Formulierung von Ernst Bloch zu erinnern (Bloch, 1985, S. 12), ein Humanismus des „aufrechten Ganges" in Verhältnissen, in denen Freiheit, Gleichheit und Solidarität noch erkämpft werden müssen.

18.5 Nachtrag: Meine Inkonsequenzen

> *„Eine einheitliche Meinung mag das Richtige sein für eine Kirche, für die eingeschüchterten oder gierigen Opfer eines (alten oder neuen) Mythos oder für die schwachen und willfährigen Untertanen eines Tyrannen"* (Feyerabend, 1986, S. 54; Hervorh. im Original).

Es ist auch nicht immer leicht, eine einheitliche Meinung zu Angriffskrieg und Verteidigungskrieg zu haben; vor allem dann nicht, wenn man, wie ich, das Banner des Pazifismus hochhalten möchte. Ich will mich weder als „[…] als Kanaille behandeln […] lassen" (Bloch, 1985, S. 251) noch als Putinversteher. Im russischen Angriffskrieg haben die Aggressoren, folgt man einem Bericht der UN-Untersuchungskommission zum Ukraine-Krieg (OHCHR, 2023), zahlreiche Kriegsverbrechen, Verbrechen gegen die Menschlichkeit und mutmaßlichen Völkermord begangen. Ukrainische Kinder wurden deportiert, physischer und moralischer Zwang gegen Zivilisten ausgeübt, Menschen rechtswidrig eingesperrt und gefoltert. Dafür müssen die russischen Aggressoren zur Rechenschaft gezogen werden. Und die Ukraine muss sich dagegen verteidigen können. Die Verfasser*innen des Berichts dokumentierten auch Fälle von Kriegsverbrechen durch die ukrainischen Streitkräfte (OHCHR, 2023, S. 16). Diese müssen ebenfalls geahndet werden. Schwarz und Weiß sind keine Farben, mit denen sich der Krieg in der Ukraine malen lässt. Es gibt mehr als 50 Grautöne, die mich in meinem Pazifismus irritieren.

Am 7. Oktober 2023, es ist Shabbat und Jüdinnen und Juden feierten das Fest *Simchat Tore* (das Fest zur Freude der Tora), feuerte die palästinensische Hamas Tausende Raketen auf Israel ab. Militante Palästinenser durchbrachen den Grenzzaun zwischen Gaza und Israel, überfielen mit Motorrädern, Quads und Gleitschirmen israelische Gebiete. Morgens kurz nach 6.30 Uhr griffen Hamas-Terroristen ein Open-Air-Festival im Kibbuz Re´im, nahe es Gaza-Streifens an. Die Festivalbesucher waren gekommen, um mit internationalen Stars der Musikszene bei Sonnenaufgang ein Fest der „Freundschaft, Liebe und Freiheit" zu feiern. In Re´im, im nahegelegenen Kibbutz Be´eri, in Kfar Aza und anderen israelischen Orten verübten die Palästinenser unvorstellbare Massaker. Sie schlachteten mehr als 260 Menschen ab und verbrannten ihre Leichen; sie köpften Kinder und Babys und entführten über 240 Festivalbesucher*innen als Geiseln nach Gaza. Nach Mitte Oktober 2023 veröffentlichten Angaben der israelischen Armee kamen in Israel mehr als 1400 Menschen ums Leben, zirka 4000 wurden verletzt. Israel reagierte mit Luftangriffen, bei denen in Gaza mindestens 2000 Menschen getötet worden seien (ZDFheute, 2023). Analysten gehen davon aus, dass in keinem der Kriege, die Israel führen musste, an einem Tag mehr israelische Opfer zu beklagen waren, als an diesem 7. Oktober 2023. Eylon Levy, ein ehemaliger Sprecher des israelischen Präsidenten Isaac Herzog, schrieb auf X, es sei keine Übertreibung zu sagen, dass der 7. Oktober 2023 der dunkelste Tag in der jüdischen Geschichte seit dem Ende des Holocausts war (Tagesspiegel, 2023).

Die Hisbollah im Libanon erklärte sich solidarisch mit der Hamas und äußerte, die Zeit der Rache sei gekommen. Und der Iran, aus dem wohl die meisten Waffen stammen, mit denen die Hamas Israel überfallen hat, drohte mit einem „großen Erdbeben", wenn Israel die Hisbollah angreifen sollte (Spiegel, 2023). Währenddessen trafen sich in Deutschland Menschen, um ihre Solidarität mit Israel zu bekunden. Auf pro-palästinischen Demonstrationen – ebenfalls in Deutschland – wurden indes nicht nur palästinensische Fahnen geschwenkt und Süßigkeiten verteilt, sondern auch mit der Vernichtung Israels gedroht.

Ich habe in den letzten drei Jahrzehnten Israel fast jedes Jahr besucht. Mein Optimismus für eine friedliche Lösung des „Nahost-Konflikts" wurde immer brüchiger (Frindte, 2020). Nun ist meine pazifistische Vorstellung vom friedlichen Umgang mit den palästinensischen Terroristen ebenfalls obsolet geworden. Wer Menschen entführt, sie demütigt, wer Familien kaltblütig in ihren Wohnungen erschießt, wer verängstigte junge Frauen misshandelt, auf einem Musikfestival mordet, der ist kein „Widerstandskämpfer". Er ist ein Terrorist und ein Verbrecher und muss bestraft, im schlimmsten Falle vernichtet werden. Martin Buber und Franz Rosenzweig haben das sechste Wort (Lo tirzach) im Dekalog nicht mit „Töte nicht", sondern mit „Morde nicht" (Ex. 20, 13) übersetzt (Buber & Rosenzweig, 1987, S. 206). Das heißt aber auch, im Notfall darfst du töten. Und der Terror der militanten Palästinenser ist ein solcher Notfall.

Literatur

Benz, W. (2014). *Der deutsche Widerstand gegen Hitler.* Beck.

Bittner, S. (1987). Das „Gesetz zur Wiederherstellung des Berufsbeamtentums" vom 7. April 1933 und seine Durchführung im Bereich der Höheren Schule. *Bildung und Erziehung, 40*(2), 167–182.

Bloch, E, (1985; Original: 1961). *Naturrecht und menschliche Würde*. Bloch Gesamtausgabe, Band 6. Suhrkamp.

Braunschweig. (1920). Eindrücke Vom IX. Deutschen Pazifistenkongress. *Die Friedens-Warte, 22*(7/8), 218–20.

Brück, T. (2023). Ist Pazifismus noch zeitgemäß? https://www.deutschlandfunkkultur.de/krieg-ukraine-pazifismus-noch-zeitgemaess-100.html. Zugegriffen: 10. Sept. 2023.

Buber, M., & Rosenzweig, F. (1987). *Die Schrift. Band 1: Die fünf Bücher der Weisung* (Verdeutschung). Schneider.

Bundesregierung. (2023). Liste der militärischen Unterstützungsleistungen. https://www.bundesregierung.de/breg-de/schwerpunkte/krieg-in-der-ukraine/lieferungen-ukraine-205 4514. Zugegriffen: 9. Sept. 2023.

Change.org. (2022). Die Sache der Ukraine ist auch unsere Sache! https://www.change.org/p/die-sache-der-ukraine-ist-auch-unsere-sache?utm_source=share_petition&utm_medium=custom_url&recruited_by_id=835568b0-caa5-11ec-a137-77c2dc6ca625. Zugegriffen: 10. Sept. 2023.

Change.org. (2023). Manifest für Frieden. https://www.change.org/p/manifest-f%C3%BCr-frieden. Zugegriffen: 10. Sept. 2023.

Chomsky, N. (2021). *Rebellion oder Untergang! Ein Aufruf zu globalem Ungehorsam zur Rettung unserer Zivilisation*. Westend.

Conflict Barometer. (2022). https://hiik.de/conflict-barometer/current-version/?lang=en. Zugegriffen: 9. Sept. 2023.

Der Spiegel. (2023). Iran droht Israel bei Angriff der Hisbollah mit »großem Erdbeben«. https://www.spiegel.de/ausland/israel-iran-droht-bei-angriff-der-hisbollah-mit-gro ssem-erdbeben-a-0ce35bbc-6fb4-4248-8fc5-5bc255fd1e98. Zugegriffen: 14. Okt. 2023.

Deutsche Stiftung Friedensforschung. Ludwig Quidde-Stiftung. https://bundesstiftung-friede nsforschung.de/ludwig-quidde-stiftung/. Zugegriffen: 30. Aug. 2023.

Deutscher Bundestag. (2022). Antrag der Fraktionen SPD, CDU/CSU, BÜNDNIS 90/DIE GRÜNEN und FDP „Frieden und Freiheit in Europa verteidigen – Umfassende Unterstützung für die Ukraine". https://www.bundestag.de/dokumente/textarchiv/2022/kw17-de-selbstverteidigung-ukraine-891272. Zugegriffen: 9. Sept. 2023.

Die Charta der Vereinten Nationen. UNRIC – Regionales Informationszentrum der Vereinten Nationen. https://unric.org/de/charta/. Zugegriffen: 20. Aug. 2023.

Dingeldey, P. (2015). Bekämpfer des Krieges. Frankfurter Allgemeine. https://www.faz.net/aktuell/politik/der-erste-weltkrieg/pazifismus-vor-dem-ersten-weltkrieg-1914-130 11786.html. Zugegriffen: 20. Aug. 2023.

Dowe, C. (2011). *Matthias Erzberger: Ein Leben für die Demokratie*. Kohlhammer Verlag.

Emma. (2022). Der offene Brief an Kanzler Scholz. https://www.emma.de/artikel/offener-brief-bundeskanzler-scholz-339463. Zugegriffen: 9. Sept. 2023.

Epe, M. (2018). Der guatemaltekische Bürgerkrieg im Schatten des Ost-West-Konflikts. In Derselbe, *Das Konzept des inneren Feindes in Guatemala. Politik in Afrika, Asien und Lateinamerika* (S. 185–242). Springer VS.

Euronews. (2022). Empörung über offenen Brief an Scholz – Warnung vor dem 3. Weltkrieg. https://de.euronews.com/2022/04/29/emporung-uber-offenen-brief-an-scholz-war nung-vor-dem-3-weltkrieg. Zugegriffen: 10. Sept. 2023.

Feldman, G. D., Kolb, E., & Rürup, R. (1972). Die Massenbewegungen der Arbeiterschaft in Deutschland am Ende des Ersten Weltkrieges (1917–1920). *Politische Vierteljahresschrift, 13*(1), 84–105.

Feyerabend, P. K. (1978). *Der wissenschaftstheoretische Realismus und die Autorität der Wissenschaften.* Vieweg & Sohn.

Feyerabend, P. K. (1980). *Erkenntnis für freie Menschen.* Suhrkamp.

Feyerabend, P. K. (1984). *Wissenschaft als Kunst.* Suhrkamp.

Feyerabend, P. K. (1986). *Wider den Methodenzwang.* Suhrkamp.

Feyerabend, P. K. (1988). Knowledge and the Role of Theories. *Philosophy of the Social Sciences, 18*(2), 157–178.

Feyerabend, P. K. (1995). *Zeitverschwendung.* Suhrkamp.

Feyerabend, P. K. (1998; Original: 1996). *Widerstreit und Harmonie. Trentiner Vorlesungen.* Passagen Verlag.

Feyerabend, P. K. (2005). *Die Vernichtung der Vielfalt. Ein Bericht,* herausgegeben von Peter Engelmann. Passagen Verlag.

Frankfurter Rundschau. (2022). Claudia Roth im Interview. https://www.fr.de/politik/cla udia-roth-im-interview-die-gruenen-waren-nie-eine-pazifistische-partei-91575880.html. Zugegriffen: 10. Sept. 2023.

Frindte, W. (2020). Aus meinem israelisches Tagebuch. https://www.hagalil.com/2020/05/isr aelisches-tagebuch/. Zugegriffen: 14. Okt. 2023.

Goertz, S. (2022). *Afghanistan und die Taliban. Ein Überblick. Essentials.* Springer VS.

Haag, D. (2010). *Die Haager Landkriegsordnung.* Europäischer Hochschulverlag.

Habermas, J. (2019). *Auch eine Geschichte der Philosophie: Band 1: Die okzidentale Konstellation von Glauben und Wissen. Band 2: Vernünftige Freiheit. Spuren des Diskurses über Glauben und Wissen.* Suhrkamp.

Habermas, J. (2022). Krieg und Empörung. *Süddeutsche Zeitung,* 29. April 2022, S. 12–13.

Habermas, J. (2023). Ein Plädoyer für Verhandlungen. https://www.sueddeutsche.de/pro jekte/artikel/kultur/juergen-habermas-ukraine-sz-verhandlungen-e159105/?reduced= true. Zugegriffen: 10. Sept. 2023.

Hammed, Y. (2023). Syrien zwischen Flucht und Krieg. In C. J. Henrich (Hrsg.), *Politik und Gesellschaft im Mittleren Osten: Eine Region im Spannungsfeld politischer und gesellschaftlicher Transformation* (S. 209–223). Springer.

Hildermeier, M. (2000). Stalinismus und Terror. *Osteuropa, 50*(6), 593–605.

Hiller, K. (1923). Pazifismus und Kommunismus. *Die Friedens-Warte, 23*(9/10), 296–299.

Hiller, K. (1929). Das neue Programm der Revolutionären Pazifisten. *Die Friedens-Warte, 29*(6), 172–174.

Hitler, A. (2016). *Mein Kampf.* Eine kritische Edition. Institut für Zeitgeschichte, Online-Ausgabe. https://www.mein-kampf-edition.de. Zugegriffen: 12. Apr. 2023.

Holl, K. (2002). Der Historiker und Pazifist Ludwig Quidde(1858–1941). Träger des Friedensnobelpreises von 1927. *Die Friedens-Warte, 77*(4), 437–454.

Höltmann, G., Hutter, S., & Rößler-Prokhorenko, C. (2022). Solidarität und Protest in der Zeitenwende. *Reaktionen der Zivilgesellschaft auf den Ukraine-Krieg.* WZB Discussion Paper, No. ZZ 2022-601. Wissenschaftszentrum Berlin für Sozialforschung (WZB).

Hörz, H. (1976). Naturwissenschaft–Frieden–Verantwortung. *Deutsche Zeitschrift für Philosophie, 24*(1), 50–57.

IfW-Kiel. (2023). Ukraine Support Tracker: Europa sagt jetzt doppelt so viel Unterstützung zu wie die USA. https://www.ifw-kiel.de/de/publikationen/aktuelles/ukraine-support-tracker-europa-sagt-jetzt-doppelt-so-viel-unterstuetzung-zu-wie-die-usa/. Zugegriffen: 9. Sept. 2023.

Internationale Liga für Menschenrechte. https://ilmr.de/menschenrechte. Zugegriffen: 20. Aug. 2023.

Jahn, E. (2012). Die „Verteidigung Deutschlands am Hindukusch". Die deutsche Rolle in Afghanistan. In *Derselbe, Politische Streitfragen*. VS Verlag für Sozialwissenschaften.

Kiessling, G., & Scheler, W. (1976). Friedenskampf und politisch-moralische Wertung des Krieges. *Deutsche Zeitschrift für Philosophie, 24*(1), 37–49.

Kölner Stadt-Anzeiger (2023). „Gewissenloses Manifest" von Schwarzer und Wagenknecht. https://www.ksta.de/politik/herfried-muenkler-verlogenes-manifest-von-alice-schwarzer-und-sahra-wagenknecht-zur-ukraine-454517. Zugegriffen: 10. Sept. 2023.

Kößler, R. & Melber, H. (2004). Völkermord und Gedenken. Der Genozid an den Herero und Nama in Deutsch-Südwestafrika 1904–1908. In M. Brumlik & I. Wojak (Hrsg.), *Völkermord und Kriegsverbrechen in der ersten Hälfte des 20. Jahrhunderts* (S. 37–76). Campus.

Lenin, W. I. (1960a; geschrieben März 1915). Die Konferenz der Auslandssektionen der SDAPR. In W. I. Lenin, Werke, Band 21. Dietz.

Lenin, W. I. (1960b; geschrieben Juli/August 1915). Sozialismus und Krieg. In W. I. Lenin, Werke, Band 21. Dietz.

Lobenstein-Reichmann, A. (2002). Die Dolchstoßlegende. *Zur Konstruktion eines sprachlichen Mythos. Muttersprache, 112*(1), 25–42.

Lozo, I. (2021). *Gorbatschow. Der Weltveränderer.* Wissenschaftliche Buchgesellschaft.

Lüders, M. (2022). *Hybris am Hindukusch: Wie der Westen in Afghanistan scheiterte.* Beck.

MDR Sachsen. (2023). AfD und Pegida demonstrieren Hand in Hand in Dresden. https://www.mdr.de/nachrichten/sachsen/dresden/dresden-radebeul/ukraine-jahrestag-krieg-afd-pegida-100.html. Zugegriffen: 10. Sept. 2023.

Mein Kampf. (2016). Eine kritische Edition. Institut für Zeitgeschichte München, Berlin. https://www.mein-kampf-edition.de/?page=Pref-Book%2Fstart.html. Zugegriffen: 30. Aug. 2023.

Morin, E. (2023). *Von Krieg zu Krieg.* Verlag Turia + Kant.

Münzner, D. (2015). *Kurt Hiller: Der Intellektuelle als Außenseiter.* Wallstein Verlag.

Musner, L. (2014). Waren alle nur Schlafwandler? Die österreichische Sozialdemokratie und der Ausbruch des Ersten Weltkrieges. In M. Mesner, R. Kriechbaumer, M. Maier, & H. Wohnout (Hrsg.), *Parteien und Gesellschaften im Ersten Weltkrieg* (S. 55–69). Böhlau.

Nattermann, R. (2022). Internationaler Feminismus und Humanitarismus nach dem Ersten Weltkrieg. Akteurinnen der Women's International League for Peace and Freedom im Spannungsfeld von Internationalismus, Nationalismus und faschistischer Herrschaft in Europa. Europäische Geschichte. https://www.europa.clio-online.de/essay/id/fdae-112845. Zugegriffen: 30. Aug. 2023.

OHCHR. (2023). Report of the Independent International Commission of Inquiry on Ukraine. https://www.ohchr.org/sites/default/files/documents/hrbodies/hrcouncil/coiukraine/A_HRC_52_62_AUV_EN.pdf. Zugegriffen: 14. Okt. 2023.

Piper, E. (2019). *Rosa Luxemburg. Ein Leben.* Blessing.

Politbarometer. (April 2022). https://www.forschungsgruppe.de/Umfragen/Politbarometer/Archiv/Politbarometer_2022/April_II_2022/. Zugegriffen: 10. Sept. 2023.

Politbarometer. (Januar 2023). https://www.forschungsgruppe.de/Umfragen/Politbarometer/Archiv/Politbarometer_2023/Januar_II_2023/. Zugegriffen: 10. Sept. 2023.

Quidde, L. (1932). Ein Kampfkongress gegen den imperialistischen Krieg. *Die Friedens-Warte, 32*(8), 227–230.

RBB24. (2023). Rund 13.000 Menschen fordern Ende der Waffenlieferungen an die Ukraine. https://www.rbb24.de/panorama/beitrag/2023/02/wagenknecht-schwarzer-berlin-frieden-fuer-die-ukraine.html. Zugegriffen: 10. Sept. 2023.

Reiber, T. (2002). Angola: Endlich auf dem Weg zum Frieden?. *Die Friedens-Warte, 77*(3), 313–328.

Schladebach, M. (2005). Der türkische Völkermord an den Armeniern: Aktuelle Fragen aus europäischer Perspektive. *Südosteuropa. Zeitschrift für Politik und Gesellschaft, 01,* 96–108.

Schmid, T. (2022). Wo Jürgen Habermas irrt – und wo er richtig liegt. https://www.welt.de/kultur/plus238466335/Habermas-zum-Ukraine-Ueberfall-Wo-der-Philosoph-irrt-und-wo-er-recht-hat.html. Zugegriffen: 10. Sept. 2023.

Scholz, O. (2022). Regierungserklärung von Bundeskanzler Olaf Scholz am 27. Februar 2022. https://www.bundesregierung.de/breg-de/suche/regierungserklaerung-von-bundeskanzler-olaf-scholz-am-27-februar-2022-2008356. Zugegriffen: 9. Sept. 2023.

Shifrinson, J. R. I. (2016). Deal or no deal? The end of the Cold War and the US offer to limit NATO expansion. *International Security, 40*(4), 7–44.

Sonne, W. (2020). Massenproteste wie nie – und doch umsonst. In W. Sonne (Hrsg.), *Leben mit der Bombe: Atomwaffen in Deutschland* (S. 305–316). Springer.

SPD Geschichtswerkstatt. (2023). https://www.spd-geschichtswerkstatt.de/wiki/1913. Zugegriffen: 20. Aug. 2023.

Stöver, B. (2013). *Geschichte des Koreakrieges: Schlachtfeld der Supermächte und ungelöster Konflikt.* Beck.

Stöver, B. (2021). Kalter Krieg. In M. G. Festl (Hrsg.), *Handbuch Liberalismus* (S. 441–448). Metzler.

Strauss, S. (2022). Habermas zum Ukrainekrieg: Sollen wir Putin um Erlaubnis fragen? https://www.faz.net/aktuell/feuilleton/debatten/juergen-habermas-aeussert-sich-zum-ukraine-krieg-17993997.html. Zugegriffen: 10. Sept. 2023.

Szöllösi-Janze, M. (1998). *Fritz Haber, 1868–1934: Eine Biographie.* Beck.

t-online. (2023). Kämpfen Nato-Spezialkräfte in der Ukraine? https://www.t-online.de/nachrichten/ausland/internationale-politik/id_100158742/pentagon-leaks-nato-truppen-koennten-in-der-ukraine-kaempfen.html. Zugegriffen: 10. Sept. 2023.

Tagesschau. (2022a). Biden warnt vor Nuklear-„Armageddon". https://www.tagesschau.de/ausland/amerika/atomwaffen-biden-usa-101.html. Zugegriffen: 9. Sept. 2023.

Tagesschau. (2022b). Selenskyj relativiert „Präventivschlag"-Aussage. https://www.tagesschau.de/newsticker/liveblog-ukraine-freitag-185.html#Praeventivschlag. Zugegriffen: 9. Sept. 2023.

Tagesspiegel. (2023). „Tödlichster Angriff auf Juden seit dem Holocaust". https://www.tagesspiegel.de/internationales/todlichster-angriff-auf-juden-seit-dem-holocaust-diplom aten-und-analysten-sind-von-hamas-attacke-entsetzt-10593685.html. Zugegriffen: 14. Okt. 2023.

Ullrich, A. (2019). *Von „jüdischem Optimismus" und „unausbleiblicher Enttäuschung".* De Gruyter.

Utopie kreativ. (2005). Hugo Eberlein. Erinnerungen an Rosa Luxemburg bei Kriegsausbruch 1914, *Utopia kreativ, 174,* 355–362.

Van den Dungen, P. (2014). Pazifismus vor 1914. Wissenschaft und Frieden, Heft 3, S. 46–49; https://wissenschaft-und-frieden.de/artikel/pazifismus-vor-1914/. Zugegriffen: 20. Aug. 2023.

Volkov, S. (2012). *Walther Rathenaus – Ein jüdisches Leben in Deutschland.* Beck.

Von Gerlach, H. (1924). Der Pazifismus seit Kriegsende. *Die Friedens-Warte, 24*(1/3), 40–43.

Von Suttner, B. (1892). *Die Waffen nieder! Eine Lebensgeschichte.* Zwei Bände, Band 2. Edgar Pierson Verlag.

Von Suttner, B. (1911). Tripolis und die Friedensbewegung. *Die Friedens-Warte, 13*(11), 316–318.

Weinberg, R. (1987). Workers, pogroms, and the 1905 revolution in Odessa. *The Russian Review, 46*(1), 53–75.

Welt Online. (2023). Habermas plädiert für schnelle Verhandlungen mit Putin. https://www.welt.de/newsticker/dpa_nt/infoline_nt/Politik__Inland_/article243776579/Habermas-plaediert-fuer-schnelle-Verhandlungen-mit-Putin.html. Zugegriffen: 10. Sept. 2023.

Wissenschaftliche Dienste des Deutschen Bundestages. (2023). Militärische Unterstützung der Ukraine: Wann wird ein Staat zur Konfliktpartei? WD 2 – 3000 – 023/23.

Woyke, W. (2016). *Weltpolitik im Wandel.* Springer VS.

ZDF. (2022). Baerbock garantiert Hilfen: „Die Ukraine verteidigt auch unsere Freiheit". https://www.zdf.de/nachrichten/politik/ukraine-baerbock-unterstuetzung-hilfe-krieg-100.html. Zugegriffen: 9. Sept. 2023.

ZDF. (2023). Kiew bittet um neue Waffen. https://www.zdf.de/nachrichten/politik/taurus-marschflugkoerper-waffenlieferung-ukraine-krieg-russland-100.html. Zugegriffen: 10. Sept. 2023.

ZDFheute. (2023). Angriffe von Hamas auf Israel. https://www.zdf.de/nachrichten/politik/israel-raketen-angriff-gazastreifen-palaestinenser-100.html. Zugegriffen: 14. Okt. 2023.

Zeit Online. (2022). Harald Welzer kritisiert Botschafter Melnyk. https://www.zeit.de/kultur/2022-05/harald-welzer-melnyk-ukraine-krieg. Zugegriffen: 10. Sept. 2023.

Zeit Online. (2023). Ukraine dementiert Präsenz von Nato-Kräften, Russland verstärkt Abwehr. https://www.zeit.de/politik/ausland/2023-04/ukraine-ueberblick-geleakte-dokumente-nato-saporischschja-russland. Zugegriffen: 10. Sept. 2023.

„[…] ja und nun, leider, ich habe ein Taxi bestellt, ich muß jetzt gehen - gute Nacht, bye, bye…" (Feyerabend, 1980, S. 300).

Vom 4. bis 8. Mai 1992 hielt Paul Feyerabend als Gastprofessor Vorlesungen an der *Università degli Studi di Trento*. Nach den Vorlesungen bekamen Zuhörer*innen die Möglichkeit, ihm Fragen zu stellen. Auf eine der Bemerkungen aus dem Publikum antwortete Feyerabend: „[…] erstens lügen viele Wissenschaftler – nicht direkt und schamlos, denn sie sind voller guter Absichten, aber in einer indirekten Weise, die ihnen selbst gar nicht durchsichtig ist. Zweitens werden sie natürlich eine Geschichte erzählen. Sie werden erzählen, was sie gemacht haben, was ihre Ergebnisse waren, warum sie mit ihnen nicht zufrieden waren, und so weiter. Schließlich wird eine stromlinienförmige Geschichte in die Annalen der Wissenschaft eingehen. Sie wird von Fakten und Traditionen erzählen" (Feyerabend 1998, S. 158). Ich kann also nur hoffen, dass meine Geschichten, die ich in diesem Buch erzähle, nicht allzu stromlinienförmig geworden sind.

Literatur

Feyerabend, P. K. (1980). *Erkenntnis für freie Menschen*. Suhrkamp.

Feyerabend, P. K. (1998, Original: 1996). *Widerstreit und Harmonie*. Trentiner Vorlesungen. Passagen.

Widerstreit und Harmonie 19

„Haben die Handlungen der Menschen Auswirkungen auf die Welt? Gewiss haben sie
das" (Feyerabend, 1998, S. 83).

Die Erstveröffentlichung der Trentiner Vorlesungen erschien posthum 1996 im
Verlag Laterza & Figli in Rom. Eine englische Fassung wurde 2011 unter dem
reißerischen Titel „The Tyranny of Science" von Eric Oberheim herausgegeben
(Feyerabend, 2011). Grundlage der Publikation sind Transkriptionen der Vorlesungen, die Feyerabend selbst noch bearbeitet hat. In einer Rezension der
englischen Fassung schreibt Daniel B. Kuby, dass er den eifrigen Leser*innen
der Feyerabendschen Werke, sollten sie sich der Lektüre von „The Tyranny
of Science" zuwenden, keine neuen wichtigen Erkenntnisse versprechen könne
(Kuby, 2014, S. 371). Nein, neu ist das, was Paul Feyerabend seinem Publikum erzählt, im Vergleich zu seinen früheren Erzählungen, nicht. Manche seiner
Geschichten finden sich systematisch ausgearbeitet im ebenfalls posthum veröffentlichten Buchmanuskript „Die Vernichtung der Vielfalt" (Feyerabend, 2005),
an dem er bis zu seinem Tod arbeitete (siehe auch Kap. 10).

Beeindruckend ist indes, wie er seine Geschichten erzählt, wie er von gegenwärtigen Ereignissen zur Physik wechselt, die griechischen Philosophen, Tragödien und Komödien Revue passieren lässt, über Galilei, Descartes, Leibniz, Euler
und Newton auf die Mathematik zu sprechen kommt und den US-Präsidenten
Clinton oder den Mikrobiologen und Nobelpreisträger Jacques Monod ins Spiel
bringt.

„Genau genommen", schreibt Feyerabend in der deutschen Fassung, „werden
meine Vorlesungen Märchen sein, die ich um einige Ereignisse, die vage historisch sind, herum spinne. Das beunruhigt mich nicht wirklich, denn ich habe

W. Frindte, *Wider die Borniertheit und den Chauvinismus – mit Paul K.
Feyerabend durch absurde Zeiten*, https://doi.org/10.1007/978-3-658-43713-8_19

den Verdacht, dass wirkliche Historiker auch Märchen erzählen, nur, dass ihre Märchen länger und komplizierter sind – was nicht bedeutet, dass sie nicht sehr interessant sein könnten" (Feyerabend, 1998, S. 23 f.). Da ist er also wieder, der Provokateur, der allerdings an keiner Stelle seinem Publikum einzureden versucht, die Wissenschaft sei tyrannisch. Stattdessen möchte er auf die Kompliziertheit und Komplexität der Wissenschaften aufmerksam machen, über die im Singular zu sprechen ein Fehler sei (Kidd, 2011).

So nimmt er zum Beispiel die Urknalltheorie, die Straßenkämpfe zwischen People of Color und der Polizei in Los Angeles im April 1992 und die damaligen Kriege in Jugoslawien zum Anlass, um danach zu fragen, ob es etwas wie einen harmonischen Weltenzusammenhang gebe, den die Wissenschaft zu erkennen und mit einem modernen Weltbild aufzuklären vermag. „Jedenfalls ist die Idee einer einheitlichen Welt, zu der wir alle gehören, nur eine Idee unter vielen. Sie kann nicht der Maßstab aller übrigen sein. Aber selbst wenn die Welt eine einheitliche wäre, ist es durchaus nicht klar, dass ein Weltbild das beste Mittel wäre, um sich in ihr zurechtzufinden. Weltbilder sind nicht nur unvollständig, sie täuschen auch, und, um einen etwas aufgeblasenen Ausdruck zu verwenden, sie verkleinern unsere Menschlichkeit" (Feyerabend, 1998, S. 21).

Und doch scheinen die Menschen bestrebt zu sein, ein einheitliches, widerspruchsfreies Bild von der Welt zu konstruieren. Die Suche nach den Gesetzen, die die Welt im Innersten zusammenhalten, gehört zu diesen Bestrebungen. Paul Feyerabend zeigt in seiner Vorlesungsreise durch die Geschichte der Philosophie und des Rationalismus, wie sich dieses Bestreben ausgestaltet hat, wie zum Beispiel die antiken Philosophen, wie Thales, Xenophanes, Platon oder Aristoteles oder gegenwärtige Wissenschaftler*innen, die Feyerabend auch schon mal „komische Vögel" nennt (ebd., S. 39), durch ihre Abstraktionen die Welt dingfest zu machen versuchten. Gleichzeitig haben Menschen über die Zeit und unter bestimmten gesellschaftlichen Voraussetzungen zum Beispiel als Handwerker, Ingenieure, Ärzte oder als findige Experimentatoren ein praktisches Wissen entwickelt und dieses „[...] praktische Wissen geht ins Einzelne und überbietet bei weitem, was die modernen Menschen, eingeschlossen die Wissenschaftler, in dieser Hinsicht bieten" (Feyerabend ebd., S. 92). Zwischen dem theoretischen Wissen und dem praktischen scheint – folgt man Feyerabend – in der Geschichte lange eine Übereinkunft oder Harmonie bestanden zu haben, die heute einem Widerstreit gewichen ist. Und doch dieses praktische Wissen ist da und „[...] es sollte genutzt werden". Wissenschaftler*innen und Philosoph*innen sind nicht zwangsläufig näher an der Wirklichkeit als andere Menschen, als Zauberer, Akupunktierer, Vogelbeobachter, Köche, Ingenieure oder Leute aus der Nachbarschaft (ebd., S. 126).

Wie lässt sich zum Beispiel ein ökologisches System verstehen? Nun, indem man mit den Menschen, die seit Generationen in der Region leben und die das Wissen haben und die Geschichten über sich und die Region erzählen können, zusammenarbeitet. Und so plädiert Feyerabend erneut – wie etliche Jahre früher – für die enge „[…] Zusammenarbeit zwischen Experten und den Menschen, deren Umgebung die Experten beurteilen, verändern und verbessern wollen" (Feyerabend, 1998, S. 69). Ein solcher Ansatz werde nicht nur erfolgreich in vielen Ländern praktiziert, entscheidend sei, „[…] dass dieser Ansatz viel menschlicher ist als das rein objektive Vorgehen, das gewöhnliche Menschen nicht als Freunde oder potenzielle Mitarbeiter behandelt, sondern als nicht immer willkommene, weil ziemliche Störungen hervorrufende Mengen von Variablen" (ebd., S. 70).

Feyerabend offeriert also einen pluralistischen, emanzipatorischen und humanistischen Ansatz, um den Widerstreit zwischen Wissenschaftler*innen und Alltagsmenschen, zwischen Theoretiker*innen und Praktiker*innen nicht einfach aufzulösen oder in eine längst überholte Scheinharmonie zu pressen, sondern in Formen zu überführen, in denen er, also der Widerstreit, sich bewegen kann. Diese Offerte ist keinesfalls so selbstverständlich, wie sie erscheinen mag oder in kritischen Reviews zu den „Trentiner Vorlesungen" ausgedrückt wird (z. B. Sankey, 2012, S. 476). Feyerabend hebt weder die Praxis (als Alltagspraxis oder experimentelle Praxis) gegenüber dem Theoretisieren hervor, noch drückt er seine Abneigungen gegenüber wissenschaftlichen Abstraktionen aus. Er kritisiert zwar in gewohnter Manier die „Ideologie" jener Wissenschaftler*innen, die behaupten, allein die wissenschaftlichen Methoden seien die Königswege der Erkenntnis. Gewiss, er sympathisiert mit der Praxis, die ihm demokratischer erscheint (Feyerabend, 1998, S. 124), hält die Beziehung zwischen Theorie und Praxis aber für eine komplizierte Angelegenheit und die Wissenschaft für ein Handwerk, das Theorie und Praxis in dialektischer Weise verbindet (Kuby, 2014, S. 374). Insofern, und das ist eben der Kern der Feyerabendschen Offerte, kann (muss?) man die Wissenschaft auch kritisieren, ohne selbst ein Wissenschaftler zu werden. Eine Kritik der Wissenschaft ist angebracht im Umgang mit den Erkenntnissen der Psychologie (Kap. 14), der Cancel Culture (Kap. 15), den Krisen, Katastrophen und Kriegen (Kap. 16) und vielem anderen. „Eine *demokratische Kritik der Wissenschaft* ist nicht nur keine Absurdität – sie *gehört zur Natur des Wissens*" (Feyerabend, 1998, S. 53; Hervorh. Im Original).

Was heißt das? Ich wage eine Interpretation der Lehren, die ich von Paul Feyerabend vermittelt bekommen habe: Diese Kritik ist – in den meisten Fällen – ein Widerstreit, in dem Menschen (wissenschaftliche Expert*innen und Laien) aufeinandertreffen, die unterschiedliche Sprachspiele pflegen, um an Wittgenstein zu erinnern. Zwei unterschiedliche Sprachspiele (oder „Satz-Regelsystem" wie Jean-François Lyotard im „Widerstreit" sagt; Lyotard, 1989), wie die wissenschaftlichen und alltäglichen Erkenntnisbestände, Gewohnheiten, Traditionen und Mythen, lassen sich weder aus der Sicht des jeweils anderen Sprachspiels und mit dessen Regeln (oder Kriterien) noch aus der Sicht einer übergreifenden Ideologie oder Weltanschauung (etwa der Aufklärung oder des Rationalismus) beurteilen und bewerten.

Dass soziale Gruppen oder Gemeinschaften dies doch immer wieder versuchen und dabei ihre je eigenen Vorstellungen, Werte und Ideologien zum Maßstab der Beurteilung zu machen versuchen, hat Paul Feyerabend in vielen seiner Publikationen angeprangert. Über ihre Erkenntnisbestände, Gewohnheiten, Traditionen und Mythen können sich unterschiedliche soziale Gruppen oder Deutegemeinschaften streiten; sie können darüber streiten, ob und inwieweit die in Frage stehenden Erkenntnisbestände, Gewohnheiten, Traditionen und Mythen Wirklichkeit konstruieren, inwieweit also ihre Inszenierungen stimmig sind; Konsens im Streit wird sich nicht einstellen. Die jeweiligen Sprachspiele der Streitpartner können nur als wirkliche, weil existierende, aber voneinander verschiedene (jeweils füreinander andere) Möglichkeiten, über menschliche Lebens- und Erkenntnisformen zu sprechen und diese auszuleben, akzeptiert, eben toleriert werden.

Es ist wie bei einem *dialektischen Widerspruch*, oder besser: es ist ein dialektischer Widerspruch, der sich auftut und entwickelt, wenn zwei oder mehrere soziale Gruppen (oder Deutegemeinschaften) innerhalb eines *gemeinsamen* Lebensraums aufeinandertreffen, diesen aber mit unterschiedlichen Konventionen, Traditionen und Mythen auszugestalten versuchen. Die Reibungspunkte des Widerstreits zwischen den diversen kulturellen Systemen (zwischen Expert*innen und Laien) finden sich an den Grenzen und Konfliktzonen, an denen Unbekanntes und Ungewohntes auf Bekanntes und Herkömmliches stoßen. Wissen muss nicht nur daran gemessen werden, ob es praktisch wirksam gemacht werden kann, sondern inwieweit es sich auf ungewohnte, scheinbar irrige, absurde Sphären unserer Wirklichkeiten bezieht; inwieweit also durch den Streit statt Bekanntem Unbekanntes und Neues hervorgebracht werden kann. Das heißt, es geht darum, inwieweit durch den Widerstreit sozialer Sprachgemeinschaften, durch die Verschiedenartigkeit ihrer Erkenntnisbestände, Traditionen, Konventionen und Mythen und durch den Streit über diese Verschiedenartigkeit *neue* Fragen und Perspektiven für den Umgang mit der Welt aufgeworfen werden können.

„Alles geht: das stimmt! Die überraschendsten Dinge führen zu großartigen Entdeckungen! Diejenigen, die glauben, dass man neue Dinge finden kann, indem man sich genau an wohl markierte Pfade hält, irren sich. Man kann nicht vorhersehen, welcher verrückte Zug zu einer neuen Einsicht oder zu einer neuen

Entdeckung führt. Der Zug ist nur »verrückt«, wenn man ihn mit der allgemeinen Meinung der Zeit, in der man lebt, vergleicht" (Feyerabend, 1998, S. 163).

Das wäre dann auch die Lehre, die ich aus den Arbeiten Paul Feyerabends gezogen habe: Eine Wissenschaft, die ihre Grenzen nicht überschreitet, die dauerhaft den Rahmen, den ihr Mythos, ihre Meta- und Erkenntnistheorie sowie diverse soziale Faktoren setzen, hinnimmt, nenne ich *Kalte Wissenschaft*. Eine Wissenschaft solchen Zuschnitts schwebt über allem und verliert allzu schnell die Verbindung zur Lebenswelt. Sie gerät zum Selbstzweck. *Heiße Wissenschaft* dagegen lebt von Pluralität, Wandel, Kreativität, ihrem Prozesscharakter und ihren humanitären Ansprüchen, von Selbstreflexion auf verschiedenen Ebenen. Dem Anspruch einer heißen Wissenschaft fühle ich mich verpflichtet.

Literatur

Feyerabend, P. K. (1998, Original: 1996). *Widerstreit und Harmonie*. Trentiner Vorlesungen. Passagen Verlag.

Feyerabend, P. K. (2005). *Die Vernichtung der Vielfalt. Ein Bericht,* herausgegeben von Peter Engelmann. Passagen Verlag.

Feyerabend, P. K. (2011). *The tyranny of science*. Polity.

Kidd, I. J. (2011). Paul Feyerabend – The Tyranny of Science, ed. Eric Oberheim. Polity. *The British Journal for the History of Science, 44*(4), 576–577.

Kuby, D. (2014). Review of Paul Feyerabend „The Tyranny of Science", edited by Eric Oberheim. Polity Press. https://philarchive.org/archive/KUBROP. Zugegriffen: 14. Sept. 2023.

Lyotard, J.-F. (1989). *Der Widerstreit*. Wilhelm Fink Verlag.

Sankey, H. (2012). Philosophical fairytales from Feyerabend, Review of Paul Feyerabend „The Tyranny of Science". *Metascience, 21,* 471–476.

„gute Nacht, bye, bye...“ 20

Wenige Wochen vor seinem Ableben am 11. Februar 1994 schreibt Paul Feyerabend: „Ich möchte jetzt noch nicht sterben, nachdem ich mein Gleichgewicht gefunden habe, auch in meinem Privatleben. Ich würde gerne bei Grazia bleiben, sie unterstützen und sie aufmuntern, wenn die Arbeit anstrengend wird. [...] Ich möchte, dass nach meinem Ableben nicht Aufsätze und nicht letzte philosophische Erklärungen von mir zurückbleiben, sondern Liebe. Ich hoffe, dass sie weiterbesteht und nicht zu sehr beeinträchtigt wird von der Art meines Ablebens, ohne einen Todeskampf, ohne schlechte Erinnerungen zurückzulassen. Was immer jetzt geschieht, unsere kleine Familie kann ewig leben – Grazia, ich und unsere Liebe. Das ist es, was ich mir wünsche: nicht, dass mein Geist weiterlebt, sondern allein die Liebe“ (Feyerabend, 1995, S. 248 f.).

Ist Sterben nicht etwas Absurdes? „Natürlich ist es das! Wir leben in einer absurden Welt!“ (Feyerabend, 1992, S. 137).

Literatur

Feyerabend, P. K. (1992; Original: 1989). *Über Erkenntnis. Zwei Dialoge.* Campus.
Feyerabend, P. K. (1995). *Zeitverschwendung.* Suhrkamp.

© Der/die Autor(en), exklusiv lizenziert an Springer Fachmedien Wiesbaden GmbH, ein Teil von Springer Nature 2024
W. Frindte, *Wider die Borniertheit und den Chauvinismus – mit Paul K. Feyerabend durch absurde Zeiten*, https://doi.org/10.1007/978-3-658-43713-8_20

Ausgewähltes Personenverzeichnis